装备科技译著出版基金

绝缘体上硅(SOI)技术——制造及应用

Silicon-on-insulator(SOI) Technology Manufacture and Applications

[法] Oleg Kononchuk　Bich-Yen Nguyen　等著

刘忠立　宁瑾　赵凯　译

国防工业出版社

·北京·

著作权合同登记　图字：军－2018－024号

图书在版编目(CIP)数据

绝缘体上硅(SOI)技术：制造及应用/(法)奥列格·库侬楚克(Oleg Kononchuk)等著；刘忠立，宁瑾，赵凯译．—北京：国防工业出版社，2018.7

书名原文：Silicon-on-insulator(SOI) Technology: Manufacture and Applications

ISBN 978－7－118－11636－6

Ⅰ.①绝… Ⅱ.①奥… ②刘… ③宁… ④赵… Ⅲ.①绝缘体上硅薄膜 Ⅳ.①TN304.9

中国版本图书馆 CIP 数据核字(2018)第 110378 号

※

*国防工业出版社*出版发行

（北京市海淀区紫竹院南路23号　邮政编码100048）

三河市腾飞印务有限公司印刷

新华书店经售

＊

开本 710×1000　1/16　印张 25¼　字数 473 千字
2018年9月第1版第1次印刷　印数 1—2000 册　定价 128.00 元

（本书如有印装错误，我社负责调换）

国防书店：(010)88540777　　　发行邮购：(010)88540776
发行传真：(010)88540755　　　发行业务：(010)88540717

Silicon-on-insulator(SOI) Technology：Manufacture and Applications

Oleg Kononchuk，Bich-Yen Nguyen

ISBN：9780857095268

Copyright ©2014 Elsevier LTD. All rights reserved.

Authorized Chinese translation published by National Defense Industry Press.

《绝缘体上硅(SOI)技术——制造及应用》(刘忠立 宁瑾 赵凯 译)

ISBN：978-7-118-11636-6

Copyright ©Elsevier LTD. and National Defense Industry Press. All rights reserved.

No part of this publication may be reproduced or transmitted in any form or by any means, electronic or mechanical, including photocopying, recording, or any information storage and retrieval system, without permission in writing from Elsevier (Singapore) Pte Ltd. Details on how to seek permission, further information about the Elsevier's permissions policies and arrangements with organizations such as the Copyright Clearance Center and the Copyright Licensing Agency, can be found at our website：www.elsevier.com/permissions.

This book and the individual contributions contained in it are protected under copyright by Elsevier LTD. and National Defense Industry Press (other than as may be noted herein).

Online resources are not available with this reprint.

This edition of Silicon-on-insulator(SOI) Technology：Manufacture and Applications by Oleg Kononchuk, and Bich-Yen Nguyen published by arrangement with ELSEVIER LTD.

注意

本译本由Elsevier Singapore Pte Ltd和国防工业出版社合作完成。相关从业及研究人员必须凭借其自身经验和知识对文中描述的信息数据、方法策略、搭配组合、实验操作进行评估和使用。(由于医学科学发展迅速，临床诊断和给药剂量尤其需要经过独立验证。)在法律允许的最大范围内，爱思唯尔、译文的原文作者、原文编辑及原文内容提供者均不对译文或因产品责任、疏忽或其他操作造成的人身及/或财产伤害及/或损失承担责任，亦不对由于使用文中提到的方法、产品、说明或思想而导致的人身及/或财产伤害及/或损失承担责任。

Printed in China by National Defense Industry Press under special arrangement with Elsevier LTD.

This edition is authorized for sale in the mainland of People's Republic of China only, excluding Hong Kong SAR, Macau SAR and Taiwan. Unauthorized export of this edition is a violation of the contract.

本书封底贴有Elsevier防伪标签，无标签者不得销售。

译者序

SOI 技术，即绝缘体上硅技术，自 20 世纪 80 年代初开始，一直是微电子学中最热门的研究课题之一。SOI 技术使用一薄绝缘层将有源的硅薄膜同硅衬底隔开。半导体器件制作在同衬底隔离的薄硅膜上，这样给微电子器件带来了诸多的好处：pn 结的面积减小因而寄生电容减小、结的漏电电流减小，从而使器件工作速度高、功耗低；容易实现理想的浅结，特别是全耗尽（FD）CMOS 器件，短沟效应得到改善，从而更容易缩比且芯片面积减小；能简化器件工艺，提高器件良率，从而降低成本；可以采用智能剥离的方法，基底仍然用硅，结合其他材料制成 AOI（Another Matrial on Insulator，绝缘体上其他材料），给微电子甚至光电子或纳电子系统芯片提供需要的各种优良衬底。

大约在 2008 年以前，业界主要感兴趣的是部分耗尽（PD）SOI CMOS，特别是在辐射加固的 CMOS 领域。主要是因为 SOI CMOS 的抗空间单粒子辐射能力优良。但自从 SoiTech 公司的超薄体超薄埋氧化物（UTBB）SOI 晶圆片问世以后，情况有了变化，UTBB 的 FDSOI CMOS 快速发展。前几年，法国的 ST 公司实现了 28nm 技术节点的 UTBB FDSOI CMOS 量产，它在低压低功耗的应用中显示出特别的优点，因而适用于移动通信、互联网、医疗、手持装置等很多要求低压低功耗的应用领域。在空间应用中它也显示出更大的优势，实验表明，不用特别的加固手段，UTBB FDSOI CMOS 的抗单粒子辐射水平大大优于同类体硅 CMOS 电路，而且在功耗、芯片面积及工艺复杂性方面也具有优势。近年来，14nm 甚至更先进技术节点的 UTBB FDSOI CMOS 研究成果也不断报道。对于 CMOS，除了 FDSOI 以外，将 FinFET 做在 SOI 衬底上，是一个 CMOS 继续缩比的优选方案。

另外，如前所述，除了微电子以外，SOI 在光子集成以及微电子/纳电子系统（MEMS/NAMS）芯片中，也得到了很好的应用。

自 2008 年以来，SOI 成为紧凑光子器件的一种有吸引力的材料。这有三个主要的原因。首先，单晶硅是一种优越的光学材料，在波长超过 1200nm 的波段光吸收率非常低。这个区域涵盖了通信领域中通用的 1310nm 波段和 1550nm 波段。其次，硅和二氧化硅的折射率差值高，高于集成光电子的其他材料系统的折射率差值。高折射率差值可以使光限制在横截面小于光波长的波导内，从而使芯片上光学元件的集成规模更大。最后，同 CMOS 制造工艺兼容：

硅基光子集成电路中的所有器件,均能采用同样的工艺加工,并实现大规模制造。基于 SOI 衬底的硅基光子学,为大规模光子集成电路提供了一个引人注目的技术途径。

SOI 衬底对 MEMS/NEMS 领域也具有吸引力。在体硅材料的表面微加工工艺中,采用多晶硅材料作为结构材料,多晶硅材料的厚度是受限的。而采用 SOI 技术时,器件的机械结构由顶层硅形成,SOI 的顶层硅是单晶体硅,无缺陷,而且可以进行掺杂控制形成导体,因此具有显著的优点。此外,SOI 材料已经商业化,价格低廉。更重要的是,SOI 材料可以进一步简化 MEMS/NEMS 器件的设计和制造工艺。在要求腔体结构的 SOI 材料中,可以通过预刻蚀形成腔体结构,这样 MEMS 制造厂商只需要进行与器件核心结构相关的工作,因此减少了开发时间,降低了生产成本。SOI 材料中,也可以通过将预刻蚀形成的腔体与干法刻蚀工艺相结合形成器件中的活动结构,这样就简化了释放工艺。从微米尺寸转换到纳米尺寸,采用薄的 SOI 衬底有助于实现 NEMS 器件。SOI 技术具有诸多优势,因此在 MEMS 生产中更加流行。2013 年以来,SOI 晶圆片的复合年均增长率(CAGR)是 15.5%,与之相比,体硅晶圆片则是 8.1%。

我国是一个微电子、光电子及 MEMS/NEMS 器件的消费大国,具有得天独厚的广大市场。为了不断满足我国国民经济以及国防工业发展的需要,我国正在加大投入推动相关领域的大发展。同时,为了赶上世界的发展潮流,也正在加强相关领域的基础研究,没有深入的基础研究领先,难有先进的生产水平领先。在这样的背景下,我们将这本全面介绍当今 SOI 技术最新研究成果的著作 *Silicon-on-insulator(SOI) Technology: Manufacture and Applications* 译成中文。本书是由多国从事相关工作的多位专家共同编写的,因此内容十分丰富,研究成果先进,相信本书的译本一定会受到我国广大的相关领域科技人员及本科生、研究生们的欢迎。

由于本书的翻译时间比较仓促,虽经反复审阅,难免存在不妥之处,恳请读者批评指正。

刘忠立　宁　瑾　赵　凯
中国科学院微电子研究所
中国科学院半导体研究所
中国科学院大学电子电气
与通信工程学院

序　言

绝缘体上硅(SOI)互补金属氧化物半导体(CMOS)技术,从利基市场开始发展,现在已经达到了成熟阶段。在 20 世纪 80 年代初,开发这一技术主要是针对辐射加固(军用)及功率应用。SOI 的广泛采用,是 20 世纪 90 年代末由集成器件制造商(IDM)在高性能的计算机应用开始的。目前,SOI 技术正在向基于常规的体硅 CMOS 的射频、模拟、通用、超低功耗计算机、光电子、存储器以及 MEMS(微机电系统)等各种电路的市场进军。例如,2012 年,已经有超过 60%的移动应用装置以及超过 80%的游戏机,是采用 SOI 芯片制造的。在最近几年,其已经发展成为一个完整的 CMOS 生态系统。这个生态系统基于多年来晶圆片供应链中三个主要的 SOI 晶圆片公司(Soitec、SEH、SunEdison),它们生产的 SOI 晶圆片总产量达到每年 250 万片(在 1~2 年内可能还会翻一番)。这个生态系统还包括 SOI 的工艺代工线(ARM、UMC、Global Foundry、ST Microelectronics),以及知识产权(IP)核心库提供单位(ARM、IBM)和电子设计自动化(EDA)工具公司(Synopsys、Cadence、Mentor Graphics)。ITRS(国际半导体技术蓝图)增加了在 IT 中采用的 SOI 技术,并且提供不同应用的 SOI 发展蓝图。大多数 CMOS 制造商在他们的 SOI 解决方案中,都有未来的产品研发计划。

SOI 的优势是什么呢? 可以作如下概括:
- 同相应的体硅技术相比,无论是速度还是功耗,性能均有提高;
- SOI 具有更好的缩比性,使芯片面积更小;
- SOI 能简化加工工艺;
- SOI 在晶圆片上容易将不同材料集成在一起。

2008 年,全球半导体联盟(GSA)和 SOI 产业联盟,进行了一项行业对 SOI 技术看法的在线调研(图1),认为 SOI 晶圆片的成本以及 SOI 设计知识的不完善,是制约 SOI 发展的主要原因。目前这些问题正在解决。过去,SOI 晶圆片的价格曾达体硅晶圆片的五倍,但由于量产目前价格已显著降低了。另外,SOI 晶圆片的价格只是加工及封装器件的一小部分。SOI 制造工艺简单的优点,抵消了较高衬底价格的缺点。

本书的目的是对 SOI CMOS 最新技术的进展进行全面介绍。全书分为两部分:第一部分介绍 SOI 晶圆片的制造工艺、表征及 SOI 器件物理;第二部分介绍相关的各种应用。全书既涉及部分耗尽 SOI 这样已成熟的技术,也包括全耗尽平面 SOI 技术、FinFET、射频、光电子、MEMS 以及超低功耗应用这样一些新发展的技术。晶体管级和电路级解决方案也均有涉及。我们将这本书的解决方案限定在 32～14nm 技术节点的范围，并将应用限定在技术成熟到足以实现批量生产的范围。

我们要感谢 Woodhead 出版社的 Francis Dodds、Laura Pugh 以及 Steven Matthews，感谢他们为本书的成功出版所做的工作。

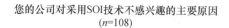

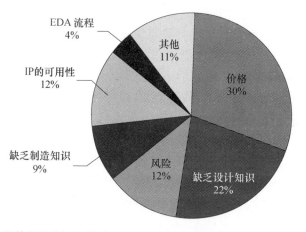

图 1　半导体行业的调查结果（引自 SOI 产业联盟 2008 年发表的 GSA 报告，http：//www.soiconsortium.org/pdf/2008_SOI_Report_24june.pdf）

O. Kononchuk 和 B-Y. Nguyen

目　录

第一部分　绝缘体上硅材料及制造

第1章　绝缘体上硅晶圆片材料及制造技术 ········· 3
1.1　引言 ········· 3
1.2　SOI 的晶圆片制造技术概述 ········· 4
1.3　SOI 量产制造技术 ········· 5
1.4　SOI 晶圆片结构及表征 ········· 9
1.5　晶圆片直接键合：湿表面清洗技术 ········· 13
1.6　直接键合机理的表征 ········· 16
1.7　Si 和 SiO_2 直接键合的其他表面制备工艺 ········· 23
1.8　利用离子注入、键合及剥离量产 SOI 衬底的智能剥离技术 ········· 27
1.9　更复杂的 SOI 结构制造 ········· 31
1.10　异质结构的制造 ········· 32
1.11　结论 ········· 39
1.12　致谢 ········· 40
1.13　参考文献 ········· 40

第2章　先进的绝缘体上硅材料及晶体管电学性质的表征 ········· 45
2.1　引言 ········· 45
2.2　常用的表征技术 ········· 45
2.3　利用赝金属氧化物半导体场效应晶体管技术表征 SOI 晶圆片 ········· 46
2.4　赝 - MOSFET 技术的发展 ········· 49
2.5　FD MOSFET 的常用表征方法 ········· 51
2.6　先进的 FD MOSFET 表征方法 ········· 52
2.7　超薄 SOI MOSFET 的表征 ········· 55
2.8　多栅 MOSFET 的表征 ········· 58
2.9　纳米线 FET 的表征 ········· 60
2.10　结论 ········· 62
2.11　致谢 ········· 62

2.12 参考文献 ·· 63

第3章 短沟 FDSOI MOSFET 特性的建模 ······································ 66
3.1 引言 ·· 66
3.2 SOI MOSFET 建模的发展 ·· 67
3.3 SOI MOSFET 的二维紧凑电容模型 ·· 68
3.4 SOI MOSFET 的二维解析模型 ·· 74
3.5 双栅及其他类型 SOI MOSFET 结构的建模 ······································ 82
3.6 参考文献 ·· 83

第4章 部分耗尽绝缘体上硅技术：电路解决方案 ······································ 85
4.1 引言 ·· 85
4.2 PDSOI 技术与器件 ··· 86
4.3 电路解决方案：数字电路 ··· 89
4.4 电路解决方案：静态随机存储器电路 ··· 91
4.5 SRAM 容限：PDSOI 的例子 ·· 96
4.6 结论 ·· 99
4.7 参考文献 ·· 100

第5章 平面全耗尽绝缘体上硅互补金属氧化物半导体技术 ································ 104
5.1 引言 ·· 104
5.2 平面 FDSOI 技术 ·· 105
5.3 FDSOI 的阈值调节：沟道掺杂、栅堆叠工程和接地平面 ······························ 106
5.4 FDSOI CMOS 器件对衬底的要求：BOX 和沟道的厚度 ································ 114
5.5 FDSOI 的应变选项 ··· 120
5.6 背偏置对特性的影响 ·· 130
5.7 结论 ·· 133
5.8 致谢 ·· 134
5.9 参考文献 ·· 134

第6章 绝缘体上硅无结晶体管 ·· 141
6.1 引言 ·· 141
6.2 器件物理 ·· 142
6.3 无结晶体管的模型 ·· 150
6.4 同三栅场效应晶体管的性能比较 ·· 152
6.5 超越经典的 SOI 纳米线结构 ·· 154
6.6 结论 ·· 157
6.7 致谢 ·· 157
6.8 参考文献 ·· 158

第 7 章　SOI FinFET ······ 164
　　7.1　引言 ······ 164
　　7.2　SOI FinFET 的性能 ······ 166
　　7.3　SOI FinFET 衬底的优化 ······ 170
　　7.4　FinFET 的工艺及统计波动性 ······ 171
　　7.5　结论 ······ 174
　　7.6　参考文献 ······ 175

第 8 章　利用 SOI 技术制造 CMOS 的参数波动性 ······ 178
　　8.1　引言 ······ 178
　　8.2　平面 FDSOI 器件的统计参数波动 ······ 182
　　8.3　可靠性的统计问题 ······ 191
　　8.4　SOI FinFET ······ 197
　　8.5　结论 ······ 197
　　8.6　参考文献 ······ 198

第 9 章　SOI CMOS 集成电路的 ESD 保护 ······ 205
　　9.1　引言 ······ 205
　　9.2　SOI 器件的 ESD 表征：SOI 晶体管 ······ 207
　　9.3　SOI 器件中的 ESD 表征：SOI 二极管 ······ 212
　　9.4　SOI 器件的 ESD 表征：FinFET 及 Fin 二极管 ······ 215
　　9.5　SOI 器件的 ESD 表征：FDSOI 器件 ······ 221
　　9.6　SOI 器件中 ESD 网络的优化 ······ 222
　　9.7　结论 ······ 227
　　9.8　参考文献 ······ 227

第二部分　SOI 器件及应用

第 10 章　射频及模拟应用的 SOI MOSFET ······ 233
　　10.1　引言 ······ 233
　　10.2　目前的射频器件性能 ······ 234
　　10.3　MOSFET 性能的限制因素 ······ 235
　　10.4　肖特基势垒 MOSFET ······ 238
　　10.5　超薄体超薄埋氧化层 MOSFET ······ 242
　　10.6　多栅 MOSFET 的射频特性：FinFET ······ 246
　　10.7　SOI 技术中的高电阻率硅衬底 ······ 250
　　10.8　结论 ······ 259

10.9 致谢 259
10.10 参考文献 260

第 11 章 超低功耗应用的 SOI CMOS 电路 269
11.1 引言 269
11.2 CMOS 电路功耗的最小化 271
11.3 降低 V_{dd} 改善 CMOS 电路能量效率的问题 275
11.4 利用减小波动及适应性偏压控制发展 SOI 器件 279
11.5 参数波动的建模 281
11.6 超低电压工作的器件设计 282
11.7 FDSOI 器件参数波动性的评估 285
11.8 FDSOI 器件可靠性的评估 288
11.9 FDSOI 器件的电路设计 289
11.10 结论 296
11.11 致谢 296
11.12 参考文献 296

第 12 章 改善性能的 3D SOI 集成电路 304
12.1 引言 304
12.2 利用 Cu–Cu 键合的 3D IC：工艺流程 307
12.3 利用 Cu–Cu 键合实现 3D 集成：面对面的硅层堆叠 309
12.4 利用 Cu–Cu 键合实现 3D 集成：背面对正面的硅层堆叠 316
12.5 利用氧化硅键合的 3D 集成：MIT 林肯实验室的表面向下堆叠技术 323
12.6 利用氧化硅键合的 3D 集成：IBM 的"面朝上"堆叠技术 325
12.7 利用氧化硅键合实现 3D 集成：3D 后续工艺 325
12.8 先进的键合技术：Cu–Cu 键合 326
12.9 先进键合技术：介质键合 328
12.10 结论 332
12.11 致谢 332
12.12 参考文献 333

第 13 章 光子集成电路的 SOI 技术 336
13.1 引言 336
13.2 绝缘体上硅光子学 339
13.3 SOI 光学模块 347
13.4 器件容差与补偿技术 352
13.5 用于硅光子器件的先进堆叠结构 357

13.6	硅光子器件的应用	361
13.7	结论	362
13.8	参考文献	362

第 14 章 用于 MEMS 和 NEMS 传感器的 SOI 技术 ·········· 370

14.1	引言	370
14.2	SOI MEMS/NEMS 器件结构和工作原理	372
14.3	SOI MEMS/NEMS 设计	374
14.4	SOI MEMS/NEMS 工艺技术	375
14.5	SOI MEMS/NEMS 制备	382
14.6	结论	384
14.7	参考文献	384

第一部分

绝缘体上硅材料及制造

第1章 绝缘体上硅晶圆片材料及制造技术

H. MORICEAU and F. FOURNEL,CEA,LETI,France

F. RIEUTORD,CEA,INAC,France

摘 要:本章评述各种绝缘体上硅(SOI)晶圆片生产工艺。特别关注氧注入隔离(SIMOX)和基于直接键合的技术(绝缘体上键合硅(BSOI)、外延层转移工艺(Eltran)以及智能剥离工艺(Smart Cut™))。对于后者,主要讨论原始晶圆片及SOI结构的物理和化学性质。这些分析有助于研究直接键合及剥离的模型。此外也介绍一些近年来制造工艺的改进,以及面向工艺创新的发展趋势。

关键词:SOI,离子注入,减薄工艺,晶圆片制造。

1.1 引 言

SOI结构由一绝缘层(如SiO_2)同衬底分开的或直接由一绝缘衬底支撑的顶层单晶硅构成[1-5]。基于埋氧化物层SiO_2作为绝缘体的晶圆片技术,同硅衬底相比具有很多优点,因此广泛用于微电子。这些优点如下:

(1) 由于隔离了体硅衬底因而具有较低的器件电容,结果具有较低的功耗;

(2) 由于N阱和P阱的完全隔离,加速了器件,避免了闩锁效应;

(3) 在辐射敏感的应用中得到了加固。

SOI晶圆片已用于微电子、微机械加工系统(MEMS)以及光电子学与生物芯片。例如,单晶硅薄膜的机械性能优于多晶薄膜,对于制造MEMS元件它们是更好的选择。SOI结构中的埋氧化物层也有利于制造MEMS元件。在光电子应用中,在SOI晶圆片中的硅和SiO_2之间的折射率的比值高,允许高效光子限制在急剧弯曲的小波导中。

从工业的角度看,SOI衬底同微电子中通常的器件制造工艺是兼容的。这就意味着,大部分基于SOI的工艺,可以在通常器件的制造工厂中进行。利用SOI结构制作的器件,同通常的器件却不同。SOI结构构建在电绝缘体,例如氧化硅、氮化硅、金刚石或蓝宝石上[6]。这样一些绝缘体既可以是埋层,也可以是体晶圆片。这些电绝缘体的选择主要取决于应用,具体如下:

(1) 氧化硅,用以降低微电子器件的短沟效应;

(2) 金刚石,用以改善自加热效应;
(3) 蓝宝石,利于高性能的射频应用。

1.2 SOI 的晶圆片制造技术概述

本节主要介绍制备 SOI 晶圆片而发展的各种技术。重点描述 SIMOX、BSOI、Eltran® 及 Smart Cut™ 技术,这些技术都可以批量生产包括埋 SiO_2 绝缘层的晶圆片。自 20 世纪 70 年代以来,探索和发展了几种用于制造 SOI 晶圆片的优良技术[5]。它们包括在单晶衬底,例如蓝宝石[7]、氧化锆[8]或作为籽晶的硅晶圆片上外延生长硅。蓝宝石上硅(SOS)结构仍然在用这种技术制作,尽管硅层的质量是一个主要问题。曾经用硅外延横向过生长(ELO)来作为替代技术[9],在这种方法中,生长发生在硅上氧化物的孔中,然后再扩展成为薄层。由于这种方法不能大面积生长,因而使用受到限制。同时,也发展了一些利用 SiO_2 层上的一层多晶硅经激光或热丝加热熔融紧接着控制它成为单晶的技术[10-12]。由于这些技术的硅结晶质量不良,因而未取得成功。

在 20 世纪 80 年代初,曾开发多孔氧化硅(FIPOS)全隔离的方法。这种方法利用硅的非多孔岛下面的多孔区氧化以形成局部的 SOI[13-15]。但是,这种方法需要图形化,当 SIMOX 及直接键合工艺被采用以后,FIPOS 便被放弃了。SIMOX 技术出现在 20 世纪 70 年代末[16,17]。发展这种技术的动力,来自于军事及空间应用的器件需要有足够的辐射加固能力。SIMOX 工艺可以在整个硅晶圆片上引入隔离的埋氧化物层(BOX)。BOX 通过在硅中注入氧以及高温退火形成[18]。SIMOX 工艺可制作 SOI 不同厚度的顶层硅及 BOX 层,并且同体硅器件大部分工艺是兼容的。这种技术已经达到了成熟的发展水平,并且已能进行工业生产[19-21]。SIMOX 技术将在下面详细介绍。晶圆片直接键合是三种其他成功制作 SOI 结构的工艺的基础。它主要是将"供体"晶圆片的单晶硅层转移到最终的处理晶圆片上。这三种工艺分别描述如下:

(1) 绝缘体上键合硅(BSOI)技术:包括 20 世纪 80 年代发展的基于直接键合以及两个晶圆片中减薄其中一个晶圆片的几个工艺。BSOI 结构已经广泛应用在微电子、微技术、微机电系统(MEMS)、生物技术及光电子技术中。

(2) 外延层转移工艺(Eltran®):用于制备 SOI 材料的替代技术,是由佳能公司研发成功的[22,23]。它利用多孔硅层的机械(弱)和结构(单晶)的性质,需要外延以及直接键合这两种技术。利用外延层是为了得到低线缺陷密度的 SOI 层,它是 Eltran® 工艺的主要优点之一[22,23]。

(3) 智能剥离技术(Smart Cut™ technology):基于离子注入、直接键合和剥离,它是由 CEA 与 SOITEC 两公司共同开发的,现在由 SOITEC 采用。其他一些硅晶圆片公司也量产键合的 SOI 结构。

基于直接键合的这三种技术，在 1.3 节中将更详细地介绍。我们注意到，为了表征键合的质量以及 SOI 的顶层硅和绝缘埋层的强度、物理及结构的性质，已经开发了一些优良的计量工具和方法。

1.3 SOI 量产制造技术

只有少数几种 SOI 晶圆片的制造方法已经成熟到可以工业规模生产。其中，SIMOX 和直接键合技术（BSOI，Eltran®，Smart Cut™）很适合得到薄的单晶硅层。

1.3.1 氧注入隔离技术

制造 SOI 最早被开发的是基于氧注入隔离（SIMOX）的工艺。它采用氧离子束注入和高温（1300℃）退火直接合成掩埋氧化硅层。Watanabe 等率先尝试在硅片中用氧注入形成 BOX 层[16]。其后，Izumi 等证明形成埋氧化物的结构可以达到器件级质量[17]。早期的 SIMOX 晶圆片，需要采用 200keV 能量的氧离子注入，以得到 200nm 厚的顶层硅，以及需要约 $2\times10^{18} cm^{-2}$ 的剂量以得到连续化学配比的 BOX 层，但这样高的剂量导致晶格中高密度的晶体缺陷。为了解决这个问题，研究了一种在氧离子注入时施加 600℃ 退火的方法，这种方法可以在晶圆片表面能量最高的硅表面获得好的晶体质量而缺陷最少[18,25]。为了形成 BOX 层，在注入以后需要很高的温度（通常大约在 1300℃ 以上）[18] 退火，这样通过氧离子同硅反应，修复上面的硅层以及 BOX 下面的硅衬底损伤。

在 SIMOX 技术中，晶圆片的成本在很大程度上取决于氧离子注入的剂量。一个约为 2×10^{18} 离子每平方厘米的剂量会导致高的晶圆片成本，因此，开发了几种减少剂量以减少晶圆片成本的方法。例如，将剂量减少到 $4\times10^{17} cm^{-2}$ 并修改注入及退火条件，以得到厚度减低到约为 80nm 的高质量连续平整的 BOX 层[19,26]。值得注意的是，较低的注入剂量还减少了注入的损伤密度，因此在最终的退火后 SOI 晶圆片中有较少的缺陷密度。

为了得到高质量的 SIMOX 晶圆片，引入了几种改进的方法。其中减薄 BOX 层存在的问题是有可能存在较高密度的微管，它们使顶层的硅和硅衬底之间产生电导。因而发展了一种附加 1350℃ 的 SOI 氧化方法，简称为 ITOX，这种方法可以使顶层硅及由于经过硅层的氧扩散而使埋入的顶层 Si-BOX 界面处产生补充的氧化[27]。这样的附加处理改进了 BOX 的化学配比及微管，同时也稍微增加了 BOX 层的厚度。

1.3.2 BSOI 及 BESOI 工艺

在 20 世纪 80 年代，为了制备绝缘体上硅开发过几种用亲水性氧化硅（天然氧化、化学沉积或热生长氧化硅)表面制备直接键合的硅晶圆片的工艺[24-26]。调整高温退火工艺加强了直接键合后的黏附力。图1.1所示为一个包括两个硅晶圆片直接键合前表面制备的SOI制造工艺示意图。这个工艺从晶圆片表面的处理和清洗开始,至少在一个晶圆片(片A和/或片B)上热生长或沉积氧化物层。这一氧化硅层将成为BOX层。使用平滑及清洗的工艺制备直接键合的表面,然后进行直接键合并进行键合后的退火以加强堆叠强度。最后,可以利用研磨[26-28]、化学工艺(湿或干腐蚀)或者剥离技术[29]完成晶圆片的减薄。在这类技术被引入几年后,SOI层的质量已经可以同体硅单晶质量相媲美。

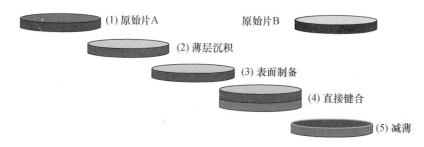

图1.1 用于BSOI中的典型工艺步骤
(1) 原始晶圆片制备;(2)及(3) 形成氧化硅、平滑表面及表面清洗;
(4) 两个有氧化硅层的Si晶圆片键合;(5) 减薄一个晶圆片以得到绝缘体上Si层。

为了通过键合和减薄工艺得到很薄的层厚,开发了一些专门的技术。为了获得非常薄的顶层硅,开始发展的SOI晶圆片技术称为键合背面减薄绝缘体上硅(BESOI)工艺[30]。在原始的"供体"晶圆片上,例如图1.1中的A上,外延生长一薄的牺牲层,例如SiGe层。然后,为了直接键合,在这个牺牲层上再外延薄的硅层。在强化键合的热处理以后,去掉牺牲层下面的供体衬底,接着用在牺牲层和薄硅层之间有很强选择性的方法,例如化学刻蚀法,去除牺牲层。利用BSOI或BESOI方法制备SOI晶圆片已达到单晶质量水平,并且可以工业生产大尺寸的晶圆片。

1.3.3 Eltran®工艺

制造SOI的外延转移工艺(Eltran®),是由佳能公司开发出来的[22,23]。这种技术利用多孔硅层的机械(弱)和结构(单晶)的性质,同时需要外延及键合技术。在微电子领域,几十年来体硅晶圆片的性质及应用获得了很大的改善及增长。现在,可以得到高质量大直径(约300mm)的晶圆片。缺陷虽然很少,但是仍然存在。例如,在体硅生长的拉晶过程中,可能产生来源于颗粒物体的小晶体空隙,以及在清洗和制备时在晶圆片表面产生小坑。这些缺陷的尺寸通常约为 0.1μm。

当顶部硅层的厚度减小到 0.1μm 时,原始的体硅晶圆片可能引入穿通 SOI 层的空洞缺陷。这种螺纹缺陷是同氢氟酸(HF)相关的缺陷,因为硅的空洞能使氢氟酸穿透它去腐蚀埋氧化层。它们是致命的缺陷。对于先进 SOI 器件的应用,这种缺陷密度要求平均每平方厘米小于 0.1 个。因为颗粒或小晶体空隙不会通过外延生长层传播,所以为了得到低空洞缺陷密度的 SOI 层,一种方法是采用外延层。在外延转移工艺中,这是关键的考虑点[22,23]。

Eltran® 外延 SOI 晶圆片的主要制造工艺步骤如下[22,23]:

(1) 首先在原始的"供体"晶圆片上形成多孔硅。
(2) 然后在多孔硅顶层上生长高质量的外延层,即未来的有源 SOI 层。
(3) 采用热氧化使部分外延层氧化形成未来的 BOX 层,使 BOX 层具有尽可能低的缺陷密度及高质量的 SOI-BOX 界面。
(4) "供体"晶圆片同最后的处理原片键合。
(5) 利用机械应力通过多孔硅层进行剥离。
(6) 从 SOI 晶圆片上去除剩余的多孔硅层,然后通过氢退火使外延 SOI 平滑以得到外延的 SOI 晶圆片。剩下的供体晶圆片可以回收利用。

Eltran® SOI 外延层的厚度可高度控制,其范围从用于先进 MOSFET 的几纳米,到 MEMS 应用的几微米,可用调节生长条件得到。BOX 层的厚度也可以控制在一个宽的范围内,同 SOI 层的厚度无关。

除了控制外延层厚度以外,还需要一个平滑的 SOI 层表面而不引起不可接受厚度变化的工艺[31]。已经发展了一种氢退火批处理工艺,它能获得原子级平坦表面,同时只消耗 1nm 这样很薄的 SOI 层[32]。氢退火是 Eltran® 工艺的另一个关键步骤,此法获得的厚度均匀性,比用通常的化学机械抛光(CMP)工艺得到的好得多。

在近 10 年中,SOI 晶圆片的质量及工艺能力已有很大的进步。由于它们对先进的集成器件及 MEMS 的应用非常有前景,因此 20 世纪初佳能公司投资了 20 亿日元,以满足制造能力增长 4 倍及产能达到每月 10000 晶圆片的需要[32]。我们发现,SOI 晶圆片生产的水平似乎尚未达到目标销量,这可能同满足应用的技术指标或者生产能力及成本效率存在问题有关。目前,采用 Eltran® 工艺生产 SOI 晶圆片已停止。

1.3.4 Smart Cut™ 工艺

Smart Cut™ 工艺是 1993 年开发成功的。这种工艺基于两个晶圆片的直接键合,其中第一片首先用轻的离子注入,在注入区引入分离层[33,37]。用氢或氦的离子注入,在离子穿透平均深度处形成一个弱的埋层。注入的晶圆片被键合到第二个晶圆片以后,可以产生剥离,其中一薄层从注入的晶圆片转移到第二个晶圆片上。当第二个晶圆片被一允许剥离的够厚的坚硬层替代时,这种情况便发生了。

Smart Cut™工艺开始是为了得到 SOI 材料而研发的。现在它已成熟到可用来大量生产高质量的 SOI 晶圆片了。用于生产 SOI 晶圆片的 Smart Cut™工艺由以下步骤组成(图 1.2)[4,37,38]:

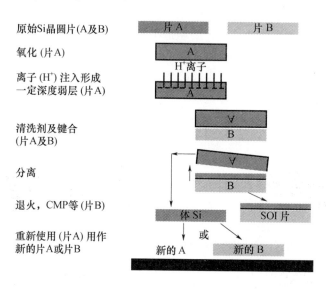

图 1.2 用于生产 SOI 晶圆片的 Smart Cut™工艺

(1) 第一个晶圆片进行热氧化。

(2) 在氧化过的第一个晶圆片中进行离子(氢、氦等)注入引入埋入的弱区。

(3) 然后第一个已注入的晶圆片进行清洗并直接同第二个支撑晶圆片键合。

(4) 在弱化的区域引入剥离,将一薄层从已注入的第一个晶圆片转移到第二个支撑晶圆片上。

(5) 最后去除剥离以后留下的表面粗糙度并形成 SOI 结构,留下的供体晶圆片部分,即是所需要的晶圆片。

Smart Cut™工艺有几个优点,例如良好的厚度均匀性和高质量的转移层,而且第一个晶圆片的其他剩余部分还可以作为新的第一个或第二个晶圆片使用。此外,它是一个非常通用的及适应性广的工艺,因为它可以在许多不同的支撑体上获得各种单晶层。为了开发创新型的键合结构以及更好地认识键合、注入及剥离的基本机制,仍在进行着很多的研究。

1.4 SOI 晶圆片结构及表征

SOI 结构的特性是由几个参数决定的,例如宽范围的硅或 BOX 层的厚度、若干个 Si – SiO$_2$ 界面以及相应的薄膜缺陷和应力的影响。SOI 层的厚度取决于工艺,可以从 MEMS 应用的几微米,到先进 CMOS 应用的几纳米。值得注意的是,无论 SOI 层的厚度及工艺如何(除 SIMOX 工艺以外),BOX 厚度也可以在几纳米到几微米的很宽范围内调节。为了获得平滑的顶部 SOI 层,制造工艺一般包括最后的表面制备步骤。通常这是一种很轻微减薄 SOI 顶层的工艺,但是一定不能降低这些层厚度的均匀性。在通常的 CMP 工艺中,材料去除的厚度是明显的,例如为几十纳米。这可能会导致厚度的显著非均匀性,其程度由制造工艺决定。相反,在 Eltran® 工艺中,已开发了一种氢退火工艺,这种工艺能使 SOI 层厚度减小量小于 1nm,并能自动使表面平滑[31]。

无论何种制造工艺,正如用原子力显微镜(AFM)在 1μm^2 面积进行检测得到的那样,通常获得的表面粗糙度的有效值都低于 0.15nm。另外,还特别设计了一些减薄工艺,用来局部地修正 SOI 层厚度的变化。例如,日本 Speedfam 公司提出的干法化学平坦化(DCP)工艺[39],是一种基于流动等离子体中干化学反应的非接触和非破坏性局部方法。这种工艺得到了良好的厚度均匀性并使产量增加。

由于对大直径晶圆片不断增长的需求,为了满足或超过技术指标的要求,SOI 结构的尺寸正有序地扩大。20 世纪 90 年代,生产提供的是 100mm、150mm 和 200mm 的 SOI 晶圆片。现在,采用 Smart Cut™ 工艺已常规量产 300mm 晶圆片,而 450mm 晶圆片也已成功试生产。例如,在 300mm SOI 晶圆片(硅层为 50nm,BOX 层为 150nm)的情况下,Smart Cut™ 工艺能使不同的晶圆片及整个晶圆片各处厚度均匀性(图 1.3)的波动在 1nm 以内[40]。最近已证实,对于前沿的全耗尽 SOI 技术的大批量生产中[41],硅层厚度的控制为 ±0.5nm。值得注意的是,必须提高测量水平以得到 1/10 纳米级的重复性和精度。

SOI 结构的表征需要常规的、改进的以及创新的各种技术。一些物理化学表征技术,例如椭偏仪、X 射线衍射和反射、卢瑟福背散射谱(RBS)、二次离子质谱(SIMS)、傅里叶红外光谱(FTIR)、透射电子显微镜(TEM)和原子力显微镜,都非常适合并且经常用于在线和离线的生产表征。另外,由于对 CMOS 的应用,Si 和 SiO$_2$ 膜这二者的完整性是一个关键的要求,因此特别为 SOI 结构开发了一些新的表征技术。

必须对整个顶部硅层厚度的缺陷进行检测。缺陷可能由位错及产生的堆垛层错引起,这强烈地取决于制造工艺以及高温处理过程。在 SIMOX 工艺中,

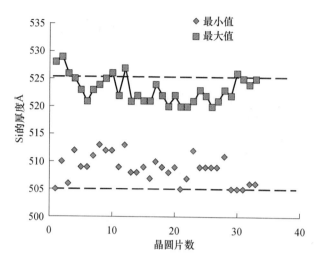

图 1.3 300mm 晶圆片 SOI 厚度分布(51.5nm Si 层/145nm BOX 层,3mm 的边缘除外;此图说明对于整个晶圆片的所有位置 Si 层厚度具有 ±1nm 的可控性)

为了形成 BOX 层,需要在非常高的温度(大于 1300℃)下退火,就像在键合工艺中顶部硅层的氧化以及强化键合和减薄所需要的不利的一些高温过程一样,可能产生缺陷。

为了研究顶层硅的质量,常使用稀释的 Secco 腐蚀($K_2Cr_2O_7:H_2O:HF$)技术[42]。硅网格中缺陷引起的应力,有利于优先腐蚀缺陷周围的硅,这就导致腐蚀坑的形成。随着腐蚀时间的增加,腐蚀坑扩大并穿透硅层剩余的厚度。图 1.4 所示为一个由 Secco 腐蚀显示缺陷的例子。在图中,螺纹坑的两侧显示晶向[42]。随后的 HF 腐蚀导致下面埋氧化层的缀蚀。这样的缀蚀坑能允许在整个晶圆片上进行缺陷密度的光学测量。

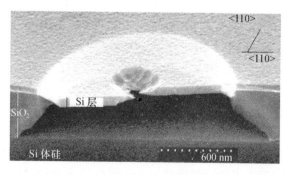

图 1.4 在 SOI 结构中用 SEM 观察到的 Secco 缺陷。用 Secco 腐蚀以后留下的 Si 厚度约为 50nm(Source:Reprinted with permission from Electrochemical Society Proceedings 99 − 3,173. Copyright(1999),The Electrochemical Society.)

顶层硅中的缺陷,也可能是由空位凝聚产生的空洞(图 1.5)。这些空洞的典型尺寸是零点几个微米,这样,它们便可以穿过整个硅层厚度。另外,单一的 HF 穿透空洞的腐蚀会造成埋氧化物的缀蚀。测量这些"HF 缺陷"是必需的,因为它们对许多应用都有不利的影响。

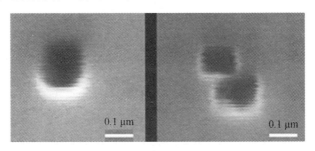

图 1.5　由 SEM 观察到的单个及成对的缺陷(Source:Reprinted with permission from Electrochemical Society Proceedings 99 - 3,173. Copyright(1999),The Electrochemical Society.)

为了找到缺陷以及更准确地评估它们的密度,可以采用质量检验系统,例如采用 KLA - Tencor 公司的 Surfscan® Surface Profilometer-DualLaser Scan (SP - DLS)工具,对氢氟酸缀蚀的晶圆片的整个表面进行扫描[43]。然后,可以用紧跟着的观察(例如,通过扫描电镜),来评估检测到的缺陷是否穿通了顶部的硅层。制造工艺的改进,已降低了 HF 和 Secco 缺陷密度到应用可以接受的水平。例如,利用智能剥离工艺,已得到 HF 缀蚀的平均缺陷密度低于每平方厘米 0.05 个的 300mm SOI 晶圆片[40]。

除了硅层的晶体及 BOX 层质量以外,SOI 界面的质量也需要表征。例如,Guilhalmenc 等用原子力显微镜观测发现:低剂量 SIMOX(100)晶圆片在 1320℃下退火 6h 以后,顶硅层 - BOX 的界面有一个粗糙的方形镶嵌图案[44]。这种图案是由于氧注入损伤及埋氧化层的形成混有结晶的硅层所致。他们还证明,由于在 1320℃ 退火较长的时间,产生的顶层硅 - BOX 的界面变得更为平滑。可以看到一个螺旋型和阶梯形图案,并发现阶梯高度是硅晶格常数的倍数(图 1.6)。

在键合的 SOI 晶圆片情况下,可以在"供体"晶圆片上热生长 BOX 层,由它在直接键合前得到顶层硅。这就使得在 1100℃ 退火以后,得到了高质量的顶硅层 - BOX 界面,正如用透射电子显微镜所观察的那样(图 1.7)。另外,根据表面制备参数及键合工艺条件的不同,也存在键合表面闭合的一些问题,这些问题将在本章后面(见第 1.6 节和 1.7 节)详细说明。

SOI 晶圆片的电学性质是很多应用的另一个重点。特别为 SOI 的表征开发了赝 MOS 晶体管(ψ - MOSFET)技术[45,46],它利用测量顶层硅掺杂类型及掺杂

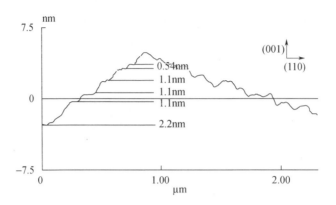

图 1.6 在 1320℃下退火 18h 以后顶层 Si – 埋氧化物界面的 AFM 截面分布(Source：Reprinted from Materials Science and Engineering B46, Guilhalmenc et al. , 'Characterization by atomic force microscopy of the SOI layer topograph in low-dose SIMOX materials', p29, Copyright(1997), with permission from Elsevier.)

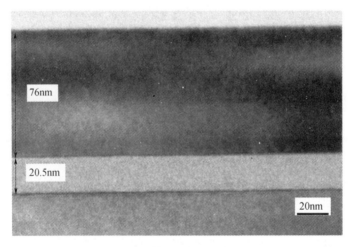

图 1.7 在 1100℃下退火 2h 以后 75nm Si/20nm BOX 层的 TEM 照片。
上面的界面(顶硅层 – BOX)同热氧化硅界面有关, 下面的界面同键合界面有关

水平、载流子迁移率、界面陷阱密度和载流子复合寿命, 补充了霍尔效应、扩展电阻和光电导等这些标准的测量。

Cristoloveanu 等证明, 在用氢注入的智能剥离工艺得到的 SOI 晶圆片中, 在高温退火时, 氢完全扩散离开硅晶圆片, 结果保留了单晶的性质不变[47]。不管是用 SIMOX 工艺还是智能剥离工艺, 都能在 SOI 晶圆片上得到深度方向均匀性好以及高的载流子迁移率。对于 300mm SOI 晶圆片, 测量到最好的电子迁移率 ($\mu_n \sim 650 cm^2/Vs$) 和空穴迁移率 ($\mu_p \sim 240 cm^2/Vs$)[48,49]。

在用智能剥离工艺制备 SOI 晶圆片的情况下，界面的质量不会因氢注入或热退火而变坏：硅层 – BOX 界面的陷阱密度小于 $3 \times 10^{11} \mathrm{eV}^{-1} \cdot \mathrm{cm}^{-2}$[49]。另外，Ionescu 等对硅衬底利用光电导衰减及瞬态 ψ – MOSFET 技术[50]测量载流子寿命，所得到的智能剥离 SOI 的载流子寿命，可以高于 100μs，优于在 SIMOXSOI 中的测量值。

300mm 的 SIMOX 和智能剥离 SOI 晶圆片的比较表明，这些 SOI 材料现在已是可靠的和可重复的，并能用于集成电路制造。顶层硅膜是高质量的单晶体并具有优良的电学性能。埋氧化层和顶硅层 – BOX 界面具有可接受的质量[49]，已能制造高性能晶体管及试验器件[51]。

1.5　晶圆片直接键合：湿表面清洗技术

自从 Shimbo 的硅 – 硅直接键合形成二极管[52]的实验，以及 Lasky 用直接键合得到 SOI 结构[53]的实验以来，利用直接键合技术制备创新结构的工艺兴趣在增加。这样的工艺不仅可以制造 SOI 结构，也可以根据不同应用将各种不同的单晶层组合到不同的埋层和衬底上。

本节描述 Si 和 SiO_2 的直接键合（此技术也适用于其他一些材料）。重点是通过物理和化学处理的两个亲水性表面或两个疏水性表面进行的直接键合。然后，证明为什么对于高质量的键合需要平滑的表面及合适的表面，为了恰当地处理要有低水平粒子和金属沾污染等一些关键问题，为了得到高良率、强键合及无缺陷的结构，需要精细的表面制备。以下几节将简要介绍几种方法，这些方法通常用来评估表面的制备效率和键合质量，并将强调它们是如何用来认识键合机制的。还将详述利用一些专门的方法得到的改进，例如低温键合及更强的键合。

Si 和 SiO_2 的直接键合已得到广泛的研究和应用。已开发了很多用于处理 Si 和 SiO_2 表面（硅膜及体硅二者）的工艺，以提高直接键合的质量。对于大多数表面，这些工艺产生亲水性表面，它们非常适合室温（RT）下的自发直接键合。疏水性表面虽然不太常用，但也可直接键合。在亲水性的 Si 和 SiO_2 键合的情况下，硅表面由薄的天然的或化学改性的氧化硅构成，而 SiO_2 表面则由沉积的或热生长的氧化硅构成。在两个晶圆片之间形成氢键，它们来自每个晶圆片上存在的 Si – OH 团，或者来自 Si – OH 团吸收的水分子[54]，它们会增加室温下的键合能量。为了加强在随后工艺中的键合强度，常常需要进行热处理。在这些处理中，如果存在出气物质、俘获的粒子以及弱键合区域，则会导致键合缺陷。为了避免这些潜在的问题，键合前的表面处理工艺必须精细调整[55-57]。

有机物、颗粒物以及金属物的污染会影响键合的质量。来自环境或储存材料的有机化合物，可以抑制两个晶圆片之间化学键的形成。颗粒会局部地影响化学键的形成，以及增加键合两个表面所需要的弹性能量；对于SOI的两个键合界面，已经找到了颗粒尺寸和键合缺陷之间的关系[58]。来自于工艺工具或耗材的金属污染物，可以影响键合材料的电学性质。

通常用两种方法去除有机污染物，分别是基于硫酸（H_2SO_4）和双氧水（H_2O_2）（SPM）的混合物，或是基于用去离子水稀释的臭氧（DIO_3）。SPM和DIO_3是非常强的氧化剂，可有效去除碳氢化合物污染。SPM腐蚀轻微，不影响表面的微粗糙度。DIO_3清洗具有简单、温度较低以及减少化学废物的优点。然而，臭氧的低溶解度限制了可用的反应物种类的数量，这就限制了潜在的氧化。因此，DIO_3清洗更适合于去除空气带来的污染物[3,59]。

为了去除颗粒物以及有机污染物，表面常采用氨水同双氧水的混合物来清洗。这样可以使表面具有高度的亲水性[3,59,60]。因为，这种碱性溶液使Si和SiO_2表面氧化同时轻度腐蚀，结果使颗粒物从表面脱落及去除。对于硅表面，它产生厚度在0.6~1.2nm范围内的化学氧化层。但是，发现它也可能导致表面变粗。同时，溶液的高PH值，对于颗粒物及表面产生相同符号的ζ电势（Zeta potential），这就避免了任何颗粒物的吸附。对于高质量的直接键合，表面颗粒物污染的控制是非常关键的，因为高度小到$0.5\mu m$的颗粒物可引入直径为几毫米的键合缺陷（图1.8）[3]。颗粒物的密度可以利用表面分析装置，如KLA-Tencor SP2 Surfscan等分析仪来检测，其颗粒物被检测的阈值为90nm或更小[43]。如果清洗条件对于颗粒的去除、亲水性的表面性质及表面粗糙度都产生了优化，那么就能得到如图1.9所示的非常清洁的表面。

虽然由此产生的表面被能吸附水分子的Si-OH团覆盖，但这种清洗方法可能引入金属污染，这便提高了pH值。因此，一般接着要在酸性溶液，例如在盐酸和双氧水的混合溶液中进行清洗[3,59,60]。当给定的溶液是低pH值时，正的ζ电势引入颗粒物的吸收，由此引起轻的表面污染。因此，必须调整溶液的浓度和温度来优化金属的去除效率，以最大限度地减少表面亲水性和颗粒物污染的加重。

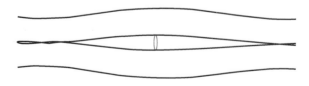

图1.8　由于离子沾污形成的缺陷

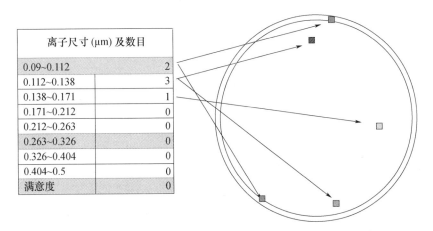

图 1.9 利用 KLA – Tencor SP2 表面扫面仪测量的离子沾污结果，探测阈值为 90nm

对于直接键合所需要的能量，表面粗糙度起着关键的作用。关键点是只有两个晶圆片的化学物质接近到足以相互反应时，两个表面之间才能形成共价键。因此，为了对晶圆片进行处理以确保键合强度及质量，必须检查这些处理是否会引入表面的微粗糙度。例如，键合前的准备工作可能在亲水性 SiO_2 表面引入微粗糙度。图 1.10 就两种不同类型的表面处理说明了这一点，它们是用原子力显微镜对 $(1 \times 1)\ \mu m^2$ 区域扫描测量得到的低（有效值为 0.25nm）及高（有效值为 0.63nm）的粗糙度值。当这样的表面和同样粗糙的 SiO_2 表面键合时，可以观察到较粗糙的表面导致较弱的键合。在 SiO_2 表面情况下，直接键合微观粗糙度的上限被确定有效值约为 0.65nm[61]。

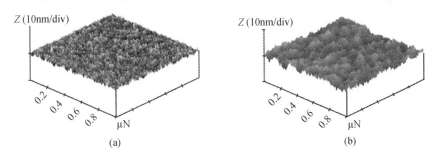

图 1.10 SiO_2 表面上 $(1 \times 1)\ \mu m^2$ 的典型扫描 AFM 测量结果
(a) 均方根值微粗糙度为 0.25nm；(b) 均方根值微粗糙度为 0.63nm。

对于疏水性的表面，界面键合的发生纯粹是借助于范德瓦尔斯力。几种表面制备方法，例如高温（如在指定气氛下 1000℃ 时）下退火或氧化硅在氢氟酸中腐蚀，会导致疏水性的表面。在这些情况下，室温下的键合能量相当低，并且非常敏感于表面粗糙度。发现硅表面直接键合的粗糙度阈值的有效值约为

0.3nm。注意,这些粗糙度阈值是由 SOI 工艺实际的限制决定的。很弱的键合能量是可以接受的,例如没有需要补偿(如晶圆片弯曲)的竞争能量时,较高的粗糙度值可能同键合是相容的。

1.6 直接键合机理的表征

大多数键合前的表面以及键合结构的表征,都是为了评估键合结构的强度和质量。它也有助于研究和理解将在下面论述的 Si 和 SiO_2 键合的机理。

1.6.1 键合缺陷的表征

通常利用红外相机进行硅键合缺陷的表征,因为硅在 $\lambda > 1\mu m$ 的波长时是透明的(图 1.11),因此,可能观察到键合缺陷。键合缺陷引入的空气隙产生光学的对比度,可以在晶圆片上观察到不同高度的键合缺陷(图 1.12)。

扫描声学显微镜也可以用来表征键合缺陷。由压电换能器产生的声波通过水膜进入硅晶圆片,频率通常在 10~400MHz 之间。在每次声阻抗变化时,一个回波返回到换能器,并作为一个麦克风的功能。仅通过分析在键合界面反射的这些回波,便可以检测键合缺陷,无论它们的厚度如何,只要声阻抗发生变化(例如,由键合表面之间的空气或真空产生的)。如果不存在键合缺陷,便检测不到回波信号(图 1.13(a))。如图 11.3(b) 及图 11.3(c) 所示,通常 SAM 得到的横向分辨力小于 $30\mu m$,而纵向分辨力为几纳米。

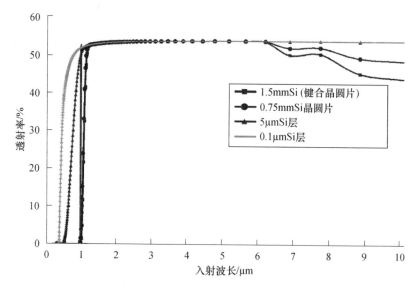

图 1.11 不同 Si 厚度时透光率同入射波长的关系

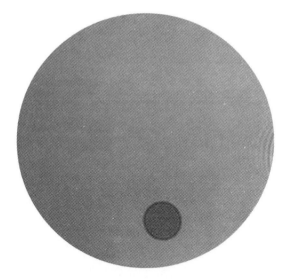

图 1.12　红外相机得到的穿过顶部 Si 晶圆片观察到的键合界面处的缺陷

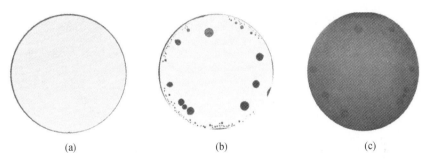

图 1.13　SAM 直接键合的表征
(a) 无键合缺陷的键合界面;(b) 键合缺陷的例子;
(c) 同(b)相同键合的片子但用红外相机表征,结果表明有些缺陷可能探测不到。

1.6.2　键合能量的测量

为了评估键合强度,可以利用双悬臂梁试验方法引入键合结构的 I 型剥离[62]。因此,Mas-zara 等提出了一种如图 1.14 所示的在两个晶圆片之间插入薄片的方法来测量它们的键合强度[63]。在室温下 Si 或 SiO_2 表面键合以后,键合能(2γ)是相当弱的。图 1.15 所示为疏水性的 Si – Si 键合和亲水性的 SiO_2 – SiO_2 键合情况下,典型的表面能(γ)随键合后退火温度的变化关系,其中氧化硅是热生长形成的,不需要任何化学机械抛光表面的制备。室温键合的能量值 2γ 对于亲水性的 Si 或 SiO_2 表面键合在 $0.2 \sim 0.3 \text{J} \cdot \text{m}^{-2}$ 的范围,对于疏水性的 H – 终止的硅表面为几十毫焦每平方米。

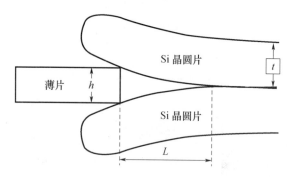

图 1.14 为了测量同键合能量有关的分层(剥离)长度 L 将厚度为 h 的薄片插入两个厚度为 t 的晶圆片之间的裂开方法示意图

热退火通常用来提高粘附性,它将弱的物理-化学相互作用(由于范德瓦尔斯力或氢键)转化成两个表面之间的共价键。这种情况的发生,在亲水性的情况下是由于硅烷醇键(Si–OH)变成了硅氧烷键(Si–O–Si),在疏水性的情况下则是由于形成了共价 Si–Si 键[64]。

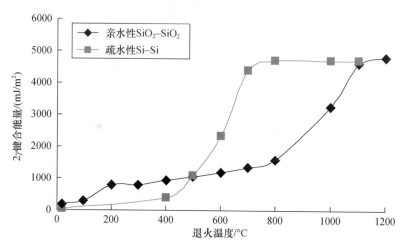

图 1.15 两个疏水性的 Si 晶圆片和两个亲水性热氧化的 Si 晶圆片键合其键合能量同热退火温度的关系(Source:Reprinted from Moriceau et al. ,Solid State Phenomena 121–123,129–32,copyright(2007),with permission from Trans. Tech. publications Ltd.)

1.6.3 化学键

多个内反射模式工作的傅里叶变换红外光谱 FTIR–MIR,可以用来测量键的性质及与密度。图 1.16 所示为亲水性 SiO_2–SiO_2 键合的情况。热生长的氧化层厚度是 10nm[65]。图 1.16 清楚地说明,在 250℃ 以上的温度中退火,–OH 的带峰在 3000~3700cm^{-1} 波数范围内有很大的变化。在 3200~3500cm^{-1} 范围内的峰值不断减小。在 3500～3700cm^{-1} 范围内的 Si-OH 峰值开始时随温度增加而增加,到了 350℃ 以后随温度增加而下降。

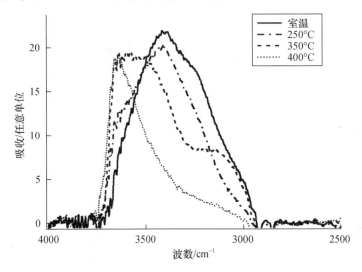

图 1.16 亲水性的 SiO_2-SiO_2 键合在不同温度下键合退火后所测量到的 FTIR-MIR 实验-OH 吸收带峰的变化(Source:Reprinted with permission from Electrochemical and Solid-State Letters 12(10),H373. Copyright(2009),The Electrochemical Society.)

1.6.4 键合机理

采用欧洲的同步辐射装置(ESRF)完成硬 X 射线反射率(XRR)测量,并利用测量键合间隙中的电子密度来对键合界面的物理及形态性质进行评估[66]。对于 SiO_2-SiO_2 键合,提出了一种同 FTIRMIR 测量及 XRR 测量相一致的自封式的密封机制(如图 1.17 顶部和中部所示)[66]。可以观察到键合的间隙在低温退火时得到了填充,对 $Z=0$ 在室温和 400℃ 退火 2h 以后的电子密度值进行了比较(图 1.17 底部所示)。在这个温度下,由于有了越来越多的共价键,未键合的一些区域在垂直方向得以扩展,这就可以容纳固定的水量及得到更紧的黏结度。在较高的温度下退火时,键合的界面间隙趋于连接和消失,结果任何的放气或副产品的物质一定会从这个结构中离去。

此外也清楚地表明,表面粗糙度是直接键合的一个关键参数。例如,图 1.18 所示为在 SiO_2 表面亲水性键合情况下,用原子力显微镜表征的表面能量(γ)值同微粗糙度有效值的关系。在室温以及在这种粗糙度范围下,可以假设,直接键合以通过界面处存在的氢键键合为主。氢键的密度同表面的性质、平滑度及亲水性有关。图 1.18 表明,当微粗糙度在 0.45～0.65nm 有效值范围内增加时,表面能量值减小。直接键合似乎是以粗糙接触为主,并且连续的水膜不可能在界面的任何地方存在。我们也可以看到,微粗糙度值低于0.45nm时,表面能在室温时是相当恒定的。这种行为可能是在键合界面的水造成的。值得注意的是,有2层或3层水分子在键合界面被俘获,正如利用FTIR或XRR测量所看到的那样[67]。

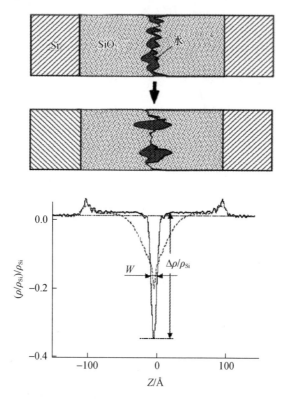

图1.17 在室温(图上部)及400℃退火2h以后(图中部)氧化硅-氧化硅键合密封的机制。图下部的曲线是电子密度的分布,实线是室温键合后的结果,虚线是400℃退火2h以后的结果(Source:Reprinted with permission from Electrochemical and Solid-State Letters 12 (10),H373. Copyright (2009),The Electrochemical Society.)

1.6.5 键合界面的闭合

有人建议,可以利用高温退火加强键合界面的闭合。退火温度越高,闭合越完全,图1.19所示为Si-SiO$_2$键合在1100℃退火后的情况。然而,对于粗糙度有效值为0.6nm的SiO$_2$键合结构,横截面TEM的观测发现,即使在退火后温度高达1100℃,在键合界面也留有很多小的空洞(图1.20)[61]。这说明,键合界面有弱的闭合及低的键合能量。

为了增加键合界面的键合能量和/或降低空洞密度,可以利用更高的温度退火,因为它能使氧化硅回流。然而,也应该注意,加强键合的高温退火也可能受到限制甚至要加以避免,并且可以用下面将要详述的其他的一些工艺代替。

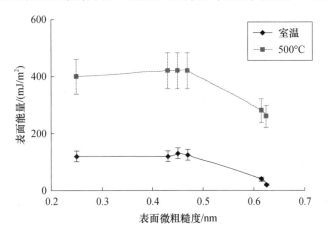

图 1.18　SiO$_2$ 键合表面的表面能量同粗糙度均方根值的关系。测量是利用一种薄片插入技术在室温接触及 500℃ 退火以后进行的(Source: Reprinted with permission from Electrochem Soc. PV 2003 – 19, 49. Copyright (2003), The Electrochemical Society.)

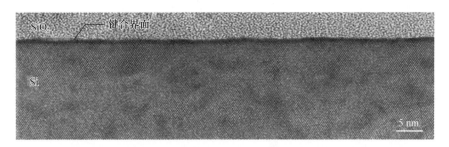

图 1.19　利用 HR – TEM 截面所观察到的 1100℃ 退火以后 Si – SiO$_2$ 键合界面的有效闭合

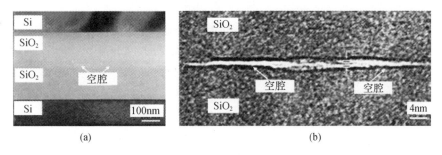

图 1.20　粗糙度均方根值为 0.6nm 的两个键合的 SiO$_2$ 表面的 TEM 截面成像
(a) 即使在 1100℃ 退火以后键合界面仍然留有小的空腔;(b) 这样的空腔的高放大倍数的照片。

1.6.6 水应力腐蚀对键合能量的影响

近来已有证明,硅氧烷键 Si-O-Si 的水应力腐蚀,可以大大影响键合能量的测量[68]。避免这种现象的方法是在一个无水气氛,例如,在含水汽低于 0.1×10^{-6} 的一个充氮的手套箱中进行键合能量的测量。正如图 1.21 所示,对于 100℃以上的键合后退火,亲水性键合能量值要比图 1.15 所示的值重要得多。为了恢复真正的键合能量值,以及能够比较不同键合的类型,消除应力腐蚀的直接键合能量测量是非常重要的。

疏水性 Si-Si 键合能量的测量不受水应力腐蚀的影响。这是因为疏水性键合引入 Si-Si 共价键,而不是引入 Si-O-Si 的硅氧烷键。然而,当需要对不同条件下完成的亲水性键合情况进行比较时,键合能量测量便可以在受控湿度环境下进行,而且比较有效,但键合能量的绝对值将被低估。本章中使用的值主要是这样控制湿度的键合能。

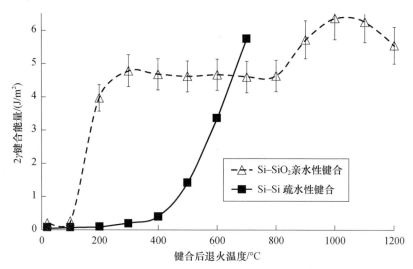

图 1.21 各种键合的键合能量同热退火温度的关系:两个疏水性 Si 晶圆片键合及疏水性的 Si 以同热氧化硅晶圆片键合是在无水环境($0.1 \times 10^{-6} H_2O$)下进行的。亲水性键合在 900℃以上的值(同虚线部分相连的)同裂纹不在键合界面传播有关

(Source:Reprinted with permission from Fournel et al. (2012) J. Appl. Phys. 111, 104907. Copyright (2002), AIP Publishing LLC.)

本章研究了几种表面制备工艺以取代或补充湿法表面清洗,以及在低温下退火以后也能获得高的键合强度。例如,化学机械抛光(CMP)步骤、热处理和等离子体激活,对于去除有机物污染和修饰表面及次表面,从而得到高的键合能量和无缺陷的键合,是非常有效的工艺。

1.7 Si 和 SiO$_2$ 直接键合的其他表面制备工艺

为了在退火时以低温得到高的键合强度,研究了各种表面制备工艺以取代或补充表面清洗。例如,对于进行有机污染物的去除以及对表面和次表面的修正从而得到高的键合能量及无缺陷的键合,CMP 步骤、热处理以及等离子激活是非常有效的工艺。

1.7.1 化学机械抛光

纳米尺度的直接键合,是由氢键通过在硅醇基团(Si – OH)上吸附的水分子或通过从两个表面硅醇基之间吸附的水分子引起的。所以,第一种方法是增加硅烷醇基的密度,特别是增加氧化物次表面的水扩散。用基本溶液(pH 值在 9 ~ 11 范围)的 CMP 这样的制备工艺,非常适合于产生这些变化[69]。

为了避免在直接键合中出现问题,表层的氧化硅膜表面不能太粗糙。为了得到强的键合,氧化硅的表面可以利用 CMP 处理,这样就可以使其平滑、无缺陷。由于硅烷醇基的密度与表面粗糙度的关系密切,所以表面粗糙度对接着要形成强的共价键有重要的影响[61]。例如,对于 CMP 处理的亲水性 SiO$_2$ 表面,在 200℃退火 2h 后测量到的键合能量超过 1.5J·m^{-2}。这与通常在键合前未用 CMP 处理的键合结构得到的 0.6J·m^{-2} 值是可比较的。然而,必须特别小心避免 CMP 工艺中留下的任何表面粗糙来源,如颗粒或划痕,因为它们会阻止紧密的键合以及产生键合缺陷。

表面 CMP 处理的另外一个优点是,它可以使用于加强键合的退火热能预算明显地减少。这是由于表面粗糙度降低和键合密度增加所致。因此,它便可以为不同的应用发展成功的低温键合工艺($T < 500$℃)[70]。CMP 工艺还有一个优点,是它能在直接键合前制备图形化表面。它适用于具有不同材料的表面,例如,SiO$_2$ 层上有硅台面的晶圆片[71]。在这样的混合表面上完成标准的 CMP,会导致去除率局部的变化。需要特殊的 CMP 工艺,例如基于监测每种材料去除率的工艺。然而,我们可以得出结论,基于 CMP 处理的键合工艺,能制造创新性的键合衬底,因此,具有新的应用。

1.7.2 利用热处理制备表面

在亲水性表面键合中的另一种类型的缺陷,起源于在键合界面的放气,这可能是由于存在的水(直接作用)或者氢(间接作用)引起的。例如,亲水性 Si 表面键合到 Si 或 SiO$_2$ 表面便是这种情况。当埋氧化物层薄并用标准表面制备方法时,这些缺陷全都能观察到。图 1.22 所示为 Si－Si 亲水性键合的这种缺陷。当需要开发无缺陷的键合工艺时,认识这些缺陷的来源,以及如何避免这些缺陷是特别重要的。

水在亲水性表面被吸附,因而键合后在界面被捕获。这些水使得在室温下可以通过氢键来键合。典型的水量是两个分子层。不幸的是,在退火(用于增强键合)时,水可能会同硅反应产生额外的 SiO_2 和 H_2 副产物[72]。只要 H_2 在硅中的溶解度以及通过硅的扩散能力小,它便限制在狭窄的界面中,在温度低于几百摄氏度的情况下便是这样。在 SiO_2 中氢的溶解度和扩散能力较高,但是薄 BOX 层的小体积限制了它的吸收能力。结果,H_2 的压力随退火温度而增加,当压力超过键合界面的机械强度时,便形成一个键合缺陷[73]。

在较高的温度下退火,氢在硅中的溶解度能使键合界面的压力下降。然而,尽管小的缺陷消散,但较大缺陷的溶解度仍保持稳定。这一点在其他文献中已有解释[72,75]。为了克服这些问题,已经研究了很多方法,使键合前在特殊气氛及足够高的温度下硅晶圆片退火,从而降低表面的亲水性。例如,已用 SAM 观察了键合前在氮气氛及 500℃下退火表面的 200mm 晶圆片 Si－Si 键合结构[56]。图 1.23 清楚地显示,在键合后 400℃下退火缺陷密度减小了。这说

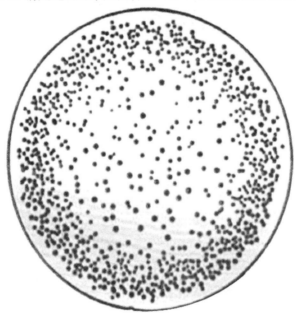

图 1.22　400℃下退火 2h 以后 Si－Si 亲水性键合形成的
缺陷 SAM 成像(直径 300mm 硅晶圆片)

明,键合前的退火对水的解吸和随后获得无缺陷的键合结构,是一种有效的方法[56,57,72]。另外,Fournel 等报道过,低温和长时间的键合后退火促进了脱气物质的横向扩散[76],并能使在整个键合后退火范围内得到无缺陷的键合结构。

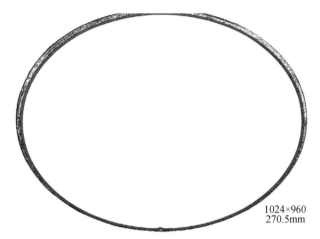

图 1.23　200mm 的 Si-Si 键合在 400℃ 退火以后用 SAM 观察的结果。键合是在 500℃ 下预键合表面退火以后完成的

1.7.3　等离子表面激活工艺

键合前的等离子表面激活工艺具有明显的作用,因为等离子体辅助晶圆片键合,对于去除碳氢化合物及表面吸附的一些不希望的污染物[77],以及降低表面粗糙度和建立次表面的无序层是一种有效的方法[78]。通过这些化学和物理机制,等离子处理提高了 Si-OH 基团的表面密度,并且建立了一个具有高度亲水性和高数量有效键合点的表面。

通过两个接触的晶圆片之间表面 Si-OH 基团的聚合,显著增加了键合强度[3,79,80]。另外,因为等离子处理可以导致更平滑的表面,所以它们也可以增加键合能量。

图 1.24 所示为用不同等离子进行表面激活后,Si-SiO$_2$ 键合结构典型键合能量和键合后退火温度的关系。这些能量值,可与 Kern 描述的 RCA(美国无线电公司)清洗的表面得到的值相比较[60,79]。此外,在图 1.24 中同 Wang 等报道的等离子激活后 Si-Si 键合情况[81]进行了比较,说明得到的键合能量甚至比在低温退火后得到的值更高[79-83]。等离子激活后键合能量增加的机制仍然没有完全认识,但它们可能涉及水扩散远离界面的增强,以及等离子体处理引入的次表面无序层促使的硅氧烷键的形成[78]。等离子体处理在中等温度(小于500℃)下得到高键合强度,使得其对用不同材料构成键合的异质结构,例如,不

同热膨胀系数的晶圆片,如玻璃上硅(SOG)[84]、应力绝缘体上硅(SSOI)以及绝缘体上锗硅(SiGeOI)结构[85],非常有吸引力。由于低温工艺可以使薄的单晶层转移到热膨胀系数非常不同的衬底上,这使得智能剥离技术具有很多的优点。

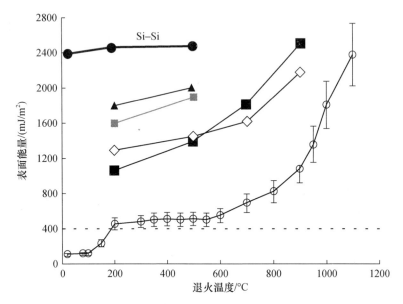

图1.24 不同等离子温度表面激活以后得到的典型Si-SiO$_2$键合能量:(▲,▨)用反应离子刻蚀(RIE)等离子及(◇,■)用微波(MW)和感应耦合等离子(ICP)以及它们在不同温度下的键合能量,(○)是做对比用的利用RCA清洗表面所得到的数值。(●)为了比较,由Wang等完成的等离子激活以后Si-Si键合情况下得到的相应的键合能量值

1.7.4 在真空下键合

用真空下的键合取代在大气压力下的键合,对于某些应用可提供一些有意义的可能性。例如,对于MEMS的应用通常需要围绕着一些空腔键合。即使在空腔内不需要真空,在真空下进行键合也可以防止键合后退火产生过压从而引起键合脱落及裂缝。真空键合也可用于表面制备,因为直接的亲水性硅键合即使在低温退火以后也产生许多键合空隙(图1.25(a))。在真空下键合加上键合后长时间的退火,能大大降低界面的键合缺陷密度(图1.25(b))[76]。而且,在真空下预键合时加热晶圆片以及利用长时间键合后退火,可以得到很好的键合。在这些情况下,在400℃(图1.26)甚至在700℃下,都可能检测不到键合缺陷。

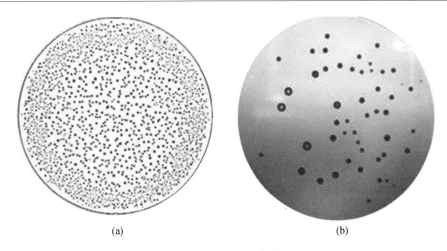

图 1.25 SAM 的观察结果

(a) 键合及在 400℃下退火的亲水性 Si – Si 键合;(b) 结合长期退火步骤直到 400℃ (温度变化速度可达 0.25℃/min,退火步骤每 100℃用 10h)在真空下 Si – Si 亲水性键合。

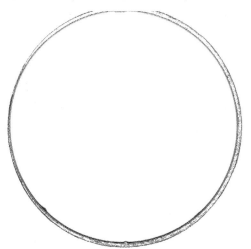

图 1.26 热(250℃,15min)真空(10^{-2}mbar①)键合以及键合后长期退火到 400℃的 SAM 表征

1.8 利用离子注入、键合及剥离量产 SOI 衬底的智能剥离技术

在制备 SOI 材料的不同技术中,智能剥离技术,即基于注入少量离子,接

---

① 1bar = 10^5Pa。

着利用晶圆片键合和退火后剥离将薄层转移的技术,已成为高质量 SOI 衬底生产最著名的技术。自从 Bruel 发表这种技术以后[33,37],为了满足对更好质量衬底的不断要求,这种工艺也不断得到改进。这里将重点描述从原子级的离子注入到最终的晶圆片级的剥离而使这项技术成为有效技术的物理过程。

已经发现,在核环境下长时间用离子辐照会使材料起泡,材料暴露于高通量粒子之下始终是一个问题。当涉及离子注入时必须考虑 3 个参数:剂量、能量和剂量率。在这里,将设置这样一组参数,即剂量为 $10^{16} cm^{-2}$ 左右,能量为 10keV 左右,采用小的剂量率以防止注入引起的退火(室温注入)。

1.8.1 离子注入硅

在上述条件下注入,氢离子分别结合到硅的晶格中去,并且立即对晶体产生影响。已经用各种纳米尺度的表征工具完成了一些研究。离子注入的第一个影响,是产生大致同注入的氢分布特征相对应的一个应力层[86]。氢的结合,使离子的投影距离附近的硅体积膨胀。由于下面的是体硅晶体,因此膨胀被限制在垂直方向,但是,由注入引起的平面内应力会通过晶圆片的弯曲而被看见。

在这样的"注入"条件下,氢原子分别占据硅原子之间晶体的优先位置,于是,就出现了它们的位置及对晶体影响的问题。已进行了一些使用各种纳米尺度表征工具的研究。例如,利用 ab initio(从头开始计算)的方法对优先位置(主要是能量位置)进行探测,并且使用不同的光谱方法(Si - H 键的红外光谱、拉曼光谱)从实验上研究这些结果[87]。一致的看法是,在硅中氢的优先位置是所谓的键中心位置,在这里氢位于两个硅原子的中间。然而,表征的一个困难是,在注入以后由于氢同注入时造成的点缺陷(空位及间隙子)的相互作用,会形成各种各样的产生物。形成的可能稳定产生物,包括一些氢原子或空位,这是退火系统自然发展的结果。

1.8.2 小板的形成

在注入以后,硅晶体中的氢处于过饱和状态,在退火过程中,它会自然倾向于变成相分离的情况,即氢在一边,而无氢的硅在另一边(忽略氢在硅中很低的溶解度)。这一变化是通过经典的成核、生长和粗化完成的,在此期间,特别是在早期的成核阶段,一些生成物可能更稳定,而比另一些生成物起更大的作用(根据聚团动力学)。用实验或者数值表征这一阶段是困难的。在更长的时间尺度上,氢形成一些小板。这些小板是平的,呈椭圆形,其直径通常在 1 ~ 50nm 之间。它们由氢气填充,而它们的壁由氢终止的硅表面所覆盖。它们的择优取向,取决于晶体的方向及其应力状态。当晶体在一个自由表面的下方退火时,小板往往平行于自由表面。小板的形成已经由不同的研究小组,特别是 Claverie 研究小组[88]观察到。对这个纳米尺寸范围内生长和粗化阶段的研究,主要是利用电子显微技术进行的[88]。已证明,小板的分布是依据 Ostwald 规律,即根据不同尺寸小板之间的物质(气体)交换过程而变化的,较大的小板是压缩一些较小的小板而成的。小板的生长不总是持续进行的,而是保持在分裂表面的状态下。应该看到,小板的生长发生在总的热预算的开始部分。小角度 X 射线技术为小板的形成提供了证据[89]。

1.8.3 微裂纹的扩展

退火过程中,在小板的阶段之后是微裂纹的产生阶段[90,91]。最初微裂纹是由接近离子注入中间部分小板聚集形成的。因为微裂纹的典型直径为几微米[92],因此,退火过程中微裂纹的变化可以使用红外光学显微镜监测(图 1.27)。

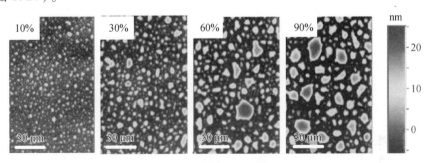

图 1.27 等温退火微裂纹扩展的干涉显微镜观察结果,不同百分比时对应的退火时间

微裂纹的产生有几种情况。已经发现,裂纹以小板相同的方式相互作用,不同大小的裂纹之间的气体交换是它们变化的动力。最近的包括不同退火阶段一直到热分离瞬间界面分离所释放气体总量的测量已经表明,氢的量以及裂纹的总面积是增加的。这使我们相信,微裂纹在变化的最后阶段,小板起了作用,它们为裂纹提供了氢的来源。当没有硬化的晶片键合到表面上时,位于任何微裂纹上方的薄硅膜可能会变形,于是便产生使用显微镜很容易看到的水泡。微裂纹的发展变化表明,沿着注入层衬底关系减弱。当裂纹向前发展足够时,就会形成宏观裂纹的传播,并且高速地穿过裂纹区。晶圆片剥离以后的粗糙度表明,由裂纹的侧墙分开的平区(微裂纹区)是微裂纹的明显特征。

在小板和微裂纹的发展变化过程中,系统的总能量不断地减小,包括表面能量(脱开硅表面所需要的能量)以及体能量(同受压的空洞引起的硅形变相关的弹性能量)。这两者之间的平衡,与通过气体扩散引起它们之间的连续交换,驱使裂纹的分布向最后的分离发展。在这方面,氢有两个作用。它既通过增加空洞的压力影响体项,也由于打开硅的裂纹时的悬空键影响表面,结果降低了裂纹发展变化的能量。

有利的是,当氦与氢一起使用时,为了钝化表面可以使用最小量的氢(但限制稳定点缺陷"去掉的"数量),同时只用氦气施加一个机械压力,在氦和硅之间具有的是弱亲和力,这样总剂量可以减小。这种工艺目前已在生产中使用。

剥离的晶圆片所观察到的粗糙度(从几纳米的粗糙度有效值,一直到10nm的峰谷值)说明,需要有剥离后表面处理降低粗糙度水平的技术(图1.28)[93]。一个可能性是使用约束层,它们迫使成核以及使微裂纹发展到比注入射程更受限制的高度范围,例如利用沉积硼和在这一层的顶部再外延硅层。当在富硼层上叠加注氢层时(调节注入能量),强的硼氢亲和力将允许位于限制层内的空洞快速发展。这种技术对于减少剥离后的粗糙度是有效的,并且对于薄层转移以及要求高度平滑或不允许抛光的情形,具有很好的应用潜力。

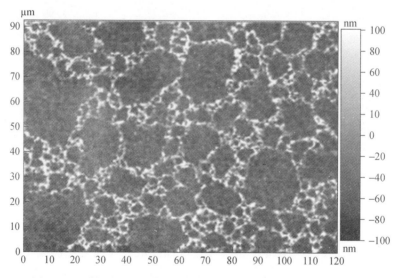

图1.28　剥离的光学轮廓术图像,最终阶段的微裂纹图案清晰可见

1.8.4　智能剥离工艺制造 SOI 的发展趋势

很多不同的 SOI 结构都可以使用智能剥离工艺制造。顶部硅膜的厚度一般在几十纳米到几微米的范围,它们受注入能量的限制,利用大多数的标准注入设备,注入能量低于 200keV。另外,在很多情形下,为了保持热 SiO_2-Si 界面在薄的顶层硅膜之下,在注入之前氧化硅薄膜是热生长的。因此,BOX 的厚

度也可能受注入能量限制。为了得到更大范围的 BOX 厚度,可以利用 SiO_2-SiO_2 键合,但是这需要较高的退火温度,以实现键合界面的完全闭合。

厚度均匀性是一个至关重要的 SOI 参数。尤其是对于全耗尽金属氧化物半导体互补(CMOS)器件的 SOI 结构[94]应用。目前,300mm 晶圆片的均匀性,在任何一个点都要优于 0.5nm(最小-最大值范围),顶部硅膜的厚度薄到 10nm,BOX 的厚度约为 (10 ± 1)nm。现在,表面的质量也非常高,缺陷密度小于 0.05 个每平方厘米,缺陷具有低到约 50nm 大小的检测阈值。

值得注意的是,未来先进的 SOI 结构可以使用下面将要介绍的应力 SOI (SSOI)晶圆片,它们可以具有更高的电子迁移率和低的功耗[95-97]。通过 X 射线衍射测量[96]或通过拉曼光谱测量[97]可知,一般所得到的应力高达 1.3GPa。

1.9 更复杂的 SOI 结构制造

在主流的 SOI 制造中研发的不同技术,现在已用于较复杂的 SOI 型结构和异质结构,并且正如本节要描述的可以考虑更高的复杂性。由于智能剥离技术的通用性,它能用来制造许多不同的创新性工程化结构,而且仍保留其对未来技术的潜力。

1.9.1 绝缘体上应力硅晶圆片

在高频应用的 MOSFET 这样的微电子器件中,非常希望提高载流子迁移率。一种可能性是利用硅的应力效应。在 SOI 结构中,它可以利用应变硅层作为顶层来实现,由此得到绝缘体上应变硅(sSOI)结构。研发了两种工艺获得这种 sSOI 结构,这两种工艺均利用在弛豫的 $Si_{(1-x)}Ge_x$ 层上生长薄的外延应变硅层。

在一种工艺中,首先在硅晶圆片上生长一弛豫的 $Si_{(1-x)}Ge_x$ 层,并用轻的离子注入。注入的晶圆片通过埋氧化物直接键合到最后的 SOI 衬底上。产生分离,并且用智能剥离工艺将 $Si_{(1-x)}Ge_x$ 层进行转移,便得到绝缘体上 $Si_{(1-x)}Ge_x$ 结构。最后,在被转移的 $Si_{(1-x)}Ge_x$ 层上,生长一薄的外延应力硅层。这种方法形成绝缘体上双层结构,双层由上层的应力硅和下层的 $Si_{(1-x)}Ge_x$ 构成[97,98]。

在另一种工艺中,首先在弛豫的外延 $Si_{(1-x)}Ge_x$ 层上生长薄的外延应变硅层。然后在 $Si_{(1-x)}Ge_x$ 层深处进行氢气的离子注入。在键合和分离以后,双层(上层为薄的 $Si_{(1-x)}Ge_x$,下层为应力硅)被转移到埋氧化物上。去除表面的 $Si_{(1-x)}Ge_x$ 层,留下优良的薄应变硅层作为 sSOI 结构的层顶[97,98]。

1.9.2 不同埋层介质的 SOI

改变埋介质层的性质,有利于使其更适合于特定用途的 SOI 结构。例如,埋 SiO_2 层的 SOI,有利于在硅层和最终衬底之间需要非常有效的电绝缘性能的应用;SiO_2 层通常用热氧化方法得到,它的击穿电压高于 $5MV \cdot cm^{-1}$。有一些应用可能需要顶硅层与衬底之间有好的热传导,在这些应用中,宜采用 Si_3N_4 作埋层介质,因为它的导热率是 SiO_2 的 30 倍。

在一些更特殊的情况下,可能需要通过高热耗散的绝缘埋层,同时,在两个埋层界面,即顶层硅或衬底硅同埋绝缘层之间的界面,需要有好的电学性质。SiO_2 和 Si_3N_4 的结合应用可以满足这一要求,这一点已在多层 SOI(SOIM)结构中得到证实[99]。图 1.29 所示为一个 SOIM 结构用 TEM 观察得到的结果,图中多层埋绝缘层由 2.5nm 厚的 SiO_2、70nm 厚的 Si_3N_4 以及 70nm 厚的 SiO_2 层堆叠而成。

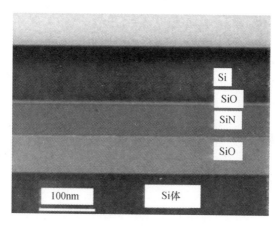

图 1.29　SOIM(多层 SOI)结构 TEM 观察的结果,
隐埋的多层绝缘体分别为 $2.5nm SiO_2$、$70nm Si_3N_4$ 及 $70nm SiO_2$ 层

1.10　异质结构的制造

由不同性质的材料组成的异质结构,可以产生一些非常有意义和创新性的应用。例如,将硅晶圆片键合到熔融石英晶圆片上,可以形成用于显示的结构。薄层材料转移技术使得一种材料被另一种材料代替,结果可以更便宜或者同未来的一些应用更兼容。

然而,不同物理特性的材料键合时,在堆叠工艺过程中可能产生一些问题,并且在一些应用中受到限制。例如,如果键合的材料有不同的热膨胀系数(CTE),则在键合后退火时会产生应力[100]。假设堆叠的材料是直接键合的,那么界面就可能是不平滑的,因此面内的应力不能释放。这种类型的热应力可能会妨碍后步工艺,甚至破坏异质结构。利用基于离子注入的薄层转移及热剥离的技术,其温度要低于非注入材料制造异质结构需要更复杂工艺的温度[101]。基于应力的解析模型,已研发出一些不同的使异质结构中热应力减到最小的技术。

1.10.1 应力的解析模型

这里描述的解析仿真基于 Timoshenko 的平板理论[102],假设是无限弹性平板以及具有小的形变。在温度 T_i 时两个晶圆片键合,在 T_f 时退火。弹性模量(E_1, E_2)及泊松系数(ν_1, ν_2)是常数,热膨胀系数为(α_1, α_2)。晶圆片厚度为 d_1 和 d_2,晶圆片 1 放置在晶圆片 2 的下面,并且 $\alpha_1 < \alpha_2$。考虑被键合的部分,使结构保持平衡的内力(P)和力矩(M),如图 1.30 所示(ρ 是曲率半径)。

根据 Timoshenko 的理论,$m = d_1/d_2$,而 $n = 1(1-\nu_2)/2(1-\nu_1) = E_1'/E_2'$,对于两个晶圆片可以得到

$$\frac{1}{\rho} = \frac{6(1+m)^2(\alpha_1 - \alpha_2)(T_f - T_i)}{(d_1 + d_2)(3(m+1)^2 + (m^2 + (1/mn))(mn+1))} \tag{1.1}$$

$$\sigma_1(z) = \frac{1}{\rho}\left[E_1'\left(z - \frac{d_1}{2}\right) + \frac{1}{d_1}\left(\frac{E_1'd_1^3 + E_2'd_2^3}{6(d_1 + d_2)}\right)\right] \tag{1.2}$$

$$\sigma_2(z) = \frac{1}{\rho}\left[E_2'\left(z - d_1 - \frac{d_2}{2}\right) + \frac{1}{d_2}\left(\frac{E_1'd_1^3 + E_2'd_2^3}{6(d_1 + d_2)}\right)\right] \tag{1.3}$$

式中:σ_i 是面每种材料的内应力。

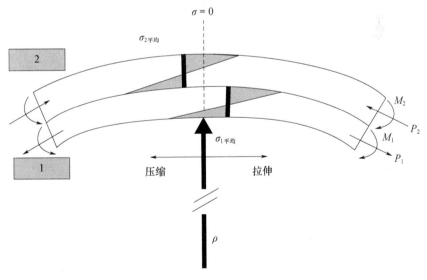

图 1.30 温度为 $T_f > T_i$ 而 $\alpha_1 < \alpha_2$ 时异质结构的应力模型,P_1 及 P_2 是轴向拉力,M_1 及 M_2 是同晶圆片 1 和 2 有关的弯曲力矩

对于几个晶圆片或几个薄层键合且键合时彼此施加 ρ_0 时[103]，可以写成下式：

$$\frac{1}{\rho} = \frac{-6 * \sum_i E'_i x_i * (2 \sum_{j<i} x_j + x_i) * \left\{ \begin{array}{l} \sum_j E'_j x_j * [\sum_{k<i}(\alpha_k - \alpha_{k+1})\Delta T - \sum_{k<j}(\alpha_k - \alpha_{k+1})\Delta T] + \\ \sum_j E'_j x_j * [\sum_{k<j}\left(\frac{d_k + d_{k+1}}{2\rho_0}\right) - \sum_{k<i}\left(\frac{d_k + d_{k+1}}{2\rho_0}\right)] + \\ \sum_j E'_j x_j * \left[\frac{P_{0i}}{E'_i d_i} - \frac{P_{0j}}{E'_j d_j}\right] \end{array} \right\}}{\sum_i E'_i x_i * [\sum_j E'_j x_j^3 + 3 * (2 \sum_{j<i} x_j + x_i) * \{\sum_j E'_j x_j * [x_i - x_j + \sum_{k<i} 2x_k - \sum_{k<j} 2x_k]\}]}$$

(1.4)

以及

$$\sigma_i = \frac{p_i}{d_i} + \frac{E'_i}{\rho}\left(z - \sum_{j<i} d_j - \frac{d_i}{2}\right) \qquad (1.5)$$

考虑到在 T_i 和 T_f 之间热膨胀系数也可能不是恒定的，则要用下式替代：

$$(\alpha_k - \alpha_{k+1})\Delta T \qquad (1.6)$$

并有

$$\int_{T_i}^{T_f} (\alpha_k(T) - \alpha_{K+1}(T))\,\mathrm{d}T \qquad (1.7)$$

对于储能弹性能量，可以写作

$$\left[\frac{U}{S}\right] = \int_0^d \frac{(\sigma_x^2 + \sigma_y^2 - 2v\sigma_x\sigma_y)}{2E}\mathrm{d}t = \int_0^d \frac{\sigma^2}{E'}\mathrm{d}t \qquad (1.8)$$

$$\left[\frac{U}{S}\right] = \frac{1}{E'_i}\left[a^2 \sum_{j<i+1} d_j + ab \left(\sum_{j<i+1} d_j\right)^2 + \frac{b^2 \left(\sum_{j<i+1} d_j\right)^3}{3}\right]$$
$$- \frac{1}{E'_i}\left[a^2 \sum_{j<i} d_j + ab \left(\sum_{j<k} d_j\right)^2 + \frac{b^2 \left(\sum_{j<k} d_j\right)^3}{3}\right] \qquad (1.9)$$

并有

$$a = \frac{p_i}{d_i} - \frac{E'_i}{\rho}\left(\sum_{j<i} d_i + \frac{d_i}{2}\right) \qquad (1.10)$$

以及

$$b = \frac{E'_i}{\rho} \qquad (1.11)$$

1.10.2 异质结构应力的降低

所推导的这些数学公式，可用于一个 720μm 厚的硅晶圆片同 1mm 厚的熔融石英晶圆片键合的异质结构。在仿真中，采用晶圆片的直径是 200mm。我们可以计算每侧晶圆片的应力、全片的弯曲度以及储能的弹性能量，结果如图

1.31(a)所示。

硅热膨胀系数的热学关系,曾由 Okada 等报道过[104]。为了最大限度地减少在一定温度下的热应力,可以给键合的弯曲晶圆片施加预应力。这样的"弧形的键合",其应力的温度不再是室温,如图 1.31(b)所示。

可以在一个指定温度下键合获得可比较的结果,因为这样的技术将在室温下产生一个应力结构,因此称为"热键合"(图 1.32(a))。图 1.32(b)所示为室温下的一个弯曲结构,它是由 350℃下硅晶圆片和一个融熔石英晶圆片键合得到的。值得注意的是,图 1.32(b)所示的异质结构的弯曲度,解析仿真的结果约为 4mm。差别是由于在上面的理论模型中小形变的假设所致。如果异质结构的弯曲度是假设有大的机械形变并采用有限元方法来计算(正如 200mm 直径的晶圆片所需要的),得到的数值是 2.5mm,它非常接近于实验观察所得到的数值。

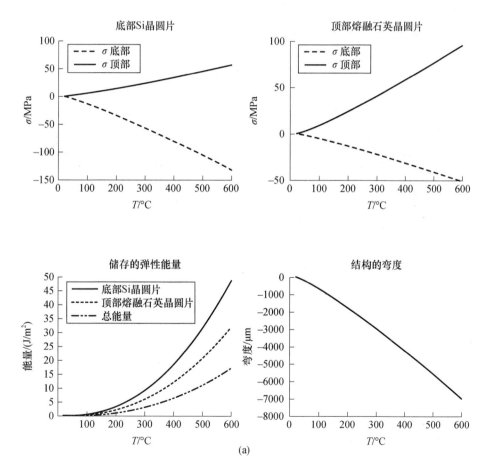

(a)

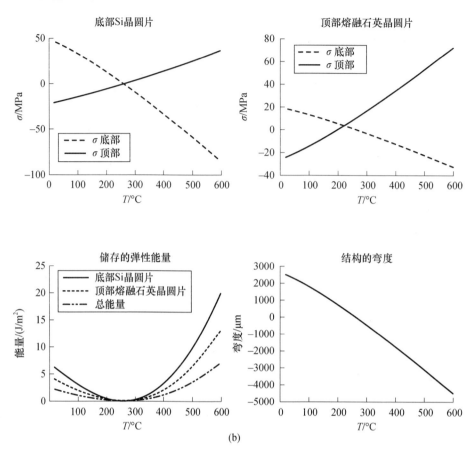

图 1.31 （a）同熔融石英晶圆片键合的 Si 晶圆片从室温到 600℃ 应力变化的仿真结果；（b）曲率半径约为 2m 的弯曲晶圆片进行同样仿真的结果

1.10.3 用于薄层转移技术

在基于注入及热剥离以及接着的应用过程中的薄层转移技术,为了尽量减小异质结构的应力和避免在热处理时异质结构破坏,应该考虑上面描述的一些方法。当然,热应力没有减到最小时,这样的薄层转移技术不能用于任何异质结构。例如,硅融熔石英异质结构可以承受 600℃ 的退火,但是,如果硅晶圆片在键合前注入,产生剥离的 400℃ 退火,也会使异质结构破坏。如图 1.33（a）所示,这是由于在剥离温度下能量的突然释放所致。限制这种能量弛豫的一种方法,是在接近剥离温度下进行热键合(图 13.3（b）),或者进行一个弯曲的键合。这样,在利用曲率半径约为 2m 以及剥离温度为 350℃（图 1.34（a）),或者 350℃ 下热键合而剥离温度 400℃（图 1.34（b）)的键合以后,就有可能在融熔的石英晶圆片上面得到一薄的硅层。由于键合强度降低,键合的异质结构呈现较

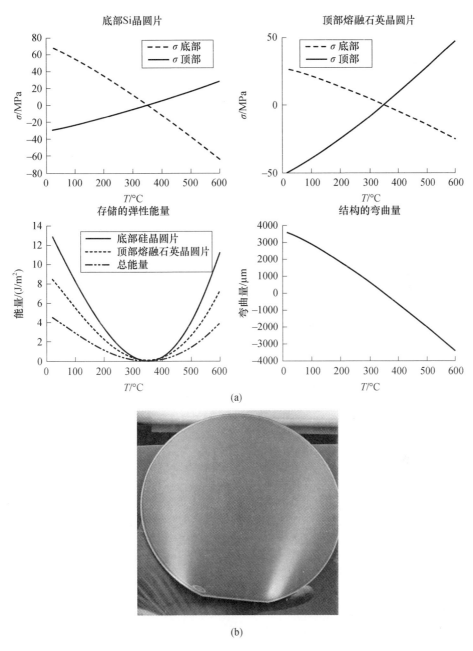

图 1.32 （a）Si 晶圆片同熔融石英晶圆片在 350℃ 下热键合的仿真结果；
（b）弯曲约为 2.4mm 的晶圆片在室温下键合的异质结构

多的转移缺陷。然而，这样的工艺更容易用工业设备实现。也可以得到其他一些异质结构。例如，蓝宝石衬底上的薄硅层(SOS)可以用以下类似的工艺得到,就像在硅衬底上得到薄的碳化硅薄层一样。

Ⅲ-Ⅴ材料在硅上协同集成,对微电子与光电子也很有吸引力。对于这样的协同集成有着不同的方法。例如,一个薄的单晶锗层可以被转移到硅衬底上,并用来作 GaAs 外延生长的籽晶层。为了使协同集成硅和Ⅲ-Ⅴ材料的技术更容易,可以将一个附加的硅层转移到锗层上,然后部分地外延生长Ⅲ-Ⅴ材料。

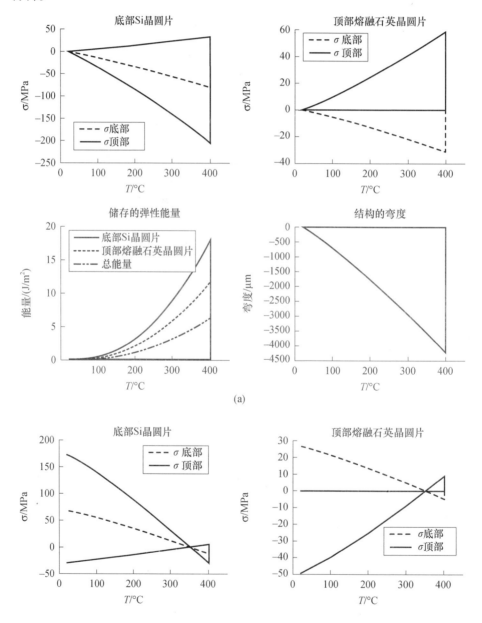

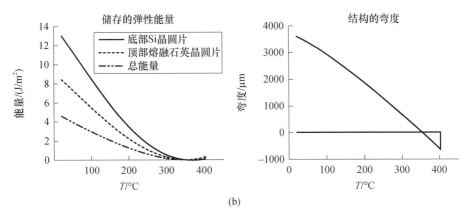

图 1.33 （a）同熔融石英晶圆片键合的 Si 晶圆片在 400℃下分离的仿真结果；(b) 在 350℃下热键合后同样分离的仿真结果

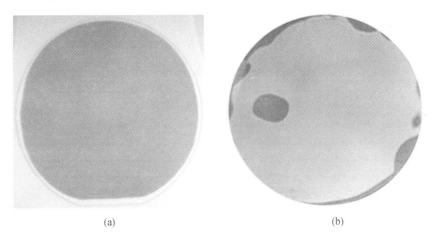

图 1.34 熔融石英上的 Si 晶圆片的热剥离
（a）用曲率半径约为 2mm 的键合在 350℃下热剥离；(b) 350℃热键合后 400℃下热剥离。

1.11 结 论

SOI 材料的制造，是一个涉及材料制造技术很广的领域。已采用的技术，包括氧的直接注入及外延以及直接键合。其中，最具有竞争力的技术已证明是轻的离子注入加转移技术，即智能剥离技术。在这项技术中，最关键的是键合步骤。键合的物理与化学也涉及从界面化学反应到接触的力学。为了得到强的粘附力，需要控制所有的物理-化学参数，因此产生了各种表征技术。

对于大多数技术而言，分析往往需要较长时间。用于界面间隙测量的红外光谱技术或 X 射线界面反射技术,需要较短的样品制备时间,它们分别适合于界面化学与物理研究。随后用于薄层转移的轻离子注入与剥离,是智能剥离技术的关键步骤。剥离的有效性,可以根据剥离的总热预算,由离子注入的位置、小板的形成以及微裂纹的发展来决定。

在主流的 SOI 制造中发展起来的不同技术和知识,均可用于更复杂的异质结构,这时要考虑的是应力的控制及复杂性的程度。由于智能剥离工艺的通用性,它可以用来制造很多不同的创新性工程结构,而且它是一种开放的未来技术。由于可以提高器件特性,对于发展先进的微电子学及微电子器件,SOI 晶圆片具有持续的吸引力。而且,在过去的 30 年中,它已成为发展更有效技术的一个持续的动力。

1.12 致 谢

对开发 SOI 技术的 CEA 及 SOITEK 团队表示深深的谢意。

1.13 参考文献

[1] T. Abe, M. Nakano and T. Ito(1990) *The Electrochemical Society*, **PV 90 – 6**, 61.

[2] J. P. Colinge(1991) *Silicon on Insulator Technology: Materials to VLSI*, Kluwer, Boston.

[3] Q. Y. Tong and U. Gösele(1999) *Semiconductor Wafer Bonding*, Wiley Inter-Science, New York.

[4] B. Aspar and A. J. Auberton-Hervé(2002) *Silicon Wafer Bonding Tech. for VLSI and MEMS Applications*, Ed. S. S. Iyer, A. J. Auberton-Hervé, EMIS Processing Series n°**1**, Chapter 3, 35.

[5] G. K. Celler and S. Cristoloveanu(2003) *J. Appl. Phys.* **93**(9), 4955.

[6] J. P. Colinge(1997) *Silicon-on-Insulator Technology: Materials to VLSI*, 2nd edn. Kluwer, Boston.

[7] A. Gupta and P. K. Vasudev(1983) *Solid State Technol.* **26**(2), 104.

[8] D. Pribat, L. M. Mercandalli, J. Siejka and J. Perriere(1985) *J. Appl. Phys.* **58**, 313.

[9] L. Jastrzebski(1983) *J. Cryst. Growth* **63**, 493.

[10] H. J. Leamy(1982) *Mater. Res. Soc. Symp. Proc.* **4**, 459.

[11] G. K. Celler(1983) *J. Cryst. Growth* **63**, 429.

[12] J. C. Fan, B. Y. Tsaur and M. W. Geis(1983) *J. Cryst. Growth* **63**, 453.

[13] K. Imai and H. Unno(1984) *IEEE Trans. Electron Devices* **ED – 31**, 297.

[14] S. S. Tsao, D. R. Myers, T. R. Guilinger, M. Kelly and A. Datye(1987) *J. Appl. Phys.* **62**, 4182.

[15] G. Bomchil, A. Halimanoui and R. Herino(1989) *Appl. Surf. Sci.* **41 – 42**, 604.

[16] M. Watanabe and A. Tooi(1966) *Japan. J. Appl. Phys.* **5**, 737.

[17] K. Izumi, M. Doken and H. Ariyoshi(1978) *Electron. Lett.* **14**, 593.

[18] J. Stoemenos, C. Jaussaud, M. Bruel and J. Margail(1985) *J. Crystal Growth* **73**, 546.

[19] F. Namavar, E. Cortesi, B. Buchanan and P. Sioshansi(1989) *Proc. IEEE SOSSOI Technology Workshop*, 117.

[20] J. Margail(1993) *Nucl. Instrum. Methods Phy. Res. B* **74**(1 – 2), 41.

[21] B. Aspar, C. Guilhalmenc, C. Pudda, A. Garcia, A. J. Auberton Hervé and J. M. Lamure (1995) *Microelectron. Eng.* **28**, 411.

[22] T. Yonehara (2002) *Silicon Wafer Bonding Technology for VLSI and MEMS Applications*, Ed. S. S. Iyer and A. J. Auberton-Herve, EMIS Processing Series n°1, Chapter 4, 53.

[23] T. Ichikawa, T. Yonehara, M. Sakamoto, Y. Naruse, J. Nakayama, K. Yamagata and K. Sakaguchi (1995) US Patent No. 5,466,631.

[24] J. Haisma, G. A. C. M. Spierings, U. K. P. Biermann and A. A. van Gorkum (1994) *Appl. Opt.* **33**(7), 1154.

[25] Q. Y. Tong and U. Gösele (1999), *Semiconductor Wafer Bonding*, p49, Wiley Inter-Science, New York.

[26] T. Abe, M. Nakano and T. Ito (1990) *The Electrochemical Society*, Pennington, New Jersey, Silicon-On-Insulator Technology and Devices, Ed. D. N. Schmidt, **90-6**, 61.

[27] K. Mitani and U. Gösele (1992) *J. Electron. Mater.* **21**(7), 669.

[28] P. B. Mumola, G. J. Gardopee, T. Feng, A. M. Ledger, P. J. Clapis and P. E. Miller (1993) *The Electrochemical Soc.*, Pennington, New Jersey, *Proc. Semiconductor Wafer Bonding: Science, Technology and Appl.*, Ed. M. A. Schmidt, T. Abe, C. E. Hunt and H. Baumgart, **93-29**, 410.

[29] K. Mitani, (1998) SEMI Silicon on insulator (SOI), Manufacturing Technology, Semicon West **98**, H1.

[30] D. Godbey, H. Hughes, F. Kub, M. Twigg, L. Palkuti, P. Leonov and J. H. Wang (1990) *Appl. Phys. Lett.* **56**, 373.

[31] N. Sato and T. Yonehara (1994) *Appl. Phys. Lett.* **65**, 1924.

[32] K. Sakaguchi and T. Yonehara, (2000) *Solid State Technology* **43-6**, 88.

[33] M. Bruel (1991) FR patent No. 2,681,472.

[34] C. Jaussaud, J. Stoemenos, J. Margail, M. Dupuy, B. Blanchard and M. Bruel (1985) *Appl. Phys. Lett.* **46**, 1064.

[35] S. Nakashima and K. Izumi (1993) *J. Mater. Res.* **8**, 523.

[36] S. Nakashima, T. Katayama, Y. Miyamura, A. Matsuzaki, M. Kataoka, D. Ebi, M. Imai, K. Izumi and N. Ohwada (1996) *J. Electrochem. Soc.* **143**, 244.

[37] M. Bruel (1995) *Electronics Lett.* **31**, 1201.

[38] A. J. Auberton-Hervé, B. Ghysen, F. Letertre, C. Maleville, T. Barge and M. Bruel (1999) *Electrochem. Soc. Proc.* **PV 99-3**, 93.

[39] DCP equipment, 15 December (2012), http://www.speedfam.co.jp/en/

[40] C. Maleville and C. Mazuré (2004) *Solid State Electronics* **48**, 1055.

[41] W. Schwarzenbach, N. Daval, V. Barec, O. Bonnin, P.-E. Acosta-Alba, C. Maddalon, A. Chibko, T. Robson, B.-Y. Nguyen and C. Maleville (2013) Atomic scale thickness control of SOI wafers for fully depleted applications. *ECS Trans.* **53**(5), 39-46.

[42] H. Moriceau, B. Aspar, M. Bruel, A. M. Cartier, C. Morales, A. Soubie, T. Barge, S. Bressot, C. Maleville and A. J. Auberton (1999) *Electrochemical Society Proceedings* **99-3**, 173.

[43] SP DLS equipment, 20 Dec. (2012), http://www.kla-tencor.com/

[44] C. Guilhalmenc, H. Moriceau, B. Aspar, A. J. Auberton-Hervé and J. M. Lamure (1997) *Materials Science and Engineering B* **46**, 29.

[45] S. Cristoloveanu and S. Williams (1992) *IEEE Electron Device Lett.* **13**, 102.

[46] S. Cristoloveanu and S. S. Li (1995) *Electrical Characterization of Silicon-on-Insulator Materials and Devices*, Kluwer, Boston.

[47] S. Cristoloveanu, A. Ionescu, C. Maleville, D. Munteanu, M. Gri, B. Aspar, M. Bruel and A. J. Auberton-Hervé (1996) *The Electrochemical Society* **PV 96-3**, 142.

[48] H. Hovel, M. Almonte, P. Tsai, J. D. Lee, S. Maurer, R. Kleinhen, D. Schepis, R. Murphy, P. Ronsheim, A. Domenicucci, J. Bettinger and D. Sadana(2004) *Solid-State Electronics* **48**,1065.

[49] D. Munteanu, C. Maleville, S. Cristoloveanu, H. Moriceau, B. Aspar, C. Raynaud, O. Faynot, J. L. Pelloie and A. J. Auberton-Hervé(1997) *Microelectron Eng* **36**,395.

[50] A. Ionescu, S. Cristoloveanu, D. Munteanu, T. Elewa and M. Gri(1996) *Solid-State Electron.* **39**,1753.

[51] J. L. Pelloie, O. Faynot, C. Raynaud, B. Dunne, F. Martin, S. Tedesco and J. Hartmann (1996) *Proc. IEEE Int. SOI Conf.* 118.

[52] M. Shimbo, K. Furukawa, K. Fukuda and K. Tanzawa(1986) *J. Appl. Phys.* **60**(8),2987.

[53] J. B. Lasky(1986) *Appl. Phys. Lett.* **48**,78.

[54] R. Stengl, T. Tan and U. Gösele(1989) *Jpn. J. Appl. Phys.* **28**,1735.

[55] C. Ventosa, F. Rieutord, L. Libralesso, F. Fournel and H. Moriceau(2008) *J. Appl. Phys.* **104**,123524.

[56] C. Ventosa, F. Rieutord, L. Libralesso, F. Fournel, C. Morales and H. Moriceau (2008) *J. Electrochem. Soc.* **156**,H818.

[57] R. Beneyton, F. Fournel, C. Morales, F. Rieutord and H. Moriceau(2006) *Electrochem. Soc. Trans.* **3**,239.

[58] C. Maleville, O. Rayssac, H. Moriceau, B. Biasse, L. Baroux, B. Aspar and M. Bruel(1997) *Electrochem. Soc.* **PV 97-36**,46.

[59] H. Moriceau Y. Le Tiec, F. Fournel, L. Ecarnot, S. Kerdilès, D. Delprat and C. Maleville(2011) *Handbook of Cleaning in Semiconductor Manufacturing*: *Fundamentals and Applications*, Chapter 14, Eds. K. Reinhardt and R. Reidy, Scrivener Pub. doi:10.1002/9781118071748.

[60] W. Kern(2007) *Handbook of Silicon Wafer Cleaning Technology*, 2nd edn., Chapter 1, Eds. K. A. Reinhardt and W. Kern, William Andrew Publishing, New York.

[61] H. Moriceau, O. Rayssac, B. Aspar and B. Ghyselen(2003) *Electrochem. Soc.* **PV 2003-19**,49.

[62] P. P. Gillis and J. J. Gilman(1964) *J. Appl. Phys.* **35**,647.

[63] W. P. Maszara, G. Goetz, A. Caviglia and J. B. McKitterick(1988) *J. Appl. Phys.* **64**,4943.

[64] H. Moriceau, F. Rieutord, C. Morales, A. M. Charvet, O. Rayssac, B. Bataillou, F. Fournel, J. Eymery, A. Pascale, P. Gentile, A. Bavard, J. Mézière, C. Maleville and B. Aspar(2007) *Solid State Phenomena* **121-123**,29-32.

[65] C. Ventosa, C. Morales, L. Libralesso, F. Fournel, A. M. Papon, D. Lafond, H. Moriceau, J. D. Penot and F. Rieutord(2009) *Electrochem. Solid State Lett.* **12**,H373.

[66] F. Rieutord, J. Eymery, F. Fournel, D. Buttard, R. Oeser, O. Plantevin, H. Moriceau and B. Aspar(2001) *Phys. Rev. B* **63**,125408.

[67] H. Moriceau, F. Rieutord, F. Fournel, Y. Le Tiec, L. Di Cioccio, C. Morales, A. M. Charvet and C. Deguet (2010) *Adv. Nat. Sci.*: *Nanosci. Nanotechnol.* **1**,043004.

[68] F. Fournel, L. Continni, C. Morales, J. Da Fonseca, H. Moriceau, F. Rieutord, A. Barthelemy and I. Radu (2012) *J. Appl. Phys.* **111**,104907.

[69] C. Rauer, H. Moriceau, F. Fournel, A. M. Charvet, C. Morales, N. Rochat, L. Vandroux, F. Rieutord, T. McCormick and I. Radu(2012) *ECS Transactions* **50**(7),287.

[70] H. Moriceau, F. Rieutord, F. Fournel, L. Di Cioccio, C. Moulet, L. Libralesso, P. Gueguen, R. Taibi and C. Deguet(2012) *Microelectron Reliab* **52**,331.

[71] B. Aspar, C. Lagahe-Blanchard and H. Moriceau(2005) *The Electrochemical Society* **PV 2005-06**,64.

[72] H. Moriceau, F. Rieutord, L. Libralesso, C. Ventosa, F. Fournel, C. Morales, T. McCormick, T. Chevolleau and I. Radu(2010) *ECS Transactions* **33**(4),467.

[73] S. Vincent, I. Radu, D. Landru, F. Letertre and F. Rieutord(2009) *Appl. Phys. Lett.* **94**, 101914.

[74] S. Vincent, J. D. Penot, I. Radu, F. Letertre and F. Rieutord(2010) *J. Appl. Phys.* **107**, 093513.

[75] F. Rieutord, S. Vincent, J. D. Penot, H. Moriceau and I. Radu(2010) *ECS Transactions* **33**, 451.

[76] F. Fournel, H. Moriceau, R. Beneyton and K. Bourdelle(2006) *ECS Transactions* **3**(6), 139.

[77] W. B. Choi, C. M. Ju, J. S. Lee and M. Y. Sung(2000) *J. Korean Phys. Soc.* **37**(6), 878.

[78] H. Moriceau, B. Bataillou, C. Morales, A. M. Cartier and F. Rieutord(2003) *ECS* **PV 2003 – 19**, 110.

[79] H. Moriceau, F. Rieutord, C. Morales, S. Sartori and A. M. Charvet(2005) *ECS* **PV 2005 – 02**, 34.

[80] G. Kissinger and W. Kissinger(1991) *Phys. Stat. Sol. A* **123**(1), 185.

[81] C. Wang and T. Suga(2012) *Microelectron Reliab* **52**(2), 347.

[82] T. Suni, K. Henttinen, I. Suni and J. Makinen(2002) *J. Electrochem. Soc.* **149**(6), G348.

[83] M. Reiche, M. Wiegand and V. Dragoi(2001) *The Electrochemical Society* **PV 99 – 35**, 292.

[84] M. Cai, D. Qiao, L. S. Yu, S. S. Lau, C. P. Li, L. S. Hung, T. E. Haynes, K. Henttinen, I. Suni, V. M. C. Poon, T. Marek and J. W. Mayer(2002) *J. Appl. Phys.* **92**(6), 3388.

[85] G. Taraschi, A. J. Pitera, L. M. McGill, Z. Y. Cheng, M. L. Lee, T. A. Langdo and E. A. Fitzgerald(2004) *J. Electrochem. Soc.* **151**(1), G47.

[86] N. Sousbie, L. Capello, J. Eymery, F. Rieutord and C. Lagahe(2006) *J. Appl. Phys.* **99**, 103509.

[87] M. K. Weldon, V. E. Marsico, Y. Chabal, A. Agarwal, D. Eaglesham, J. Sapjeta, W. Brown, D. Jacobson, Y. Caudano, S. B. Christman and E. E. Chaban(1997) *J Vac. Sci. Technol. B*, **15**, 1065.

[88] J. Grisolia, G. Ben Assayag, A. Claverie, B. Aspar, C. Lagahe and L. Laanab (2000) Appl. Phys. Lett. 76, 852.

[89] L. Capello, F. Rieutord, A. Tauzin and F. Mazen(2007) J. Appl. Phys. 102, 026106.

[90] S. Personnic, K. K. Bourdelle, F. Letertre, A. Tauzin, N. Cherkashin, A. Claverie, R. Fortunier and H. Klocker(2008) *J. Appl. Phys.* **103**, 023508.

[91] H. Moriceau, F. Mazen, C. Braley, F. Rieutord, A. Tauzin and C. Deguet (2012) *Nucl. Instrum. Methods Phys. Res. B* **277**, 84.

[92] J. D. Penot, D. Massy, F. Rieutord, F. Mazen, S. Reboh, F. Madeira, L. Capello, D. Landru and O. Kononchuk(2013) *J. Appl. Phys.* **114**, 123513.

[93] J. D. Penot(2010) PhD thesis, Grenoble University, France.

[94] O. Faynot, F. Andrieu, O. Weber, C. Fenouillet-Beranger, P. Perreau, J. Mazurier, T. Benoist, O. Rozeau, T. Poiroux, M. Vinet, L. Grenouillet, J. -P. Noel, N. Possem, S. Barnola, F. Martin, C. Lapeyre, M. Casse, X. Garros, M. -A. Jaud, O. Thomas, G. Cibrario, L. Tosti, L. Brevard, C. Tabone, P. Gaud, S. Barraud, T. Ernst and S. Deleonibus(2010), *Proc. IEDM Conf*, December.

[95] T. A. Langdo, A. Lochtefeld, M. T. Currie, R. Hammond, V. K. Yang, J. A. Carlin, C. J. Vineis, G. Braithwaite, H. Badawi, M. T. Bulsara and E. A. Fitzgerald (2002) *IEEE International SOI Conference*, Piscataway, NJ, 211.

[96] S. Baudot, F. Andrieu, F. Rieutord and J. Eymery(2009) *J. Appl. Phys.* **105**, 114302.

[97] B. Ghyselen, C. Aulnette, B. Osternaud, T. Akatsu, C. Mazure, C. Lagahe-Blanchard, S. Pocas, J. M. Hartmann, P. Leduc, T. Ernst, H. Moriceau, Y. Campidelli, O. Kermarrec, P. Besson, Y. Morand, M. Rivoire, D. Bensahel, V. Paillard, L. Vincent, A. Claverie and P. Boucaud(2003) *Mater. Res. Symp. Proc.* **765**, 173.

[98] Z. Cheng, M. T. Currie, C. W. Leitz, G. Taraschi, M. L. Lee, A. Pitera, J. L. Hoyt, D. A. Antoniadis and E. A. Fitzgerald(2002) *Mater. Res. Soc. Symp. Proc.* **686**, 21.

[99] O. Rayssac, H. Moriceau, M. Olivier, I. Stoemenos, A. M. Cartier and B. Aspar(2001) *ECS* **PV 01 – 03**, 39.

[100] T. H. Lee, Q. Y. Tong, H. Z. Zhang, X. F. Ding and J. K Sin (1998) *ECS* **PV 97 –36**, 200.
[101] F. Fournel, C. Morales, J. Da Fonseca, H. Moriceau and A. Barthelemy (2011) *Proc. Int. Conf. 'Wafer-Bond'11'*, Chemnitz, Germany, 17.
[102] S. Timoshenko (1925) *J. Opt. Soc. Am.* **11**, 233.
[103] Z. C. Feng and H. du Liu (1983) *Appl. Phys.* **54**(1), 83.
[104] Y. Okada and Y. Tokumaru (1984) *J. Appl. Phys.* **56**, 2, 314.

Smart Cut^{TM} is a registered Trade Mark from SOITEC SA (France) and Eltran® is from CANON Corp. (Japan).

第2章 先进的绝缘体上硅材料及晶体管电学性质的表征

S. CRISTOLOVEANU, IMEP-LAHC, Grenoble, France

摘　要：本章的重点是纳米尺度绝缘体上硅材料和器件性能的表征。介绍一些需要替代或更新的常用测量技术。通过多界面及多沟道的一些新模型来解释实验结果。通过一些实例介绍超薄 SOI 晶圆片、全耗尽金属氧化物半导体场效应晶体管（MOSFET）以及多栅和纳米线晶体管。

关键词：表征，互补金属氧化物半导体缩比，绝缘体上硅晶圆片，埋氧化物，超薄，金属氧化物半导体场效应晶体管，赝 MOSFET，纳米尺度。

2.1　引　言

互补金属氧化物半导体使用纳米尺度的薄层以及多栅晶体管，并以全耗尽方式工作以改善静电控制。为了得到更高的工作速度及降低功耗，需要提高载流子的输运性质。目前的硅膜和埋 SiO_2（BOX）都是超薄的，达到了亚 10nm 的范围。还采用一些替代性的半导体薄膜（应变硅，锗，SiGe，GaN，Ⅲ-Vs）以及埋介质（ONO、金刚石、玻璃、AlN 等）。因而，绝缘体上硅这一术语，现在就意味着绝缘体上半导体了。金属氧化物半导体场效应晶体管技术也在急剧变化。SOI 金属氧化物半导体（MOS）晶体管结合了超薄体、薄的 BOX、短的高 κ/金属栅以及应变技术。使用这种技术的未来器件，包括多栅 MOSFET[1]、隧穿场效应晶体管（FET）[2]、无结晶体管[3]、3D 电路[4]，以及纳米线 FET[5]。目前，晶体管已在使用 FinFET 结构，并且利用 FD[6] 方式工作。

在这些新的结构中，一些参数，如载流子迁移率和寿命、阈值电压或界面陷阱等的评估，不再是简单直接的了。多沟道耦合和纳米尺度的效应，不仅改变测量值，而且还改变经典参数的意义。然而，材料专家、工艺工程师以及电路设计师们，为了晶圆片的优化、工艺开发以及得到紧凑模型，却越来越要求有精确的电气参数。本章对近来在这些方面的工作进展进行评述，对适合的表征方法以及实验数据的精确解释，提出一些指导方针。

2.2　常用的表征技术

采用传统方法评估纳米厚度的半导体薄膜电学性质是不可能的。因为一些薄层是完全耗尽的。在晶圆片表面的两个探针之间没有电流可以流过,所以薄层电阻、扩展电阻以及霍尔测量技术均不可用。然而利用衬底偏压却可以使电学性能的评估成为可能,它是本章描述的技术基础。

常规的方法对表征具有相对较厚的硅膜及 BOX 的 SOI 晶圆片,或多或少是有效的,具体如下[7]:

(1) 对于较厚的膜,霍尔和范德堡实验给出独立的载流子迁移率和浓度的数值。

(2) 四探针测量给出薄膜电阻和膜的电阻率。

(3) 磨斜面的样品扩展电阻显示膜与衬底电阻率的深度分布。

(4) 利用表面光电压技术确定少数载流子的扩散长度。

(5) 利用光电导提取载流子复合寿命。

(6) 利用深能级瞬态谱(DLTS)和光生电流瞬态谱(PICTS)详细研究深能级陷阱。

对于超薄、全耗尽的膜,这些技术的采用需要加衬底偏置以及具有相应的模型。

尽管在 SOI 晶圆片中,可以测量 MOS 电容和电导,但是,由于一些附加的参数,如全薄膜的耗尽、两个 BOX 界面的贡献以及膜和衬底的不同掺杂浓度,对数据的解释变得困难得多。例如,当膜通过顶部接触金属加偏压而衬底接地时,在 BOX 的两边形成耗尽区[7]。在平面 MOS – SOI 电容器中,存在 2 个氧化硅层和 3 个界面,表征这个电容器会有较大的困难。在原理上,膜的一个附加的接触可用于独立地检测正界面和背界面。但是,膜的大串联电阻会使数据不精确。因此,对于薄的 SOI 不推荐采用 C – V 测量。

2.3 利用赝金属氧化物半导体场效应晶体管技术表征 SOI 晶圆片

赝 MOSFET(Ψ – MOSFET)技术,可以在 CMOS 器件的加工之前在位检测晶圆片[7,8]。它利用在 SOI 中原有的倒置 MOS 结构:衬底起栅的作用,BOX 作为栅氧化物,而 2 个压力探针作为源和漏(图 2.1(a))。取决于偏置电压 V_G 是正还是负,决定在膜 – BOX 界面导通电子沟道还是空穴沟道。测试了 2 个不同的 Ψ – MOSFET结构:采用汞或蒸发金属接触的点接触晶体管结构(图 2.1(a))和克比诺盘(Corbino)结构(图 2.1(b))。因为接触要求总是欧姆性的,因此首选的是压力可调探针。

$I_D(V_G, V_D)$ 的特性类似于全工艺 MOSFET。图 2.2(a)和 2.2(b)的截止电流区说明是全耗尽膜。标准的 MOSFET 模型和提取方法可用于参数提取。亚阈值斜率可以用来得到界面陷阱密度 D_{it}(图 2.2(a)),它反映膜 – BOX 界面的质量。

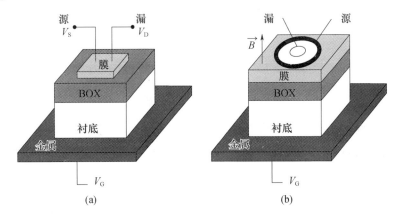

图 2.1　(a) 点接触及(b) 克比诺盘 Ψ – MOSFET 结构。
利用衬底偏压调节 Si – BOX 界面处的电流

漏电流和欧姆区的跨导(低漏偏置电压 V_D 下)由下式给出：

$$I_D = f_g C_{ox} V_D \frac{\mu_0}{1 + \theta(V_G - V_T)}(V_G - V_T) \tag{2.1}$$

$$g_m = \frac{dI_D}{dV_G} = f_g C_{ox} V_D \frac{\mu_0}{[1 + \theta(V_G - V_T)]^2} \tag{2.2}$$

式中：C_{ox} 是 BOX 的电容；μ_0 是低场迁移率；θ 是迁移率的下降系数。在 p 型薄膜中,V_T 代表阈值电压(电子沟道)或平带电压(空穴沟道)。对于非平行的电流路径要考虑几何因子 f_g。利用四探针测量校准以及数值仿真得到 $f_g = 0.75^8$。从 Y – 函数进行参数提取,有[9]

$$Y = \frac{I_D}{\sqrt{g_m}} = \sqrt{f_g C_{ox} \mu_0 V_D}(V_G - V_T) \tag{2.3}$$

当 $V_G > V_T$ 时它呈现线性变化(图 2.2(c))。由 $Y(V_G)$ 对 V_G 轴的截距得到 V_T(或 V_{FB}),由斜率提取电子或空穴的低场迁移率。由 $1/\sqrt{g_m}$ 相对于 V_G 曲线的线性斜率可得到下降系数 θ(式(2.2))。

为了避免探针穿透 BOX 以及降低串联电阻,调节施加在每种材料上探针的压力(用 Jandel 设备是 10 ~ 100g)。由探针产生的晶体缺陷会使肖特基接触转变成欧姆接触。探针可能产生小坑(约为 100nm 深,10μm 宽),并且降低肖特基势垒。探针压力、小坑尺寸以及串联电阻之间存在明显的相关性[10]。如果探针间距大(1mm),探针产生的缺陷不影响提取的参数。

在工业中,Ψ – MOSFET 是用于监控晶圆片制造工艺质量和稳定性最重要的方法。在研究中,它是检测缺陷和优化新材料的一个快速方法。Ψ – MOSFET 也

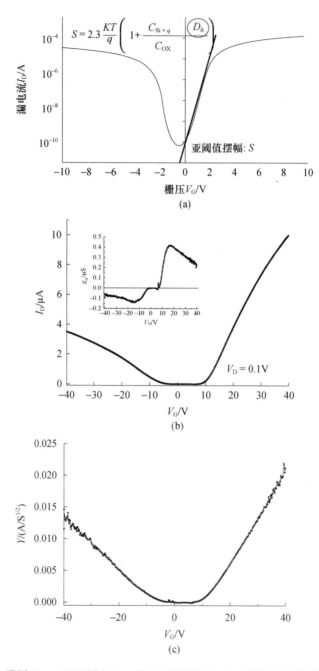

图 2.2 Si 膜厚 20nm，BOX 厚 145nm 的 SOI 晶圆片内 MOS 管漏电流同背栅压的关系
(a) 弱反型；(b) 强反型(插图示出的是跨导曲线)；(c) 如式(2.3)所表示的同电子 ($V_G>0$) 沟道及空穴 ($V_G<0$) 沟道对应的 Y 函数同栅的关系。

可以用来测量由辐射缺陷引入的埋氧化物电荷,以及用来探测有意在晶圆片表面沉积的电荷(对于生物传感器的应用)。

最近一直致力于超薄 SOI 晶圆片的评估。当膜厚小于 50nm 时,由于埋沟道和表面缺陷之间的耦合增强,阈值电压显著增加。但在晶圆片表面被钝化时,阈值电压可恢复到期望值[11]。随着膜厚度的减小,类似的效应会导致迁移率明显地降低[12]。在较薄的膜中,由自由表面电荷和沟道之间的电势差引入的纵向电场增加。这个额外的电场并未包括在式(2.1)~(2.3)中:Y-函数只描述了栅引入的电场。因此,低电场迁移率不再是在"低电场"范围内测量的。迁移率随厚度的降低,变成了简单地用"通用"迁移率曲线解释的一般问题,它并不反映在超薄 SOI 中薄膜-界面的任何退化。修正了 Ψ-MOSFET 模型,则包括了表面和厚度的影响[13]。

在薄 BOX(10~20nm)的 SOI 中,为了防止表征误差,不可忽略衬底-BOX 界面的电压降。通过静电耦合,BOX-衬底界面的质量以及偏压状态(反型、耗尽、积累),会改变 BOX 上面沟道。利用解析推导以及等效电容电路,已形成了合适的三界面模型[14]。

绝缘体上锗(GeOI)的 Ψ-MOSFET 测量表明,随锗含量的增加空穴迁移率有明显的改善。然而,电子迁移率成比例降低,这有利于 p 型锗器件和 n 型硅器件同时集成[15]。在应变 SOI 中的数据显示,双轴应力有利于提高电子和空穴的迁移率。即使蓝宝石上硅晶圆片也可以考虑,减薄蓝宝石衬底到 50μm 或更薄,仍然可以维持栅电压为 1kV 左右。得到了良好的 Ψ-MOSFET 特性,并用来检测膜的生长条件对 SOS 晶圆片的影响[16]。

为了得到低电阻的源/漏、调节阈值电压以及得到无结 MOSFET,重掺杂(10^{19}~10^{20}cm^{-3})是重要的。尽管 $I_D(V_G)$ 曲线同图 2.2(b)所示的性质不同,但 Ψ-MOSFET 仍然是有效的。由于膜不可能全部耗尽,因此没有电流截止区。大部分电流流经膜的体。栅控制在膜-BOX 界面形成耗尽区。线性电流变化外推到零电流,得到一个设定的阈值电压,由它可以提取膜中的掺杂浓度和载流子迁移率[17]。同霍尔效应不同,Ψ-MOSFET 不用外加磁场就可以得到载流子浓度和迁移率。栅也可以在界面处引入积累沟道,从而增加总电流。对于积累时的过剩电流,重新考虑 Y-函数即可。所提取的"表面"迁移率不同于"体"迁移率。

2.4 Ψ-MOSFET 技术的发展

经过 20 年的发展,由于采用 MOSFET 技术,Ψ-MOSFET 已相当成熟。

几何磁阻:在垂直于晶圆片表面的高磁场 B 下,测量了卡比诺结构(图 2.1(b))

的 Ψ-MOSFET。由于圆形对称性，霍尔效应被抑制，导致一个"几何"磁阻（MR）：$R_B/R_0 = 1 + \mu_{MR}^2 B^2$。将沟道电阻 $R_B = V_D/I_D$ 同 B^2 的关系绘制成曲线。对于每一个栅压由直线的斜率得到 MR 迁移率 μ_{MR}[18]。当需要强磁场（大于10T）时，MR 方法特别精确。提取的 μ_{MR} 值同器件尺寸、几何系数 f_g 以及膜/BOX 的厚度不相关。MR 迁移率同有效迁移率（在 $B = 0$ 时决定的）的比较，能解释在不同电场、温度以及膜厚条件下的散射机制[18]。

低频噪声是一种评估界面和边界陷阱密度更为进步的方法[19]。噪声谱 $S_I(f)$ 用来表示 $1/f$ 噪声。归一化电流谱密度 SI_I/I_D^2 同漏电流的关系（图2.3(a)），说明在弱反型时处于稳定状态，而在强反型时降低，这是载流子数波动的标志[20]。噪声大小同探针压力无关，表明界面质量比串联电阻或在接触附近探针引入的损伤更为重要。

分离的 $C-V$ 测量常用来确定 MOSFET 的有效载流子迁移率，对于 Ψ-MOSFET 它也是有效的[21]。测量栅和互连的源/漏接触之间的电容。图2.3(b)中平坦部分对应于 BOX 电容。电子和空穴两边不对称是由于载流子的横向扩展引起的（向 Ψ-MOSFET 接触的外边），同时由于积累层和反型层的建立需要一定时间。在 0V 和 V_G 之间对 $C-V$ 曲线积分得到反型电荷。由相应的漏电流值计算有效迁移率和 V_G 之间的关系。通过低频分离的 $C-V$ 法测量到的迁移率，同 Y-函数的结果非常一致。

对于评估载流子寿命，可以采用反型时栅加脉冲后的瞬态电流监测[8]。

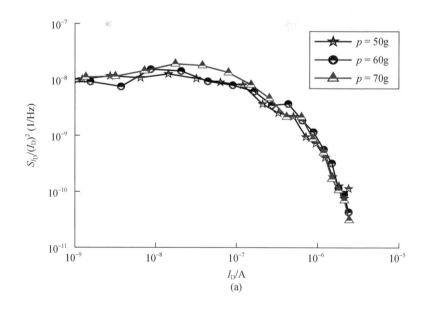

(a)

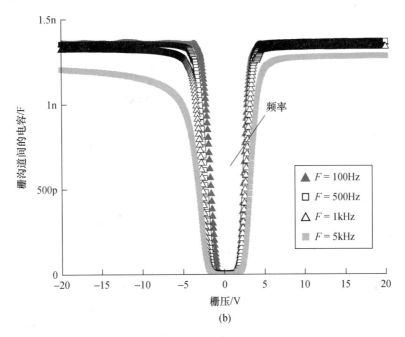

图 2.3 (a) 不同探针压力时 Ψ-MOSFET 的归一化噪声功率密度谱同漏电流的关系
(Source:Adapted from Diab et al[20]);(b) 不同频率下测量到的 C-V 曲线(88nm 膜和
145nm BOX)(Source:Adapted from Reference 21:Solid-State Electronics,90,Diab
et al. 'A New Characterization Technique for SOI Wafers:Split C(V) in Pseudo-
MOSFET Configuration' 127-133,copyright (2013),with permission from Elsevier.)

总之,Ψ-MOSFET 是表征 SOI 晶圆片电学性质有用的方法。它快速、简单、耗费少,而且可靠。可以检测的材料范围非常广:从 5μm 到最小 10nm 薄膜厚度的半导体,介质厚度从 50μm 到小于 10nm。该方法适用于任何类型 SOI 结构,包括绝缘体上纳米线以及石墨烯在内。

2.5 FD MOSFET 的常用表征方法

对于表征 SOI MOSFET 的材料结构,存在很大的技术挑战:超薄的 FD 膜、中间的 BOX、3 个堆叠的界面(高κ介质/Si 膜,BOX/Si 膜,BOX/Si 衬底)以及浮体等。虽然常用的表征方法不再适用或需要特殊的修改,但可以采用一些新的技术。SOI 晶体管的性能是从静态/动态电流测量推导出的。正面沟道及背面沟道分离或耦合模式(相对的界面耗尽)决定迁移率、阈值电压、摆幅以及寿命。

从概念上说,亚阈值斜率可以反映界面态密度。然而,在等效氧化物厚度为 1nm 的现代 MOSFET 中,其分辨率是不好的,因为栅电容超过了界面陷阱电容($C_{ox} \gg qD_{it}$),使亚阈值摆幅接近理想值(在 300K 时约为 60mV/decade)。一个有希望的解决方案是测量背沟道的摆幅,通过同正界面陷阱密度的耦合机制它受到的影响更大[22]。

阈值电压和载流子迁移率利用 Y - 函数确定(式(2.3)),它可以提供非线性迁移率退化系数[7]在内的一些信息。另外,可以使用二阶导数的方法:阈值电压定义为漏电流的二阶导数达到峰值时的栅压[23]。为了精确地确定二阶导数,测量时应该采用很小的 V_G 步长。对于 SOI,其他一些方法具有较差的精度。例如,利用 $I_D(V_G)$ 曲线线性外推提取阈值电压要受串联电阻的很大影响。利用恒定电流标准($V_D = 50\text{mV}$ 时电流约为 $0.1\mu\text{A}/\mu\text{m}$)定义 V_T 也不是太好,特别是相对的介面有寄生电流流过时[7]。

SOI MOSFET 的宝贵优点是,它不需要专门的工艺批次即可以对高 κ 介质和 SiO_2 介质的性质进行比较。这样的一个比较简单的检测正面和背面相同晶体管的沟道[24],发现电子和空穴的迁移率在正界面(Si/高介质)的要比背界面(Si/SiO_2)的低(约50%)。与通常的情况一样,低温测量有助于提供详细信息和鉴别其物理机制:位于高 κ 堆叠介质的远程库仑中心的载流子散射[25]。

通常,用比较不同尺寸的器件对有效的沟道长度和宽度进行评估。以下几个问题必须考虑:

(1) 正面和背面的沟道有效沟长略有不同。

(2) 两个沟道串联电阻不同。

(3) 当沟长变化时,晶体管的工作模式可以从部分耗尽转变成全耗尽,反之亦然。例如,如果由栅控制的纵向耗尽区比 Si 膜薄时,一个长的 MOSFET 是部分耗尽的。在很短的器件中,源和漏结的横向耗尽区增加整个沟道的耗尽,最终将器件转化为 FD 模式[26]。但是,在有晕圈扩散区的 FD MOSFET 中,观察到相反的现象:长沟器件仍然是 FD,而短沟器件由于两个高掺杂的晕圈区的扩展,变成了部分耗尽[27]。

2.6　先进的 FD MOSFET 表征方法

电荷泵(CP)是一种非常灵敏的界面陷阱表征方法。给栅重复加脉冲使从反型(少子在界面态上被俘获)到积累(俘获的载流子同少子复合)。载流子复合在体端产生 CP 电流,它正比于陷阱密度及频率。CP 适用于 SOI 晶体管需要体接触或栅控 p-i-n 二极管,此时,电子和空穴分别由 n 及 p 接触提供[28]。测量通常用改变脉冲的低电平,同时保持脉冲幅度 $|\Delta V_G|$ 和频率不变来完成。图 2.4(a)再现了一个典型的类矩形曲线:左边和右边分别对应于 $(V_T - |\Delta V_G|)$ 和 V_{FB},而由平坦部分得到陷阱密度。根据背栅偏置电压的不同,CP 的特征会改变。在耗尽时,背界面陷阱与正面的陷阱同时被激励,从而产生过剩的 CP

电流,由它可以提取这些陷阱的密度。

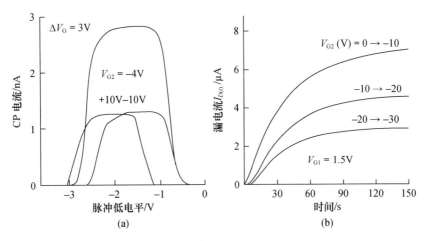

图 2.4 （a）在不同背栅电压下,正面栅的电荷泵电流同栅脉冲的起始电平之间的关系;Si 膜 - BOX 界面处在积累、耗尽或反型状态。MOS p - i - n 二极管栅长为 $2\mu m$,薄膜厚度为 150nm,BOX 厚度为 380nm。$V_{DS}=0V$。(b) 背栅加脉冲后,正面沟道漏电流进入积累状态。膜厚为 150nm 及 BOX 厚为 380nm 的 N 沟道 SOI MOSFET。$V_{DS}=0.1V$

在 MOSFET 中,$1/f$ 噪声起源于载流子(通过陷阱)和/或迁移率的波动。界面耦合改变噪声谱,首先由于附加了背界面产生的噪声[7],界面耦合使噪声谱发生了改变。在小面积的晶体管中,只有很少的陷阱,而且在时间域中检测到的是单一载流子陷阱:一些小脉冲叠加在平均漏电流上。这样的随机电报信号的持续时间(RTS),反映的是俘获/释放的陷阱时间常数[19]。从完整的俘获机制出发,要进行背沟道和正沟道测量的比较。只要在大的器件中说明不相关的一些陷阱是起作用的[2],RTS 便可以用来检测 SOI 隧穿场效应晶体管中的隧穿电流。隧穿概率的确是受 Si/SiO$_2$ 界面俘获过程影响的,上面论述的隧道结是非常狭窄(约 10nm)的,而且经受很少的俘获事件。

瞬态电流的监测,是通过孤立的体中多子的不足或过剩来确定的。根据载流子的产生复合机制而达到平衡。当晶体管从耗尽转换到强反型时,耗尽层深度扩展,并且释放在膜的底部积累的多数载流子。体电位升高,阈值电压降低,产生过剩电流(过冲)。接着载流子的复合使电流达到平衡。瞬态过程的持续时间利用类 Zerbst 技术进行处理,由此得到载流子复合寿命以及表面复合速度[7]。当栅将反型转换至弱反型时,便发生倒过来的效应(多子不足及电流下冲触发载流子产生)。在 FD MOSFET 中有两个栅工作(图 2.4(b)):一个栅偏置在反型中,而相对的另一个栅偏置在积累状态下。体电势立即下降,并使反型电荷及电流减小。返回到平衡(下冲)的电流弛豫表明产生了载流子。在很短的 MOSFET 中,结控制着多子的抽取/供给,因而减少了瞬态时间。

分离的 $C-V$ 测量提供有效载流子迁移率同电场、栅偏压或反型电荷的关系。当正的界面耗尽时,栅同源/漏端之间的电容几乎为零。由于反型电荷的产生,电容随 V_G 增加而增加(图 2.5(a))。当反型电容超过氧化层电容时,便达到相应于 C_{OX} 的平坦区。已知反型电荷(由 $C(V_G)$ 的积分得到)以及相关的漏电流,便可以推导出载流子的速度(及它们的迁移率)。为了确定膜的厚度,给衬底加偏压到形成一个强反型的背沟道(图 2.5(a)加偏压至 100V):最小电容不再是零,因为它对应的是栅氧化和 FD 膜电容的串联。更有意义的是中间值电压的情况(图 2.5(a)中 75V 时)。得到双重 $C-V$ 曲线,它反映在正面沟道形成之前形成了背沟道。这个曲线在一个测量中给出了两个沟道的载流子迁移率[29]。

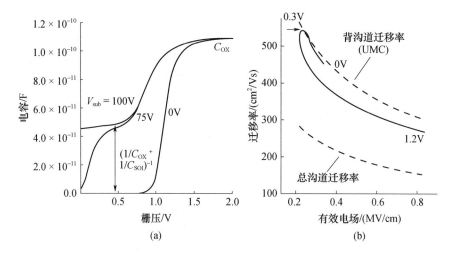

图 2.5 (a) 几种不同背栅电压下 n 沟道 SOI FD MOSFET 的 $C-V$ 曲线。晶体管的 Si 厚度为 16nm,BOX 厚度为 400nm。(Source:Adapted from Ohata et al[29].);
(b) FD MOSFET 中不同部分的迁移率同有效电场的关系。背栅处在反型状态
(150nm BOX, V_{G2} = +25V),正栅从耗尽到反型。背沟道的迁移率假设
是理想的(Si - SiO$_2$ 界面),同通常的迁移率一致(UMC),而顶部的高 κ
介质/Si 界面的迁移率为一半大小。SOI 膜厚 20nm,而栅介质厚 1nm
(Source:Adapted from Rodriguez et al.[36])

几何磁阻法是测量短沟 MOSFET 载流子迁移率最基本的方法,因为它不需要有效沟道长度或氧化层厚度的精确值。垂直于晶圆片外加一个强磁场。如果晶体管的宽长比足够大($W/L \geqslant 10$),同在科比诺圆盘中一样霍尔电场是短路的,并且 MR 达到 $R_B/R_0 = 1 + \mu_{MR}^2 B^2$。由弱反型到强反型沟道电阻同磁场平方曲线的斜率,可以给出有效载流子的迁移率[30]。

SOI MOSFET 器件的自加热是由 BOX 的不良导热性造成的。可以利用比

较静态及脉冲方式工作下的 $I_D(V_D)$ 特性来评估器件体的温度。为了得到较好的精度,需要采用两个独立的体(或栅)接触的特殊 MOSFET[31],测量体电阻变化同耗散功率的关系。依赖热沉事先校准体(或栅)电阻,可以决定体的温度。

2.7　超薄 SOI MOSFET 的表征

先进 MOSFET 的特征是具有超薄(5~10nm)和不掺杂的体、薄的 BOX(10nm)以及 10nm 的沟道长度。漏致势垒降低(DIBL)是一个负面的短沟道效应,由于它降低了源对体的注入势垒,因此在较高的 V_D 使阈值电压降低。在 FD MOSFET 中,使 V_T 变化的另外一个重要因素是漏致虚衬底偏压(DIVSB)。引起 DIVSB 的原因,是电场从漏到 BOX 和体的穿透。这个边缘电场会增加薄膜-BOX 之间界面的电势,并通过耦合降低 V_T[32]。DIBL 和 DIBL 效应很难在单个器件中用实验将它们分开。但是,用不同结构的晶体管进行对比表明,膜变薄可以使 DIBL 显著减小,而在较薄 BOX 及衬底接地的 MOSFET 中,DIVSB 减小。详细的测量结果证明,在较薄(t_{si} = 6~20nm)的膜时,迁移率没有变坏[33]。早期负面的报告涉及的是串联电阻,即认为在超薄的膜中串联电阻是增加的($R_{SD} \sim 1/t_{si}$)。

在超薄的膜中,所测量的正面沟道特性实际上包括正界面、背界面、BOX 和衬底的贡献,它们是不容易分开的。已经知道,阈值电压从积累时的饱和值线性地随背面栅压而降低[34]。在亚 10nm 厚的 MOSFET 中,由于过耦合效应[35]积累时的稳定值会消失,当在正面沟道达到反型时,背面沟道也被驱使进入反型。过耦合产生两个界面之间平坦的电势分布。换一句话说,彼此相对的反型和积累层不能在超薄的 SOI 中存在。常用的表征方法,即维持一个界面积累来评估另一个界面是不适合的。现在跨导要考虑的是整个膜中迁移率的分布,因为电流是在膜的整个体中流动而不只是在界面流动。这个体的反型使得"正面迁移率"和"背面迁移率"的概念要被放弃;无论从正面栅还是背面栅的角度看都要包括这两者。在实验中,很多在双栅及单栅模式晶体管中的测量无可争辩地表明,体的反型使迁移率明显地增加了[30]。

界面耦合和体反型的结果,使 SOI 中"通用"的迁移率的概念(UMC)不再适用,因为平均电场随着反型电荷的增加而减小[36]。如果背栅偏置在反型状态,当正面栅偏置从积累到反型时,纵向电压降低。有效的迁移率要同时考虑两个沟道的激活程度以及相应的界面质量。两个不同的载流子分布有两个不同的迁移率值对应于一个同样的有效电场。图 2.5(b)所示为在 SOIFET 的背沟中有较高迁移率的情况,这一结果同 UMC 曲线是不同的。

应变是值得精心研究的一种提高迁移率的方法。图 2.6(a)所示为沟长为 100nm 的 P 沟道 MOSFET,利用接触刻蚀停止层(CESL)使空穴迁移率增加了

80%[25]。迁移率同沟道长度的关系,说明应变局域在沟道的两端,正如力学仿真的结果[37]。在一个长沟 MOSFET 中,迁移率不增加,因为沟道的大部分都保持在非应变状态中。同时,比 100nm 沟道短的器件迁移率退化,这归因于源、漏注入及堆叠栅工艺中产生的中性缺陷,这些缺陷都集中在源漏结附近[38]。在短沟晶体管中,由于有缺陷的"边缘"区重叠,因而导致有效的缺陷密度增加。

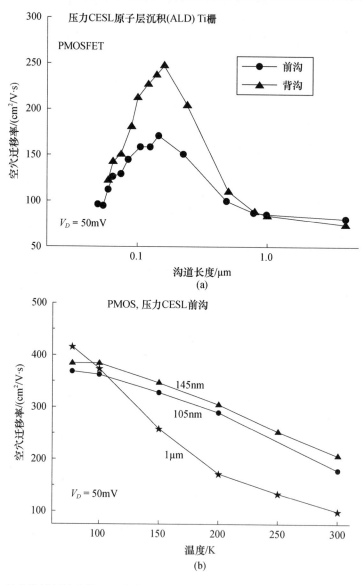

图 2.6 具有接触刻蚀自停止压缩应力的全耗尽 P 沟 SOI MOSFET 空穴迁移率与(a)沟道长度和(b)温度的关系。高 κ 介质/金属栅叠层,8nm 厚的 Si 膜以及 20nm 厚的键合转移的 BOX(Source: Adapted from Pham-Nguyen et al.[25])

低温测量提供附加的输入量(图 2.6(b))。载流子迁移率通常在降低温度时会增加,因为声子散射减小。这种变化只有在长沟器件中可以观察到,在短沟 MOSFET 中,迁移率要饱和,在 77K 时,应变的优势完全消失。迁移率同栅长和温度有关,主要是在源/漏耗尽区中应变、中性缺陷以及库伦散射竞争的结果,它们在沟道中都是不均匀的。将这些散射机制同马西森(Matthiessen)规则结合,可以重现这些数据[29]。

在超薄(小于 2nm)氧化物的 MOSFET 中,会产生一个有意义的栅致浮动体效应(GIFBE)。体电势由流入的栅隧穿电流(多数载流子对体充电)和流出的电流(通过结的漏电电流及载流子的复合使体放电)之间的平衡来决定。在 FD MOSFET(图 2.7)中,会增加在膜 - BOX 界面处的电势,降低正面沟道的阈值电压[39]。当 $V_G \approx 1.2V$ 时,观察到跨导的第二峰值。当背界面被驱动向积累时,GIFBE 的峰值逐渐增加,并且抵消同迁移率有关的第一峰值。因此,最大跨导不再由迁移率控制,而是由体电势控制;用这样的曲线会高估迁移率,因而完全没有意义。

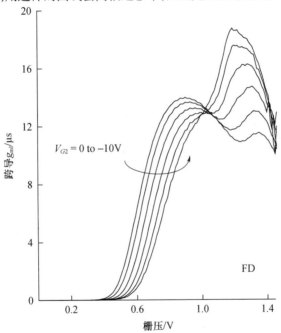

图 2.7 具有 GIFBE 影响的 n 沟 FD SOI MOSFET 跨导同栅压的关系。负的衬底偏压使双峰曲线变成单峰曲线,由此不再定义低场迁移率。栅氧化层厚度、Si 膜厚度及 BOX 厚度分别为 1.6nm、17nm 及 145nm。$V_{DS}=0.1V$ 以及 $L=10\mu m$(Source:Adapted from Reference 39:Solid-State Electronics,48(7),Cassé et al. ,'Gate-induced floating-body effect in fully-depleted SOI MOSFETs with tunneling oxide and back-gate biasing', 1243 - 1247,copyright (2004),with permission from Elsevier.)

2.8 多栅 MOSFET 的表征

在三栅 FinFET[40]中,一个栅控制沟道的三个部分。测量这些沟道部分的不同 fin 宽度 W_F 及相同的高度 H_F,便可以区别沟道的不同部分。当给定一组参数 A,即跨导峰值、迁移率、CP 电流或噪声时,它都包括两个横向沟道 A_L 和顶部沟道 A_F 的贡献: $A = 2A_L H_F + A_F W_F$。实验曲线 $A(W_F)$ 是线性的,并且曲线的斜率可以得到 A_F,由 $W_F = 0$ 时的截距可以得到 A_L。图 2.8(a)是迁移率提取的例子。同样的过程可以用来确定由衬底电压激活背沟的贡献。这一技术,揭示了具有不同晶向横向沟道的性质,以及说明由于表面粗糙度而比顶部和底部(Si - BOX)界面有更低迁移率及更高的陷阱密度[41]。值得怀疑的是存在多个 V_T 值,电流的二阶导数(dg_m/dV_G, 2.5 节和图 2.8(b))可以有效地证实是否存在单峰或多峰。假设有不同 V_T 值的两个或更多沟道并联工作,Y - 函数是无效的。

在三栅或双栅 FinFET(由于有较厚的氧化物顶部沟道不工作)中,观察到三维耦合效应:

(1) 两个侧面栅之间的耦合;

(2) 顶栅和背栅(衬底)之间的纵向耦合;

(3) 通过穿透 BOX 和衬底边缘电场漏和体之间的纵向耦合[42]。

图 2.9 所示为有强纵向耦合及对横向栅有小影响的宽 Fin FD MOSFET 的性能。在高和窄的 fin 中,由于横向栅的耦合以静电控制为主,结果抑制了对底栅的纵向耦合。在 fin - BOX 界面处的表面势,很强地受横向栅之间边缘电场

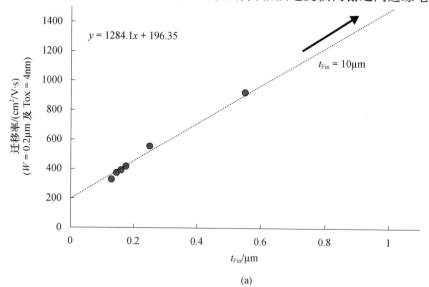

(a)

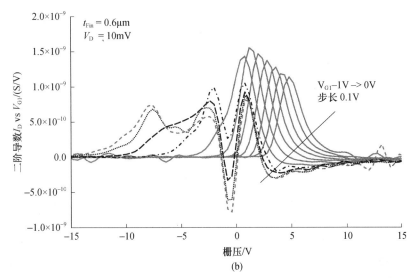

图 2.8 （a）三栅 SOI 的归一化跨导同 fin 宽度的关系。截距及斜率分别反映侧墙上及 fin 表面的迁移率。（b）n 沟 FinFET 中漏极电流的二阶导数同栅压的关系。不同的峰值对应于不同的沟道，沟道的导通取决于衬底偏压。$L = 10\mu m$，Si 膜厚为 50nm，BOX 厚为 200nm（Source：Adapted from Reference41：Solid-State Electronics，48（4），Dauge et al.，'Coupling effects and channels separation in FinFETs'，535 – 542，copyright（2004），with permission from Elsevier. ）

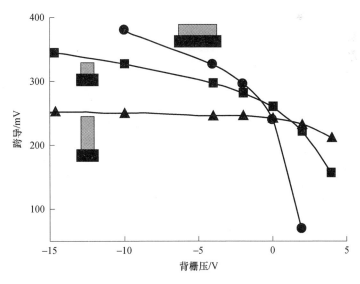

图 2.9 宽的、方的以及高的 fin 结构（以 nm 为单位的高宽比为 $H_f/W_f = 20/8$、$20/20$ 及 $80/20$）的 n 沟三栅 FinFET 阈值电压同衬底偏压的关系。BOX 厚度为 100nm 以及器件为长沟（Source：Adapted from Ritzenthaler et al.[42]）

的控制[42]。在 BOX 中(CMOS 工艺中的辐射或热载流子注入[43])产生的缺陷，对器件特性没有影响。狭窄的三栅 FinFET 本身是辐射加固的[44]，并且由于纵向的漏对体的纵向耦合完全被屏蔽[42]，因而也抗短沟效应。反之，窄的 FinFET 不利于用背栅效应(偏压)调节阈值电压。

2.9 纳米线 FET 的表征

全包围栅(GAA)MOSFET 的特点，除了体是圆柱形以外，它包含有 4 个沟道部分。GAA 纳米线结合了沟道耦合和量子效应[1]，从静电控制和短沟道效应的角度看，它是理想的器件。但是，它缺乏可利用背栅偏置的 FD MOSFET 那样的灵活性。迁移率可以利用分离的 $C-V$ 或 $Y-$ 函数方法测量[45]。在相对较宽的纳米线(20nm)中，已报道过有良好的迁移率值，特别是利用应变方法提高时尤其如此。载流子迁移率总体上要低于有同样等效厚度的平面 FD MOSFET。一般来说，20nm~10nm 尺寸的纳米线，具有可接受的迁移率降低，5nm 纳米线的迁移率相当不好[5]。有几个因素可以影响迁移率：子带分裂改变了有效质量，载流子和声子的空间限制，以及未有效地优化制造工艺。例如，利用自限制氧化制造细纳米线会产生应变和缺陷。

在图 2.10 中，对类似尺寸的矩形和圆形纳米线进行了比较。这个令人费解的迁移率行为，只有在补充说明以后方才可以解释。在低的反型电荷时，圆形的纳米线呈现显著的迁移率退化。此时，迁移率受包括氧化物电荷、高 κ 介质偶极子以及界面陷阱的库仑散射的限制。为了验证这一点，独立地用 CP(电荷泵)法测量了陷阱密度，结果表明，圆形纳米线的陷阱密度增加了三倍[46]，此外，它也由 $1/f$ 噪声和低温实验得到证实。表面取向的差异可以解释这一点，在矩形的纳米线中，侧墙是沿低陷阱密度晶面方向的，而圆形纳米线表面方向是连续变化的。

那么，迁移率曲线为什么在很强的反型时会相互交叉呢？容易证实，在反型时表面粗糙度起主要作用，它屏蔽了库仑散射的影响。较高的迁移率反映小圆形的纳米线有较小的散射。值得商榷的是，用氢退火得到圆形纳米线时表面粗糙度已改善了。

为了增加输出电流，纳米线做成三维阵列。先进的三维堆叠的纳米线，它们是高 κ 介质/金属栅包围的体 Si 或体 SiGe。图 2.11 所示为三个互联栅控制的堆叠纳米线 FET。上面的两层是平坦的 GAA 纳米线，而底下的器件则不同，它们共享顶栅，但有一个同通常 FD MOSFET 一样的 BOX 界面。这种结构对于详细的特性表征及将沟道分开，提供了更多灵活性。如图 2.11(b)所示，栅控制着 6 个沟道中的 5 个，而背栅控制底部的沟道。如果两个栅都是有源的，则所有的沟道均导通。当背栅是强积累时,FD 晶体管的两个沟道均截止。结合这些配置测量到的不同电流,可以区分 GAA 纳米线导通特性是来自于底部 FD FET 的正面沟道还是背面沟道[47]。

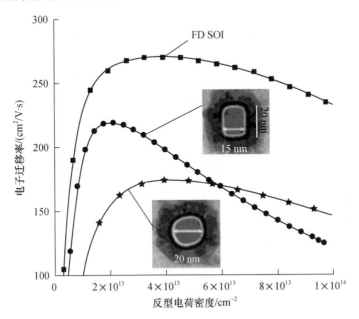

图 2.10　具有圆形及矩形截面的 n 沟纳米线 FET 的有效迁移率同电荷的关系(Source:Adapted from Tachi et al.[45])

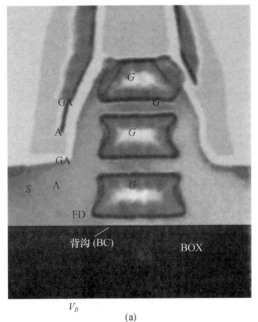

(a)

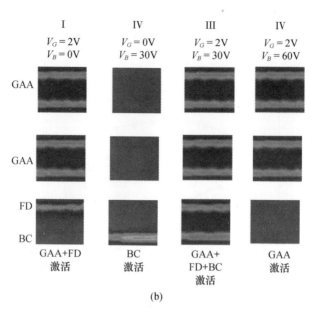

图2.11 （a）沟道厚度为10nm而BOX厚度为400nm的三级纳米线晶体管,(b）前栅(V_g）和背栅(V_b）偏压的组合可以激活分开的不同沟道（Source: Adapted from Reference 47: Solid-State Electronics,53（7）,Dupré et al. ,'Method for 3D electrical parameters dissociation and extraction in multichannel MOSFET（MCFET）', 746-752,copyright（2009）with permission from Elsevier.）

2.10 结 论

随着尺寸和结构的重要变化,SOI材料与器件正在迅速发展。它们的特性表征比以往任何时候都更具挑战性。本章提出了一些问题,并在可能的情况下提出了解决方案。本章还介绍了表征优良SOI结构的一些最新技术,并用实验结果对它们进行了说明。赝MOSFET对评估SOI材料是一个没有争议的工具,而对于器件表征则有更多的选择。多栅是复杂的,但它们在测试中却有很多优势。

2.11 致 谢

感谢我的学生以及世界各地的SOI朋友们,并且感谢欧洲联盟组织Eurosoi及SiNano、法国的Soitec公司及意法微电子公司和韩国WCU项目等的支持。

2.12 参考文献

[1] J. -P. Colinge (2004), *Silicon-On-Insulator Technology: Materials to VLSI*, Kluwer, Boston, 3rd edn.

[2] J. Wan, C. Le Royer, A. Zaslavsky and S. Cristoloveanu (2010), Low-frequency noise behavior of tunneling field effect transistors. *Appl. Phys. Lett.*, **97**(24), article 243503.

[3] J. -P. Colinge, C. -W. Lee, A. Afzalian, N. Dehdashti Akhavan, R. Yan, I. Ferain, P. Razavi, B. O'Neill, A. Blake, M. White, A-M. Kelleher, B. McCarthy and R. Murphy (2010), Nanowire transistors without junctions. *Nat. Nanotechnol.*, **5**, 225–229.

[4] P. Batude, M. Vinet, B. Previtali, C. Tabone, C. Xu, J. Mazurier, O. Weber, F. Andrieu, L. Tosti, L. Brevard, B. Sklenard, P. Coudrain, S. Bobba, H. Ben Jamaa, P. -E. Gaillardon, A. Pouydebasque, O. Thomas, C. Le Royer, J. -M. Hartmann, L. Sanchez, L. Baud, V. Carron, L. Clavelier, G. De Micheli, S. Deleonibus, O. Faynot and T. Poiroux et al. (2011), Advances, challenges and opportunities in 3D CMOS sequential integration, *Proc. IEDM 2011*, 7.3.1–7.3.4.

[5] K. Tachi, M. Casse, D. Jang, C. Dupre, A. Hubert, N. Vulliet, V. Maffini-Alvaro, C. Visioz, C. Carabasse, V. Delaye, J. M. Hartmann, G. Ghibaudo, H. Iwai, S. Cristoloveanu, O. Faynot and T. Ernst (2009), Relationship between mobility and high-k interface properties in advanced Si and SiGe nanowires. Int. Electron Devices Meeting (IEDM'09), Baltimore, USA (7–9 December 2009) *Proc. in IEDM'09 Tech. Digest*, IEEE, 313–316 (2009).

[6] K. J. Kuhn (2012), Considerations for ultimate CMOS scaling. *IEEE Trans. Electron Dev.*, **59**(7), 1813–1828.

[7] S. Cristoloveanu and S. S. Li (1995), *Electrical Characterization of Silicon-on-Insulator Materials and Devices*, Kluwer, Boston.

[8] S. Cristoloveanu, D. Munteanu and M. S. T. Liu (2000), A review of the pseudo-MOS transistor in SOI wafers: operation, parameter extraction, and applications. *IEEE Trans. Electron Dev.*, **47**(5), 1018.

[9] G. Ghibaudo (1988), New method for the extraction of MOSFET parameters. *Electronics Lett.*, **24**(9), 543–545.

[10] I. Savin, I. Ionica, W. Van Den Daele, T. Nguyen, X. Mescot and S. Cristoloveanu (2009), Characterization of silicon-on-insulator films with pseudo-metal-oxidesemiconductor field effect transistor: correlation between contact pressure, crater morphology, and series resistance. *Appl. Phys. Lett.*, **94**, 012111: 1–3.

[11] G. Hamaide, F. Allibert, H. Hovel and S. Cristoloveanu (2007), Impact of free surface passivation on silicon on insulator buried interface properties by pseudotransistor characterization. *J. Appl. Phys.*, **101**, 114513.

[12] G. Hamaide, F. Allibert, F. Andrieu, K. Romanjek and S. Cristoloveanu (2011), Mobility in ultrathin SOI MOSFET and pseudo-MOSFET: impact of the potential at both interfaces. *Solid-State Electron.*, **57**(1), 83–86.

[13] N. Rodriguez, S. Cristoloveanu and F. Gamiz (2009), Revisited Pseudo-MOSFET models for characterization of ultrathin SOI wafers. *IEEE Trans. Electron Dev.*, **56**(7), 1507–1515.

[14] N. Rodriguez, S. Cristoloveanu, M. Maqueda, F. Gamiz and F. Allibert (2011), Three-interface pseudo-MOSFET models for the characterization of SOI wafers with ultrathin film and BOX. *Microelectron. Eng.*, **88**(7), 1236–1239.

[15] Q. T. Nguyen, J. F. Damlencourt, B. Vincent, L. Clavelier, Y. Morand, P. Gentil and S. Cristoloveanu (2007), High quality germanium-on-insulator wafers with excellent hole mobility. *Solid-State Electron.*, **51**(9), 1172–1179.

[16] N. Hefyene, S. Cristoloveanu, G. Ghibaudo, P. Gentil, Y. Moriyasu, T. Morishita, M. Matsui and A. Yasujima (2000), Adaptation of the pseudo-MOS transistor for the characterization of silicon-on-sapphire films. *Solid-State Electron.*, **44**(10), 1711 – 1715.

[17] F. Y. Liu, A. Diab, I. Ionica, K. Akarvardar, C. Hobbs, T. Ouisse, X. Mescot and S. Cristoloveanu (2013), Characterization of heavily doped SOI wafers under pseudo – MOSFET configuration. *Solid-State Electron.*, **90**, 65 – 72.

[18] S. Cristoloveanu, T. V. C. Rao, Q. T. Nguyen, J. Antoszewski, H. Hovel, P. Gentil and L. Faraone (2009), The Corbino Pseudo-MOSFET on SOI : measurements, model, and applications. *IEEE Trans. Electron Dev.*, **56** (3), 474 – 482.

[19] G. Ghibaudo (2003) Low frequency noise and fluctuations in advanced CMOS devices, in *Noise in Devices and Circuits*, Proc. SPIE, **5113**, 16 – 28.

[20] A. Diab, I. Ionica, S. Cristoloveanu, F. Allibert, Y. -H. Bae, J. A. Chroboczek and G. Ghibaudo (2011), Low-frequency noise in SOI pseudo – MOSFET with pressure probes. *Microelectron. Eng.*, **88** (7), 1283 – 1285.

[21] A. Diab, C. Fernandez, A. Ohata, N. Rodriguez, I. Ionica, Y. Bae, W. Van Den Daele, F. Allibert, F. Gamiz, G. Ghibaudo, C. Mazure and S. Cristoloveanu (2013), A new characterization technique for SOI wafers: split C(V) in pseudo-MOSFET configuration. *Solid-State Electron.*, **90**, 127 – 133.

[22] M. Bawedin, S. Cristoloveanu, S. J. Chang, M. Valenza, F. Martinez and J. H. Lee (2011), Evaluation of interface trap density in advanced SOI MOSFETs. *ECS Trans.*, **35** (5), 103 – 108.

[23] T. Rudenko, V. Kilchytska, M. Khairuddin, M. K. Arshad, J. -P. Raskin, A. Nazarov and D. Flandre (2011), On the MOSFET threshold voltage extraction by transconductance and transconductance-to-current ratio change methods, *IEEE Trans. Electron Dev.*, **58** (12), 4172 – 4188.

[24] L. Pham-Nguyen, C. Fenouillet-Beranger, A. Vandooren, T. Skotnicki, G. Ghibaudo and S. Cristoloveanu (2009), *In situ* comparison of Si/High-K and Si/SiO$_2$ channels properties in SOI MOSFETs. *IEEE Electron Dev. Lett.*, **30** (10), 1075 – 1077.

[25] L. Pham-Nguyen, C. Fenouillet-Beranger, G. Ghibaudo, T. Skotnicki and S. Cristoloveanu (2010), Mobility enhancement by CESL strain in short-channel ultrathin SOI MOSFETs. *Solid-State Electron.*, **54** (2), 123 – 130.

[26] F. Allibert, J. Pretet, G. Pananakakis and S. Cristoloveanu (2004), Transition from partial to full depletion in silicon-on-insulator transistors: impact of channel length. *Appl. Phys. Lett.*, **84** (7), 1192 – 1194.

[27] S. Zaouia, S. Cristoloveanu, M. Sureddin, S. Goktepeli and A. H. Perera (2007), Transition from partial to full depletion in advanced SOI MOSFETs: impact of channel length and temperature. *Solid-State Electron.*, **51** (2), 252 – 259.

[28] T. Ouisse, S. Cristoloveanu, T. Elewa, H. Haddara, G. Borel and D. E. Ioannou (1991), Adaptation of the charge pumping technique to gated PIN diodes fabricated on silicon on insulator. *IEEE Trans. Electron Dev.*, **38** (6), 1432 – 1444.

[29] A. Ohata, S. Cristoloveanu and M. Cassé (2006), Mobility comparison between front and back channels in ultrathin silicon-on-insulator metal-oxide-semiconductor field-effect transistors by the front-gate split capacitance-voltage method. *Appl. Phys. Lett.*, **89** (3), 032104: 1 – 3.

[30] W. Chaisantikulwat, M. Mouis, G. Ghibaudo, A. Cristoloveanu, J. Widiez, M. Vinet and S. Deleonibus (2007), Experimental evidence of mobility enhancement in short-channel ultra-thin body double-gate MOSFETs by magnetoresistance technique. *Solid-State Electron.*, **51** (11 – 12), 1494 – 1499.

[31] L. T. Su, K. E. Goodson, D. A. Antoniadis, M. I. Flik and J. E. Chung (1992), Measurement and modeling

of self-heating effects in SOI n-MOSFETs. *IEDM Tech. Dig.* ,357 – 360.

[32] T. Ernst, C. Tinella, C. Raynaud and S. Cristoloveanu (2002), Fringing fields in sub – 0.1 μm fully depleted SOI MOSFETs: optimization of the device architecture. *Solid – State Electron.* ,**46**(3),373 – 378.

[33] O. Faynot (2012), Device structure options for 20nm and below, EUROSOI 2012, Montpellier, France.

[34] H. -K. Lim and J. G. Fossum (1983), Threshold voltage of thin-film silicon on insulator (SOI) MOSFETs. *IEEE Trans. Electron Dev.* ,**30**,1244.

[35] S. Eminente, S. Cristoloveanu, R. Clerc, A. Ohata and G. Ghibaudo (2007), Ultra-thin fully-depleted SOI MOSFETs: special charge properties and coupling effects. *Solid-State Electron.* ,**51**(2),239 – 244.

[36] S. Cristoloveanu, N. Rodriguez and F. Gamiz (2010), Why the universal mobility is not. *IEEE Trans. Electron Dev.* ,**57**(6),1327 – 1333.

[37] F. Payet, F. Boeuf, C. Ortolland and T. Skotnicki (2008), Nonuniform mobility-enhancement techniques and their impact on device performance. *IEEE Trans. Electron Dev.* ,**55**,1050.

[38] A. Cros, K. Romanjek, D. Fleury, S. Harrison, R. Cerruti, P. Coronel, B. Dumont, A. Pouydebasque, R. Wacquez, B. Duriez, R. Gwoziecki, F. Boeuf, H. Brut, G. Ghibaudo and T. Skotnicki, (2006), Unexpected mobility degradation for very short devices: A new challenge for CMOS scaling. *IEDM Tech. Dig.* ,439.

[39] M. Casse, J. Pretet, S. Cristoloveanu, T. Poiroux, C. Fenouillet-Beranger, F. Fruleux, C. Raynaud and G. Reimbold (2004), Gate-induced floating-body effect in fully-depleted SOI MOSFETs with tunneling oxide and back-gate biasing. *Solid-State Electron.* ,**48**(7),1243 – 1247.

[40] D. Hisamoto, W. -C. Lee, J. Kedzierski, H. Takeuchi, K. Asano, C. Kuo, E. Anderson, T. -J. King, F. Jeffrey Bokor and C. Hu, (2000), FinFET-A selfaligned double-gate MOSFET scalable to 20nm. *IEEE Trans. Electron Dev.* ,**47**(12),2320.

[41] F. Dauge, J. Pretet, S. Cristoloveanu, A. Vandooren, L. Mathew, J. Jomaah and B. -Y. Nguyen (2004) Coupling effects and channels separation in FinFETs. *Solid-State Electron.* ,**48**(4),535 – 542.

[42] R. Ritzenthaler, S. Cristoloveanu, O. Faynot, C. Jahan, A. Kuriyama, L. Brévard and S. Deleonibus (2006), Lateral coupling and immunity to substrate effect in Ω-FET devices. *Solid-State Electron.* ,**50**(4),558 – 565.

[43] T. Ouisse, S. Cristoloveanu and G. Borel (1991), Hot carrier-induced degradation of the back interface in short-channel silicon-on-insulator MOSFET's. *IEEE Electron Dev. Lett.* ,**12**(6),290 – 292.

[44] M. Gaillardin, P. Paillet, V. Ferlet-Cavrois, S. Cristoloveanu, O. Faynot and C. Jahan (2006), High tolerance to total ionizing dose of Ω-shaped gate fieldeffect transistors. *Appl. Phys. Lett.* ,**88**(22), art. no. 223511:1 – 3.

[45] K. Tachi, M. Casse, S. Barraud, C. Dupre, A. Hubert, N. Vulliet, M. E. Faivre, C. Visioz, C. Carabasse, V. Delaye, J. M. Hartmann, H. Iwai, S. Cristoloveanu, O. Faynot and T. Ernst (2010), Experimental study on carrier transport limiting phenomena in 10nm width nanowire CMOS transistors. *IEDM Tech. Dig.* ,784 – 787.

[46] M. Cassé, K. Tachi, S. Thiele and T. Ernst (2010), Spectroscopic charge pumping in Si nanowire transistors with a high-kappa/metal gate. *Appl. Phys. Lett.* ,96:123506 – 3.

[47] C. Dupré, T. Ernst, E. Bernard, B. Guillaumot, N. Vulliet, P. Coronel, T. Skotnicki, S. Ristoloveanu, G. Ghibaudo, O. Faynot and S. Deleonibus (2009), Method for 3D electrical parameters dissociation and extraction in multichannel MOSFET (MCFET). *Solid-State Electron.* ,**53**(7),746 – 752.

第3章 短沟 FDSOI MOSFET 特性的建模

S. GHOSH,Indian Institute of Technology Kharagpur,India

摘　要:本章讨论将成为超摩尔时代移动通信和计算领域中主要候选器件的绝缘体上硅 MOSFET 解析模型的各种问题。本章讨论这种器件建模的两种主要方法:第一种是对一维模型进行分析,通过适当的替换,将其转换成准二维模型;第二种是比第一种精确得多的精确模型。

关键词:解析模型,绝缘体上硅,空隙上硅(SON,silicon-on-nothing),泊松方程,埋氧化物,表面势,阈值电压。

3.1　引　言

　　1995 年提出的摩尔定律,预测计算机芯片的特征尺寸将呈指数曲线缩小,同时集成电路(IC)内部包含晶体管的数目将每两年翻一番。按照这一速度,当前的芯片已经包含超过十亿只的晶体管,而晶体管的沟道长度在 2014 年已小于 10nm。由于传统的互补金属氧化物半导体技术正趋于物理极限,对更小尺寸、更高效率芯片的追求也促进了对纳米级 CMOS 替代方案的探索研究。绝缘体上硅技术,已经伴随着第一代商用 SOI 微处理器在市场上推出,而且在稳步增长。根据预测,由于在缩比性、材料灵活性以及晶体管最小特征尺寸方面有诸多优点,SOI 技术将成为体硅 CMOS 的有力竞争者。

　　采用优良栅介质的小物理尺寸 MOSFET 界面态的表征,是当前的研究热点。已经证明,SOI MOS 管比体硅 MOS 管更能抗"短沟道效应"(SCE)。然而,大部分用于体硅工艺的建模技术(Haddara 和 Cristoloveanu,1986;Haddara 和 Ghibaudo,1988;Heremars 等,1989;Chen 和 Li,1991)并不能直接应用于 SOI 器件,原因是:除了 SOI 器件具有复杂多界面性质以外,最重要的是缺少衬底接触。到目前为止,大多数方法都无法包含短沟道效应,只有在做出一些假设的前提下才能保证这些方法的精确性。由于纳米尺度 SOI MOSFET 具有高的垂直电场和横向场电场,因此缓变沟道近似(GCA)不再有效,而基于泊松方程一维解的模型给出的结果也是不正确的。SOI 的二维器件建模是一个新兴领域,目前仍在进行深入的研究。

　　本章的主要目的是为短沟道、全耗尽 SOI 器件的精确建模提供一个详细的物理框架。本章的内容并不追求详尽及完整。至今,有许多研究小组已在并继续在 SOI MOSFET 的物理建模和仿真方面,进行着大量的研究工作。本章中介绍的大部分工作是印度 Jadavpur 大学"先进计算与低功耗 VLSI 设计实验室"的研究成果。

建模始终被看作是一种认识某种器件结构工作原理的终极指导。在所覆盖的范围内,"器件建模"可以大致分为四个不同但相互关联的阶段:

(1) 第一阶段,基于物理的解析仿真。它对于器件工作的基本建模至关重要。晶体管不同位置的电荷分布、载流子密度、电势变化、电场(方向和幅度)以及电流密度,在识别并改善器件的薄弱点以及建立更强大功能新结构的概念方面,是非常重要的。

(2) 第二阶段,构建小信号等效电路模型,同时需要对制备的器件进行实际测量。这种技术一般都是半经验性的,可以作为器件理论和实践方面的桥梁。通过选用合适的参数,可以克服难以获取所有材料参数知识的难题,这样就会比解析模型更为灵活。

(3) 第三阶段,大信号建模。它需要电流和电压的实时测量,并严格提取一些内在和外在的参数。精心构建的大信号器件模型可以在电路级性能仿真时精确预测功率水平、效率、线性度和稳定性。

(4) 第四阶段也是最后阶段,重点是评估器件的噪声性能。显然,需要涉及大量基于探针台的射频测量,最终的模型也可以扩展应用到基于工艺 CAD 的仿真器中。

尽管 MOSFET 的建模已经覆盖很多领域,并形成了如紧凑 BSIM(Berkeley 短沟道 IGFET 模型)、EKV(Enz 等,1995)和 PSP(Gildenblat 等,2005)等多种模型,但 SOI 建模领域仍相对较小。与数值解析相比,基于物理原理的解析模型显示出与仿真器更好的兼容性,并且不妨碍涉及更多因素的电路设计过程。本章将提供关于 SOI MOSFET 物理建模和仿真的一般化理论。建议有兴趣的读者进一步研究所附的参考文献,以获得更深入的理解。

3.2 SOI MOSFET 建模的发展

从历史上看,SOI MOSFET 的建模主要遵循两种途径:
(1) 基于表面势的建模;
(2) 基于电荷的建模。

在这两种类型的建模中,紧凑的解析公式总是优于基于迭代的公式。顾名思义,在表面势建模中,使用表面势(相当于体硅表面本征能级的位置)来计算漏电流;而在电荷建模中,电流是通过研究电荷之间的相互关系来计算的,并且将电荷分别命名为栅电荷、氧化物电荷、耗尽电荷和反型电荷。最初,为了表征体硅 MOS 晶体管的反型电荷,Sah 和 Pao(1966)给出了漏电流的双重积分变换;后来,Taur 等(2004)和 Ortiz-Conde 等(2005)基于这一变换提出了精确的基于表面势的器件模型。

同时,He 等(2004)和 Sallesea 等(2005)提出了基于电荷的模型,这个模型能够避免表面势建模中超越方程的数值求解。Jayadeva 和 Das Gupta(2009)提出了一种结合量子力学效应的紧凑模型。在这一模型中,他们考虑电荷密度和费米能级之间的相互关系,以解释氧化硅/硅界面处势阱中的电荷形成问题。这样就可以在弱、中和强反型区中准确预测电荷以及电流的情况。Wu 等(2010)提出一种可以预测输运特性的模型,模型无须考虑器件的工作方式是部分耗尽 SOI(PDSOI)还是全耗尽 SOI(FDSOI)。这一模型可以适用于从一种方式到另一种方式的转变。除此之外,近些年来还出现并验证了多种模型,有的分析了衬底空间电荷效应(Burignat 等,2010),有的优化了最佳的介质(Darbandy 等,2011),有的处理了诸如正/背面氧化硅中的俘获电荷或缺陷等不良效应(Husseini 等,2011),或者提出了诸如用功函数工程来缓解阈值电压下降等创新性的方法(Deb 等,2012)。简言之,这些年来,已有众多研究人员为 SOI MOSFET 的建模提供了越来越多的细节。

3.3 SOI MOSFET 的二维紧凑电容模型

微电子每天都在向纳米电子学方向发展。为了满足增益、线性度以及可靠性等方面不断提高性能的要求,基本元器件在不断地进行缩比。MOSFET 器件的所有尺寸都在缩比,例如:
(1) 源漏结的深度;
(2) 栅的长度;
(3) 介质层的厚度;
(4) 有源沟道层的厚度。

工业及研发现有的栅长标准分别是 22nm 和 12nm。随着场效应晶体管的小型化,一些退化效应,例如短沟道效应,使晶体管的电特性发生变化。就像通常的体硅 MOS 管一样,SOI MOS 管也会受到 SCE 的影响,只是程度要轻一些。因此,在 SOI MOS 管模型中适当地包含这些 SCE 效应,就能精确预测器件所有尺寸下的器件性能,这是非常重要的。SCE 可以归因于漏同栅一起控制器件的沟道电荷、主要的电场梯度和沟道的电势、电流和电导。这种控制方式可以认为是"二维电荷控制"。在短栅 MOSFET 建模中另一个重要的现象是电场分布耦合。也就是发生在埋氧化物隔离层中以横向电场(边缘场)形式存在的源 –

沟道和漏-沟道的电势耦合现象。这是 SCE 的另一种表现,能够引起器件性能退化并变得难以预测。因此,在电路仿真器使用的所有紧凑 SOI MOSFET 模型中,考虑上述影响是非常重要的。

为了估计沟道中电荷的形成,必须同时在有源层和埋氧化层中完成二维泊松方程的求解,但是边界条件通常很难设定,解方程的过程也相当复杂。相反,求解垂直于栅极的一维泊松方程,并通过电压掺杂转换(VDT)将一维分析转换为有效的二维分析却并不复杂。对于小的漏源电压,这种方法更容易收敛,几乎与二维分析同样精确。使用这种方法,首先从器件的等效电容模型(因此使用术语紧凑电容模型)计算出模型的表面电势和阈值电压,然后根据结果采用下面的方法就能计算出器件的电流和电导。

3.3.1 有代表性的电容模型

此处考虑的器件是具有常规配置的理想模型结构。在不同端点之间起作用的各种电容如图 3.1 所示。在图 3.2 中,给出了等效电路模型。我们考虑 Deb 等(2011b)的模型和缩写,使用 t_{GOX}、t_{Si}、t_{BOX} 和 t_{sub} 分别代表栅氧化物、中间夹层硅、埋氧化物(绝缘体)和衬底层的厚度。此处标出了三个氧化物的电容。C_{GOX} 在多晶硅栅和沟道之间起作用,而 C_{BOX} 在源/漏和沟道之间起作用。后者也可以称为边缘电场电容,因为其原点仍位于穿过 BOX 层的边缘电力线中。此外,$C_{Si,d}^{eff}$ 代表硅层中耗尽区的电容,C_{BOX} 是衬底偏置电容,C_{ifj} 是界面态电容。在所有端口中,有效偏压都减小一个相当于对应界面处平带电压的值。

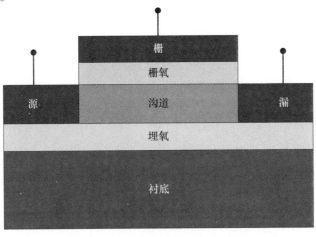

图 3.1 SOI MOSFET 的分层结构图

(Source: Printed with Permission from Deb et al. ,2011b. http://www.tandfonline.com/doi/abs/10.1080/00207217.2011.593140.)

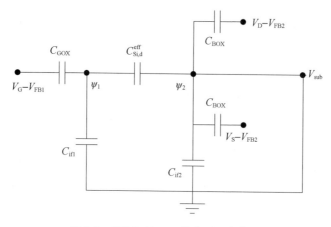

图 3.2　SOI MOSFET 的典型电容模型
（Source：Printed with Permission from Deb et al.，2011b.
http://www.tandfonline.com/doi/abs/10.1080/00207217.2011.593140.）

3.3.2　边缘电场的建模

穿过埋氧化层从源/漏到沟道的横向电场强度，是将 SOI MOSFET 与体硅 MOSFET 区分开的重要标志。对该电场的适当定性和定量分析，需要完全了解在各种衬底和漏偏压下背面氧化硅层中的电势分布。虽然一维建模对于上述任务不够精确，但仍然可以比较合理地解释低漏偏压时的状态。当 V_{DS} 较小时，BOX 剖面中的电势分布可以假设为以沟道中部为轴呈水平对称。这种近似意味着源到沟道（C_{SC}）和漏到沟道（C_{DC}）边缘电场电容都可以表示为

$$C_{SC}(x) = \frac{K_{BOX}}{t_{BOX}[\exp(\pi/t_{BOX}(x+(L_{eff}/2)))-1]} \tag{3.1}$$

$$C_{DC}(x) = \frac{K_{BOX}}{t_{BOX}[\exp(\pi/t_{BOX}(x-(L_{eff}/2)))-1]} \tag{3.2}$$

式中：K_{BOX} 和 L_{eff} 分别为绝缘体的介电常数和器件的有效沟道长度。

3.3.3　二维电场向有效的一维电场转换

在沟道区中，纵向和横向电场同时控制电荷的形成。由于一维模型不能直接考虑这一点，因此需要考虑其他可能的方法。一种可行的解决方案来自"电压掺杂转换"（VDT）方法，这种方法认为漏到源的横向电场，应该能够降低沟道中的有效掺杂浓度。因此，耗尽电容不仅仅只是栅源电势的函数，而且也变成漏源偏置和衬底偏置（或等效于背沟电势）的函数。因此，有效偏置和掺杂可以写为

$$V_{DS}^* = V_{DS} + 2(V_{bi} + \Psi_{S2} - \Psi_{S1}) + 2\sqrt{(V_{bi} + \Psi_{S2} - \Psi_{S1})(V_{DS} + V_{bi} + \Psi_{S2} - \Psi_{S1})} \tag{3.3}$$

$$N_A^* = N_A - \frac{2\varepsilon_{Si} V_{DS}^*}{q L_{eff}^2} \tag{3.4}$$

式中：V_{bi} 是对应结的内建电势；Ψ_{S1} 和 Ψ_{S2} 分别是正表面电势和背表面电势的值。

将耗尽电荷相对于电势进行微分，可以从上式中计算得到有效耗尽电容为

$$C_{Si,d}^{eff} = \frac{dQ_d}{d\Psi} = \frac{qN_A^* t_{Si} L_{eff}}{\Psi_{S1} - \Psi_{S2}} \tag{3.5}$$

3.3.4 电荷控制模型

对于基本的解析电荷控制模型，需考虑图 3.2 中每个节点的电荷平衡。从模型中得到

$$\Psi_1(C_{GOX} + C_{Si,d}^{eff} + 2C_{if1}) = C_{GOX}(V_{G1} - V_{FB1}) + C_{Si,d}^{eff} \Psi_2 \tag{3.6}$$

$$\Psi_2(C_{Si,d}^{eff} + C_{if2} + 2C_{BOX}) = C_{BOX}\{(V_{DG} - V_{FB2}) + (V_{SG} - V_{FB2})\} + C_{Si,d}^{eff} \tag{3.7}$$

对于 SOI，当在正面栅和衬底接触同时施加偏压时，就有可能在前界面和背界面处同时形成电荷层。如果我们假设沟道形成于正界面，则表面势就按正面栅电压计算。根据定义，阈值电压指的是当表面能带弯曲超过体硅 $2\Psi_F$ 时的栅电压，即在阈值条件下，$\Psi_1 = 2\Psi_F + \Psi_2$。

因此，阈值电压 V_{th} 由下式给出：

$$V_{th} = V_{FB1} + (2\Psi_F + \Psi_2)\left[1 + \frac{2C_{Si,d}^{eff} C_{BOX}}{C_{GOX}(C_{Si,d}^{eff} + 2C_{BOX})}\right] \\ - (V_{DS} - 2V_{FB2})\frac{C_{Si,d}^{eff} C_{BOX}}{C_{GOX}(C_{Si,d}^{eff} + 2C_{BOX})} \tag{3.8}$$

可以清楚地看出，阈值电压包含一个与 V_{DS} 相关的系数。通过绘制阈值电压与沟道长度之间的关系曲线，可以看出沟道长度减小时阈值电压是降低的。图 3.3 表明，对于直到 100nm 的沟长，阈值电压还能保持相当的恒定，但是对于更小的沟长，阈值电压的下降现象就变得非常明显。这并不符合要求，因为在相同偏压下，短沟道器件会导通，而相对长一些沟道的器件则维持截止状态。

3.3.5 I-V 特性

当 MOS 管用作电容器时，电荷形成是通过栅偏压来控制的，但在 MOSFET 中，栅和漏偏压都会影响电荷密度。这一理论同样适用于 SOI MOSFET。在增强型的 SOI MOSFET 中，电荷密度随着栅电压增加而增大（超过阈值限制），但是在侧面施加漏压时，沟道电势就会从源向漏线性增加。因此，电荷从源到漏递减，并且在漏端处首先观察到夹断点。定性地讲，在沟道中的每个点 (x) 处，

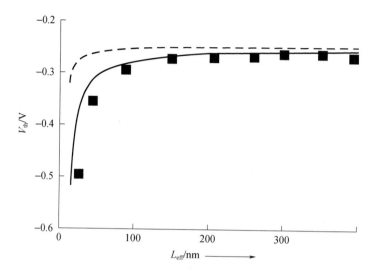

图 3.3 阈值电压随有效沟长的变化。实线为 SOI;虚线表示绝缘体
处为真空时的特殊情况,实心方块则是基于 MEDICI 工具的 SOI 仿真结果
(Source:Printed with Permission from Deb et al.,2011b.
http://www.tandfonline.com/doi/abs/10.1080/00207217.2011.593140.)

反型必须要比 $2\Psi_F + \Psi_2 + V_c(x)$ 时更强,其中 $V_c(x)$ 是该指定点处的沟道电势。

在沟道任意点 x 处截取一小段 dx,认为此小段区域中的沟道电势 $V_c(x)$ 和电流 I_D 保持不变,那么可以得到下式:

$$I_D = \mu_n C_{OX} W_g (V_{GS} - V_{th} - V_c(x)) \frac{dV_c(x)}{dx} \quad (3.9)$$

式中: W_g 和 C_{OX} 分别为栅宽和栅氧化物单位面积电容量。现在考虑沟道中沟道电流的连续性,将式(3.9)沿沟道积分,同时代入等式(3.8)中的 V_{th} 值,得到下式:

$$\int_0^{L_{eff}} I_D dx = \mu_n C_{GOX} W_g \int_0^{V_{DS}} (V_{GS} - V_{th} - V_c) dV_c \quad (3.10)$$

在简化和重新排列之后,即可得到非饱和状态下的漏电流公式:

$$I_D = \mu_n C_{OX} \frac{W}{L} \left(V_{GS} V_{DS} - V_{FB1} V_{DS} - 2V_T \ln\left(\frac{N_A}{n_i}\right) \right) V_{DS}$$

$$- \frac{4V_T \ln(N_A/n_i) C_{BOX} V_{DS}}{C_{GOX}} + \frac{4V_T \ln(N_A/n_i) C_{BOX} K_1 (-K_2 C_{GOX})}{(DC_{GOX})^2}$$

$$\ln(K_3 C_{GOX} + K_2 C_{GOX} - K_1 C_{GOX} V_{DS})$$

$$- \frac{K_3 C_{BOX} V_{DS}}{K_1 C_{GOX}} - \frac{(K_3 C_{GOX} + K_2 C_{GOX}) K_3 C_{BOX}}{(DC_{GOX})^2}$$

$$\ln(K_3 C_{GOX} + K_2 C_{GOX} - K_1 C_{GOX} V_{DS})$$

$$+ \frac{(K_3 C_{GOX} + K_2 C_{GOX} - K_1 C_{GOX} V_{DS})^2 K_1 C_{BOX}}{2(K_1 C_{GOX})^2}$$

$$- \frac{2(K_3 C_{GOX} + K_2 C_{GOX} - K_1 C_{GOX} V_{DS}) K_1 C_{BOX}}{(K_1 C_{GOX})^2}$$

$$+ \frac{(K_3 C_{GOX} + K_2 C_{GOX})^2 K_1 C_{BOX}}{2(K_1 C_{GOX})^3} \ln(K_3 C_{GOX} + K_2 C_{GOX} - K_1 C_{GOX} V_{DS})$$

$$- \frac{2 V_{FB2} C_{BOX} K_1 V_{DS}}{K_1 C_{GOX}}$$

$$+ \frac{\{2 V_{FB2} K_3 C_{BOX} K_1 C_{GOX} - 2 V_{FB2} C_{BOX} K_1 (K_3 C_{GOX} + K_2 C_{GOX})\}}{(K_1 C_{GOX})^2}$$

$$\ln(K_3 C_{GOX} + K_2 C_{GOX} - K_1 C_{GOX} V_{DS}) \tag{3.11}$$

式中:K_1、K_2 和 K_3 是包含材料尺寸、本征和非本征特性如温度、掺杂、残余杂质等因素的常数。

对 MOSFET 饱和区漏电流进行建模,需要考虑两种不同的情况:长沟和短沟。在长沟 MOSFET 中,载流子在栅下方穿过整个沟道,具有恒定的低场迁移率,即速度永不饱和,并与电场成线性关系(其值不会超过临界电场极限)。因此,对于长沟 SOI MOSFET 器件,饱和首先设置在漏端位置,其电位恰好等于栅过驱动值。

$$V_{DSsat} = V_{GS} - V_{th} \tag{3.12}$$

结果,沟道首先在漏端关断。如果 V_{DS} 从该特定值增加,则夹断点会移动到沟道中,而且电流维持饱和。在求解 V_{DSsat} 的过程中,注意等式(3.11)是 V_{DS} 中的二次方。因此可以写成

$$M_1 V_{DS}^2 + M_2 V_{DS} + M_3 = I_{DS} \tag{3.13}$$

式中:M_1、M_2、M_3 对于给定的器件都是常数。在饱和点,I_{DS} 达到最大值,即 $\frac{\partial I_{DS}}{\partial V_{DS}} = 0$,这也就意味着

$$2 M_1 V_{DSsat} + M_2 = 0 \tag{3.14}$$

根据等式(3.14)计算 V_{DSsat} 的值,并从等式(3.8)中算出对应的 V_{thsat}。最后,将这两个特定电压值代入等式(3.11),可以算出长沟 SOI MOSFET 的饱和漏电流。图 3.4 中绘出长沟 SOI MOSFET(280nm)的漏特性。可以看到,过渡是非常陡的,这可归因于外加漏源电压引起的两个渐近区。因此可以预测,该建模方法将导致漏电导的不连续。除了这一点以外,该模型很好地仿真了 SOI MOSFET 的行为,因为它将所有相关的电容都加到了公式中。后面的章节将更进一步介绍,如何在二维模型中避免漏电导不连续的这一缺点。

在短沟 SOI MOSFET 情况下,夹断从未真正发生。相反,速度饱和产生了

电流饱和机制。在短沟 FET 中,整个沟道的电场相当高,在漏端的电场最大。随着漏偏压的增加,电场也在增大,而且一旦超过临界电场极限,速度就变得饱和。与长沟 SOI MOSFET 一样,当漏偏压增加时,饱和点进一步向沟道中移动。对于短沟 SOI MOSFET,可以考虑简单的迁移率模型:

$$\mu_n = \frac{\mu_0}{1 + (\mu_0 V_{DS}/v_{sat} L_{eff})} \quad (3.15)$$

式中:μ_0 是低场迁移率。这使得从速度不饱和区到饱和区的过渡更为平滑。此处,V_{DSsat} 由漏电场达到临界值时的电压给出,但是在短沟 MOSFET 中,栅下的电场基本上是二维的,因此一维分析不能给出恰当的度量。对于短沟 SOI MOSFET 建模,下面将介绍一种二维的紧凑模型。

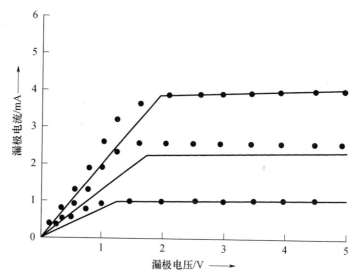

图 3.4 沟道电流随漏电压 V_{DS} 的变化情况,取栅压 V_{GS} 分别为 1V(下)、2V(中)和 3V(上),其中器件的 $W = 7.83\mu m$、$L = 0.28\mu m$、$t_{GOX} = 10\mu m$、$t_{Si} = 94\mu m$、$t_{BOX} = 347nm$、$N_A = 10^{16} cm^{-3}$。实线是 SOI 的计算值,点代表试验数据

(Source:Printed with Permission from Deb et al.,2011b.
http://www.tandfonline.com/doi/abs/10.1080/00207217.2011.593140.)

3.4 SOI MOSFET 的二维解析模型

本节是上述讨论的延伸,显而易见,对短沟道 FDSOI MOSFET 进行建模需要电场和电势分布的完整知识。背偏置加上源/漏和沟道通过绝缘体的耦合改变了正界面的表面势。同时考虑这些效应,对于精确描述 DIBL、SCE 和二维电荷共享是非常重要的。在早期的 MOSFET 模型(Grebene 和 Gandhi,1969)中,整个沟道分为两个不同的区域。在更靠近源端的区域,缓变沟道近似(GCA)被认为是有效的,换句话说,垂直电场的变化率远高于横向电场,而这个电场可以假设是一维的。相反,在漏端附近,GCA 理论不再有效,累积的电场有效地变成二维的了。对于该区域,设定为二维电势分布。于是便出现了两个电势,使其在两个区域的会聚点处(在一维结束而二维开始的地方)仍保持连续。然而,这需要在所有偏置点处以最大的精度确定沟道内的边界条件。因此,为了取代上述方法,将栅下方的沟道划分为不同区域,且假设整个沟道具有二维的电势分布。除栅下的硅区域以外,还要考虑埋氧化层中的电势分布,也应该设定为二维的。采用的理想化结构如图 3.5 所示。缩写符号与前面所用的相同。令 t_f、t_{Si}、t_{BL}、t_{sub} 和 L 分别代表器件的栅氧化物厚度、硅沟道层厚度、埋氧化层厚度、衬底层的厚度和器件冶金学沟道长度。

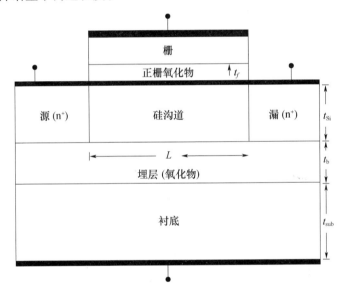

图 3.5 一般的 SOI MOSFET 层结构(Source:Printed with Permission from Deb et al. ,2011a.)

3.4.1 表面势

首先参照 Deb 等(2011a)的方法,考虑全耗尽沟道区。设某一点的电势为 $\varphi(x,y)$,则泊松方程可以写作

$$\frac{\partial^2 \varphi(x,y)}{\partial x^2} + \frac{\partial^2 \varphi(x,y)}{\partial y^2} = \frac{qN_A}{\varepsilon_{Si}} \tag{3.16}$$

式中:N_A 为 p 型衬底中的受主浓度;ε_{Si} 为硅的介电常数。那么,$\varphi(x,y)$ 的一个可能解可以表示为下面的多项式:

$$\varphi(x,y) = A_1(x) + A_2(x)y + A_3(x)y^2 \tag{3.17}$$

因此,要考虑到电势的二维性质。在正和背沟道界面处,假设电场是均匀的,同时将表面势分别定义为 $\varphi_{sf}(x)$ 和 $\varphi_{sb}(x)$。然后就可以根据电流的连续性得到沟道中的 4 个边界条件:

$$\varphi(x,y)|_{y=0} = \varphi_{sf}(x) \tag{3.18}$$

$$\varphi(x,y)|_{y=t_{Si}} = \varphi_{sb}(x) \tag{3.19}$$

当 $y=0$ 时,有

$$\frac{\partial \varphi(x,y)}{\partial y} = -E_{sf}(x) = -\frac{\varepsilon_{OX}}{\varepsilon_{Si}} \frac{V'_{gs} - \varphi_{sf}(x)}{t_f} \tag{3.20}$$

当 $y=t_{Si}$ 时,有

$$\frac{\partial \varphi(x,y)}{\partial y} = -E_{sb}(x) = -\frac{\varepsilon_{BL}}{\varepsilon_{Si}} \frac{V'_{ss} - \varphi_{sb}(x)}{t_{BL}} \tag{3.21}$$

式中: ε_{BL} 为二氧化硅的介电常数; V'_{gs} 和 V'_{ss} 分别为施加到正沟和背沟的有效电压(对平带电压修正后的值)。

正沟和背沟的电压可以分别表示为

$$V'_{gs} = V_{gs} - V_{ffb} \text{ 和 } V'_{ss} = V_{ss} - V_{bfb}$$

式中: V_{ffb} 和 V_{bfb} 分别是正沟和背沟的平带电压。在式(3.17)~式(3.21)中,系数 $A_1(x)$、$A_2(x)$ 和 $A_3(x)$ 可以由下面的等式给出:

$$A_1(x) = \varphi_{sf}(x) \tag{3.22}$$

$$A_2(x) = -\frac{\varepsilon_{OX}}{\varepsilon_{Si}} \frac{V'_{gs} - \varphi_{sf}(x)}{t_f} = -\frac{C_f}{\varepsilon_{Si}}[V'_{gs} - \varphi_{sf}(x)] \tag{3.23}$$

$$A_3(x) = \frac{V'_{ss} + V'_{gs}[(C_f/C_{BL})+(C_f/C_{Si})] - \varphi_{sf}(x)[1+(C_f/C_{BL})+(C_f/C_{Si})]}{t_{Si}^2[1+2(C_f/C_{BL})]} \tag{3.24}$$

式中: C_f 和 C_{BL} 分别是单位面积上的正面及背面绝缘体电容。对式(3.17)进行二次微分,并带入 $A_i(x)$ 的值作为正表面边界条件,得到 $\varphi_{sf}(x)$ 的一个微分方程:

$$\frac{t_{Si}^2[1+2(C_{Si}/C_{BL})]}{[1+(C_f/C_{BL})+(C_f/C_{Si})]} \frac{d^2\varphi_{sf}(x)}{dx^2} - \varphi_{sf}(x) \\ + \frac{[(C_f/C_{BL})+(C_f/C_{Si})]}{[1+(C_f/C_{BL})+(C_f/C_{Si})]}(V_{gs}-V_{th}) + 2\varphi_F = 0 \tag{3.25}$$

于是,对于长沟器件的阈值电压,取 $\varphi_{sf}(x) = 2\varphi_F$(取 $\varphi_F = (K_BT/q)\ln(N_A/N_i)$),解下式即可得到长沟阈值电压:

$$V_{th}^{long} = V_{ffb} + \frac{[1+(C_f/C_{BL})+(C_f/C_{Si})](2\varphi_F)}{[(C_f/C_{BL})+(C_f/C_{Si})]} \\ + \frac{qN_At_{Si}[1+2(C_{Si}/C_{BL})]}{2C_{Si}[(C_f/C_{BL})+(C_f/C_{Si})]} - \frac{V'_{ss}}{[(C_f/C_{BL})+(C_f/C_{Si})]} \tag{3.26}$$

第3章 短沟 FDSOI MOSFET 特性的建模

为了计算方便,设

$$\frac{[(C_f/C_{BL}) + (C_f/C_{Si})]}{[1 + (C_f/C_{BL}) + (C_f/C_{Si})]}(V_{gs} - V_{th}) + 2\varphi_F = v' \tag{3.27}$$

且

$$\frac{t_{Si}^2[1 + 2(C_{Si}/C_{BL})]}{[1 + (C_f/C_{BL}) + (C_f/C_{Si})]} = \lambda^2 \tag{3.28}$$

于是,式(3.25)可以简化为

$$\lambda^2 \frac{d^2\varphi_{sf}(x)}{dx^2} - \varphi_{sf}(x) + v' = 0 \tag{3.29}$$

再引入另一个变量 $\zeta(x) = \varphi_{sf}(x) - v'$。于是得到

$$\frac{d^2\zeta(x)}{d^2x} - \frac{\zeta(x)}{\lambda^2} = 0 \tag{3.30}$$

现在,在埋绝缘体层中,式(3.20)和式(3.21)不再适用,因为垂直电场不是仅由衬底偏置引起的,而且还与沟道和源/漏间的耦合电场有关。为了考虑这种效应,假设 V_{ss} 修改为 V_{ss}^{eff}。如果认为绝缘体层中没有电荷载流子,同时忽略固定离子的影响,则该层的拉普拉斯方程由下式给出:

$$\frac{\partial^2\varphi(x,y)}{\partial x^2} + \frac{\partial^2\varphi(x,y)}{\partial y^2} = 0 \quad (0 \leq x \leq L, t_{Si} \leq y \leq t_{Si} + t_{in}) \tag{3.31}$$

式(3.31)的边界条件为

$$\varphi(0, t_{Si}) = V_{bi} \tag{3.32}$$

$$\varphi(L, t_{Si}) = V_{bi} + V_{ds} \tag{3.33}$$

$$\varphi(x, t_{Si}) = \varphi_{sb}(x) \tag{3.34}$$

$$\varphi(x, t_{Si} + t_{BOX}) = V_{ss} - V_{bfb} \tag{3.35}$$

在埋氧化层中,式(3.31)的两个导数弱耦合:

$$\frac{\partial^2\varphi(x,y)}{\partial x^2} \approx -\frac{\partial^2\varphi(x,y)}{\partial y^2} \approx \chi_{(say)} \tag{3.36}$$

虽然对于长沟 SOI MOSFET 可以假设 χ 为零,但是随着沟道长度的减小,χ 具有一个有限值。因此,在整个沟道上对式(3.36)积分,可以得到

$$\chi = \frac{2}{L^2}\left[\varphi(L,y) - \varphi(0,L) - \left(\frac{\partial\varphi(x,y)}{\partial x}\bigg|_{x=0}\right)L\right] = \frac{2}{L^2}[kV_{ds} + rE_0L] \tag{3.37}$$

式中:r 和 k(二者均 ≤ 1)的值需要根据实验数据拟合。它们都是过程相关参数,它们的值取决于特定制造工艺中的厚度和长度值。此外,将源端的边缘电场定义为 E_0,有

$$E_0 = -\frac{\partial\varphi(x,y)}{\partial x}\bigg|_{x=0}$$

此时,再对式(3.36)积分,但是这次沿着 y 轴方向进行,从 $y = t_{Si}$ 到 $y = t_{Si} +$

t_{BL}。而且在最后的积分中插入式(3.37)给出的 χ 值,即得到

$$\left.\frac{\partial \varphi(x,y)}{\partial x}\right|_{x=0,y=t_{Si}} = \frac{1}{t_{BL}}\left[\frac{kV_{ds}+rE_0L}{L^2}t_{BL}^2 + V_{ss} - V_{bfb} - \varphi_{sb}(x)\right] \quad (3.38)$$

仔细观察式(3.21)和式(3.38),通过比较两个公式可以确定有效的背面衬底偏置,即

$$V_{ss}^{eff} = V_{ss} + \frac{t_{BL}^2}{L^2}(kV_{ds}+rE_0L) \quad (3.39)$$

从式(3.20)、式(3.21)和式(3.14)可以推导出

$$\varphi_{sb}(x) = \frac{2C_{Si}+C_f}{2C_{Si}+C_{BL}}\varphi_{sf}(x) - \frac{C_f}{2C_{Si}+C_{BL}}V'_{gs} + \frac{C_{BL}}{2C_{Si}+C_{BL}}V'_{ss} \quad (3.40)$$

从式(3.40)可以得到 E_0 的值,即

$$\begin{aligned}
E_0 &= -\left.\frac{d\varphi_{sb}(x)}{dx}\right|_{x=0} \\
&= -\frac{2C_{Si}+C_f}{2C_{Si}+C_{BL}}\left\{\frac{d\varphi_{sf}(x)}{dx}\right\}\bigg|_{x=0} \\
&= -\frac{2C_{Si}+C_f}{2C_{Si}+C_{BL}}\left\{\frac{(V_{bi}+V_{ds}-v')-(V_{bi}-v')\cosh(L/\lambda)}{\lambda\sinh(L/\lambda)}\right\}
\end{aligned} \quad (3.41)$$

根据式(3.39)和式(3.41),可以得到

$$V_{ss}^{eff} = V_{ss} + \frac{t_{BL}^2}{L^2}\left(kV_{ds} - rL\left(-\frac{2C_{Si}+C_f}{2C_{Si}+C_{BL}}\left\{\frac{(V_{bi}+V_{ds}-v')-(V_{bi}-v')\cosh(L/\lambda)}{\lambda\sinh(L/\lambda)}\right\}\right)\right) \quad (3.42)$$

显然,对于长沟和/或薄埋氧化层的器件,有效衬底偏置能降低为传统的衬底偏置。于是,有效衬底偏置可以将式(3.26)中的阈值电压改写为以下形式:

$$V_{th}^{eff} = V_{ffb} + \frac{[1+(C_f/C_{BL})+(C_f/C_{Si})]}{[(C_f/C_{BL})+(C_f/C_{Si})]}(2\varphi_F) + \frac{qN_At_{Si}[1+2(C_{Si}/C_{BL})]}{2C_{Si}[(C_f/C_{BL})+(C_f/C_{Si})]}$$

$$-\frac{V_{ss}^{eff}}{[(C_f/C_{BL})+(C_f/C_{Si})]} \quad (3.43)$$

因此,式(3.30)被修改为

$$\frac{d^2\zeta_{eff}(x)}{d^2x} - \frac{\zeta_{eff}(x)}{\lambda^2} = 0 \quad (3.44)$$

此时式(3.44)的边界条件为

$$\zeta_{eff}(x)|_{x=0} = V_{bi} - v'_{eff} = V'_1$$
$$\zeta_{eff}(x)|_{x=L} = V_{bi} + V_{ds} - v'_{eff} = V'_2 \quad (3.45)$$

现在有足够的条件来计算器件的有效表面势。作为二阶微分方程的一个解,可以写成

第 3 章　短沟 FDSOI MOSFET 特性的建模

$$\varphi_{sf}(x) = \zeta_{eff}(x) + v'_{eff} = \frac{V'_1 \sinh((L-x)/\lambda) + V'_2 \sinh(x/x/\lambda))}{\sinh(L/\lambda)} + v'_{eff} \quad (3.46)$$

显然,表面势与所施加的漏偏压之间具有双曲线关系。图 3.6 所示为沿沟道的表面势变化,给出了两种情况:一种是埋层中的绝缘体是二氧化硅;另一种是绝缘体是空气(真空)。后者是一种特殊情况,这类器件称为空隙上硅(SON)。

可以看出,直到 300nm 的沟道长度,短沟效应仍然是最小的,电势分布也是对称的,也就是说,表面势的最小点是沟道的中点。随着沟长的进一步减小,器件从亚微米机制进入到纳米机制。因而,短沟效应,特别是漏致源端的势垒降低,开始起重要作用。也很明显,随着隐埋层介电常数的降低($SiO_2 \to$真空),电势的最小值也降低,因而在更大程度上也抑制了 SCE 效应。

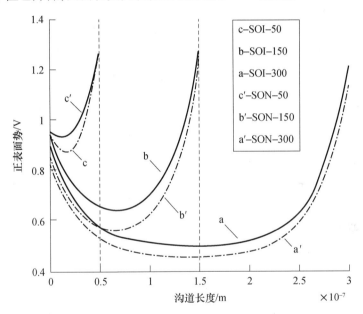

图 3.6　表面势随沟道长度的变化。实线代表 SOI,虚线代表 SON。
此处取 $V_{DS}=0.5\text{V}, t_{GOX}=7\text{nm}, t_{Si}=100\text{nm}, t_{BL/air}=200\text{nm}, N_A=2\times 10^{23}\text{m}^{-3}, V_{SS}=1\text{V}$
(Source:Printed with Permission from Deb et al.,2011a.)

3.4.2　阈值电压和电流

器件的阈值电压定义为源端表面发生反型时的电势。然而,表面势最小的点却不在源端,而是位于沟道中心点附近的某个位置,因此利用最小表面势的点来定义器件的阈值电压。根据这种方法,使用最小表面势条件 $\mathrm{d}\varphi_{sf}(x)/\mathrm{d}x = 0$,得到最小点如下:

$$x_{\min} = 0.5\left[L - \lambda \lg \frac{\tanh(L/2\lambda) - M}{\tanh(L/2\lambda) + M}\right]$$

式中

$$M = \frac{V_2' - V_1'}{V_2' + V_1'} \tag{3.47}$$

并且表面势的特殊值由下式给出：

$$\varphi_{sf}|_{x_{\min}} = \frac{V_1' \sinh((L - x_{\min})/\lambda + V_2' \sinh(x_{\min}/\lambda))}{\sinh(L/\lambda)} + v_{\text{eff}}' \tag{3.48}$$

最后，取这个表面势等于体电势（φ_F）值 2 倍的条件。由此，按照前面的定义，SOI MOSFET 的阈值电压可由下式给出：

$$V_{\text{th}}^{\text{short}} = V_{\text{th}}^{\text{eff}} + \frac{1}{C_{\text{Si}}}\left[\frac{2\varphi_F}{C_2} - \frac{C_1}{C_3} - 2\varphi_F\right] \tag{3.49}$$

式中各常数由下面的等式给出：

$$C_1 = \frac{V_{\text{bi}}[\sinh((L - x_{\min})/\lambda) + \sinh(x_{\min}/\lambda)] + V_{\text{ds}}\sinh(x_{\min}/\lambda)}{\sinh(L/\lambda)}$$

$$C_2 = \frac{[(C_f/C_{\text{BL}}) + (C_f/C_{\text{Si}})]}{[1 + (C_f/C_{\text{BL}}) + (C_f/C_{\text{Si}})]}$$

$$C_3 = 1 - \frac{[\sinh((L - x_{\min})/\lambda) + \sinh(x_{\min}/\lambda)]}{\sinh(L/\lambda)}$$

因此，短沟器件的阈值电压不再像长沟 SOI MOSFET 那样独立于沟长，而是随着沟长的减小而降低。图 3.7 所示为 SOI 器件的阈值电压的这种降低，一旦沟长减小到 100nm 以下，这一效应就会开始起作用。有两个非常明显的事实：首先，当器件偏置在较高的漏源电压 V_{DS} 时，下降更大地表现为漏极偏置对阈值电压的影响；其次，随着埋氧化层介电常数降低，下降较少，这同材料介电常数的表面势变化相类似。

为了计算 n 沟 SOI MOSFET 的漏电流，下面采用一个简单的模型：
线性区公式为

$$I_{\text{DS}} = \frac{W\mu_{\text{eff}}C_f}{L_{\text{eff}}(1 + (V_{\text{DS}}/L E_c))}\left[(V_{\text{GS}} - V_{\text{Th}})V_{\text{DS}} - \frac{1}{2}V_{\text{DS}}^2\right] \tag{3.50}$$

饱和区公式为

$$I_{\text{DS,sat}} = \frac{W\mu_{\text{eff}}C_f}{L_{\text{eff}}(1 + (V_{\text{DS,sat}}/L E_c))}\left[(V_{\text{GS}} - V_{\text{Th}})V_{\text{DS,sat}} - \frac{1}{2}V_{\text{DS,sat}}^2\right] \tag{3.51}$$

值得一提的是，μ_{eff} 不等于低场迁移率，必须通过实验获得。漏电流与漏偏置的关系曲线如图 3.8 所示。设 E_c 代表电子速度（v_e）达到饱和时的临界电场值，$V_{\text{DS,sat}}$ 为对应的饱和电压。两者同时由下面的等式给出：

$$E_c = \frac{v_e}{\mu}$$

第 3 章 短沟 FDSOI MOSFET 特性的建模

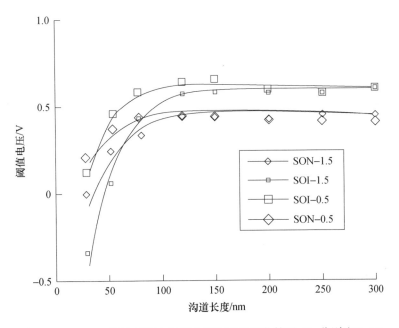

图 3.7 SOI/SON 器件阈值电压随有效沟长的变化情况，V_{DS} 分别取 0.5V 和 1.5V 两个值。其他实验条件与图 3.6 相同，各点示出的是仿真数据
(Source：Printed with Permission from Deb et al. ，2011a)

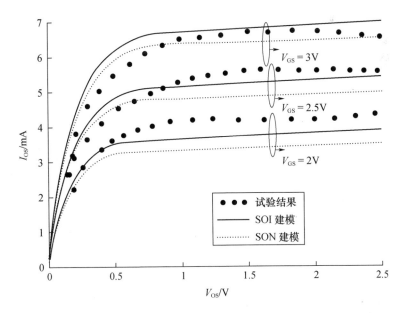

图 3.8 不同栅源电压 V_{GS}（2V、2.5V、3V）时沟道电流与漏源电压 V_{DS} 的变化关系

$$V_{\text{DS,sat}} = \frac{V_{\text{GS}} - V_{\text{Th}}}{1 + ((V_{\text{GS}} - V_{\text{Th}})/L E_c)}$$

由此可见,二维模型克服了一维模型漏电导不连续的缺点。一维模型基本上是电荷控制模型,而二维模型是基于表面势的模型。尽管从前者到后者的过渡并不是渐变的,把二者一起提出来的目的是为了便于进行比较。从数学的角度看,二维电场的假设对于所有短沟单极 FET 器件(如 MESFET,MOSFET,MISFET,HFET,TEGFET,HEMT,MISHFET 等)来说更为合适。上述讨论忽略了量子效应和其他二级效应,因为本章的目的是介绍简单的紧凑型模型。对于沟长约为 50nm,绝缘体厚度约 5nm 的情形仍然是适用的。然而,在"超摩尔"时代,现代 FET 的沟长已小于 22nm,SiO_2 有效栅氧化物厚度约为 0.5nm;因此量子效应及其他二级效应的影响变得不可忽视。在这样的超低尺度上,为了确保精确的建模,必须考虑各种效应的影响,例如:

(1) 通过介质的漏电电流;
(2) 沟道中的带 – 带(BTB)隧穿;
(3) 栅致漏极的漏电电流(GIDL);
(4) 热载流子效应。

此外,在已提出的模型中,沟道区域相当厚,而且在沟道中存在一定量的掺杂。对于同一个器件,当工作在平带电压附近时以部分耗尽 SOI(PD – SOI)方式工作,而当栅压接近电源电压 V_{DD} 时却以全耗尽(FDSOI)方式工作。据文献报道,具有不掺杂沟道的超薄体 SOI MOSFET(此时器件可以 FDSOI 方式工作,浮体效应最小)具有最优的抗 SCE 特性。已有一些扩展模型用于描述此类器件,如 Majumdar 等(2009)、Lime 等(2011)的研究。

3.5 双栅及其他类型 SOI MOSFET 结构的建模

除了单栅 SOI MOSFET 以外,像双栅和圆柱形/纳米线 SOI MOSFET 这样的一些结构也已十分精确地建立了模型。对于双栅结构(Reddy 和 Kumar,2004),唯一的区别是在埋氧化物层下面存在另一个完整结构的栅极。在这些结构中,两个栅极都可以在相应的绝缘体/硅界面处产生并调制电荷,但通常这些结构是不对称的(背栅氧化层比正面栅氧化层厚得多),使得反型沟道主要形成在正界面。此时,可以为背表面电势假设一个与正表面电势形式相同的多项式。这些多项式,需要根据边界条件、泊松方程和电流的连续性计算出来。双栅 SOI MOSFET 的一种简易形式是双材料双栅(DMDG)器件。此时,正面栅包含两种具有不同功函数的不同栅极材料。Reddy 和 Kumar(2005)的研究表明,在这种特殊情况下,阶梯状的表面势由两个栅平带电压的突然差异引起。已提出与矩形平面结构十分不同的全包围栅 SOI MOSFET,并且建立了模型(Ray 和 Mahapatra,2008)。通过矩形坐标与圆柱坐标的转换以及考虑适当边界条件的解析过程,可以得到与数值三维方法预期值相一致的有意义结果。

3.6　参考文献

Burignat, S., Flandre, D., Md Arshad, M. K., Kilchytska, V., Andrieu, F., Faynot, O, Chen, H. S. and Li, S. S. (1991) Determination of interface state density in small geometry MOSFETs by high-low-frequency transconductance method, *IEEE Electron Device Lett.*, vol. **12**, p. 13.

Darbandy, G., Lime, F., Cerdeira, A., Estrada, M., Garduño, I. and Iñiguez, B. (2011) Study of potential high-k dielectric for UTB SOI MOSFETs using analytical modeling of the gate tunneling leakage, *Semiconduct. Sci. Technol.*, vol. **26**, p. 115002.

Deb, S., Ghosh, S., Singh, N. B., De, A. K. and Sarkar, S. K. (2011a) A two-dimensional analytical-model-based comparative threshold performance analysis of SOISON MOSFETs, *J. Semiconduct.*, vol. **32**, p. 104001 – 1.

Deb, S., Singh, N. B., Das, D., De, A. K. and Sarkar, S. K. (2011b) Analytical I-V model of SOI and SON MOSFETs: a comparative analysis, *Int. J. Electron.*, vol. **98**, p. 1465.

Deb, S., Singh, N. B., Das, D., Islam, N. and Sarkar, S. K. (2012) Work function engineering with linearly graded binary metal alloy gate electrode for short-channel SOI MOSFET, *IEEE Trans. Nanotechnol*, vol. **11**, p. 472.

Enz, C. C., Krummenacher, F. and Vittoz, E. A. (1995) An analytical MOS transistor model valid in all regions of operation and dedicated to low-voltage and lowcurrent applications, *Analog Integr. Circuits Signal Process*, vol. 8, p. 83.

Fenouillet-Beranger, C., Perreau, P., Boulenc, P., Tosti, L., Barnola, S., Andrieu, F., Weber, O., Beneyton, R., Perrot, C., de Buttet, C., Abbate, F., Campidelli, Y., Pinzelli, L., Gouraud, P., Margain, A., Peru, S., Bourdelle, K. K., Nguyen, B. Y., Boedt, F., Poiroux, T., Faynot, O., Skotnicki, T. and Boeuf, F. (2012) Parasitic bipolar impact in 32nm undoped channel ultra-thin BOX (UTBOX) and biased ground plane FD-SOI high-k/metal gate technology, *Solid State Electron.*, vol. **74**, p. 32.

Ghosh, S., Singh, K. J., Deb, S. and Sarkar, S. K. (2011) Two-dimensional analytical modeling for SOI and SON MOSFET and their performance comparison, *Proceedings of ISSMD2011*, Vadodara.

Gildenblat, G., Li, X., Wang, H., Wu, W., van Langevelde, R., Scholten, A. J., Smit, G. D. J. and Klaassen, D. B. M. (2005) Introduction to PSP MOSFET model, *Nanotech*.

Grebene, A. B. and Gandhi, S. K. (1969) General theory for pinched operation of junction gate FETs, *Solid State Electron.*, vol. **12**, p. 573.

Haddara, H. and Cristoloveanu, S. (1986) Profiling of stress-induced interface states in short-channel MOSFETs using a composite charge pumping technique, *Solid State Electron.*, vol. **29**, p. 767.

Haddara, H. and Ghibaudo, G. (1988) Analytical modeling of transfer admittance in small MOSFETs and application to interface state characterization, *Solid State Electron.*, vol. **31**, p. 1077.

He, J., Xi, X., Lin, C., Chan, M., Niknejad, A. and Hu, C. (2004) A non-charge-sheet analytic theory for undoped symmetric double-gate MOSFETs from the exact solution of Poisson's equation using SPP approach, *Proceedings of NSTI-Nanotech Workshop 2004*, Boston, MA, p. 124.

Heremars, P. , Witters, J. , Groekensen, G. and Maes, H. (1989) Analysis of the charge pumping technique and its application for the evaluation of MOSFET degradation, *IEEE Trans. Electron Devices*, vol. **36**, p. 1318.

Husseini, J. El, Martinez, F. , Armand, J. , Bawedin, M. , Valenza, M. , Ritzenthaler, R. , Lime, F. , Iñiguez, B. , Faynot, O. and Le Royer, C. (2011) New numerical low frequency noise model for front and buried oxide trap density characterization in FDSOI MOSFETs, *Microelectron. Eng.* , vol. **88**, p. 1286.

Jayadeva, G. S. and DasGupta, A. (2009) Compact model of short-channel MOSFETs considering quantum mechanical effects, *Solid State Electron.* , vol. **53**, p. 649.

Lime, F. , Ritzenthaler, R. , Ricoma, M. , Martinez, F. , Pascal, F. , Miranda, E. , Faynot, O. and Iñiguez, B. (2011) A physical compact DC drain current model for long-channel undoped ultra-thin body (UTB) SOI and asymmetric double-gate(DG) MOSFETs with independent gate operation, *Solid State Electron.* , vol. **57**, p. 61.

Majumdar, A. , Ren, Z. J. , Koester, S. and Haensch, W. (2009) Undoped-body extremely thin SOI MOSFETs with back gates, *IEEE Trans. Electron Devices*, vol. **56**, p. 2270.

Moore, G. E. (1995) Lithography and the future of Moore's law, *Proceedings of SPIE* 2438, Santa Clara, CA.

Ortiz-Conde, A. , Sánchez, F. J. G. and Muci, J. (2005) Rigorous analytic solution for the drain current of undoped symmetric dual-gate MOSFETs, *Solid State Electron.* , vol. **49**, p. 640.

Ray, B. and Mahapatra, S. (2008) Modeling and analysis of body potential of cylindrical gate-all-around nanowire transistor, *IEEE Trans. Electron Devices*, vol. **55**, p. 2409.

Raskin, J. -P. (2010) Substrate impact on threshold voltage and subthreshold slope of sub-32nm ultra thin SOI MOSFETs with thin buried oxide and undoped channel, *Solid State Electron.* , vol. **54**, p. 213.

Reddy, G. V. and Kumar, M. J. (2004) Investigation of the novel attributes of a single-halo double gate SOI MOSFET:2D simulation study, *Microelectron. J.* , vol. **35**, p. 761.

Reddy, G. V. and Kumar, M. J. (2005) A new dual-material double-gate (DMDG) nanoscale SOI MOSFET-two-dimensional analytical modeling and simulation, *IEEE Trans. Nanotechnol.* , vol. **4**, p. 260.

Sah, C. T. and Pao, H. C. (1966) The effects of fixed bulk charge on the characteristics of metal-oxide-semiconductor transistors, *IEEE Trans. Electron Devices*, vol. **13**, p. 393.

Sallesea, J. , Krummenachera, F. , Prégaldinyb, F. , Lallementb, C. , Roya, A. and Enza, C. (2005) A design oriented charge-based current model for symmetric DG MOSFET and its correlation with the EKV formalism, *Solid State Electron.* , vol. **49**, p. 485.

Taur, Y. , Liang, X. , Wang, W. and Lu, H. (2004) A continuous, analytic drain-current model for DG MOSFETs, *IEEE Electron Device Lett.* , vol. **25**, p. 107.

Wu, W. , Yao, W. and Gildenblat, G. (2010) Surface-potential-based compact modeling of dynamically depleted SOI MOSFETs, *Solid State Electron.* , vol. **54**, p. 595.

第4章 部分耗尽绝缘体上硅技术：
电路解决方案

D. Burnett, GLOBALFOUNDRIES, USA

摘　要：与体硅技术相比，部分耗尽SOI(PDSOI)技术能显著提升性能。本章首先评述PDSOI技术的主要器件特性，包括PDSOI器件的基本优点及它固有的浮体所引起的问题。接着，对PDSOI数字电路设计所面临的一些问题进行描述并给出解决方案。然后，将讨论PDSOI SRAM设计中的一些特殊问题，例如在灵敏放大器中利用体接触技术的优点等。在本章结尾，将介绍PDSOI技术适用的一种计算位存储单元噪声容限的例子。

关键词：部分耗尽SOI，SRAM，浮体，电路解决方案，灵敏放大器。

4.1　引　言

在过去的15年里，部分耗尽SOI技术已成功地应用在多家公司的很多高性能设计之中。IBM于1999年成功生产了基于0.18μm SOI技术的RISC微处理器(Allen等，1999；Canada等，1999)。从那时起，贯穿不同的PDSOI技术节点出现了很多产品，其中包括来自IBM的系列PowerPC微处理器产品(Warnock，2003；Stolt等，2008；Wendel等，2011)，由IBM、索尼和东芝联合开发的CELL宽带处理器(Pham等，2006；Pille等，2007)，Motorola公司的PowerPC处理器(Bearden，2002)，以及来自AMD公司最近采用32nm PDSOI技术的几款不同的内核和处理器芯片(Fischer等，2011)等。

与体硅器件相比，PDSOI器件具有若干优点，使它特别适合于高性能应用。PDSOI的优点包括：较低的结电容，使它在给定的动态功耗情况下有更高的性能；浮体效应，使它能够实现动态阈值调节以提升性能和利用体效应；对辐射引起错误的敏感性减弱；更低的衬底耦合噪声(Bernstein和Rohrer，2002)。这些优点使得PDSOI电路比体硅电路具有20%或更高的性能提升。

尽管PDSOI的浮体可以提升电路性能，但是它也会导致几种不良效应。这些效应包括：寄生双极电流，可以动态地将本应维持高电位的节点处的电荷泄漏掉；随时间变化的阈值电压(V_t)依赖于器件的历史状态，导致必须在电路设计时考虑时序变化；漏致势垒降低(DIBL)效应增强，需要在器件中加大注入以便获得与体硅相近的阈值电压;缺乏能够直接提供背偏置的能力,除非使用消耗更多面积的体接触器件。

本章将在 4.2 节中介绍 PDSOI 器件的一些基本特点。4.3 节和 4.4 节分别描述一些已经用于数字电路和 SRAM 电路中的解决方案。基于 PDSOI 技术的 SRAM 单元噪声容限计算例子,将在 4.5 节中详细介绍。最后在 4.6 节中讨论关于未来趋势的一些想法。

4.2 PDSOI 技术与器件

对于一个部分耗尽 SOI 器件,其体区足够厚,使得在整个工作偏置区间内只有部分体区被耗尽。图 4.1 所示为一个 NMOS PDSOI 器件的简化剖面图。体区厚度和埋氧化物的厚度通常都随技术代的不同有所差异,但总的趋势是硅膜厚度会随着缩比而变得更薄。例如,在一种 0.35μm 工艺(Mistry 等,1997 年)中使用的 $T_{Si} = T_{BOX} = 200$nm,而在一种 0.1μm 工艺(Celik 等,2002)中则将 T_{Si} 缩比至 100nm,同时 T_{BOX} 仍保持为 200nm。埋氧化层使得源、漏结的底部电容非常小,从而显著降低结电容,进而提高器件的速度 – 功耗特性。埋氧化层沿着体区的底部形成一个寄生的场效应晶体管,其"背栅"电极是硅衬底。在早期的 SOI 研究中,沿着背面沟道的导通经常引起漏电电流的问题,原因是在埋氧化层 – 衬底界面处存在缺陷。

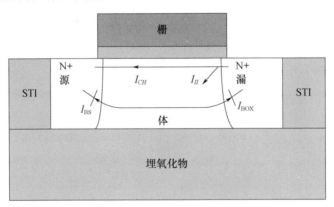

图 4.1 NMOS PDSOI 器件体源/体漏二极管、碰撞电离电流和沟道电流的示意图

除了结电容降低的优点以外,PDSOI 器件的浮体可以提供特性的改善。如图 4.1 所示,浮体同源及漏形成二极管。对于 NMOS 器件,如果器件处于截止状态,即栅源电压为 0V、漏压为 V_{dd},则体区电位上浮到一个平衡点,并由反偏体漏二极管和正偏体源二极管来共同决定。图 4.2 所示为 65nm PDSOI 二极管的特性,同时给出两个 45nm PDSOI 二极管作为对比(Cai 等,2008)。二极管特性

取决于 pn 结两侧的掺杂以及 pn 结处的复合中心,这些复合中心可以通过注入的方式引入(Ohno 等,1995)。如图 4.2 所示,对于 65nm 工艺,V_{dd} 取 1.2V,二极管特性显示,体应在约 0.35V 时达到平衡(NMOS 器件,$V_g = V_s = 0V$,$V_{dd} = 1.2V$)。给定与体硅工艺相当的体区掺杂浓度,对 PDSOI 器件的体区施加正偏置会产生较低的 V_t,这样会进一步增加动态体电压并降低动态 V_t。

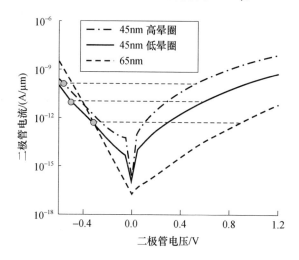

图 4.2　65nm 及 45nm PDSOI 工艺试验给出的正偏及反偏二极管漏电电流特性
(Source:© 2008 IEEE. Reprinted, with permission, from Cai et al. (2008), 'Will SOI have a life for the low-power market?', in 2008 IEEE Int. SOI Conf. Dig. Tech. Papers, 15-16.)

对于串联的器件,由于体区没有连接到电源,浮置的体区可以显著增强其特性。例如,在体硅 CMOS 电路中,对于在 NAND 门中用的串联 NMOS 器件,顶端 NMOS 管的源节点电位上升到地电位以上,于是在顶端 NMOS 管中产生背偏压。在 SOI 中,顶部的 NMOS 管体区电位是浮置的,它使体效应减小(Bernstein 和 Rohrer,2002,p44)。

总之,已经有很多从体硅工艺转移到 SOI 工艺设计的报道,包括 Mistry 等(1997)、Canada 等(1999)、Allen 等(1999)和 Bearden(2002)的报道,所报道的性能均有约 20% 的提升。Mistry 等(1997)在针对不同类型反相器链的研究中也都发现速度得到提升,这些综合性研究结果与上述结论完全一致。SOI 与体硅相比,反相器链的延时在给定的电容负载下低 11%,在无负载的情况下(FO1)低 17%,在结电容负载的情况下低 35%。在另一项研究中(Aipperspach 等,1999),与体硅电路相比,SOI 反相器(FO1)的改善为 15%,而得益于体效应减弱的 4 输入 NAND 门则改善达到了 28%。

需要注意的是,当 PDSOI 器件的 I_{off} 与体硅器件相同时,其性能优势将有所降低。这是因为 PDSOI 器件浮体需要更高的掺杂和更高的线性 V_t 来获得同样

的 I_{off}，而 I_{off} 是在源漏电压之间产生的。一项研究表明，这种效应导致 SOI 的相对性能提升降低了 2% ~ 3% (Mistry 等，2000)。

在比较 SOI 与体硅的性能时，还需要考虑另外一个附加因素，即体硅工艺的技术状态。当将 PDSOI 工艺同一种结电容经过优化的量产型 0.18μm 体硅工艺进行比较时，假设两种工艺的 I_{off} 相同，针对扇出为 1 和 4 的反相器链，PDSOI 的性能提升分别为 16% 和 8% (Mistry 等，2000 年)。对于采用上述 0.18μm 工艺制成的 Han - Carlson 加法器内核，SOI 比体硅的速度提升达到 16% (Mathew 等，2001)。随着其他应力因素被加入到体硅和 SOI 技术中用以提升性能，上述类型的比较变得较为困难，因为这些用来提升性能的因素以及它们集成到两种工艺中的方式可能会有显著的差别。

在评估 PDSOI 与体硅电路的性能时，还有一个重要的因素必须考虑，即 SOI 延时受历史效应影响而产生变化。PDSOI 器件的体电位同器件的历史状态有关，如图 4.3 所示，在保持某个给定状态较长时间以后，器件的体电位将由当前直流源的状态确定，但当器件截止时，栅/源/漏的状态会改变，并通过寄生电容耦合到体上，进而调制体电位。在前面提到的 65nm 的例子中，对于一个长时间处于截止状态的 NMOS 管，其初始体电压约为 0.35V。对于一个简单的反相器，当输入电压变高时，NMOS 管栅极对体的容性耦合抬高体区的电位甚至使体电压比起始时更高，从而进一步增强了动态开关性能。当输出变低时，体电位受到漏区对体区的容性耦合而被拉低，使得体电位可能降到 0V 以下 (Bernstein 和 Rohrer，2002)。如果 NMOS 管此后保持在这个状态，即 $V_g = V_{dd}$ 而 $V_d = V_s = 0V$，体电位经过一段时间以后会变成 0V。当 NMOS 管截止 (V_g 降至 0V) 反相器输出变高时，体电位会受到漏对体的容性耦合而升高。体电位在输出完全转换后所达到的值，将同时取决于体区电位的初始值以及容性耦合到体区的电压改变值。如果初始体电压低于 0V，在开关完成后，体电位将会比初始体电位为 0V 时更低。当器件保持截止时，体电位将随时间调整到一种直流平衡态，并由前面提到的漏体/源体二极管决定。在 Bernstein 和 Rohrer (2002，第 75 页) 的一项研究中，仿真表明，对于给定的状态，体电位会随开关历史状态的不同而产生约 150mV 的改变。

对于 PDSOI 技术，由于历史效应引起的典型延时变化约为 5% ~ 8% (Aipperspach 等，1999；Shahidi 等，1999；Mistry 等，2000；Celik 等，2002；Cai 等，2007)。Mathew 等 (2001) 在历史效应研究方面有所突破，他们研究了不同类型的反相器链，数据显示简单反相器链有 7% 的延时变化，3 输入与非门链会有 11% 的延时变化，而传输门链的延时变化为 5%。历史效应需要在电路关键部分设计中进行仿真，可以尝试精确地进行限定，或者给整个或部分设计设定一个大概的范围。例如，Mathew 等 (2001) 在 0.18μm PDSOI 设计中，对所有的最

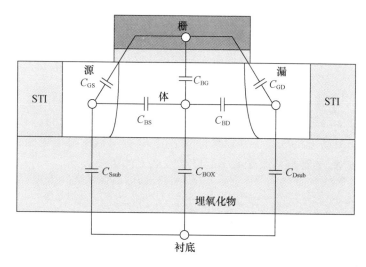

图 4.3 影响体电位的 PDSOI 器件电容耦合网络

大延时路径施加了 10% 的余量,进而使得 SOI 技术相较体硅具有 6% 的有效提升,他们还能够利用 SOI 器件对电路进行进一步优化并获得额外 5% 的性能提升。

4.3　电路解决方案:数字电路

在某些数字电路中会因为浮体的存在而产生问题,即对于一个 PDSOI NMOS 管,当栅关断、漏维持高电位而源由高电位向低电位变化时,会有大电流流过。例如,在传输门和动态电路中,当器件的偏置为源、漏均高而栅关断并保持较长时间以后,体区会有电荷积累并引起体电位上升至高电位。然后,如果源被拉到低电位,体 - 源二极管就被正偏,进而会流过一个明显的双极电流。在开始尝试将一个简单的体硅设计向 SOI 设计转移时(Canada 等,1999),上述效应引起了某些动态电路的失效。

图 4.4 示出了几项技术,用来抵消 PDSOI 的浮体效应,并使得动态逻辑更具鲁棒性(Aipperspach 等,1999;Allen 等,1999;Bernstein 和 Rohrer,2002)。第一种消除双极导通的方法,是将中间节点预充至低电平或者中间电平。一个 PMOS 预放电器件采用 CLK 信号作为栅控制信号。这一改良的预充电技术需要附加电荷分享检测来确保鲁棒性。更进一步,传输门逻辑也可以采用类似的放电技术来保证对双极效应的鲁棒性,代价是需要给逻辑门增加更多的器件(Kuang 等,1999;Redman - White 和 Bernstein,2000)。第二种提高动态逻辑鲁棒性的方法是对 NMOS 器件重新排序,将尺寸最大的器件放在串联管的底部,从而减小来自 NMOS 串联中上部器件的总和双极电流。第三种改良方法是在

预充电的同时对输入进行专门的设置。另一种改进可以通过一种输入交叉连接的方式对输入进行重新配置得到，此时上端器件的栅连接至不同分支下端器件的栅上。这样最坏情况的双极电流会降低 1/2。多米诺设计也可以对任何一个具有少量分支输出节点进行改良，从而降低最坏情况的放电。如图 4.4 所示，采用一个半锁存器，其栅受一个测试信号控制，能够在高温高压等测试模式下提供附加的反馈。增大保护的 PMOS 管尺寸、采用更长的栅长，且/或在串联器件中采用更高 V_t 的关键器件以降低双极电流，都可以给动态电路的鲁棒性带来基本的改善，尽管这些改变会引起电路性能上的折中。

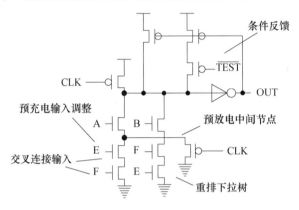

图 4.4　PDSOI 电路中常用的动态电路技术

(Source:© 1999 IEEE. Reprinted, with permission, from Aipperspach et al. (1999),
'A 0.2 - μm, 1.8 - V, SOI, 550 - MHz, 64 - b PowerPC microprocessor with
copper interconnects', IEEE J. Solid - State Circuits, 34, 1430 - 1435.)

　　总之，需要进行大量的仿真以保证设计符合性能要求，同时又具有足够的鲁棒性。不过，当 V_{dd} 随着缩比而降低时，双极电流问题也变得不那么严重了。

　　消除大部分浮体效应的一种方法是使用体接触器件，即将体区连接到固定电位或某一电信号上。图 4.5 所示为一个 T 形栅器件的简化图。器件有源区向下延伸并穿过栅极接触区域(栅极的头部)，与器件的体区形成电连接。这种类型的器件显著增大了版图面积，并增加了许多额外电容，所以这种器件只在必要时才使用，典型的应用是在模拟电路中，如 4.4 节中讨论的 SRAM 中的灵敏放大器中等。即便是体区被引出，仍会由于体区可能的大电阻而残留部分的浮体效应。体电阻可以通过采用 H 形栅器件而减小，即在器件的两端均设置体接触，但这最终会消耗更多的面积并引起更大的电容。沿着器件源端一侧同时形成 n^+ 和 p^+ 区并将两个区域短接在一起，可以形成一种体源接触的器件。但这类器件是不对称的，可能由于注入区的不同而造成更大的参数差异，从而使该类器件不适合于许多应用。

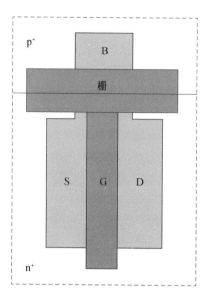

图 4.5　为 PDSOI 器件提供体接触的 T 形栅器件顶视图,其中 B/S/D/G 分别代表体/源/漏/栅区(Burnett,2006)

4.4　电路解决方案:静态随机存储器电路

高性能处理器对 SRAM 的需求量持续增加,并进一步推动工艺向下缩比。但是,浮体效应对 SRAM 的负面影响是多方面的,例如降低存储单元的读操作稳定性、减弱写入缓冲成功驱动位线的能力、影响灵敏放大器的功能等(Bearden,2002;Joshi 等,2002;Pilo 等,2007;Ramadurai 等,2009)。

图 4.6 所示为 SRAM 存储单元的电路图,位单元由 6 个晶体管组成,包括两组匹配成对的下拉 NMOS(PD)、传输门 NMOS(PG)和上拉(PU)PMOS 管。其中,PD – PU 反相器交叉耦合,确保一个存储节点是低电位时,另一个存储节点为高电位。在读操作期间,字线(WL)被打开,单元电流(I_{cell})流经低电位一侧的 PG 和 PD 器件。需要注意的是,位线会在读操作之前被预充电到高电位。在读操作时,低电位一侧的存储节点出现电位抬升,原因是串联 PD 和 PG 器件形成电阻值分压。如果存储节点电位在读过程中上升过高,就会打开高电位一侧的 PD 器件,改变单元的存储状态并导致出现错误。对于写操作,WL 会被打开,一端 BL 被拉低,而另一端 BL 仍保持为高。

读操作开始时,低电位一侧的 PG 传输管处于读出状态,其体电位和动态阈值将依赖于位单元的历史状态。例如,写状态结束时,低电位一侧 PG 管的体电位为低。但是,在下一个读操作期间,该 PG 管的体电位会高得多,因为位线电位在读操作时仅仅会下降 150~200mV,或者在读干扰时由于预充的导通而使位线仍保持在 V_{dd} 电位。较高的体电位会降低 PG 传输管的阈值电压 V_t,使 PG 管更强,进而影响内部存储节点到更高电位,并使位单元的存储状态发生翻转。因此,当对 PDSOI SRAM 进行优化时,需要对位单元的瞬时操作进行认真的考虑。

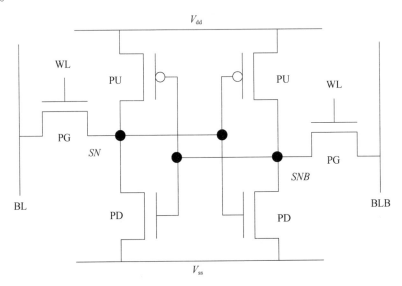

图 4.6 6 管 SRAM 位单元的电路结构

有几项设计技术可以用来减轻读操作过程中的浮体效应。基本的想法是,在字线打开期间,将低电位一侧 PG 器件连至高电位字线的时间减至最小。一个有效的技术是,在读和写操作期间,将未选定的列浮置(Joshi 等,2006)。在传统意义上,未选中的列也会保持预充以使噪声和动态功耗最小。通过在读写操作期间关闭预充的方法,选中单元会在字线打开时降低低电位一侧的位线电压,进而降低 PG 器件的体电位和存储节点的电位,使得存储单元更加健壮而不易翻转。

还有其他一些有效的技术,但通常要消耗更多的面积或者在电路架构上要折中考虑。这些技术包括:在每一列上均采用灵敏放大器放大位线 BL 信号(Pilo 等,2007),减少每一条位线 BL 上的存储单元数量(Dorsey 等,2007;Pille 等,2007),以及利用 8 管单元将读出端口与写入端口分开(Chang 等,2008;Jotwani 等,2011)。在上述 8 管单元中,读出端口不会受到电阻值分压的影响,原因在于 PG - PD 串联读出路径上的中间节点并没有连接到其他负载上。对于甚高速的 L1 级缓存,需要在每一次读操作后紧跟一次写操作,Jotwani 等(2011)发现上述 8 管单元的一个切实好处,即写操作能够与读操作后的预充电动作同时进行,这样就可以在给定所需速度的前提下获得更高的操作鲁棒性。

对于写操作,连接到位线 BL 的传输门 PG 器件会因为寄生双极效应而影响到所需要的写入时间。当连接至给定位线 BL 的所有传输门 PG 器件的另一端都为高电位时,最坏情况就会发生。于是,在位线被预充至高电位并保持较长时间以后,所有 PG 器件的体将保持在高电位。如果这一列存储单元中的某一个需要写入反状态时,随着位线电位下降,所有关态传输门 PG 器件的寄生双极效应将会启动。这一电流会很大,足以超过写入缓冲的驱动能力,使其不能将位线 BL 拉至足够低,从而影响写操作。Aipperspach 等(1999)给出过,该效应会增加 10% 的写入时间。Joshi 等(2002)在列位选电路中,采用体接触器件来降低寄生双极效应。

PDSOI SRAM 设计中另外一个需要着重考虑的问题是,为灵敏放大器的历史效应选择合适的裕量。图 4.7 所示为一个包含 M1 ~ M5 的 5 个晶体管的基本型灵敏放大器。由 M1 和 M3 组成的反相器,与 M2 和 M4 组成的另一个反相器交叉耦合。使能晶体管 M5 受灵敏放大器使能信号 SAEN 控制,通过下拉管 M3 和 M4 的源端来控制灵敏锁存器。两个 NMOS 管(M3 和 M4)形成匹配对,并且作为关键器件对施加到栅端的差分位线信号做出反应。为使灵敏放大器正常工作,当灵敏放大器导通时,位线对上的电位差应该大于匹配对 M3 和 M4 的阈值失配。注意,在锁存操作中,作为负载的 PMOS 器件 M1 和 M2 仅产生二级效应。通常,M3 和 M4 的大小要适当,以在面积消耗可接受的情况下提供合适的失配和速度。

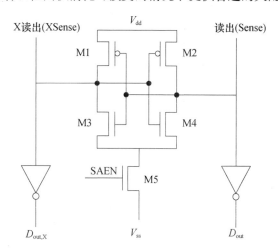

图 4.7　锁存型灵敏放大器的电路图(Burnett,2006)

在灵敏放大器工作期间,如果对同一数据状态重复进行读操作,就会在晶体管 M3 和 M4 之间形成体电位差。如果进行这些重复读操作时,Sense 一端为低,XSense 一端为高,那么 M4 管的体电位就会比 M3 管的低。这会使得 M4 管的阈值比 M3 管的高,进而会影响到匹配对上业已存在的阈值失配。有几项研究表明,如果将 M3 和 M4 管的体区保持浮置,体电位差会有 120~200mV 的增大,进而导致大约 70~100mV 额外的阈值失配,这个数值已经大到不能忽略(Aipperspach 等,1999;Canada 等,1999;Redman - White 和 Bernstein,2000;Ramadurai 等,2009)。

灵敏放大器中的阈值失配大到这个数值是非常不利的,因为这会影响到 SRAM 的访问时间,也就是最劣单元在位线对上建立足够电压差以克服灵敏放大器中阈值失配总和所需要的时间。如果体区保持浮置,那么在随机注入效应和其他因素导致的阈值失配统计值之外,每一个灵敏放大器还需要额外增加体电压差导致的阈值失配。因此,在灵敏放大器中的关键 NMOS 对器件一般会增加体接触,有的接到地电位(Ramadurai 等,2009),有的交叉耦合互相接在一起 (Aipperspach 等,1999;Golden 等,2005)。

Golden 等(2005)报道过一项非常有意义的工作,他们比较了灵敏放大器中 NMOS 匹配对体接触的影响。记录了一个 1MB 的 SRAM(含有 20224 个灵敏放大器,设置很多存储阵列并配以相互不同的灵敏放大器)中灵敏放大器的失效次数。在不同的条件下对该 SRAM 进行测试,保证所有的设计都能产生失效。结果表明,与浮体器件相比,体接触型灵敏放大器能将总的失效数减低至 1/10,体接地或者体互接的效果是类似的。他们还证实了失效次数会像预期的那样随着预读出次数的增加而增加。

尽管在数字电路中出于速度的考虑更多地采用浮体器件而非体接触器件,但是当比较获得有效数据所需的时间时,体接触型灵敏放大器反而具有更优的 SRAM 延时。图 4.8 说明浮体型比体接地型 NMOS 匹配对的输出延时要慢 40%(Burnett,2006)。灵敏放大器中浮体器件的有效阈值失配如此之高,必须显著增加放大器的使能时间才能获得有效的数据。

然而,即便采用体接触技术,灵敏放大器中适配对器件仍然会形成体电位差。图 4.9 所示为灵敏放大器中匹配对器件的体电位差的仿真结果,器件采用图 4.5 中的 T 形栅结构将体接至地电位(Burnett,2006)。仿真中采用的模型将晶体管沿着沟宽方向进行划分,以便考虑沿着整个沟宽方向上寄生电阻电容的分布式影响。采用体接触的灵敏放大器器件仍会累积高至 90mV 的体电位差。这一结果也表明,体接触并不能完全消除浮体效应,特别是在快速开关瞬变的高性能灵敏放大器中。对于灵敏放大器的总裕量,需要同时考虑体接触情况下额外的阈值失配。例如,在大的具有 2 万个以上灵敏放大器的 SRAM 阵列中,需要考虑相当于 5.3 倍 σ 失配的最劣情况。如果灵敏放大器中 NMOS 管未考虑历史效应时阈值失配一个 σ 为 8mV,那么预期的最劣阈值失配就是 42mV,再加上图 4.8 中所示的体电位差引起的 16mV 额外阈值失配,最后的总阈值失配就是 58mV。就像前面例子中给出的那样,即便是体接触器件,历史效应仍然要求灵敏放大器设计增加大约 40% 的额外裕量。

第 4 章 部分耗尽绝缘体上硅技术：电路解决方案

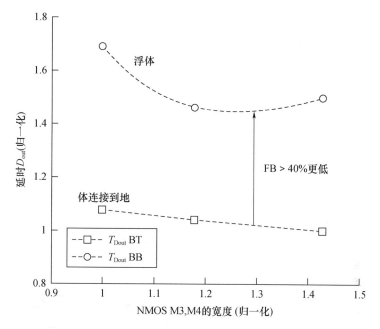

图 4.8 与浮体型灵敏放大器器件相比，体接触型灵敏放大器器件获得有效数据的时间更短的图示（Burnett,2006）

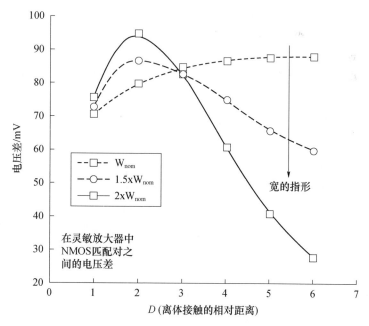

图 4.9 灵敏放大器电路中采用 T 形栅结构进行体接触匹配对器件体电压差的仿真结果（Burnett,2006）

4.5　SRAM 容限:PDSOI 的例子

众所周知,大的 SRAM 阵列的最小工作电压 V_{dd} 主要受限于 SRAM 存储单元中的阈值电压 V_t 的波动(Burnett 等,1994;Bhavnagarawala 等,2001;Takeuchi 等,2001)。器件尺寸按照缩比法则不断减小,栅长 L 也不断缩短以提升性能,阈值电压 V_t 的波动加剧,减弱了 SRAM 降低工作电压 V_{dd} 提升性能的能力,最终限制了大 SRAM 阵列产品的低功耗性能。本节研究局部和系统波动对 130nm SOI 工艺(栅长 L_{gate} 为 55nm)的影响。通过对引起静态噪声容限(SNM)变化的组分进行恰当建模,就有可能在整个工作电压 V_{dd} 范围内建立大规模 SRAM 阵列(4.5Mb)良率分布的精确模型。通过对静态噪声容限及其波动的改善,可以使该工艺得到的最低工作电压 $V_{dd,min}$ 改善超过 150mV(Burnett,2006)。

图 4.10 所示为一个采用 130nm PDSOI 工艺标称栅长为 55nm 的 4.5Mb SRAM 阵列最低工作电压下良率分布的情况(Celik 等,2002 年)。采用的存储单元针对高性能应用进行优化,PD/PG 比为 3,所有栅均采用标称栅长 L_{gate}。对于老的工艺,图 4.10 说明 107 颗管芯样品均通过 1.2V 的功能测试,中值 $V_{dd,min}$ 为 0.85V。进一步的测试表明,早期失效位的出错原因是该位的读出扰动。因此,这些阵列的 $V_{dd,min}$ 受限于失效位的静态噪声容限 SNM。

对于 6 管 SRAM 单元,预计 SNM 值随单元中器件阈值电压 V_t 的波动呈正态分布(Bhavnagarawala 等,2001;Takeuchi 等,2001)。之所以如此,是因为位单元的 SNM 随每个器件的 V_t 波动呈线性变化,而且每一器件的 V_t 随机波动近似呈正态分布。于是, σ_{SNM} 可以表示为 $\mathrm{sqrt}(\Sigma(S_i \cdot \sigma V_{t,i})^2)$,其中 $S_i = \Delta SNM/\Delta V_{t,i}$ 用于表征 SNM 对 6 管单元中每个器件 V_t 波动的敏感度,i 和 $V_{t,i}$ 表示每个单元器件的随机 V_t 波动,并能从每一器件对的失配统计值估算得出,如 $\sigma V_t = \sigma(\Delta V_t)/\sqrt{2}$。仿真结果显示,同预期的一致,SNM 值与位单元中器件的 V_t 波动呈线性关系(图 4.11)。可以从每一个器件的 S_i 值和 σV_t 值计算得出 σ_{SNM} 的大小。对于老的工艺,下拉、传输和上拉器件的 σV_t 值,分别是 21.2mV、29.3mV 和 18.4mV。如图 4.12 所示,读出一侧(左)的下拉器件对 SNM 变化的贡献最大,同时同侧(左)传输器件与另一侧(右)下拉器件也会对 SNM 变化产生明显影响。

为了考虑在大芯片尺寸样品中反映的 SNM 系统性波动,利用 SNM 同 L_{gate} 关系的仿真来估算由于芯片、晶圆片及工艺批次中栅长 L_{gate} 的系统性波动引起的 SNM 的波动。将 S_L 定义为 SNM/L_{gate} 关系曲线在标称栅长(55nm)处的斜率,SNM 值的系统性波动成分 σSNM_{SV} 由 $S_L \sigma L_G$ 算出,其中 σL_G 是系统性栅长波动的一倍 σ 的估计值(2.5nm)。如前所述,SNM 中的随机波动成分定义为 $(\sigma SNM_{RV})^2 = \Sigma(S_i \sigma V_{t,i})^2$,那么总的 σSNM 可以表示为 $(\sigma SNM)^2 = (\sigma SNM_{SV})^2 + (\sigma SNM_{RV})^2$。

第4章 部分耗尽绝缘体上硅技术：电路解决方案   97

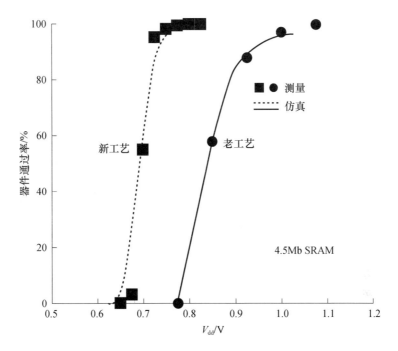

图 4.10 一个 130nm PDSOI 工艺 4.5Mb SRAM 阵列的 $V_{dd,min}$ 良率分布。通过降低 SRAM 器件内部的波动将 $V_{dd,min}$ 分布提升约 200mV（Burnett，2006）

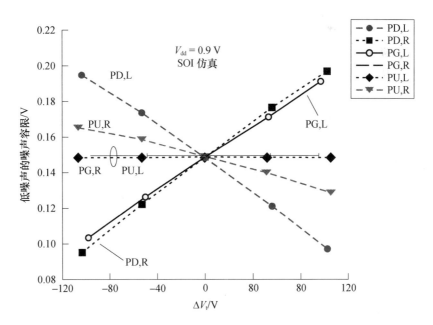

图 4.11 静态噪声容限 SNM 仿真值与 PDSOI 工艺 6 管 SRAM 单元中每一器件阈值电压 V_t 之间的关系（Burnett，2006）

通过对晕圈(halo)区、延伸(extension)注入及侧墙(spacer)模块的优化,晶体管的短沟阈值电压下降效应得到改善,降低了 SNM 对栅长波动的敏感度。随着工艺的改进,通过上拉管阈值降低 25mV、传输管阈值提升 25mV,SNM 大概得到 10%~20% 的提升。通过增加传输管的栅长能进一步提升 SNM,但这样会影响到位单元中电流的要求,因而并不可取。为了解决下拉管对 SNM 波动的较大影响,下拉管的栅长需增大至 80nm,

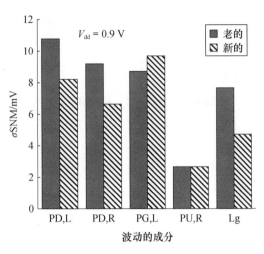

图 4.12 优化前后 130nm PDSOI 工艺中各种器件对 SNM 波动值贡献量的仿真结果(Burnett,2006)

以减小随机阈值波动。通过增加 25nm 的栅长,下拉管的阈值波动提升了 25%,这同预期的 $\sigma V_t a(L_{\text{eff}})^{-0.5}$ 相一致(Bhavnagarawala 等,2001)。通过上述优化,两个下拉管和栅长成分得到了实质性改善(图 4.12),使得 0.9V 时的 σSNM 有约 20% 的降低,如图 4.13 所示。

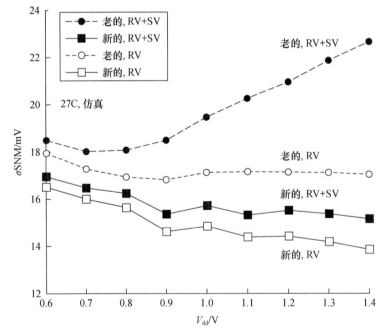

图 4.13 一个 130nm PDSOI 工艺中随机波动(RV)和系统性波动(SV)随 V_{dd} 不同对 SNM 变化组分的仿真结果(Burnett,2006)

位失效的统计分布可由正态分布计算得到,3 个主要参数包括 SNM 均值、标准偏差和具有功能时的最小 SNM 值。仿真得到的位失效分布表明,工艺的优化将最低工作电压改善了 150mV,如图 4.14 所示,与老的工艺相比增大了下拉管的栅长,在 10 个器件中的典型首次失效最低电压有 200mV 的改善。如果将最低 SNMmin 定义为 V_{dd} 的 3%,两组工艺中均观察到,4.5Mb 器件中低 V_{dd} 良率分布具有很好的一致性(图 4.10),其中新工艺的情况包含 745 个样品在最坏情况环境温度 90℃ 时的测量结果。通过提升 SNM 和 σSNM 值,使得新工艺 SRAM 器件能够在 0.85V 的最低工作电压 $V_{dd,min}$ 下正常工作。

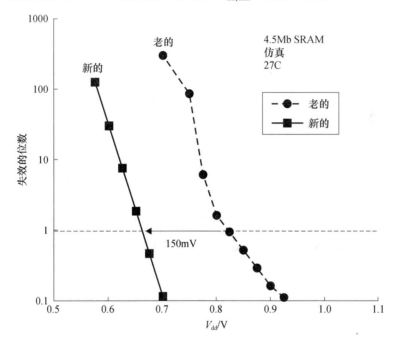

图 4.14 工艺优化后位失效位数分布的仿真结果表明最小 V_{dd} 降低了 150~200mV 的图示(Burnett,2006)

4.6 结 论

随着缩比的进展,存在几个因素使得 PDSOI 保持对体硅的优势变得困难。如同 Pelella 和 Fossum(2002)在关于缩比的研究中提到的,PDSOI 的动态容性耦合效应会随着供电电压的同比降低而减小。此外,随着 V_{dd} 的降低,由历史效应导致的延时波动百分比增加,这意味着在缩比设计的过程中,需要增加额外的裕量(Mistry 等,2000)。另一个因素是 PDSOI 相对于体硅器件的漏电电流,特别是要考虑到存储器电路的容量在不断的增加。如图 4.2 所示,当工艺从

65nm 缩比到 45nm 时,二极管漏电电流出现量级上的增加,原因是为了应对短沟效应采用了更重的掺杂(Cai,2008 年)。体硅因为存在阱 - 源偏置可调节的优势,使其能够将漏电电流减小,尤其对存储阵列有效。其他减弱 SOI 优势的因素还有不断增加的互连线延时的有关影响,体硅技术的持续改进,如减小结电容(Mistry 等,2000)、增加应力因素以提升性能等,这些技术中的一些移植到 PDSOI 中的效果有限。尽管存在上述障碍,通过采用双嵌入式源漏应变模块和双应力线等新技术,已证明新的 22nm PDSOI 工艺比原有 32nm PDSOI 工艺有约 15% 的性能提升(Narasimha 等,2012)。

为了能够有效地继续缩比,工业界已经快速转移到基于体硅或者 SOI 上的全耗尽器件。在 Jan 等(2012)的研究中,体硅 FinFET 技术采用了掺杂 fin,它薄至 10nm 以致足以得到全耗尽。同时,在 Weber 等(2010)和 Grenouillet 等(2012)的研究中,采用了超薄、不掺杂的硅膜层。这两种措施显著改善了亚阈值斜率和短沟效应,实现了在更低 V_{dd} 下的正常功能。掺杂 FinFET 工艺具有更高的驱动电流能力,不掺杂的 FDSOI 平面工艺则实现了更好的一致性。有关 FDSOI 的更多细节可参考本书的第 5 章。随着时间的推移,对上述技术会有更多改进,对这些结构也会有更多的超越,而这一切必将使得摩尔定律继续走向未来(Kuhn,2012)。

4.7　参考文献

Aipperspach, A., Allen, D., Cox, D., Phan, N. and Storino, S. (1999),'A 0.2-μm,1.8-V,SOI,550-MHz,64-b PowerPC microprocessor with copper interconnects', *IEEE J. Solid-State Circuits*, 34, 1430 – 1435.

Allen, D., Aipperspach, A., Cox, D., Phan, N. and Storino, S. (1999),'A 0.2 μm,1.8V,SOI,550 MHz,64b PowerPC microprocessor with copper interconnects', in *1999 IEEE Int. Solid-State Circuits Conf. (ISSCC) Dig. Tech. Papers*, 438 – 439.

Bearden, D. (2002),'SOI design experiences with Motorola's high-performance processors', in *2002 IEEE Int. SOI Conf. Dig. Tech. Papers*, 6 – 9.

Bernstein, K. and Rohrer, N. (2002), *SOI Circuit Designs Concepts*, New York, Springer.

Bhavnagarwala, A., Tang, X. and Meindl, J. (2001),'The impact of intrinsic device fluctuations on CMOS SRAM cell stability', *IEEE J. Solid-State Circuits*, 36, 658 – 665.

Burnett, D., Erington, K., Subramanian, C. and Baker, K. (1994),'Implications of fundamental threshold voltage variations for high-density SRAM and logic circuits', in *1994 IEEE Symp. on VLSI Technology Dig. Tech. Papers*, 15 – 16.

Burnett, D. (2006),'Statistical design Issues of SRAM bitcells and sense amps', presented at *2006 IEEE SOI Conf. Short Course*.

Cai, J., Ren, Z., Majumdar, A., Ning, T., Yin, H., Park, D. and Haensch, W. (2008),'Will SOI have a life for the low-power market?', in *2008 IEEE Int. SOI Conf. Dig. Tech. Papers*, 15 – 16.

Canada, M., Akroul, C., Cawthron, D., Corr, J., Geissler, S., Houle, R., Kartschoke, P., Kramer, D.,

McCormick, P., Rohrer, N., Salem, G. and Warriner, L. (1999), 'A 580 MHz RISC microprocessor in SOI', *in 1999 IEEE Int. Solid-State Circuits Conf. (ISSCC) Dig. Tech. Papers*, 430–431.

Celik, M., Krishnan, S., Fuselier, M., Wei, A., Cave, N., Abramowitz, P., Min, B., Pelella, M., Burbach, G., Taylor, B., Jeon, Y., Yeap, G., Woo, M., Mendicino, M., Karlsson, O. and Wristers, D. (2002), 'A 45nm gate length high performance SOI transistor for 100nm CMOS technology applications', *in 2002 IEEE Symp. on VLSI Technology Dig. Tech. Papers*, 166–167.

Chang, L., Montoye, R., Nakamura, Y., Batson, K., Eickemeyer, R., Dennard, R., Haensch, W. and Jamsek, D. (2008), 'An 8T-SRAM for variability tolerance and low-voltage operation in high-performance caches', *IEEE J. Solid-State Circuits*, **43**, 956–963.

Dorsey, J., Searles, S., Ciraula, M., Johson, S., Bujanos, N., Wu, D., Braganza, M., Meyers, S., Fang, E. and Kumar, R. (2007), 'An integrated quad-core Opteron processor', *in 2007 IEEE Int. Solid-State Circuits Conf. (ISSCC) Dig. Tech. Papers*, 102–103.

Fischer, T., Arekapudi, S., Busta, E., Dietz, C., Golden, M., Hilker, S., Horiuchi, A., Hurd, K., Johnson, D., McIntyre, H., Naffziger, S., Vinh, J., White., J. and Wilcox, K. (2011), 'Design solutions for the Bulldozer 32nm SOI 2-core processor module in an 8-core CPU', *in 2011 IEEE Int. Solid-State Circuits Conf. (ISSCC) Dig. Tech. Papers*, 78–79.

Golden, M., Tran J., McGee, B. and Kuo, B. (2005), 'SOI design experiences with Motorola's high-performance processors', *in 2005 IEEE Int. SOI Conf. Dig. Tech. Papers*, 118–120.

Grenouillet, L., Vinet, M., Gimbert, J., Giraud, B., Noel, J., Liu, Q., Khare, P., Jaud, M., Tiec, Y., Wacquez, R., Levin, T., Rivallin, P., Holmes, S., Liu, S., Chen, K., Rozeau, O., Scheiblin, P., McLellan, E., Malley, M., Guilford, J., Upham, A., Johnson, R., Hargrove, M., Hook, T., Schmitz, S., Mehta, S., Kuss, J., Loubet, N., Teehan, S., Terrizzi, M., Ponoth, S., Cheng, K., Nagumo, T., Khakifi rooz, A., Monsieur, F., Kulkarni, P., Conte, R., Demarest, J., Faynot, O., Kleemeier, W., Luning, S. and Doris, B. (2012), 'UT-BB FDSOI transistors with dual STI for a multi-Vt strategy at 20nm node and below', *in 2012 IEEE International Electron Device Meeting (IEDM) Dig. Tech. Papers*, 64–67.

Jan, C., Bhattacharya, U., Brain, R., Choi, S., Curello, G., Gupta, G., Hafez, W., Jang, M., Vandervoom, Pl, Yang, L., Yeh, J. and Bai, P. (2012), 'A 22nm SoC platform technology featuring 3-D tri-gate and high-k/metal gate, optimized for ultra low power, high performance and high density SoC applications', *in 2012 IEEE International Electron Device Meeting (IEDM) Dig. Tech. Papers*, 44–47.

Joshi, R., Pellela, A., Wagner, O., Chan, Y., Dachtera, W., Wilson, S. and Kowalczyk, S. (2002), 'High performance SRAMs in 1.5 V, 0.18 μm partially depleted SOI technology', *in 2002 IEEE Symp. on VLSI Circuits Symposium Dig. Tech. Papers*, 74–77.

Joshi, R, Chan, Y, Plass, D., Charest, T., Shephard, P. and Werner, T. (2006), 'A low power and high performance SOI SRAM circuit design with improved cell stability', *in 2006 IEEE Int. SOI Conf. Dig. Tech. Papers*, 4–7.

Jotwani, R., Sundaram, S., Kosonocky, S., Schaefer, A., Andrade, V., Novak, A. and Naffziger, S. (2011), 'An x86-64 core in 32nm SOI CMOS', *IEEE J. Solid-State Circuits*, **46**, 162–171.

Kuang, J., Saccamango, M., Lu, P., Chuang, C. and Assaderaghi, F. (1999), 'A dynamic body discharge technique for SOI circuit applications', *in 1999 IEEE Int. SOI Conf. Dig. Tech. Papers*, 77–78.

Kuhn, K. (2012), 'Considerations for ultimate CMOS scaling', *IEEE Trans. Electron Devices*, **59**, 1813–1828.

Mathew, S., Krishnamurthy, R., Anders, M., Rios, R., Mistry, K. and Soumyanath, K. (2001), 'Sub-500ps 64b

ALUs in 0.18 μm SOI/Bulk CMOS: design and scaling trends', *IEEE J. Solid-State Circuits*, **36**, 1636 – 1646.

Mistry, K., Grula, G., Sleight, J., Bair, L., Stephany, R., Flatley, R. and Skerry, P. (1997), 'A 2.0 V, 0.35 μm partially depleted SOI-CMOS technology', *in 1997 IEEE International Electron Device Meeting (IEDM) Dig. Tech. Papers*, 583 – 586.

Mistry, K., Ghani, T., Armstrong, M., Tyagi, S., Packan, P., Thompson, S., Yu S. and Bohr, M. (2000), 'Scalability revisited: 100nm PD-SOI transistors and implications for 50nm devices', *in 2000 IEEE Symp. on VLSI Technology Dig. Tech. Papers*, 204 – 205.

Narasimha, S., Chang, P., Ortolland, C., Fried, D., Engbrecht, E., Nummy, K., Parries, P., Ando, T., Aquilino, M., Arnold, N., Bolam, R., Cai, J., Chudzik, M., Cipriany, B., Costrini, G., Dai, M., Dechene, J., De-Wan, C., Guo, D., Holt, J., Jaeger, D., Kumar, A., Linder, B., Onishi, K., Sheraw, C., Wise, R., Zhuang, L, Freeman, G., Gill, J., Maciejewski, E., Malik, R., Norum, J. and Agnello, P. (2012), '22nm high-performance SOI technology featuring dual-embedded stressors, epiplate high-K deep-trench embedded DRAM and self-aligned via 15LM BEOL', *in 2012 IEEE International Electron Device Meeting (IEDM) Dig. Tech. Papers*, 52 – 55.

Ohno, T., Takahashi, M., Ohtaka, A., Sakakibara, Y. and Tsuchiya, T. (1995), 'Suppression of the parasitic bipolar effect in ultra-thin-film nMOSFETs/ SIMOX by Ar ion implantation into source/drain regions', *in 1995 IEEE International Electron Device Meeting (IEDM) Dig. Tech. Papers*, 627 – 630.

Pelella, M. and Fossum, J. (2002), 'On the performance advantage of PD/SOI CMOS with floating bodies', *IEEE Trans. Electron Devices*, **49**, 96 – 103.

Pham, D., Aipperspach, T., Boerstler, D., Bolliger, M., Cox, D., Harvey, P., Kameyama, A., Suzuoki, M., Warnock, J., Weitzel, S., Wendel, D. and Yazawa, K. (2006), 'Overview of the architecture, circuit design, and physical implementation of a first-generation cell processor', *IEEE J. Solid-State Circuits*, **41**, 179 – 195.

Pille, J., Adams, C., Christensen, T., Cottier, S., Ehrenreich, S., Kono, F., Nelson, D., Takahashi, O., Tokito, S., Torreiter, O., Wagner, O. and Wendel, D. (2007), 'Implementation of the CELL Broadband Engine in a 64nm SOI technology featuring dual-supply SRAM arrays supporting 6 GHz at 1.3 V', *in 2007 IEEE Int. Solid-State Circuits Conf. (ISSCC) Dig. Tech. Papers*, 322 – 323.

Pilo, H., Barwin, C., Braceras, G., Browning, C., Lamphier, S. and Towler, F. (2007), 'An SRAM design in 65-nm technology node featuring read and write assist circuits to expand operating voltage', *IEEE J. Solid-State Circuits*, **42**, 813 – 819.

Ramadurai, V., PIlo, H., Andersen, J., Braceras, G., Gabric, J., Geise, D., Lampheir, S. and Tan, Y. (2009), 'An 8 Mb SRAM in 45nm SOI featuring a two-stage sensing scheme and dynamic power management', *IEEE J. Solid-State Circuits*, **44**, 155 – 162.

Redman-White, B. and Bernstein, K. (2000), 'SOI CMOS circuit design exposed-another dirty tricks campaign?', *in 2000 European Solid State Circuits (ESSCIRC)*, 141 – 151.

Shahidi, G., Ajmera, A., Assaderaghi, F., Bolam, R., Leobandung, E., Rausch, W., Sankus, D., Schepis, D., Wagner, L., Wu, K and Davari, B. (1999), 'Partially depleted SOI technology for digital logic', *in 1999 IEEE Int. Solid-State Circuits Conf. (ISSCC) Dig. Tech. Papers*, 426 – 427.

Stolt, B., Mittlefehldt, Y., Dubey, S., Mittal, G., Lee, M., Friedrich, J. and Fluhr, E. (2008), 'Design and implementation of the POWER6 microprocessor', *IEEE J. Solid-State Circuits*, **43**, 21 – 28.

Takeuchi, K., Koh, R. and Mogami, T. (2001), 'A study of the threshold voltage variation for ultra-small bulk and SOI CMOS', *IEEE Trans. Electron Devices*, **48**, 1995 – 2001.

Warnock, J. (2003), 'Circuit design issues for the POWER4 chip', *in 2003 IEEE Symp. on VLSI Technology, Systems, and Applications Dig. Tech. Papers*, 125 – 128.

Weber, O., Andrieu, F., Mazurier, J., Casse, M., Thomas, O., Weber, Bourdelle, K., Nguyen, B., Boeuf, F., Skotnicki, T. and Faynot, O. (2010), 'Work-function engineering in gate first technology for multi – VT dual-gate FDSOI CMOS on UTBOX', *in 2010 IEEE International Electron Device Meeting (IEDM) Dig. Tech. Papers*, 68 – 71.

Wendel, D., Kalla, R., Warnock, J., Cargnoni, Friedrich, J., Islam, S., Weitzel, S., Williams, P. and Zyuban, V. (2011), 'POWER7, a highly parallel, scalable multicore high end server processor', *IEEE J. Solid-State Circuits*, **46**, 145 – 160.

第5章 平面全耗尽绝缘体上硅互补金属氧化物半导体技术

F. Andrieu, LETI, France

摘　要：本章评述采用平面全耗尽绝缘体上硅技术的互补金属氧化物半导体场效应晶体管器件的主要性质。首先，对 FDSOI 工艺进行介绍，接着重点描述关键集成工艺步骤对器件特性及以下一些参数波动性的影响，例如：沟道厚度及掺杂浓度、埋氧化物（BOX）厚度、地（或背）平面、栅的堆叠层以及性能提高的机制（SiGe 沟道及源/漏，应变 SOI）等。

关键词：互补金属氧化物半导体场效应晶体管，平面全耗尽绝缘体上硅，超薄体及埋氧化物（UTBB 或 UTB2），应变/应力，波动性。

5.1　引　言

本章评述采用平面 FDSOI 工艺 CMOSFET 的主要性质。"全耗尽"意味着在晶体管从截止到导通的转变过程中，耗尽区扩展至埋氧化物。于是，耗尽区夹在两个氧化层中间并受到 SOI 层自身厚度的限制（见图 5.1 FDSOI N/PMOS 剖面图）。对耗尽区的这种限制，并不存在于通常体硅衬底的平面结构中。FinFET 或三栅结构晶体管（Auth 等，2012），同样也属于全耗尽器件。在三栅结构中，耗尽区被限制于有源区薄膜之中，宽度对应于器件的最小尺寸（有时也是整个前后道工艺中的最小尺寸）。与之不同的是，在"平面"结构中，有源区薄膜的高度比其（在水平方向上的）长度和宽度小得多。

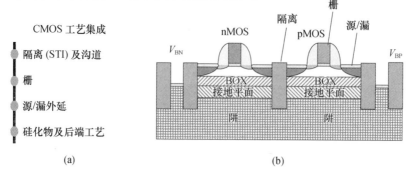

图 5.1　（a）典型 CMOS 工艺的集成；（b）平面 FDSOI 的典型 n 管和 p 管的剖面图

本章将描述全耗尽器件的一些优点,特别是在低电源电压(V_{DD})下工作的优良性能,它成为低功耗应用的最佳选择。不只是低功耗,某些高性能应用也适合采用 FDSOI。实际上,平面 FDSOI 工艺可以集成其他的提高性能的机制,例如机械应力和高 κ 金属堆叠栅等(Ghani 等,2003;Auth 等,2008)。这些结合能同时满足当前移动应用所需要的低功耗和高性能。在描述 FDSOI 的上述优良特性之前,先对 FDSOI 的主要特性进行介绍。5.2 节将简要介绍这项技术以及 CMOS 集成到平面 FDSOI 上所需要的主要工艺模块。

阈值电压(V_T 或 V_{th})的调节在考虑器件工艺时是非常严格的。尽管体硅技术中普遍通过沟道掺杂实现阈值电压的调节,但这一方案并不适合于 FDSOI,有时还会弊大于利。因此以前一直认为,FDSOI 器件的阈值电压调节是该技术难以克服的困难。当然,现在的解决方案已经非常成熟。5.3 节将详细介绍作为中心的 n/p 晶体管及阈值电压 V_T 调节的技术解决方案,例如沟道掺杂、栅堆叠工程以及地平面注入等。

5.4 节,重点介绍衬底材料对硅膜及埋氧化物厚度的要求。这些参数的缩比,是实现工艺整体缩比的关键。然后介绍获得高性能 p 管的技术方案,SiGe 沟道和 SiGe 源/漏的集成是关键工艺步骤(5.5 节)。提升 n 管性能最有效的方法,是采用应变 SOI 衬底。因此,5.5.2 节详细介绍应变 SOI 上的 CMOS 工艺和器件。最后,5.6 节讨论平面 FDSOI 的性能,并将其与体硅器件进行对比。

5.2　平面 FDSOI 技术

平面 FDSOI 技术及其相关的难题,已有很多文献进行过详细描述(Raynaud 等,1994;Chau 等,2001;Doris 等,2002;Krivokapic 等,2002;Vandooren 等,2005)。CMOS 在 FDSOI 中的工艺集成与体硅器件并没有很大差别(见图 5.1 给出的典型工艺流程)。工艺的集成从隔离模块开始,由于 BOX 提供电隔离,FDSOI 不需要特别深的浅槽隔离(STI)。然而,为了保证相近的阱区方块电阻值,加上接地平面以及与体硅器件的整合,这些都希望平面 FDSOI 最好采用与传统体硅技术相类似的浅槽隔离和阱工艺。

前面提到的接地平面或背平面,是埋氧化物下面的一个高掺杂区。该区可以在 STI 形成以后通过顶硅膜和埋氧化物用经典的离子注入掺杂形成,典型的掺杂浓度为 $10^{18}/cm^3$ 量级。这个注入一般是在 STI 制备以后进行。

在栅形成之前,必须先完成 n 和 p 沟道的制造。其中,SiGe 沟道对 pFET 非常重要,可以通过在 SOI 顶部外延 SiGe 层(Andrieu 等,2006;Leroyer 等,2011)或通过外延和缩合或混合来完成,这使得 pFET 栅下方的整体成为 SiGe。SiGe 沟道可以在隔离模块之前或之后形成(Chen 等,2012)。应变 SOI(sSOI)以类似于 SiGe 的方式用作沟道材料。与其集成相关的优点和关键技术将在下文描述。

接下来的工艺是进行栅堆叠的形成。通过 45～32nm 技术节点的探索,前栅(gate – first)工艺的堆叠层需要高介电常数(HK)的氧化物、金属栅极和多晶硅帽层。源/漏集成在 nMOS 中采用原位 P 掺杂的 Si 或 SiC(具有 1%～2% 的 C),而在 pMOS 中采用原位 B 掺杂的 SiGe。原位掺杂导致高水平的掺杂浓度;C 减缓 P 的扩散,并且 SiGe 和 SiC 二者都在 CMOSFET 的沟道中引入应变(前提是应变在整个 CMOS 工艺流程期间均保持得很好)。

其余工艺流程的集成与平面体硅技术中使用的非常相似。5.3 节将讨论平面 FDSOI 技术的关键工艺步骤,重点介绍 CMOS 器件的主要特性和关键技术,尤其是 FDSOI 中的阈值电压调节。

5.3　FDSOI 的阈值调节:沟道掺杂、栅堆叠工程和接地平面

阈值电压(V_T)有多种定义方法,例如:在 MOS 管沟道和栅氧化物之间的界面处形成指定电势的栅极电压,或者通过电容加以定义(Poiroux 等,2011)。当考虑漏电流(I_D)与栅电压(V_G)特性时,阈值电压是指数变化部分(由亚阈值斜率描述)和线性或功率部分之间的界限。为了调节晶体管的截止漏电电流(I_{OFF}),必须调节阈值电压。此外,对于诸如片上系统芯片(SoC)等应用,需要具有不同阈值的晶体管(即"多阈值"或"多阈值平台")。高速(低阈值(LVT)或超低阈值(SLVT))晶体管的截止漏电电流约为几十到几百纳安/微米,它同晶体管宽度有关。同时,低漏电(被称为正常或标准阈值(RVT 或 SVT))晶体管的漏电电流则低至几个纳安/微米。多阈值解决方案是非常有用的,能够使电路在速度和功耗之间进行权衡。最后,静态随机存取存储器(SRAM)需要较高的阈值电压(HVT)和每微米几十皮安的截止漏电电流。

因此,在 CMOS 技术中调节阈值电压的能力是非常重要的。而且,除了标称阈值之外,阈值电压的分布也必须精确控制。阈值电压波动性可能是亚 32nm 节点最重要的挑战之一。它通常用阈值匹配进行表征,即 2 个接近的晶体管之间的 V_T 差值的标准偏差(Mazurier 等,2012)。

在本节中,讨论调节体硅中阈值电压的经典方法,以考虑它们在平面 FDSOI 中的有效性和缺点。特别注意 V_T 的波动性。还提出了一种调节 FDSOI 中的阈值电压的解决方案。

5.3.1　沟道掺杂

具有不掺杂沟道和接近带隙功函数的单栅 n 和 p 型 MOS 管阈值电压接近

0.45V(Shimada 等,1997;Poiroux 等,2011)。这一数值适用于低漏电电流的晶体管和 SRAM,但不适用于高速晶体管。为了降低阈值电压,可以使用体硅中常采用的沟道掺杂技术。然而,为了降低阈值电压,需要进行沟道逆向掺杂(沟道区采用与源/漏极相同的掺杂类型)。沟道逆向掺杂(例如,nMOS 掺砷,pMOS 掺硼)浓度越高,阈值电压越低。

如图 5.2 所示,上述方法可以用在 FDSOI 中。对于具有短沟的 nMOS 和 pMOS,其敏感度为每 $10^{18}/cm^3$ 掺杂浓度约 42mV(Buj-Dufournet 等,2009;Fenouillet Béranger 等,2009)。这可以直接归因于 MOS 沟道中的耗尽电荷(和耗尽电容)的改变。然而,该方法会导致以下的特性变坏:

(1) 短沟效应(特征是低漏极电压 V_D 下的阈值电压与栅长的关系,漏致势垒降低和大部分的亚阈值斜率变化);

(2) 晶体管的沟道中的载流子迁移率;

(3) 阈值电压波动(Buj-Dufournet 等,2009;FenouilletBéranger 等,2009)。

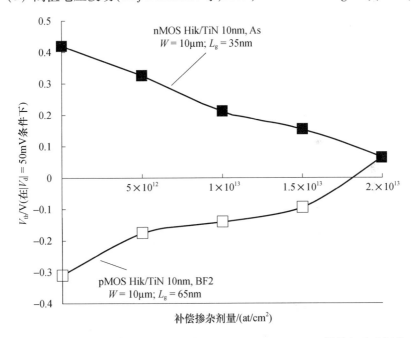

图 5.2 平面 FDSOI 中逆向掺杂剂量对 nMOS 和 pMOS FDSOI 器件短沟道阈值电压的影响。每 $5\times10^{12}cm^2$ 注入剂量对应于 $2\times10^{18}/cm^3$ 掺杂浓度。SOI 厚度 t_{Si} 为 10nm;BOX 厚度为 145nm;对于 nMOS 和 pMOS,等效氧化物厚度约为 1.6nm(具有 H_fO_2/TiN 堆叠栅)和约 100mV/V 的漏致势垒降低(DIBL)(Source:Buj et al.,Copyright 2009,The Japan Society of Applied Physics.)

图 5.3 描述了与图 5.2 中相同器件的逆向掺杂剂量引起的 DIBL 变化。引

起的 DIBL 变坏为每 $10^{18}/cm^3$ 掺杂浓度约 $2\sim 8mV/V$，与此对应的不掺杂器件的 DIBL 则为 $100mV/V$。

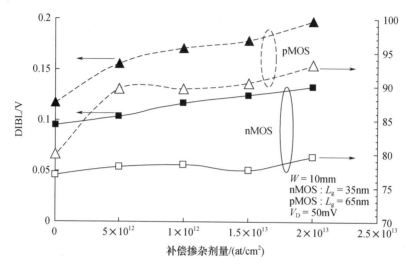

图 5.3　漏致势垒降低和短沟 n 型和 p 型 MOSFET 的亚阈值斜率与逆向掺杂剂量之间的关系。每 $5\times 10^{12}/cm^2$ 注入剂量对应于 $2\times 10^{18}/cm^3$ 掺杂浓度。SOI 厚度 t_{Si} 为 10nm；BOX 厚度为 145nm；对于 nMOS 和 pMOS，等效氧化物厚度约为 1.6nm（具有 H_fO_2/TiN 堆叠栅）和约 $100mV/V$ 的漏致势垒降低

(Source: Buj et al., Copyright 2009, The Japan Society of Applied Physics.)

实际上，静电控制和载流子输运都被抑制了。图 5.4 给出长沟器件中电子有效迁移率与不同逆向掺杂剂量下反型电荷之间的关系。值得注意的是，电子迁移率主要在低反型电荷时降低，它是由库仑散射引起的。空穴迁移率具有相同的趋势。最后，阈值电压波动也在沟道掺杂后得到抑制。实际上，随机掺杂波动在阈值电压标准偏差中的贡献正比于下式：

$$\sigma V_T \sim T_{inv} \cdot \frac{\sqrt[4]{N_{dop}}}{\sqrt{W\cdot L}}$$

式中，T_{inv} 是反型时的电学栅氧化物厚度；N_{dop} 是沟道掺杂浓度；W 和 L 分别是栅宽和栅长。对随机掺杂波动的抑制是不掺杂沟道 FDSOI 的主要优点之一（Faynot 等，2010 和其中的参考文献）。在晶体管沟道中施加逆向掺杂，能够显著降低阈值电压的波动。

总之，存在许多与沟道逆向掺杂有关的缺点。当然，常规沟道掺杂（在沟道区 nMOS 进行 p 掺杂，pMOS 进行 n 掺杂）也会对载流子迁移率和阈值波动产生类似的影响。因此，在 FDSOI 中，不掺杂的沟道不仅是可能的，而且会对迁移率和阈值波动产生正面的作用。但是，这意味着需要其他解决方案来调节 FDSOI

器件的阈值电压,主要工具之一是栅堆叠工程,类似于体硅。

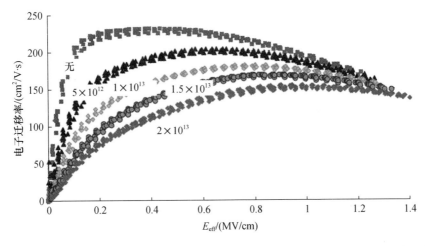

图 5.4　长沟器件电子迁移率与不同注入剂量下有效电场之间的关系。每 $5\times10^{12}/cm^2$ 注入剂量对应于 $2\times10^{18}/cm^3$ 掺杂浓度。SOI 厚度 t_{Si} 为 10nm;BOX 厚度为 145nm;对于 nMOS 和 pMOS,等效氧化物厚度约为 1.6nm(具有 H_fO_2/TiN 堆叠栅)和约 100mV/V 的漏致势垒降低(Source:Buj et al. ,Copyright 2009,The Japan Society of Applied Physics.)

5.3.2　栅堆叠工程

如 Shimada 等(1997)所述,FDSOI 所需要的有效栅功函数取决于沟道掺杂。在 FDSOI 中,可以使用带边栅极(n^+ 用于 nMOS,p^+ 用于 pMOS)和高掺杂沟道(Gallon 等,2005),或者另一种方案,采用"不掺杂的"沟道和栅极,其功函数接近中间带隙。显然,后一种解决方案要更好一些(如前所述),即使是在合理的沟道掺杂水平下得到可接受的折中时,也是这样。

当用前栅工艺集成时,TiN 是中间带隙栅极的良好候选材料。它的功函数(以及栅堆叠特性,如栅电流、载流子迁移率、可靠性、等效氧化物厚度(EOT))会随其厚度而变化,特别是当集成在富铪的介质上时(Fenouillet 等,2009;Brunet 等,2010)。其沉积过程也是限定晶体管电性能的关键参数。例如,在原子层沉积(ALD)形成 3nm 厚 HfO_2 栅氧化物的 FDSOI 前栅方法中,对物理气相沉积(PVD)及化学气相沉积(CVD)得到的 TiN 进行了比较。发现在载流子迁移率、经时介电击穿(TDDB)和负偏压温度不稳定性(NBTI)方面,CVD TiN 显示出更好的长沟特性。但是最终发现,FDSOI CMOS 晶体管缩比至 25nm 栅长时,PVD 生长的 TiN 要比 CVD(图 5.5)的更好。这归因于通过从栅边缘的氧扩散与 CVD TiN 再生长的界面层。它表明栅和侧墙的沉积/图形化是关键步骤,必须进行优化以避免降低短沟道晶体管的物理和电学特性。

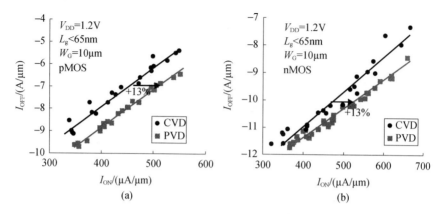

图 5.5　PVD 和 CVD 栅控(a)pMOS 和(b)nMOS 的导通电流/截止电流(I_{ON}/I_{OFF})的折中考虑。器件集成了 3nm ALD HfO_2(600℃下后退火 15min) + 10nm TiN + 50nm n^+ 掺杂多晶硅层。分别沉积 PVD TiN(100℃,6kW)或 CVD TiN(680℃,NH_3 和 $TiCl_4$ 作为前体),SOI 厚度 t_{Si} 为 10nm;BOX 厚度为 145nm。nMOS 和 pMOS 的等效氧化物厚度约为 1.6nm

氧扩散也可能在栅宽度方向上发生,对于某些堆叠栅,会引起高达约 200mV 的窄沟道效应(Brunet 等,2010)。图 5.6 所示为这种窄沟道效应及在原子层沉积(ALD)TiN 时它同高 κ 材料的关系。对于晶体的 HfO_2 和 HfZrO 氧化物,阈值电压漂移约为 200mV,而对于非晶 HfSiO(N)氧化物,阈值电压漂移不超过 30mV。这种阈值电压的不稳定性会同时出现在 nMOS 和 pMOS 中,而且具有相同的符号和幅度,说明它与金属功函数的变化有关,这是由于氧穿过侧墙不受控的横向扩散(与深度方向的物理特性一致)导致的。非晶 HfSiON 氧化物对这种效应能提供较好的快速恢复能力,即使在掺杂剂(例如 Al)被结合到栅堆叠中时也同样有效。

总之,TiN 材料是用于 FDSOI 前栅工艺(功函数接近中间带隙或 n 型的)的良好候选金属。为了维持此材料相对于晶体管尺寸的良好稳定性,应该仔细注意其集成工艺(栅极和侧墙的沉积以及图形化)。

另一方面,在前栅工艺集成方案中,发现 p 型栅是具有挑战性的。对于体硅器件也存在这个问题,甚至更严重,因为在平面体硅中需要 p^+ 栅(功函数约为 5.1eV)。这个问题已经通过在体硅(Auth 等,2008)或 FDSOI(Morvan 等,2013)晶体管中,使用后栅集成工艺方案得到了解决。实际上,在后栅方案中,结的退火是在栅金属沉积之前完成的。这一方法防止(或减少)了由热预算(主要在小 EOT 的 pMOS 上观察到)引起的金属功函数的不稳定性,这一点已在文献中得到了证实并称为"平带电压(V_{FB})滚降(roll-off)"。

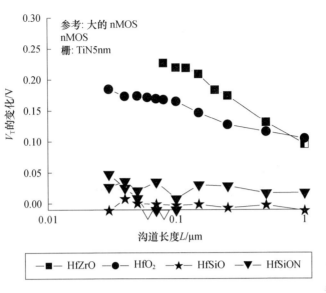

图 5.6 宽沟和窄沟 nMOS 晶体管之间阈值电压(V_T)的差异($\Delta V_T = V_T(W = 80\text{nm}) - V_T(W = 10\text{um})$)随沟长 L 的变化,对应于 5nm TiN 栅的不同高 κ 氧化物。HfO_2 和 HfZrO 相比较,HfSiO(N)的阈值电压差异显著降低。SOI 厚度 t_{Si} 约为 7nm;BOX 厚度为 25nm;等效氧化物厚度约为 1.2nm

使用前栅工艺集成不同堆叠栅的不利趋势如图 5.7 所示,其堆叠栅中均含有铝(Al)类物质。Al 在堆叠栅中产生的偶极子,使功函数向正值变化。但是图 5.7 表明,Al_2O_3 或 TaAlN 栅平带电压有较大降低,这一降低依赖于 TiN 厚度(5nm 或 10nm)和所使用的高 k 质料。这是在前栅工艺流程中集成的 p 型栅材料的一般趋势。用 TaAlN 栅获得了高于中间带隙 80mV 的功函数(Weber 等,2010),这对于 FDSOI 足够了,同时还能得到具有良好 NBTI 以及空穴迁移率和阈值电压为 0.32V 的 pMOSFET(图 5.8)。在两个不同栅极之间约为 70 ~ 100mV 的功函数差,足以在器件中引起十倍的 I_{OFF} 差异,这样就可以满足多阈值方面的应用。

5.3.3 接地平面

最后,还有一个调节阈值电压 V_T 的方法,即接地平面(或背平面)。实际上,地平面能起到与背栅偏置相同的作用。由于纵向耦合(由完全耗尽的膜引起),接地平面的功函数与前栅的功函数一样重要。下面来对这一效应进行解释。

如图 5.8(掺杂类型)和图 5.9(掺杂水平)所示,接地平面的掺杂能改变前栅的阈值电压(Gallon 等,2006;Weber 等,2010)。此外图 5.9 说明,对于 BOX 厚度为 20nm 和掺杂大约为几个 10^{18}cm^{-3} 的接地平面,有一个阈值电压 V_T 相对于接地平面掺杂曲线的平台区,这就解释了存在的较低波动性(低于沟道掺杂浓度对体硅中阈值电压的影响)。实际上测量表明,地平面对沟道中载流子迁移率和 V_T 波动性的影响可以忽略不计(Andrieu 等,2012;Mazurier 等,2012)。

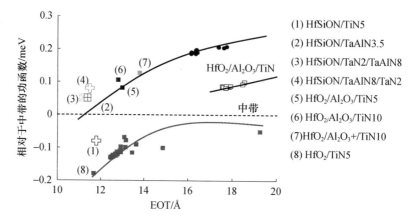

图 5.7 对于有或没有 Al 原子的不同堆叠栅相对于硅中带的有效功函数(WF)同等效氧化物厚度之间的关系。测量对象是长/大尺寸器件(Source:© 2010 IEEE. Reprinted with permission from Weber et al. ,2010.)

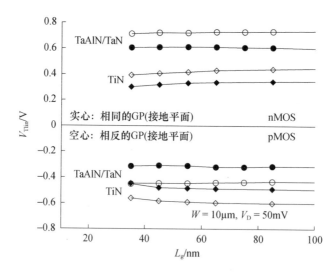

图 5.8 有 n 型(TiN)和 p 型(TaAlN / TaN)金属栅以及 n 型或 p 型接地平面(GP)的 nMOS 和 pMOS 阈值电压与栅长之间的关系。SOI 厚度 t_{Si} 约为 7nm;BOX 厚度为 10nm;等效氧化物厚度约为 1.2nm(Source:© 2010 IEEE. Reprinted with permission from Weber et al. ,2010.)

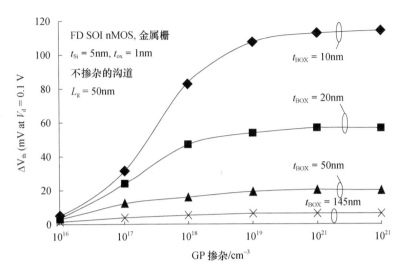

图 5.9　阈值电压波动同接地平面掺杂之间关系的仿真结果。栅长 L 为 50nm；SOI 厚度 t_{Si} 为 5nm；等效氧化物厚度为 1nm

(Source: © 2006 IEEE. Reprinted with permission from Gallon et al, 2006.)

由此，接地平面可以用来调节阈值电压，而它主要的特点（和依据）是具有保证良好背偏压（类似于在平面体硅技术中使用的"体"偏压）效应的能力。为了使背偏压对前栅阈值电压调节的灵敏度达到最大，接地平面是非常重要的。实际上，高浓度的接地平面掺杂可以抑制正向状态（对于 nFET $V_{BN} > 0$ 的正向背偏压）中衬底的耗尽（如图 5.10 所示，并且由 Mazellier 等 (2008) 模型化）。

需要强调的是，如果施加的静态背偏压与通常在体硅中使用的静态背偏压相同（背偏方式 pMOS $V_{BP} = V_{DD}$，nMOS $V_{BN} = GND$，其中 V_{DD} 和 GND 分别是电源电压和地），如图 5.1 所示，则 pMOS 需要 n 掺杂阱（n 阱，nwell），而 nMOS 需要 p 掺杂阱（p 阱，pwell），目的是为了避免将 nwell/pwell 二极管置于正向导通状态（Noel 等, 2011）。

顺便提示一点，如图 5.1 所示可以看出，需要在正面添加接触孔，即同时打开硅层和埋氧化层 BOX，以便产生"NO - SOI"或（NOSO）窗口并使衬底极化。与体硅技术相比，这是一个额外的步骤。除此之外，NO - SOI 模块还能够在混合平台中实现 FDSOI 和体硅器件的协同集成。一部分体硅设计可以直接从体硅平台转移到混合 FDSOI/体硅平台上（Golanski 等, 2013）。特别要强调的一点是，静电放电（ESD）保护可以在体硅衬底上进行，以便受益于大的二极管表面并减小自加热效应（Benoist 等, 2010）。

5.4 FDSOI CMOS 器件对衬底的要求：BOX 和沟道的厚度

SOI 衬底的主要特征量是埋氧化层和沟道的厚度。本节介绍与这些参数相关的要求，以优化 CMOS 器件。

5.4.1 BOX 厚度对背偏压效率的影响

BOX 厚度主要根据背偏压(V_B)效率的要求选择。从图 5.10 中可以提取称为 γ 因子的 V_T 与 V_B 关系曲线的斜率。对于接地平面，γ 不特别取决于背偏压，而主要是取决于 BOX 厚度 T_{BOX}，在图 5.11 中可以看出这一点。对于平面 FDSOI 技术中 BOX 厚度的选择，这一特性是最重要的。实际上，在本章的最后部分将看到，这种体效应可以动态地改善性能并优化电路的功耗延时乘积。从这一电路技术指标出发，同时参考图 5.11，可以确定给定技术节点所需要的 BOX 厚度。

此外，在具有接地平面的超薄埋氧化物超薄体(UTBB 或 UTB^2)上的较薄 BOX 具有较小的 DIBL，可以通过 BOX 抑制从漏到体区的边缘电场(Ernst 等，1999)。从这一观点来看，具有低介电常数(低 κ)的 BOX 是有益的。然而，与沟道厚度对晶体管静电控制能力的强烈影响相比，这种效应是次级的。

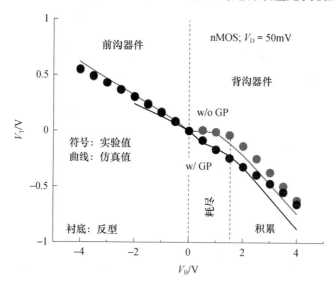

图 5.10 有和没有接地平面掺杂的长沟器件阈值电压同背偏压关系的实验和仿真结果。SOI 厚度 t_{Si} 为 7nm，BOX 厚度为 10nm；等效氧化物厚度为 1.3nm

(Source：© 2010 IEEE. Reprinted with permission from Andrieu et al. ,2010.)

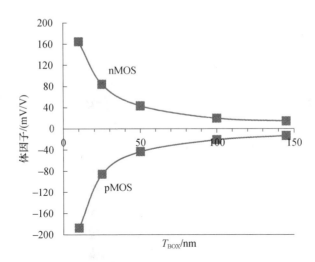

图 5.11 栅长 $L = 1\mu m$ 时,正向体偏压(FBB)下体因子(γ)同 BOX 厚度的关系(对于 nMOS V_{BN} = +440mV,对于 pMOS V_{BP} = −450mV)。这是对 1nm 的物理栅氧化物厚度和顶硅膜 t_{Si} = 8nm 的不掺杂 FDSOI nMOS 进行的工艺计算机辅助设计(TCAD)仿真的结果

5.4.2 沟道厚度对短沟道效应、阈值电压波动、导通电阻和载流子迁移率的影响

在体硅技术中,沟道掺杂能确保短沟器件有良好的静电控制能力。另外,对于不掺杂沟道的 FDSOI,膜厚度是控制短沟效应的主要参数。事实上,下式给出了经典模型预测的 DIBL:

$$\left.\frac{dV_{th}}{dV_{DS}}\right|_{V_{DS}=0V} = -\frac{1/2}{\cosh(L/2\lambda)-1} \quad (5.1)$$

式中:λ 是这一技术的缩比特征长度(Suzuki 等,1993)。对于单栅晶体管由下式给出:

$$\lambda = \sqrt{\frac{\varepsilon_{Si}}{\varepsilon_{ox}}t_{Si}\left(t_{ox}+\frac{\varepsilon_{ox}}{\varepsilon_{Si}}\frac{t_{Si}}{2}\right)} \quad (5.2)$$

式中:t_{Si} 是沟道厚度。

这些表达式说明,当 t_{Si}(沟道厚度)减小时,DIBL 减小,并且需要最小沟长和硅膜厚度之间的比率约为 4,以确保 DIBL 值低于 100mV/V。

这种 DIBL(t_{Si})的趋势,可以通过在平面 FDSOI 上针对低至 t_{Si} = 2.5nm 的不同沟道厚度进行的实验测量得到证实(图 5.12 和图 5.13)。然而,对于非常小的膜厚度,存在 DIBL(t_{Si})的平台区,其中 DIBL 主要通过 BOX 的边缘电场控制(Barral 等,2007)。该分量表明 18nm 栅长处的总 DIBL 约为 18%,但总体上讲,减小 t_{Si} 通常可以改善短沟道效应并降低器件的截止态

电流。通过减薄 t_{Si} 可以显著改善特性的下降、亚阈值摆幅和 DIBL，例如对于 18nm 栅长和膜厚 t_{Si} = 4nm 的短沟晶体管，亚阈值摆幅低至 67mV/dec，DIBL 则降至 75mV/V。

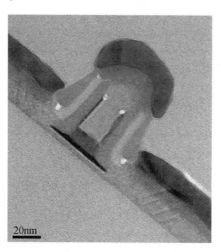

图 5.12　沟道厚度为 2.5nm，栅长为 18nm 的应变 SOI(sSOI)nMOSFET 的透射电子显微镜(TEM)横截面照片

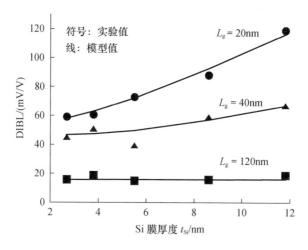

图 5.13　不同栅长时 DIBL 同硅膜厚度的关系。实验和模型结果的比较。BOX 厚度为 145nm；等效氧化物厚度约为 1.6nm(具有 HfO_2/TiN 堆叠栅极)

对短沟道效应的这一改进，解释了当硅膜厚度在短沟道器件上缩小时，阈值电压 V_T 增加的原因(图 5.14)。在图 5.14 的长沟器件上也观察到了类似的行为，但这可以从时间角度出发将其归因于量子约束。短沟器件和长沟器件之间的这些不同，以阈值电压波动的不同响应表现出来(图 5.15)。一

方面,由于 $V_T(L)$ 灵敏度的降低,薄硅膜器件短沟道效应的改善也优化了短沟的波动性;另一方面,量子约束增加了 $V_T(t_{Si})$ 的敏感性,进而增加了长沟器件的波动性(Weber 等,2008)。

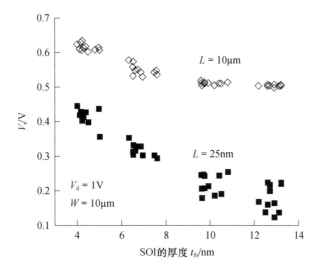

图 5.14 对于 4 种 t_{Si} 厚度(4 个不同的晶圆片),栅长为 $L=10\mu m$ 和 25nm 时阈值电压(V_T)同沟道厚度(t_{Si})的关系。对于每个晶圆片,采用椭偏仪精确地测量 t_{Si}。BOX 厚度为 145nm;等效氧化物厚度约为 1.6nm(具有 HfO_2/TiN 堆叠栅极)

(Source:© 2008 IEEE. Reprinted with permission from Weber et al. ,2008.)

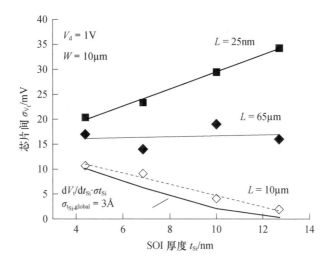

图 5.15 芯片间阈值电压的标准偏差同沟道厚度 t_{Si} 及栅长 L 的关系。电源电压为 1V;BOX 厚度为 145nm;等效氧化物厚度约为 1.6nm(具有 HfO_2/TiN 堆叠栅极)

(Source:© 2008 IEEE. Reprinted with permission from Weber et al. ,2008.)

这一行为最近得到了确认,并推广到了 t_{Si}(表面粗糙度)的局部变化(Hook 等,2011;Mazurier 等,2012)。事实上,t_{Si} 的所有(局部和全局)波动,在 V_T 波动中都起重要作用。如果长沟 V_T 波动由 t_{Si} 波动(而不是栅堆叠的波动)控制,则改善长沟和大器件中 V_T 波动的解决方案,就是减小不同尺寸下的 t_{Si} 波动(粗糙度和厚度)。

与超薄(小 t_{Si})FDSOI MOSFET 相关的一个重要问题,是寄生串联电阻 R_{SD}。图 5.16 所示为膜厚度为 4nm 的器件,当 R_{SD} 值低至 320Ω·μm 时,其串联电阻没有显著降低(Barral 等,2007)。类似,在文献中报道过,当 t_{Si} 从 6nm 缩小到 3.5nm 时,寄生电阻有 40Ω 的下降(没有性能变化)(Khakifi rooz 等,2012)。即使在工艺集成方面这仍然是热门问题,薄膜上的寄生串联电阻因此并不是开发平面 FDSOI 技术的障碍。

沟道厚度(t_{Si})的缩比还可以改变载流子迁移率,特别是在高应力沟道晶体管的情况下。由于量子约束引入的子带分裂,导致载流子在 Δ_2 和 Δ_4 谷之间被重新占据(Xu 等,2011),由于硅膜厚度 t_{Si} 降低到 4.5nm 以下,非应变 Si 的电子迁移率略有增加。因此,用于增加电子迁移率的应力的益处在该体系中减小。这解释了硅膜厚度小于 5nm 时 nMOS 压电系数的降低(图 5.17)。相比之下,非应变 Si 的空穴迁移率随硅膜厚度减小到 5nm 以下而单调下降。同时,由于在剪切应力下空穴输运质量有大的减小,应力在硅膜厚度小于 5nm 时仍可维持,进而起到增加空穴迁移率的作用。这就是为什么无论硅膜厚度 t_{Si} 如何改变,pMOS 的压电系数都相当稳定(图 5.17;Xu 等,2012)。

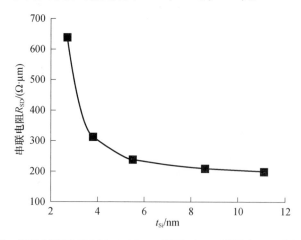

图 5.16 串联电阻同 FDSOI nMOSFET 栅下面 SOI 膜厚度(t_{Si})之间的关系

总之,为了达到给定的短沟道控制(和 DIBL),可以通过选择 FDSOI 逻辑 MOSFET 中的沟道厚度(堆叠栅下方)的值(t_{Si})做到。但是硅膜厚度 t_{Si} 也会改变阈值电压 V_T 的波动性,并且通过寄生串联电阻(R_{SD})和载流子迁移率影响器件性能。

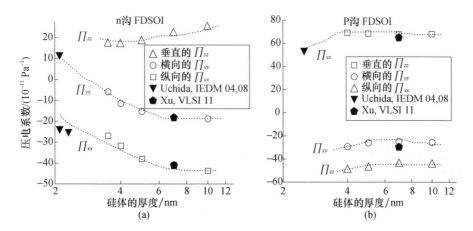

图 5.17 （a）nMOS 及（b）pMOS 压电系数（垂直、纵向和横向的载流子输运）与硅膜厚度（t_{Si}）关系的仿真结果。仿真结果同 Xu 等（2011）和 Uchida 等（2008）的实验结果进行了比较（Source：Xu et al.，2012. Copyright 2012 IEEE.）

5.4.3 平面 FDSOI 晶体管的缩比性

可以通过实验数据和工艺计算机辅助设计来分析平面 FDSOI 结构的缩比性。如果将 100mV/V 的 DIBL 控制能力视为静电控制标准，如图 5.18 所示,通过 SOI 和 BOX 厚度的减小,可以实现低至 8nm 栅长器件的缩比性。据报道,超

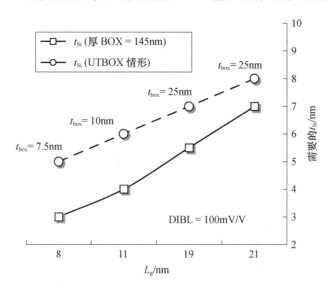

图 5.18 基于静电控制考虑（DIBL = 100mV/V）可能缩比到 8nm 栅长的 FDSOI 器件的规则（仿真结果）:所需的硅膜厚度 t_{Si} 同栅长 L_g 的关系

薄 BOX 厚度的缩比可以帮助器件向下缩比。没有 BOX 缩比,对于 8nm 栅长需要 3nm 的 SOI 膜,而假设 BOX 按比例降低到 10nm 以下,则膜仍可保持在约 5nm。可以预测,对于低至 8nm 的栅长,将需要纳米线晶体管以确保良好的静电控制能力(Faynot 等,2010)。

5.5 FDSOI 的应变选项

长期以来,平面 FDSOI 被认为是低功耗应用的优良结构。此外,当机械应变嵌入在该技术中时,它就可以真正地同时满足低功耗和高性能市场了。

5.5.1 应变 pMOS:SiGe 沟道和 SiGe 源/漏

如前所述,仅使用栅极工程来获得 p⁺ 有效功函数是具有挑战性的。SiGe 沟道已经用于体硅上的 pMOS 管中,以便在前栅方案中调节阈值电压。这是通过应变引起的能带变化和栅堆叠中可能的 Ge 相关偶极子变化来实现的。相同的解决方案,可以有效地应用于平面 FDSOI(图 5.19)。实验表明,SiGe 沟道中每 1% Ge 含量能降低 10mV 的平带电压(或阈值电压 V_T),有的可以高达 15mV/%(Cassé 等,2012 的实验)。V_T 波动(ΔV_T)随沟道中 Ge 含量的改变较为分散,可以将其归因于栅堆叠方式的差异。

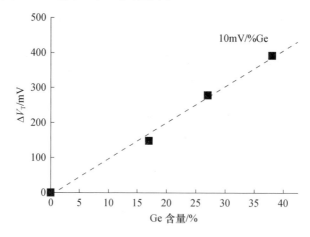

图 5.19 pMOS 由于引进 SiGe 沟道产生的阈值电压变化同长沟和大沟器件沟道中 Ge 含量关系的测量结果。等效氧化物厚度为 1.0nm

SiGe 不仅能调节 V_T,而且可以增加空穴迁移率(图 5.20)。对于 SiGe/SOI pFET,迁移率的增加随着 Ge 含量的增加而增加,为了有 1.4% 的应力,应变要高达 68%(对应于 $Si_{0.6}Ge_{0.4}$)。然而,对于高于 60% 的 Ge 含量,增加量会降低,这可能归因于外延生长期间位错的形成。该假设由以下事实证实:在 $Si_{0.4}$

$Ge_{0.6}$/sSOI 和 $Si_{0.6}Ge_{0.4}$/SOI 的情况下结果类似，sSOI 是由弛豫的 $Si_{0.8}Ge_{0.2}$ 构成的应变 SOI 衬底。实际上，空穴迁移率与应变的相关度要高于其与 SiGe 沟道中 Ge 含量的相关度。这清楚地表明，在 SiGe 沟道中迁移率与应变或 Ge 含量之间存在一个最优值（Cass 等，2012）。

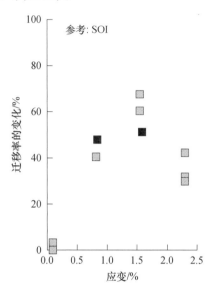

图 5.20 由迁移率最大值提取的 SOI（灰色）或 sSOI（黑色）中 SiGe 沟道空穴迁移率的提高同沟道应变水平（$\varepsilon_{//}$）关系的测量结果。等效氧化层厚度为 1.3nm

SiGe 在 pMOSFET 的源/漏中也很有益处。在这种情况下，原位硼掺杂可以增加在该区掺杂剂的结合和激活。寄生的串联电阻减小（分别具有 30% 和 60% 的串联电阻减小）（图 5.21），是由于 $Si_{0.7}Ge_{0.3}$ 和 $Si_{0.7}Ge_{0.3}$:B 提升了源/漏。此外，通过 SiGe 源/漏改善了空穴迁移率（图 5.22）。在 Si 和 $Si_{0.8}Ge_{0.2}$ 沟道上获得的短沟道空穴迁移率增益与基于由 $Si_{0.7}Ge_{0.3}$ 源/漏升高产生的应变水平（约 500MPa）的计算结果一致（Le Royer 等，2011）。

因此，SiGe 沟道及源/漏是 FDSOI 中高性能 pMOSFET 的优良解决方案。

5.5.2 应变 SOI 衬底上的 CMOS

提升 nMOSFET 迁移率的主要方法，是使用应变 SOI 衬底。它由双轴应变下的硅构成，紧贴于 BOX 的顶部。这种衬底可以由 SiGe 赝衬底和智能剥离工艺形成（Ghyselen 等，2004）。应变 SOI 沟道用与 SiGe 改变 pMOS 阈值电压相同的方式来改变 nMOSFET 的阈值电压 V_T。给定 SOI 的阈值电压公式（见式(5.3)；Poiroux 等，2005）及根据形变势理论（Herring 等，1956），sSOI 和 SOI 之间的 V_T 变化（$\Delta V_T = V_T(sSOI) - V_T(SOI)$）可以由式(5.4)近似，其中 C_{11} 和 C_{12}

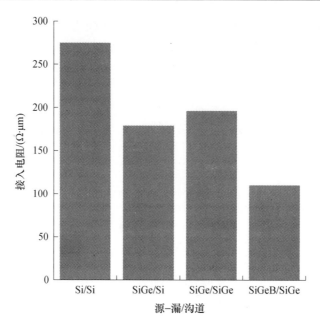

图 5.21　4 种 FDSOI pMOSFET 结构用 Y 函数方法提取的串联电阻：Si 沟道及提升的 Si 源/漏(Si/Si)，Si 沟道(SiGe/Si)或压缩的 $Si_{0.8}Ge_{0.2}$ 沟道(SiGe/SiGe)及提升的 $Si_{0.7}Ge_{0.3}$ 源/漏，以及压缩的 $Si_{0.8}Ge_{0.2}$ 沟道及提升的原位硼掺杂的 $Si_{0.7}Ge_{0.3}$ 源/漏(SiGeB/SiGe)。等效氧化物厚度为 1.3nm

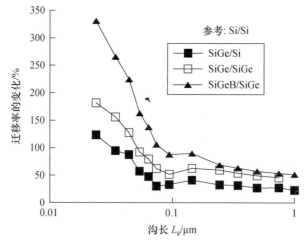

图 5.22　空穴迁移率值(在低电场下用 Y 函数方法提取的)随 SOI 及压缩的 $Si_{0.8}Ge_{0.2}$ SOI FDSOI pMOSFET 沟长的关系，压缩的器件具有以下结构：Si 沟道(SiGe/Si)或压缩的 $Si_{0.8}Ge_{0.2}$ 沟道(SiGe/SiGe)及提升的 $Si_{0.7}Ge_{0.3}$ 源/漏，压缩的 $Si_{0.8}Ge_{0.2}$ 沟道及提升的原位掺硼的 $Si_{0.7}Ge_{0.3}$ 源/漏(SiGeB/SiGe)。参考对象是 Si 沟道上提升的 Si 源/漏(Si/Si)。有效沟宽为 10μm；等效氧化物厚度为 1.3nm

是硅的弹性刚度;$\Xi_d = 5.20\text{eV}$ 和 $\Xi_u = 8.50\text{eV}$ 是形变势(Baslev,1966;Kanda,1991);ε_{xx} 和 ε_{yy} 是晶格轴系统中的平均面内应变分量,其中 ε_{zz} 表示面外应变分量;其他参数含义不变。

$$V_T = \phi_m - \chi_{Si} + \frac{kT}{q}\ln\left[\frac{C_{ox}\left(\frac{kT}{q}\right)}{qT_{Si}\sqrt{N_C N_V}}\right] \quad (5.3)$$

$$\Delta V_T \approx \Delta E_C \approx \Xi(\varepsilon_{xx} + \varepsilon_{yy} + \varepsilon_{zz}) + \Xi\varepsilon_{zz}$$

$$\Delta V_T \approx \left[\Xi_d - (\Xi_d + \Xi_u)\frac{C_{12}}{C_{12}}\right](\varepsilon_{xx} + \varepsilon_{yy}) \quad (5.4)$$

阈值电压在应变调节以后降低较为明显。与无应变 SOI 相比,通常应变绝缘体上硅(sSOI)(约 0.8% 的初始应变)的阈值电压 V_T 会降低 0.15V,而极限应变绝缘体上硅(XsSOI)(约 1.2% 的初始应变)的阈值电压 V_T 可以降低 0.22V。这通常归因于导带简并的提升和未填满的 Δ_2 谷的降低。

在载流子输运和器件性能方面,对于(100)衬底和 <110> 沟道方向,在给定 nMOS 晶体管的截止电流($I_{OFF} = 10\text{nA/um}$)下,应变 SOI 的 I_{ON} 电流可以改善 30%(图 5.23;Andrieu 等,2007)。这是因为电子迁移率有 80% 提高(在短沟道中低漏电压下测量)的缘故。

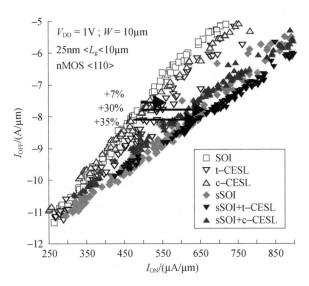

图 5.23 具有压缩或拉伸接触刻蚀停止层(分别为 c - 或 t - CESL)的 SOI 或应变 SOI nMOS 的 $I_{ON} - I_{OFF}$ 关系。电源电压为 1V;BOX 厚度为 145nm;等效氧化物厚度约为 1.6nm(具有 HfO$_2$/TiN 堆叠栅极)(Source:Andrieu et al.,2007. Copyright 2006,The Japan Society of Applied Physics.)

与非应变 SOI 相比,窄沟器件比宽沟器件能获得更大的 I_{ON} 改善(对应于沟宽 $W=80$nm 器件测量得到 +50% 的改善,而在 $W=10\mu m$ 时则得到 +30% 的改善),并且 <110> 沟道方向的改善大大超过 <100> 方向的(沿 <110> 方向测得 +50% 的改进,而 <100> 方向仅为 +5%,见图 5.24)。在窄的 sSOI 沟道器件上获得的这种优异的各向异性性能,已经在平面 FDSOI 中得到很好的证明(Andrieu 等,2007;Fenouillet 等,2012),甚至在 FinFET(Xiong 等,2006)中也是这样。与沟道宽度相关的这一行为,可以通过测量长窄的 nMOSFET(图 5.25 和图 5.26)中的迁移率进行解释(即使在较低程度上)。对于 <110> 晶向的沟道,与 SOI 相比,对于 1.2% 的初始应变(XsSOI 衬底)和 0.8% 的初始应变(sSOI 衬底)分别获得 135% 和 72% 的迁移率增加;而对于 <100> 晶向,迁移率增加仅分别为 106% 和 53%(Baudot 等,2010)。

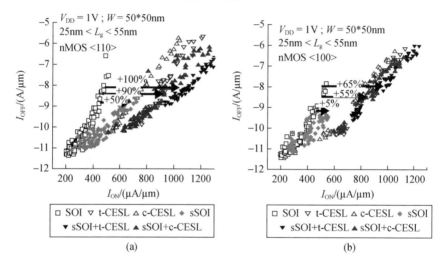

图 5.24 沿 <100>(a)和 <100>(b)晶向的短沟及窄沟 nMOSFETs(50 个多叉指器件,每条叉指宽为 50nm)的 $I_{ON}-I_{OFF}$ 关系。电源电压为 1V;BOX 厚度为 145nm;等效氧化物厚度约为 1.6nm(采用 HfO_2/TiN 堆叠栅)(Source:Andrieu et al.,2007. Copyright 2006,The Japan Society of Applied Physics.)

在这样的设计中,采用掠入式 X 射线衍射(GIXRD)进行表征,结果显示 sSOI 中的应变不再是双轴,而是在栅长方向上呈单轴特征(图 5.27)。在工艺集成过程中,应变的确从有源区的边缘开始弛豫(由于图形化和热预算),并且还可以通过栅堆叠而变化(如图 5.27 中所示,TiN 金属栅极的影响)。器件宽度方向上的应变弛豫将应变转化为 <110> 方向的纵向单轴应变,这是高应力 nMOS 的最佳结构(Uchida 等,2005)。然而,一些研究表明,窄沟器件可能遭受其他一些集成问题,如来自 STI 的有害(压缩)应力(Morvan 等,2012)或强烈的过度刻蚀(或 STI 的剥离)(Andrieu 等,2006)。从这些实验可以得出结论,

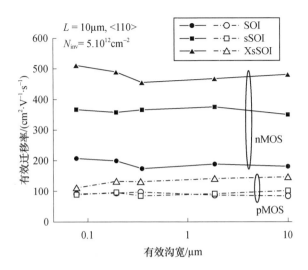

图 5.25 SOI 及 0.8%(sSOI)或 1.2%(XsSOI)的应变 SOI 长沟 nMOS 和 pMOS 的有效迁移率同有效栅宽的关系。栅长 L 为 $10\mu m$,沟道晶向为 $<110>$。有效迁移率是在固定反型电荷密度 $N_{inv} = 5 \times 10^{12} cm^{-2}$ 下提取得到的(Source: Baudot et al., 2010. Copyright 2010, with permission from Elsevier.)

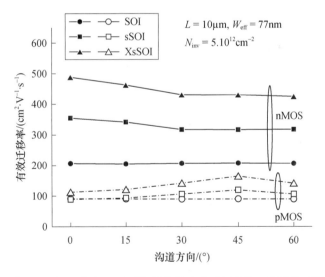

图 5.26 SOI 及 0.8%(sSOI)或 1.2%(XsSOI)的应变 SOI 长沟 nMOS 和 pMOS 有效迁移率同沟道方向的关系。栅长 L 为 $10\mu m$,有效沟宽 W_{eff} 为 $77nm$。有效迁移率是在固定反型电荷密度 $N_{inv} = 5 \times 10^{12} cm^{-2}$ 下提取的。0°(及 45°)对应于(100)晶面上的 $<110>$(及 $<100>$)晶向(Source: Baudot et al., 2010. Copyright2010, with permission from Elsevier.)

nMOS 应变(类似于 pMOS)的最佳配置是栅长方向(nMOS 拉伸,而 pMOS 压缩)和 <110> 沟道方向的单轴应变。这种应变必须尽可能的高,因此纵向应变的弛豫必须最小(特别注意隔离和栅/侧墙的图形化)。

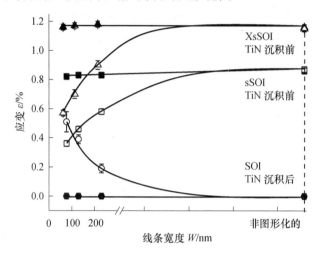

图 5.27 利用掠入式 X 衍射测量到的面内应变同线条宽度(W)的关系,测量时 X 射线沿着线条(实心符号)及垂直于线条(空心符号)方向,线条是对应于没有 TiN 栅 0.8% (sSOI) 和 1.2% (XsSOI) 应变 SOI 的及包围台面隔离有 TiN 栅的 SOI 线。对于窄线条,TiN 栅沿着线宽在 SOI 层中引入拉伸应变。当线宽减小时,拉伸应变从 $W=230\text{nm}$ 窄器件的 0.19% 增加到 $W=77\text{nm}$ 窄器件的 0.51% (Source:Baudot et al. , 2010. Copyright 2010,with permission from Elsevier.)

另一个经典的应力来源是接触刻蚀停止层,它可以是压缩的或拉伸的,并分别提高 pMOS 或 nMOS 性能。例如,对于 nMOS,CESL 可使得短沟器件的电子迁移率提高约 15%(图 5.28)。此外,由 CESL 和 sSOI 提供的性能改善可以累加,至少对于低应力水平是这样的(图 5.23 和图 5.24)。然而,对于非常高的应力水平,性能改善具有饱和值:迁移率约为 150%,I_{ON} 约为 100% (Andrieu 等,2007)。

同时研究了 sSOI 的膜厚度缩比的影响。虽然在强反区空穴迁移率没有因为 sSOI 而改变,但是 sSOI 的 nFET 却显示出比 SOI 更高的电子迁移率,迁移率增加的范围从最厚膜(11nm)的 110% 到最薄膜(小于 3nm)的 50%(图 5.29)。薄的体区降低了 sSOI 对迁移率增加的作用。为了检验涉及电子输运的这一结论是否可以扩展到短沟器件,对饱和状态下的短沟 SOI 和 sSOI 器件提取了弹道速率和注入速度,采用的是一种考虑载流子兼并和多重子带粒子数的实验性方法(Barral 等,2007)。即使对于最薄的膜,也可以改善栅长减小的弹道性。对于 SOI 和 sSOI 的 n 型和 p 型 MOSFET,其弹道速率均受硅膜厚度 t_{Si} 减小的影响,而且在 SOI 和 sSOI 的值之间并没有显著差别。然而最后,即使对于超薄的膜(2.5nm),应变仍然会引起显著的注入速度增加(+35%)(图5.30)。这意味着,跟 SOI 的情况相类似,sSOI 也可以通过膜厚度减小确保平面 FDSOI 的可缩比性,同时保持 sSOI 在性能方面的优点。

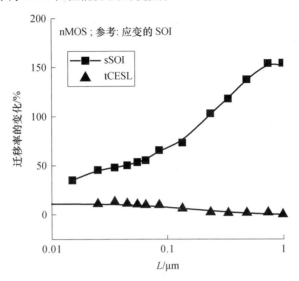

图 5.28　在 SOI 上由 sSOI 晶圆片和有拉伸接触刻蚀停止层引入的迁移率变化(在低场下提取的)同沿 <110>(0°)方向大器件栅长关系的实验结果。参考值器件为无应变的 SOI

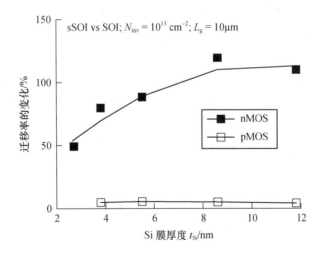

图 5.29　在强反型机制($N_{inv} = 10^{13} \text{cm}^{-2}$ 反型电荷密度)下的长沟器件(sSOI 相对于 SOI)电子和空穴有效迁移率同 10μm 长沟 nMOS 和 pMOS 沟道厚度(t_{Si})关系的实验结果。BOX 厚度为 145nm;等效氧化物厚度约为 1.6nm(采用 HfO_2/TiN 堆叠栅)

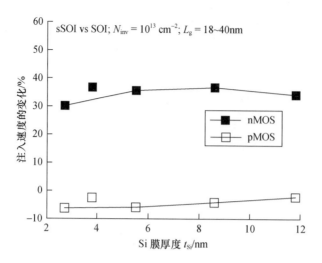

图 5.30　nMOS 及 pMOS 短沟器件($L = 18 \sim 40$nm)(SOI 相对于 sSOI)
的电子和空穴注入速率同硅膜厚度关系的实验结果。BOX 厚度为 145nm；
等效氧化物厚度约为 1.6nm(采用 HfO_2/TiN 堆叠栅极)

对于 pMOS，图 5.29 表明，空穴迁移率没有因 sSOI 而显著改变。据报道，在最坏的情况下，与 SOI 相比，采用 sSOI 的短沟 pMOS 仅出现百分之几的性能降低。为了提高 sSOI 中的 pMOS 性能，可以局部集成 SiGe 沟道器件(Andrieu 等，2005)。对于阈值电压 V_T 和迁移率，在 sSOI 中采用 SiGe 沟道不如在 SOI 中有效，原因是对于给定的 Ge 含量，sSOI 比 SOI 的应变更低一些(图 5.30)。实际上，与 SOI 相比，需要在 sSOI 中增加约 20% Ge 含量：就空穴迁移率 V_T 的提高和 pMOS 相对于 Si 沟道的降低而言，sSOI 上的 $Si_{1-x-0.2}Ge_{x+0.2}$ 与 SOI 上的 $Si_{1-x}Ge_x$ 有基本相同的效果。这与 sSOI 原始的晶格参数有关，并接近于弛豫的 $Si_{0.8}Ge_{0.2}$ 的晶格参数。这肯定是 sSOI 的主要缺点：它在 pMOS 沟道中需要高含量的 Ge，这对于工艺集成是具有挑战性的。类似，sSOI pMOSFET 在源/漏中需要高含量的 Ge，因为 SiGe 源/漏在 sSOI 上不如在 SOI 上有效(图 5.31)(Baudot 等，2010；Morvan 等，2012)。

在任何情况下，都需要局部应力源以获得最高的性能：pMOS 的 SiGe 沟道和源/漏。此外，对于具有高应力的 CMOS 晶体管，在(100)衬底上的 <110> 沟道晶向是最好的，如图 5.32 所示。

第5章 平面全耗尽绝缘体上硅互补金属氧化物半导体技术　129

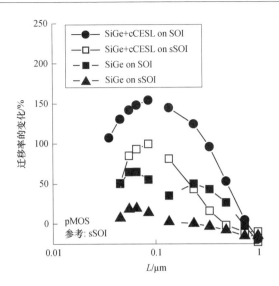

图5.31　SOI或sSOI中有(或没有)$Si_{0.7}Ge_{0.3}$源/漏及有(或没有)压缩接触刻蚀停止层(cCESL)的pMOSFET有效沟宽$W=10\mu m$其空穴迁移率(低场下提取的)的变化同栅长L的关系。参考器件是sSOI pMOS。SOI层厚度t_{Si}约为7nm,等效氧化物厚度为1.3nm

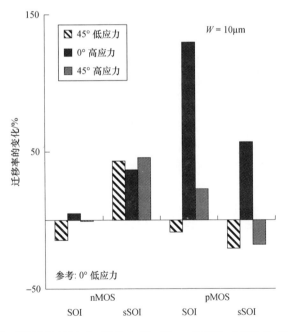

图5.32　在不同衬底(SOI或sSOI)中$W=10\mu m$的短沟nMOS或pMOS迁移率(在低场下提取的)的变化。高应力是指对nMOS采用了拉伸接触刻蚀停止层(t-CESL),对pMOS采用了压缩接触刻蚀停止层(c-CESL)加上SiGe源/漏。0°是<110>晶向,45°为<100>晶向。SOI层厚度t_{Si}约为7nm,等效氧化物厚度为1.3nm

5.6 背偏置对特性的影响

FDSOI 技术在阈值电压、沟道和埋氧化层厚度以及引入机械应力等方面进行仔细优化的同时,背偏置技术也能得到高性能,本节将对它进行介绍。

5.6.1 无背偏置时的性能

首先,硅的资料已经给出过 FDSOI 具有的优异 $I_{ON}-I_{OFF}$ 性能(Cheng 等,2012)。此外,与常规平面体硅器件相比,FDSOI 也具有良好的 DIBL 值。只有采用较有难度尺寸(例如取 13nm 沟宽,$L=25$nm)的 FinFET 或纳米线,才可以得到更低的 DIBL 值(见 Faynot 等的举例,2010)。与平面体硅器件相比,平面 FDSOI 对 DIBL 的改善来自它低于 80mV/dec 的亚阈值摆幅。

在给定截止态电流(I_{OFF})时,FDSOI 与平面体硅器件相比,FDSOI 更好的 DIBL 和亚阈值摆幅直接可以提高有效电流(I_{EFF})和动态性能。需要强调的是,静电控制在提高 I_{EFF} 方面甚至比迁移率更有效(Faynot 等,2010)。同平面体硅器件相比,FDSOI 的第二个优点是减少了各种电容,包括结电容。在这两种效应的共同作用下,当给定动态能量(延迟时间和动态功耗的乘积)时,45nm 节点环形振荡器的延时得到 22% 的改善(Fenouillet 等,2009)。Cheng 等(2011)的另一项实验也显示了 FDSOI 有意义的特性。在给定静态功耗和 1V 电源电压下,22nm FDSOI 比 28nm 平面体硅的延时改善了 25%;或者在给定工作频率情况下可以降低 20% 的 V_{DD}。图 5.33 中给出的 28nm 体硅和 FDSOI 之间的比较结果也与此类似(在 0.9V 下的延时改善为 27%)。同平面体硅器件相比,当栅长缩比至更小节点时,平面 FDSOI 的表现会更为优异,这是因为在静电控制的作用下,平面 FDSOI 能得到更优异的(栅长)缩比性。

实际上,FDSOI 的主要优点是它的静电控制能力,在低电源电压下的动态性能尤为突出。换句话说,对平面体硅器件在延时及功耗权衡方面的优化,当 V_{DD} 更低时更为明显,这可以见图 5.33 或 Planes 等(2012)的报道。这一特性来自器件的完全耗尽行为(同时可见于 FinFET 器件,Auth 等,2012),以及改善了静电控制能力特别是亚阈值斜率,使得全耗尽器件成为低 V_{DD} 应用时的最佳解决方案(图 5.34)。这些都说明,该技术非常适合于从超低电压到更高性能的宽范围应用。

另一种可能的性能提升,可以通过适当的电路设计实现。平面 FDSOI 具有良好的参数波动特性(主要是由于抑制了随机掺杂的波动)。它可以降低存储器的最小工作电压(大约 100mV)(Planes 等,2012;Ranica 等,2013),并且可以减少器件表征角,从而改善电路性能(当设计人员考虑最坏情况的加工状态时)。

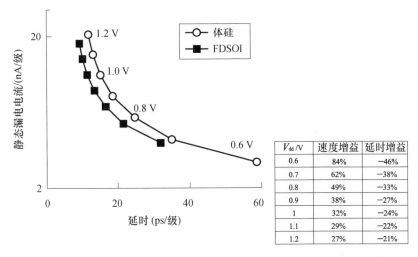

图 5.33 28nm 的 FDSOI 或体硅的高性能环形振荡器的静态功耗同每级延时的关系(左图),以及不同工作电压(0.6V~1.2V)下速度的增益和延时增益

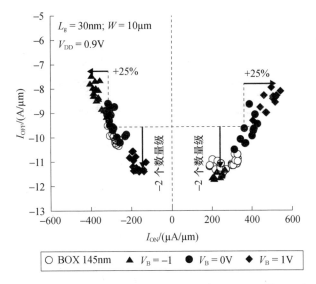

图 5.34 不同背偏压下 30nm 栅长及电源电压 0.9V 时 nMOSFET 及 pMOSFET 的 I_{ON}/I_{OFF} 特性。同 BOX 厚度为 145nm 的器件进行比较。SOI 厚度 t_{Si} 为 7nm;BOX 厚度为 10nm;等效氧化物厚度为 1.3nm。接地的平面不掺杂(Source:Andrieu et al. ,2010. © 2010 IEEE.)

5.6.2 有背偏置时的性能

UTBB 最有意义的特性之一,是其高效的背偏压(V_B)控制能力。背偏与沟道之间的耦合效应,在 25nm 薄埋氧化层时基本与体硅 32nm 节点相类似,对于 10nm

薄埋氧化层这种耦合则要明显得多。即使对于 FinFET，这种背偏的效率也更低一些，因为 FinFET 器件的沟道完全受栅极控制。平面 FDSOI 中的 γ 因子在 70 ~ 170mV/V 之间，它同背平面的掺杂和背栅的偏压有关（见图 5.10 和图 5.11）。

在最坏的情况下（无背平面），如果埋氧化物厚度为 10nm，取 $|V_B| = 0.3V$（$V_{DD} = 0.9V$），正向体偏置（FBB）能提升 10% ~ 15% 的 I_{ON}，反向体偏置（RBB）能够降低 10 倍（1 个 dec）的 I_{OFF}（Andrieu 等，2010）。应该注意，0.3V 的背偏压也常用于体硅电路。然而，与体硅不同，FDSOI 中埋氧化物的存在，抑制了结的漏电电流（除了背平面之间可能的结漏电电流以外）。因此，在 FDSOI 中允许采用超过 0.3V 的背偏压，这也就意味着具有更宽的 $I_{ON} - I_{OFF}$ 调节能力，以及在电路级具有更宽的速度/功耗窗口。例如，给定总功耗，与 0.3V 背偏压的体硅电路相比，采用 1V 的背偏压 FDSOI 将获得 35% 的频率提升（Flatresse 等，2013）。此外，还需要注意，正向背偏置效应在低 V_{DD} 值时效果更好（Andrieu 等，2010）。因此，在电路的关键路径设计中采用这种技术，动态地提升 FDSOI 的电路性能将是非常有效的。

设计人员经常将体偏置技术用于功耗管理和电路补偿，即反向源偏置（RSB）或 RBB。RBB 状态下的 OFF 态漏电电流受到 GIDL（小于 2pA/um）的限制。RSB 状态（漏电压（V_{DS}）减小）下，截止态漏电电流则主要由栅电流（小于 0.5pA/um，取 $T_{inv} = 1.3nm, L = 30nm$）控制。与平面体硅相比，N/P 管的这些特性突出了 FDSOI 技术的一些巨大优点：非常低的 GIDL 影响和更小的结漏电电流。

在速度方面，当 $V_{DD} = 0.9V$ 时，施加 $V_B = 0.9V$，I_{ON} 增加 +25%（图 5.35 和

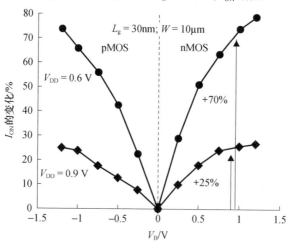

图 5.35　不同电源电压 V_{DD} 下 30nm 的 n 及 pMOS 由于正向体偏置引起的 I_{ON} 变化。
SOI 厚度 t_{Si} 为 7nm，BOX 厚度为 10nm，等效氧化物厚度为 1.3nm，接地平面不掺杂
(Source：Andrieu et al.，2010. © 2010 IEEE. Reprinted with permission from Andrieu et al.，2010.)

图 5.36)。当电压更低时,对 V_B 更敏感,FBB 也更有效,例如 $V_{DD}=0.6V$ 时 I_{ON} 会有 80% 的提升,原因是低电源电压时栅压过驱动也较低。FBB 的另一个应用,是将栅极和衬底连在一起。在这种通常称为非对称"双栅模式"($V_B=V_G$)情况下,与单顶栅模式相比,N 和 P 管均在 $V_{DD}=0.9V$ 时获得了 25% 的 I_{ON} 提升。这一提升与上述 FBB 相同,但不增加 I_{OFF}(图 5.36;Andrieu 等,2010;Kilchytska 等,2013)。

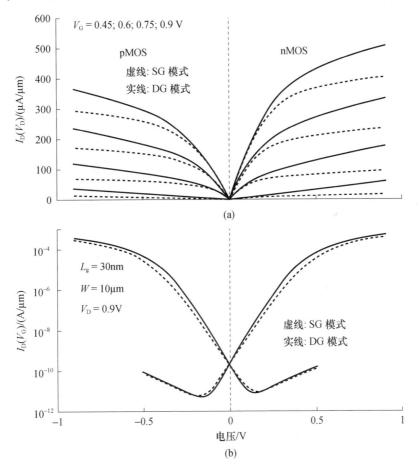

图 5.36 在双栅模式($V_G=V_B$)或单栅模式($V_B=0V$)中驱动电流同漏电压(a)或栅电压(b)的关系。SOI 厚度为 7nm;BOX 厚度为 10nm;等效氧化物厚度为 1.3nm,接地平面不掺杂(Source:Andrieu et al.,2010. © 2010 IEEE.)

5.7 结　论

用 SOI 晶圆片制造平面 FDSOI CMOS 器件,或采用厚埋氧化物(典型值

145nm),或采用更有利的薄埋氧化物(低于 25nm,称为超薄体超薄埋氧化物(UTBB 或 UTB^2)晶圆片)。在工艺集成时,这一技术可以基于体硅 CMOS 工艺建立,只需进行一些额外的工艺开发和优化,主要的工艺模块如下:

(1) 非 SOI 区域的开窗(目的是建立与衬底的连接);

(2) 接地平面的注入;

(3) 沟道和源漏厚度的控制。

在器件方面,相对于体硅来说平面 FDSOI 晶体管是一种突破。规范改变了,因为沟道不掺杂,器件也因此受益。第一个结果是,(长沟器件)阈值电压必须用接地平面和堆叠栅进行调节(而不是用沟道掺杂)。第二个结果是性能上的巨大改善(标准电压下性能提升 25% ~ 30%,低电压时更好)和工艺的波动减小(SRAM 的最小工作电压 V_{ddmin} 降低 100mV)。

全耗尽器件代表研发 CMOS 性能提升的新潮流(继应变和高 κ/金属栅之后),并且可以同前面两种技术相结合。这些都属于静电控制性能方面的提升,它使得这一技术能够不断地进行缩比。从平面体硅技术开始,静电控制的改善是平面 FDSOI 的贡献,这一改善在三栅/FinFET 时将会得到更进一步发挥。

这两种技术之间客观和完整的比较尚未见报道,因为这确实是一个难题。FinFET 驱动电流高但寄生电容也高(它属于三维器件),而 FDSOI 带来了设计的灵活性(例如背偏置的效率和对"平面"设计规则的延续)、更低的电容和更小的参数波动。只有电路(而不仅仅是器件)的比较,才算是中肯的(Flatresse 等(2013)的第一次尝试)。

5.8 致 谢

本章内容在很大程度上是对 Ltei/STM 联盟框架下 FDSOI 工作的总结。在此向 Leti 和意法半导体的同事及已毕业的博士生们表示感谢,尤其是 S. Baudot,J. P. Mazellier,S. Morvan,O. Weber,C. Fenouillet-Béranger,C. Buj-Dufournet,V. Barral,N. Planes,C. Leroyer,X. Garros,M. Cassé,L. Brunet,O. Thomas,C. Gallon,J. P. Noel,N. Xu,J. Mazurier,M. Vinet,L. Grenouillet,J. Eymery,G. Ghibaudo,T. Poiroux and O. Faynot 等。

5.9 参考文献

Andrieu, F., Allain, F., Buj-Dufournet, C., Faynot, O., Rochette, F., Cassé, M., Delaye, V., Aussenac, F., Tosti, L., Maury, P., Vandroux, L., Daval, N., Cayrefourcq, I. and Deleonibus, S. (2007), 'Additivity between sSOI-and CESL-induced nMOSFETs performance boosts', *Solid State Device Meeting* (*SSDM*), pp. 888 – 889.

Andrieu, F., Dupre, C., Rochette, F., Faynot, O., Tosti, L., Buj, C., Rouchouze, E., Casse, M., Ghyselen, B., Cayrefoureq, I., Brevard, L., Allain, F., Barbe, J. C., Cluzel, J., Vandooren, A., Denorme, S., Ernst, T., Fenouillet-Beranger, C., Jahan, C., Lafond, D., Dansas, H., Previtali, B., Colonna, J. P., Grampeix, H., Gaud, P., Mazure, C and Deleonibus, S. (2006), '25nm short and narrow strained FDSOI with TiN/HfO$_2$ gate stack', *Symposium on VLSI Technology*, pp. 134 – 135.

Andrieu, F., Ernst, T., Faynot, O., Bogumilowicz, Y., Hartmann, J.-M., Eymery, J., Lafond, D., Levaillant, Y.-M., Dupré, C., Powers, R., Fournel, F., Fenouillet-Beranger, C., Vandooren, A., Ghyselen, B., Mazure, C., Kernevez, N., Ghibaudo, G. and Deleonibus, S. (2005), 'Co-integrated dual strained channel on fully depleted sSDOI CMOSFETs with HfO$_2$/TiN gate stack down to 15nm gate length', *IEEE SOI Conference*, Hawaii, pp. 223 – 225.

Andrieu, F., Faynot, O., Garros, X., Lafond, D., Buj-Dufournet, C., Tosti, L., Minoret, S., Vidal, V., Barbe, J. C., Allain, F., Rouchouze, E., Vandroux, L., Cosnier, V., Casse, M., Delaye, V., Carabasse, C., Burdin, M., Rolland, G., Guillaumot, B., Colonna, J. P., Besson, P., Brevard, L., Mariolle, D., Holliger, P., Vandooren, A., Fenouillet-Beranger, C., Martin, F. and Deleonibus, S. (2006), 'Comparative scalability of PVD and CVD TiN on HfO$_2$ as a metal gate stack for FDSOI cMOSFETs down to 25nm gate length and width', *IEDM Tech Digest*, pp. 641 – 644.

Andríeu, F., Weber, O., Mazurier, J., Thomas, O., Noël, J.-P., Fenouillet-Béranger, C., Mazellier, J.-P., Perreau, P., Poiroux, T., Morand, Y., Morel, T., Allegret, S., Loup, V., Barnola, S., Martin, F., Damlencourt, J.-F., Servin, I., Cassé, M., Garros, X., Rozeau, O., Jaud, M.-A., Cibrario, G., Cluzel, J., Toffoli, A., Allain, F., Kies, R., Lafond, D., Delaye, V., Tabone, C., Tosti, L., Brévard, L., Gaud, P., Paruchuri, V. K., Bourdelle, K. K., Schwarzenbach, W., Bonnin, O., Nguyen, B. Y., Doris, B. B., B oe uf, F., Skotnicki, T. and Faynot, O. (2010), 'Low leakage and low variability ultra-thin body and buried oxide (UT2B) SOI technology for 20nm low power CMOS and beyond', *VLSI Technology (VLSIT)*, 2010 *Symposium on*, pp. 57 – 58.

Auth, C., Allen, C., Blattner, A. Bergstrom, D., Brazier, M., Bost, M., Buehler, M., Chikarmane, V., Ghani, T., Glassman, T., Grover, R., Han, W., Hanken, D., Hattendorf, M., Hentges, P., Heussner, R., Hicks, J., Ingerly, D., Jain, P., Jaloviar, S., James, R., Jones, D., Jopling, J., Joshi, S., Kenyon, C., Liu, H., McFadden, R., Mcintyre, B., Neirynck, J., Parker, C., Pipes, L., Post, I., Pradhan, S., Prince, M., Ramey, S., Reynolds, T., Roesler, J., Sandford, J., Seiple, J., Smith, P., Thomas, C., Towner, D., Troeger, T., Weber, C., Yashar, P., Zawadzki, K. and Mistry, K., in Honololu (2012), 'A 22nm high performance and low power CMOS technology featuring fully – depleted trigate transistors, self-aligned contacts and high density MIM capacitors', *Symposium of VLSI Technology*, p. 131.

Auth, C., Cappellani, A., Chun, J.-S., Dalis, A., Davis, A., Ghani, T., Glass, G., Glassman, T., Harper, M., Hattendorf, M., Hentges, P., Jaloviar, S., Joshi, S., Klaus, J., Kuhn, K., Lavric, D., Lu, M., Mariappan, H., Mistry, K., Norris, B., Rahhal-orabi, N., Ranade, P., Sandford, J., Shifren, L., Souw, V., Tone, K., Tambwe, F., Thompson, A., Towner, D., Troeger, T., Vandervoorn, P., Wallace, C., Wiedemer, J. and Wiegand, C. (2008), '45nm high-k + metal gate strain-enhanced transistors', *2008 Symposium on VLSI Technology*, pp. 128 – 129.

Barral, V., Poiroux, T., Andrieu, F., Buj-Dufournet, C., Faynot, O., Ernst, T., Brevard, L., Fenouillet-Beranger, C., Lafond, D., Hartmann, J. M., Vidal, V., Allain, F., Daval, N., Cayrefourcq, I., Tosti, L., Munteanu, D., Autran, J. L. and Deleonibus, S. (2007), 'Strained FDSOI CMOS technology scalability down to 2.5nm film thickness and 18nm gate length with a TiN/HfO$_2$ gate stack', *IEDM Tech Digest*, pp. 61 – 64.

Baslev, I. (1966), 'Influence of uniaxial stress on the indirect absorption edge in silicon and germanium', *Physical Review*, **143**(2), 636–647.

Baudot, S., Andrieu, F., Faynot, O. and Eymery, J. (2010), 'Electrical and diffraction characterization of short and narrow MOSFETs on fully depleted strained silicon-on-insulator (sSOI)', *Solid-State Electronics*, **54**(9), 861–869.

Baudot, S., Andrieu, F., Weber, O., Perreau, P., Damlencourt, J. F., Barnola, S., Salvetat, T., Tosti, L., Brévard, L., Lafond, D., Eymery, J. and Faynot, O. (2010), 'Fully-depleted strained silicon-on-insulator p-MOSFETs with recessed and embedded silicon-germanium source/drain', *IEEE Electron Device Letters*, **31**(10), 1074–1076.

Benoist, T., Fenouillet-Béranger, C., Guitard, N., Huguenin, J.-L.-L., Monfray, S., Galy, P., Buj, C., Andrieu, F., Perreau, P., Marin-Cudraz, D., Faynot, O., Cristoloveanu, S. and Gentil, P. (2010), 'Improved ESD protection in advanced FDSOI by using hybrid SOI/bulk Co-integration', *34th Annual EOS/ESD Symposium (EOS/ESD Symposium)*, pp. 1–6.

Brunet, L., Garros, X., Cassé, M., Weber, O., Andrieu, F., Fenouillet-Beranger, C., Perreau, P., Martin, F., Charbonnier, M., Lafond, D., Gaumer, C., Lhostis, S., Vidal, V., Brevard, L., Tosti, L., Denorme, S., Barnola, S., Damlencourt, J. F., Loup, V., Reimbold, G., Boulanger, F., Faynot, O. and Bravaix, A. (2010), 'New insight on VT stability of HK/MG stacks with scaling in 30nm FDSOI technology', *Symposium of VLSI Technology*, pp. 29–30.

Buj-Durfournet, C., Andrieu, F., Faynot, O., Weber, O., Allain, F., Tosti, L., Fenouillet-Béranger, C., Lafond, D. and Deleonibus, S. (2009), 'Counter-doping as a solution for multi threshold voltage on FDSOI MOSFETs with a single TiN/HfO$_2$ gate stack', *Solid State Device and Materials (SSDM) Conference Proceedings*.

Cassé, M., Hutin, L. Le Royer, C., Cooper, D., Hartmann, J.-M. and Reimbold, G. (2012), 'Experimental investigation of hole transport in strained SiGe/SOI pMOSFETs—Part I: scattering mechanisms in long–channel devices', *IEEE Transactions on Electron Devices*, **59**(2), 316–325.

Chau, R. S., Kavalieros, J., Doyle, B. S., Murthy, N. D., Paulsen, N., Lionberger, D., Barlage, D. W., Arghavani, R., Roberds, B. E. and Doczy, M. (2001), 'A 50nm depleted-substrate CMOS transistor (DST)', *Technical Digest. International Electron Devices Meeting*, pp. 621–624.

Cheng, K., Khakifirooz, A., Loubet, N., Luning, S., Nagumo, T., Vinet, M., Liu, Q., Reznicek, A., Adam, T., Naczas, S., Hashemi, P., Kuss, J., Li, J., He, H., Edge, L., Gimbert, J., Khare, P., Zhu, Y., Zhu, Z., Madan, A., Klymko, N., Holmes, S., Levin, T. M., Hubbard, A., Johnson, R., Terrizzi, M., Teehan, S., Upham, A., Pfeiffer, G., Wu, T., Inada, A., Allibert, F., Nguyen, B.-Y., Grenouillet, L., Le Tiec, Y., Wacquez, R., Kleemeier, W., Sampson, R., Dennard, R. H., Ning, T. H., Khare, M., Shahidi, G. and Doris, B. (2012), 'High performance extremely thin SOI (ETSOI) hybrid CMOS with Si channel NFET and strained SiGe channel PFET', *Electron Devices Meeting (IEDM)*, p. 18.1.1.

Cheng, K., Khakifirooz, A., Kulkarni, P., Ponoth, S., Haran, B., Kumar, A., Adam, T., Reznicek, A., Loubet, N., He, H., Kuss, J., Wang, M., Levin, T. M., Monsieur, F., Liu, Q., Sreenivasan, R., Cai, J., Kimball, A., Mehta, S., Luning, S., Zhu, Y., Zhu, Z., Yamamoto, T., Bryant, A., Lin, C.-H., Naczas, S., Jagannathan, H., Edge, L. F., Allegret-Maret, S., Dube, A., Kanakasabapathy, S., Schmitz, S., Inada, A., Seo, S., Raymond, M., Zhang, Z., Yagishita, A., Demarest, J., Li, J., Hopstaken, M., Berliner, N., Upham, A., Johnson, R., Holmes, S., Standaert, T., Smalley, M., Zamdmer, N., Ren, Z., Wu, T., Bu, H., Paruchuri, V., Sadana, D., Narayanan, V., Haensch, W., O'Neill, J., Hook, T., Khare, M. and Doris, B. (2011),

'ETSOI CMOS for system-on-chip applications featuring 22nm gate length, sub-100nm gate pitch, and 0.08 μm² SRAM cell', *IEEE Symposium on VLSI Technology*, pp. 128 – 129.

Doris, B. B., Ieong, M. -K. K., Kanarsky, T. S., Zhang, Y. Q., Roy, R. A., Dokumaci, O. H., Ren, Z., Jamin, F. -F. F., Shi, L., Natzle, W. C., Huang, H. -J. J., Mezzapelle, J., Mocuta, A. C., Womack, S., Gribelyuk, M. A., Jones, E. C., Miller, R. J., Wong, H. -S. P. and Haensch, W. E. (2002), 'Extreme scaling with ultra-thin Si channel MOSFETs', *IEDM '02. International Electron Devices Meeting*, pp. 267 – 270.

Ernst, T. and Crístoloveanu, S. (1999), 'Buried oxide fringing capacitance: a new physical model and its implication on SOI device scaling and architecture', *IEEE SOI Conference*, pp. 38 – 39.

Faynot, O., Andríeu, F., Weber, O., Fenouillet-Béranger, C., Perreau, P., Mazurier, J., Benoist, T., Rozeau, O., Poiroux, T., Vinet, M., Grenouillet, L., Noel, J. -P., Possé mé, N., Barnola, S., Martin, F., Lapeyre, C., Cassé, M., Garros, X., Jaud, M. -A., Thomas, O., Cibrario, G., Tosti, L., Brévard, L., Tabone, C., Gaud, P., Barraud, S., Ernst, T. and Deléonibus, S. (2010), 'Planar fully depleted SOI technology: a powerful architecture for the 20nm node and beyond', *IEEE International Electron Devices Meeting (IEDM)*, p. 3.2.1.

Fenouillet-Beranger, C., Perreau, P., Pham-Nguyen, L., Denorme, S., Andrieu, F., Tosti, L., Brevard, L., Weber, O., Barnola, S., Salvetat, T., Garros, X., Casse, M., Leroux, C., Noel, J. P., Thomas, O., Le-Gratiet, B., Baron, F., Gatefait, M., Campidelli, Y., Abbate, F., Perrot, C., De-Buttet, C., Beneyton, R., Pinzelli, L., Leverd, F., Gouraud, P., Gros-Jean, M., Bajolet, A., Mezzomo, C., Leyris, C., Haendler, S., Noblet, D., Pantel, R., Margain, A., Borowiak, C., Josse, E., Planes, N., Delprat, D., Boedt, F., Bourdelle, K., Nguyen, B. Y., Boeuf, F., Faynot, O. and Skotnicki, T. (2009), 'Hybrid FDSOI/bulk high-k/metal gate platform for low power (LP) multimedia technology', *International Electron Device Meeting (IEDM) Tech. Digest*, p. 1 – 4.

Fenouillet-Béranger, C., Perreau P., Weber, O. Ben-Akkez, I., Cros, A., Bajolet, A., Haendler, S., Fonteneau, P., Gouraud, P., Richard, E., Abbate, F., Barge, D., Pellissier-Tanon, D., Dumont, B., Andríeu, F., Passieux, J., Bon, R., Barral, V., Golanski, D., Petit, D., Planes, N., Bonin, O., Schwarzenbach, W., Poiroux, T., Faynot, O., Haond, M. and Boeuf, F. (2012), 'Enhancement of devices performance of hybrid FDSOI/bulk technology by using UTBOX sSOI substrates', *2012 Symposium on VLSI Technology*, pp. 115 – 116.

Flatresse, P., Giraud, B., Noel, J. -P., Pelloux-Prayer, B., Giner, F., Arora, D. -K., Arnaud, F., Planes, N. Coz, J. L., Thomas, O., Engels, S., Cesana, G., Wilson, R. and Urard, P. 'Ultra-wide body-bias range LDPC decoder in 28nm UTBB FDSOI technology', *IEEE International Solid-State Circuits Conference Digest of Technical Papers (ISSCC)* pp. 424 – 425.

Gallon, C., Fenouillet-Beranger, C., Denorme, S., Boeuf, F., Fiori, V., Loubet, N., Kormann, T., Broekaart, M., Gouraud, P., Leverd, F., Imbert, G., Chaton, C., Laviron, C., Gabette, C., Vigilant, F., Garnier, P., Bernard, H., Tarnowka, A., Vandooren A., Pantel, R., Pionnier, F., Jullian, S., Cristoloveanu, S. and Skotnicki, T. (2005), 'Effect of process induced strain in 35nm FDSOI devices with ultra-thin silicon channels', *Solid State Device and Materials (SSDM) Conference Proceedings*, p. 34.

Gallon, C., Fenouillet-Beranger, C., Vandooren, A., Boeuf, F., Monfray, S., Payet, F., Orain, S., Fiori, V., Salvetti, F., Loubet, N., Charbuillet, C. Toffoli, A., Allain, F., Romanjek, K., Cayrefourcq, I., Ghyselen, B., Mazure, C., Delille, D., Judong, F., Perrot, C., Hopstaken, M., Scheblin, P., Rivallin, P., Brevard, L., Faynot, O., Cristoloveanu, S. and Skotnicki, T. (2006), 'Ultra-thin fully depleted SOI devices with thin BOX, ground plane and strained liner booster', *International SOI Conference*, pp. 17 – 18.

Ghani, T., Armstrong, M., Auth, C., Bost, M., Charvat, P., Glass, G., Hoffmann, T., Johnson, K., Kenyon, C., Klaus, J., McIntyre, B., Mistry, K., Murthy, A., Sandford, J., Silberstein, M., Sivakumar, S., Smith, P., Zawadzki, K., Thompson, S. and Bohr, M. (2003), 'A 90nm high volume manufacturing logic technology featuring novel 45nm gate length strained silicon CMOS transistors', *IEEE International Electron Devices Meeting*, p. 11.6.1.

Ghyselen, B., Hartmann, J.-M., Ernst, T., Aulnette, C., Osternaud, B., Bogumilowicz, Y., Abbadie, A., Besson, P., Rayssac, O., Tiberj, A., Daval, N., Cayrefourq, I., Fournel, F., Moriceau, H., Di Nardo, C., Andrieu, F., Paillard, V., Cabié, M., Vincent, L., Snoeck, E. et al., (2004), 'Engineering strained silicon on insulator wafers with the Smart CutTM technology', *Solid-State Electronics*, **48**(8), 1285–1296.

Golanski, D., Fonteneau, P., Fenouillet-Beranger, C., Cros, A., Monsieur, F. Guitard, N., Legrand, C.-A., Dray, A., Richier, C., Beckrich, H. Mora, P., Bidal, G. Weber, O., Saxod, O., Manouvrier, J.-R., Galy, P., Planes, N. and Arnaud, F. (2013), 'First demonstration of a Full 28nm high-k/metal gate circuit transfer from bulk to UTBB FDSOI technology through hybrid integration', *Symp. of VLSI Technology*, p. 124.

Herring, C. and Vogt, E. (1956), 'Transport and deformation-potential theory for many-valley semiconductors with anisotropic scattering' *Physical Review*, **101**(3), 944–961.

Hook, T. B., Vinet, M., Murphy, R. J., Ponoth, S. S. and Grenouillet, L. (2011), 'Transistor matching and silicon thickness variation in ETSOI technology', *IEEE International of Electron Devices Meeting (IEDM)*, p. 5.7.1.

Kanda, Y. (1991), 'Piezoresistance effect of silicon', *Sensors and Actuators A: Physical*, **28**(2), 83–91.

Khakifi rooz, A., Cheng, K., Reznicek, A., Adam, T., Loubet, N., He, H., Kuss, J., Li, J. T., Kulkarni, P., Ponoth, S. S., Sreenivasan, R., Liu, Q., Doris, B. B. and Shahidi, G. G. (2012), 'Scalability of extremely thin SOI (ETSOI) MOSFETs to sub-20-nm gate length', *Electron Device Letters, IEEE*, **33**(2).

Kilchytska, V., Bol, D., De Vos, J., Andrieu, F. and Flandre, D. (2013), 'Quasi-double gate regime to boost UTBB SOI MOSFET performance in analog and sleep transistor applications', *Solid-State Electronics*, **84**, 28–37.

Krivokapic, Z. and Heavlin, W. D. (2002), 'Manufacturability of single and doublegate ultrathin silicon film fully depleted SOI technologies', *IEEE Transactions on Semiconductor Manufacturing*, **15**(2), 144–150.

Le Royer, C., Villalon, A., Cassé, M., Cooper, D., Mazurier, J., Prévitali, B., Tabone, C., Perreau, P., Hartmann, J.-M., Scheiblin, P., Allain, F., Andrieu, F., Weber, O., Batude, P., Faynot, O. and Poiroux, T. (2011), 'First demonstration of ultrathin body c-SiGe channel FDSOI pMOSFETs combined with SiGe (:B) RSD: Drastic improvement of electrostatics (Vth, p tuning, DIBL) and transport (μ0, Isat) properties down to 23nm gate length', *IEDM Tech Digest*, pp. 394–397.

Mazellier, J.-P. P., Andrieu, F., Faynot, O., Brévard, L., Buj, C. Cristoloveanu, S., Tiec, Y. L. and Deléonibus, S. (2008), 'Threshold voltage in ultra thin FDSOI CMOS: Advanced triple interface model and experimental devices', *9th International Conference on Ultimate Integration of Silicon*, 2008, p. 31.

Mazurier, J. (2012), 'Etude de la variabilitéen technologie FDSOI: du transistor aux cellules mémoires SRAM', PhD dissertation, INPG, Grenoble, France.

Mazurier, J., Weber, O., Andrieu, F., Allain, F., Tosti, L., Brévard, L., Rozeau, O., Jaud, M.-A., Perreau, P., Fenouillet-Béranger, C., Khaja, F. A., Colombeau, B., De Cock, G., Ghibaudo, G., Belleville, M., Faynot, O. and Poiroux, T. (2011), 'Drain current variability and MOSFET parameters correlations in planar FDSOI technology', *IEEE International Electron Devices Meeting (IEDM)*, p. 25.5.1.

Mazurier, J., Weber, O., Andrieu, F., Toffoli, A. Thomas, O., Allain, F. Noel, J-P., Belleville, M., Faynot, O. and Poiroux, T. (2012), 'Ultra-thin body and buried oxide (UTBB) FDSOI technology with low variability and power management capability for 22nm node and below', *Journal of Low Power Electronics*, **8**(1), 125 – 132.

Morvan, S., Andrieu, F., Leroux, C., Garros, X., Cassé, M., Martin, F., Gassilloud, R., Morand, Y., Le Royer, C., Besson, P., Roure, M.-C., Euvrard, C., Rivoire, M., Seignard, A., Desvoivres, L., Barnola, S., Allouti, N., Caubet, P., Weber, U., Baumann, P. K., Weber, O., Tosti, L., Perreau, P., Ponthenier, F., Ghibaudo, G. and Poiroux, T. (2013), 'Gate-last integration on planar FDSOI for low-VTp and low-EOT MOSFETs', *Microelectronic Engineering*, **109**, 306 – 309.

Morvan, S., Andríeu, F., Cassé, M., Weber, O., Xu, N., Perreau, P., Hartmann, J.-M., Barbé, J. C., Mazurier, J., Nguyen, P., Fenouillet-Béranger, C., Tabone, C., Tosti, L., Brévard, L., Toffoli, A., Allain, F., Lafond, D., Nguyen, B.-Y. Y., Ghibaudo, G., Boeuf, F., Faynot, O. and Poiroux, T. (2012), 'Efficiency of mechanical stressors in Planar FDSOI n and p MOSFETs down to 14nm gate length', *Symposium on VLSI Technology (VLSIT)*, p. 111, 2.

Noel, J.-P., Thomas, O., Jaud, M., Weber, O., Poiroux, T., Fenouillet-Beranger, C., Rivallin, P., Scheiblin, P., Andrieu, F., Vinet, M., Rozeau, O., Boeuf, F., Faynot, O. and Amara, A. (2011), 'Multi-VT UTBB FDSOI device architectures for low-power CMOS circuit', *IEEE Transactions on Electron Devices*, **58**(8), pp 2473 – 2482.

Nuo, X., Andrieu, F., Jaeseok, J., Xin, S., Weber, O., Poiroux, T., Nguyen, B.-Y., Faynot, O. and Liu, T. J. K. (2011), 'Stress-induced performance enhancement in Si ultra-thin body FD-SOI MOSFETs: impacts of scaling', *Symposium on VLSI Technology (VLSIT)*, pp. 162 – 163.

Nuo, X., Shin, C., Andrieu, F., Ho, B., Xiong, W., Weber, O., Poiroux, T., Nguyen, B.-Y., Choi, M., Moroz, V., Faynot, O. and Liu, T.-J. K. (2012), 'Effectiveness of strained-Si technology for thin-body MOSFETs', *SOI Conference (SOI), 2012 IEEE International*.

Planes, N., Weber, O., Barral, V., Haendler, S., Noblet, D., Croain, D., Bocat, M., Sassoulas, P.-O., Federspiel, X., Cros, A., Bajolet, A., Richard, E., Dumont, B., Perreau, P., Petit, D., Golanski, D., Fenouillet-Béranger, C., Guillot, N., Rafik, M., Huard, V., Puget, S., Montagner, X., Jaud, M.-A. A., Rozeau, O., Saxod, O., Wacquant, F., Monsieur, F., Barge, D., Pinzelli, L., Mellier, M., Boeuf, F., Arnaud, F. and Haond, M. (2012), '28nm FDSOI technology platform for high-speed low-voltage digital applications', *Symposium of VLSI Technology*, pp. 133 – 134.

Poiroux, T., Andrieu, F., Weber O., Fenouillet-Béranger C., Buj-Dufournet C., Perreau P., Tosti L., Brevard L. and Faynot O. (2011), 'Ultrathin body silicon on insulator transistors for 22nm node and beyond', in *Semiconductor-on-Insulator Materials for Nanoelectronics Applications*, Engineering Materials, DOI: 10.1007/978-3-642-15868-1, Springer.

Poiroux, T., Vinet, M., Faynot, O., Widiez, J., Lolivier, J., Ernst, T. et al. (2005), 'Multiple gate devices: advantages and challenges', *Microelectronic Engineering*, **80**, 378 – 385.

Ranica, R., Planes, N., Weber, O., Thomas, O., Haendler, S., Noblet, D., Croain, D., Gardin C. and Arnaud, F. (2013), 'FDSOI process/design full solutions for ultra low leakage, high speed and low voltage SRAMs', *Symposium of VLSI Tech*, p 210 – 211.

Raynaud, C., Faynot, O., Giffard, B. and Gautier, J. (1994), 'High performance submicron SOI devices with silicon film thickness below 50nm', *SOI Conference, 1994 Proceedings*, pp. 55 – 56.

Shimada, H., Hirano, Y., Ushiki, T., Ino, K. and Ohmi, T. (1997), 'Tantalum-gate thin-film SOI nMOS and pMOS for low-power applications', *IEEE Transactions on Electron Devices*, **44**(11), 1903–1907.

Suzuki, K., Tanaka, T., Tosaka, Y. et al. (1993), 'Scaling theory for double-gate SOI MOSFETs', *IEEE Transactions on Electron Devices*, **40**, 2326–2329.

Uchida, K., Krishnamohan, T., Saraswat, K. C. and Nishi, Y.-S. (2005), 'Physical mechanisms of electron mobility enhancement in uniaxial stressed MOSFETs and impact of uniaxial stress engineering in ballistic regime', *IEEE International Electron Devices Meeting*, pp. 129–132.

Uchida, K., Saitoh, M. and Kobayashi, S. (2008), 'Carrier transport and stress engineering in advanced nanoscale transistors from (100) and (110) transistors to carbon nanotube FETs and beyond', *International Electron Devices Meeting (IEDM)*, pp. 1–4.

Uchida, K., Watanabe, H., Kinoshita, A., Koga, J., Numata, T. and Takagi, S.-I. (2002), 'Experimental study on carrier transport mechanism in ultrathin-body SOI n and p-MOSFETs with SOI thickness less than 5nm', *International Electron Devices Meeting*, pp. 47–50.

Vandooren, A., Hobbs, C., Faynot, O., Perreau, P., Denorme, S., Fenouillet-Béranger, C., Gallon, C., Morin, C., Zauner, A., lmbert, G., Bernard, H., Garnier, P., Gabette, L., Broekaart, M., Aminpur, M., Barnola, S., Loubet, N., Dutartre, D., Korman, T. Chabanne, G., Martin, F., Le T. Y., Gierczynski, N., Smith, S., Laviron, C., Bidaud, M. Pouilloux, I., Bensahel, D., Skotnicki, T. Mingam, H. and Wild, A. (2005), '0.525 μm^2 6T-SRAM bit cell using 45nm fully-depleted SOI CMOS technology with metal gate, high k dielectric and elevated source/drain on 300mm wafers', *Proceedings of IEEE International SOI Conference*, pp. 221–222.

Weber, O., Andrieu F., Mazurier, J., Casse, M., Garros, X., Leroux, C., Martin, F., Perreau, P., Fenouillet-Béranger, C., Barnola, S., Gassilloud, R., Arvet, C., Thomas, O., Noel, J.-P., Rozeau, O., Jaud, M.-A., Poiroux, T., Lafond, D., Toffoli, A., Allain, F., Tabone, C., Tosti, L., Brevard, L., Lehnen, P., Weber, U., Baumann, P. K., Boissiere, O., Schwarzenbach, W., Bourdelle, K., Nguyen, B.-Y. and Boeuf, F., Skotnicki, T. and Faynot, O. (2010), 'Work-function engineering in ate first technology for multi-VT dual-gate FD-SOI CMOS on UTBOX', *IEDM Tech. Digest*, pp. 58–61.

Weber, O., Faynot, O., Andrieu, F., Buj-Dufournet, C., Allain, F., Scheiblin, P., Foucher, J., Daval, N., Lafond, D., Tosti, L., Brevard, L., Rozeau, O., Fenouillet-Beranger, C., Marin, M., Boeuf, F., Delprat, D., BourdelleK., Nguyen, B. Y. and Deleonibus, S. (2008), 'High immunity to threshold voltage variability in undoped ultra-thin DSOI MOSFETs and its physical understanding', *IEDM Tech. Digest*, pp. 1–4.

Xiong, W., Cleavelin, C. R., Kohli, P., Huffman, C., Schulz, T., Schruefer, K., Gebara, G., Mathews, K., Patruno, P., Le Vaillant, Y.-M. M., Cayrefourcq, I., Kennard, M., Mazurê, C., Shin, K. and Liu, T. J. K. (2006), 'Impact of strained-silicon-oninsulator (sSOI) substrate on FinFET mobility', *IEEE Electron Device Letters*, **27**(7), 612–614.

第6章 绝缘体上硅无结晶体管

J. P. COLINGE, Taiwan Semiconductor Manufacturing
Company Ltd, Taiwan, China

摘 要：单极无结晶体管，是具有栅电极控制源和漏之间电流的重掺杂（通常在 $10^{19} cm^{-3}$）半导体薄膜电阻。由于不存在 PN 结，器件设计非常简单。器件工作在全耗尽状态，利用栅材料的功函数使器件截止。当器件导通时电流流过薄膜的体硅区，并且通过积累方式使电流增加。无结晶体管的特点是短沟道效应小，具有优良的亚阈值斜率以及低的 DIBL。

关键词：纳米线场效应晶体管，多栅 FET，FinFET，三栅 FET，全包围栅器件，金属氧化物半导体 FET，绝缘体上硅。

6.1 引 言

无结晶体管听起来似乎不可思议。然而，人们设想的最早晶体管器件就是无结的：涉及晶体管原理的第一个专利，是奥匈帝国的物理学家 Julius Edgar Lilienfeld 于 1925 年 10 月 22 日在加拿大提交的（Lilienfeld，1925）。Lilienfeld 晶体管是一种场效应器件，非常像现代的金属氧化物半导体器件。图 6.1 所示为 Lilienfeld 的美国专利 1 900 018 "控制电流的器件"（Lilienfeld，1928）的复印件。它由用作器件栅极的金属电极 "10" 上沉积的薄绝缘层 "11"，以及接着再沉积的半导体薄膜 "12" 构成。电流在接触电极 "14" 和 "15" 之间的电阻中流动，这同现代金属氧化物半导体场效应晶体管中源和漏之间的漏电流流动方式大致相同。Lilienfeld 专利中最初提出的半导体材料是硫化铜，栅绝缘体是氧化铝。该器件是一个简单的电阻，栅极电压用于耗尽半导体薄膜中的载流子，并调节其导电性能。在理想情况下，应该能够完全耗尽半导体薄膜中的载流子，此时，器件的电阻变为准无限大，器件可以截止。这就是为什么 Lilienfeld 在半导体薄膜中引入沟槽 "13" 的原因。它导致有非常薄的硫化铜沟槽完全耗尽，从而使器件截止。在其他地方半导体薄膜较厚，这有助于降低器件导通时的总电阻。

2007 年，提出了一种积累型无结硅纳米线 MOSFET（Shan 等，2007）。该器件的掺杂浓度相对较低，因此驱动电流低（$L = 2\mu m$ 时，几个纳安），亚阈值特性差(130mV/dec)。数值仿真结果显示,当这种类型的器件 $L = 50\text{nm}$ 时,漏电流只有几个微安/毫米,远低于 CMOS 应用的要求(Iqbal 等,2008)。另一种无结器件,即垂直狭缝场效应晶体管(VESFET),它的性能有所提高,它具有双栅结构,可用于制造紧凑的 AND 或 OR 门(Weis 等,2008;Weis 和 Schmitt-Landsiedel,2010)。2008 年,在用结型栅 FET(JFET)或夹断 FET(POFET)方式工作的全包围栅纳米线器件中,首次从理论上对圆柱形半导体电阻的物理进行了探索(Sorée 等,2008)。

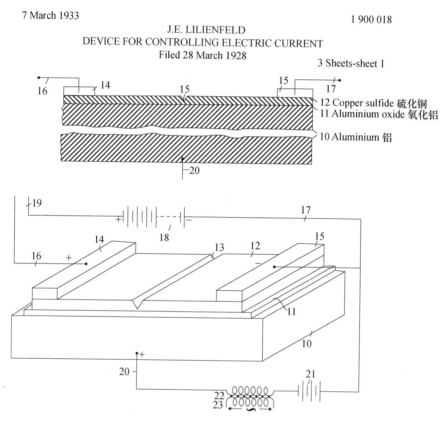

图 6.1　Lilienfeld 的美国专利 1 900 018 "控制电流的器件" 中图 1 和图 3 的复引件。
器件包括一个金属栅电极 "10"、一个栅绝缘层 "11"、有两个接触电极 "14" 和 "15"
的半导体电阻薄膜 "12"、半导体薄膜中局部减少半导体层厚度的沟槽 "13"。
接触电极 "14" 和 "15" 等同于现代 MOSFET 中的源和漏的接触

6.2　器件物理

制造具有合理驱动电流的无结晶体管,关键是将沟道的掺杂浓度提高到传统值以上。传统的经验数据是沟道掺杂浓度不超过 $10^{18}\,\mathrm{cm}^{-3}$,主要是因为当掺杂浓度超过 $10^{19}\,\mathrm{cm}^{-3}$ 时,体硅的电子迁移率下降到 $100\,\mathrm{cm}^2\mathrm{V}^{-1}\cdot\mathrm{s}^{-1}$ 以下(Jacoboni 等,1977)。$(10^{19}\sim10^{20})\,\mathrm{cm}^{-3}$ 范围内的掺杂浓度,通常用于源、漏以及源和漏的扩展区,不用于器件的沟道。n 沟道无结晶体管不采用传统的反型模式(IM)MOSFET 中的 $\mathrm{N}^+-\mathrm{P}-\mathrm{N}^+$ 三明治结构,而是采用单片 N^+ 材料。图 6.2 所示为 IM 和无结场效应晶体管的示意图。

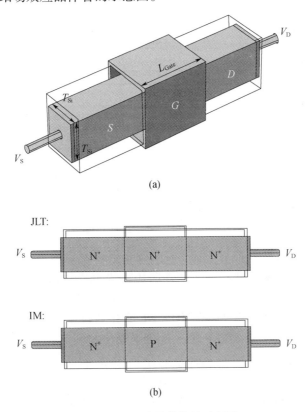

图 6.2 纳米线晶体管的示意图
(a) 全包围栅纳米线晶体管的 3D 示意图;
(b) n 沟无结晶体管(JLT)和反型模式(IM)FET 的掺杂极性。

6.2.1 驱动电流

在给定长度 L、宽度 W_{Si} 和厚度 t_{Si} 的电阻中,其电流可以容易地使用欧姆定律进行计算。表 6.1 给出了计算的数值。

$$I_{\mathrm{D}} = RV_{\mathrm{D}}$$

以及

$$R = \frac{L}{qN_D\mu_n t_{Si} W_{Si}} \tag{6.1}$$

表6.1列出利用式(6.1)计算得到的长度为25nm的N型硅电阻中的电流,此处假设电子迁移率为50cm²V⁻¹·s⁻¹。电阻上施加的电压为1V。以μA/μm为单位的电流是对三栅结构宽度为$W_{Si}+2t_{Si}$的器件进行归一化的结果。电阻中的电流I_R仅表示无结晶体管中可以达到的电流水平,$I_{DBulkSat}$:在一级近似中,体沟道的夹断使$I_{DBulkSat}$限制在I_R的50%左右,但是另一方面,积累沟道的形成将漏电流增加到明显高于仅考虑体电流时简单电阻达到的预测值(Brthomé等,2011)。

表6.1 夹断电阻的体电流

掺杂浓度/cm⁻³	$W_{Si}=t_{Si}$/nm	I_R/μA	$I_{DBulkSat}$/μA	$I_{DBulkSat}$/(μA/μm)
1×10^{19}	10	32	16	533
2×10^{19}	8	41	20	853
3×10^{19}	7	47	24	1120
4×10^{19}	6	46	23	1280
5×10^{19}	5	40	20	1333

注:$L=25$nm。

制造高性能无结晶体管(JLT)的关键是形成足够薄且窄的半导体层,当器件截止时载流子完全耗尽。半导体层还需要重掺杂,当器件导通时有足够的电流。这两个约束条件结合起来,需要利用纳米尺度和高掺杂浓度的材料。这一器件不是像传统的 IM MOSFET 那样通过反向偏置的结来截止,而是通过沟道区全耗尽来截止。耗尽是由于栅极材料和纳米线的掺杂硅之间的功函数差造成的。图6.3所示为具有 P⁺ 多晶硅栅 n 沟道 JLT 的能带图。当栅施加等于纳米线和栅材料之间功函数差的正向偏压时,实现了平带条件(图6.3(a))(Colinge等,2011),器件导通。栅电压大于V_{FB}时形成表面积累沟道,驱动电流增加。当栅电压为零时,沟道区完全耗尽(图6.3(b))。假设采用全包围栅结构和宽度W_{Si}等于其厚度T_{Si}的方形截面,在这样的纳米线中,能带的弯曲(图6.3(b)中的ΔE)可以使用具有耗尽近似的泊松方程进行估计,得到

$$\frac{d^2\phi}{dx^2}+\frac{d^2\phi}{dx^2}=2\frac{d^2\phi}{dx^2}=-\frac{qN_D}{\varepsilon_{Si}}\Rightarrow\Delta E=\frac{q^2N_D}{\varepsilon_{Si}}\frac{T_{Si}^2}{16} \tag{6.2}$$

ΔE通常约为100meV,这意味着在完全耗尽时,Si-SiO₂界面处的电子浓度约比沟道中心区低50倍。假设沟道中的掺杂浓度为10^{19}cm⁻³,则在Si-SiO₂界面处的空穴浓度变得与电子浓度相同之前,漏电流减少约$10^{19}/50n_i$=7.5个数量级。因此,完全可以假设器件只工作在一种载流子类型

（电子）。然而，通过施加很大的负栅压可能形成反型层，特别是在器件的角区（Duarte 等，2012）。

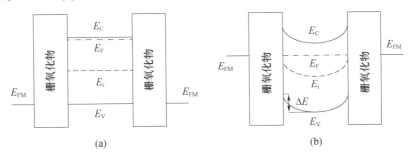

图 6.3　n 沟道 JLT 的能带图
（a）平带条件（器件导通）；（b）截止状态（沟道区域全耗尽）。

JLT 的电学特性与常规的三栅 MOSFET 非常相似。图 6.4 所示为一个 n 沟道 JLT 的 $I_D(V_G)$ 特性曲线。器件的有效宽度为 25nm，栅极长度 L 为 1μm。使用外推法可以得到，当 L = 20nm、W_{Si} = 25nm、T_{Si} = 10nm、V_{DS} = 1V 时，阈值电压（V_{TH}）= 0.3V。器件不需要使用任何提高迁移率的技术，如引入应变，就能够使 I_{OFF} 和 I_{ON} 值分别达到 0.1nA/μm 和 1000μA/μm。

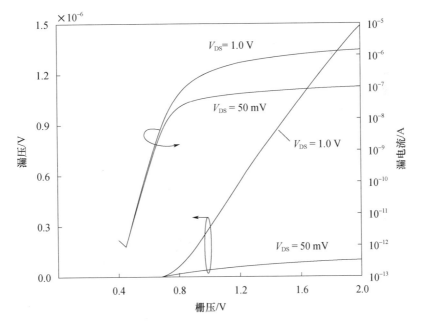

图 6.4　W_{Si} = 25nm、L = 1μm 的 n 沟器件测量 $I_D(V_G)$ 特性曲线，
用线性坐标（左边）及对数坐标（右边）绘制

6.2.2 导通机制

JLT 与标准的反型模式多栅 FET 的物理机制不同。在这里考虑一个 n 沟道器件。重掺杂纳米线的耗尽区,在栅极电压低于阈值时会产生垂直于电流的高电场。假设忽略量子约束效应,在平带偏置条件下(对于中间带隙的金属栅极,$V_{FB}\cong 0.5V$;对于 P$^+$ 多晶硅栅,$V_{FB}\cong 1V$)沟道区中的电场等于零(Colinge 等,2010)。在较高的栅压下,最终形成一个具有相关电场的表面积累层。在标准的 IM 器件中,沟道中垂直于电流方向的电场,会降低沟道载流子迁移率。在不用应变提高迁移率的情况下,假设等效的栅氧化物厚度为 1nm,当 $V_G = 1V$ 时,IM MOSFET 沟道中的电子迁移率能降低到 20cm^2/V·s。

在 JLT 中,由于屏蔽效应,体硅纳米线中垂直于电流方向的沟道中的电场等于零,它保证了纳米线的迁移率等于或者高于体硅迁移率。此外,该器件可以工作在弱积累状态下。实验得到的迁移率(体区 + 积累区)超过了文献中的体材料迁移率,这是由于库仑散射中心被多子屏蔽的缘故(Ohno 和 Okuto,1982;Klaassen,1992;Mundanai 等,1999)。屏蔽效应已经在沟道掺杂浓度为 10^{17}cm^{-3},顶硅厚度为 48nm 的 n 沟道无结 SOI MOSFET 中得到了证实(Kadotani 等,2011)。通过测量电导和载流子浓度(电容)可以得到迁移率,其数值大于体硅 MOSFET 的迁移率。迁移率的提高不是由于积累层的迁移率变高,而是由于屏蔽效应,它使得 SOI 顶硅层迁移率高于体硅迁移率。采用紧束缚方法和基于 Landauer-Büttiker/格林函数的输运特性,以及线性玻耳兹曼输运方程在第一 Born 近似的方法,计算了 n$^-$ 型和 p$^-$ 型掺杂浓度均为 10^{18}cm^{-3} 全包围栅硅纳米线晶体管的屏蔽效应。计算结果表明,在积累模式纳米线中的电子迁移率远高于反型模式器件的电子迁移率。在 IM 纳米线中受主作为电子的隧道势垒,而在积累模式的器件中,载流子视杂质为量子阱,它导致输运中的 Fano 谐振(共振散射现象)。因此,在载流子密度低时,掺磷纳米线的电子迁移率要高于掺硼的纳米线;而在载流子密度高时,掺硼纳米线的电子迁移率会更高一些(Persson 等,2010)。计算结果还表明,当纳米线的直径减小时迁移率会增加,而 IM 器件的迁移率则保持恒定或降低(Niquet 等,2012)。

图 6.5 比较了反型模式器件、积累模式器件和 JLT 器件的工作特性。在 n 沟道 IM 器件中衬底是 p 型,平带电压 V_{FB} 低于阈值电压 V_{TH}。在亚阈值工作状态栅电压在 V_{FB} 和 V_{TH} 之间时,硅层开始耗尽。对于 $V_G > V_{TH}$,硅表面处于强反型状态。注意,由于量子约束效应,假设硅膜足够薄,体硅(体积)也能发生反型。在 n 沟积累模式器件中,衬底是轻掺杂的 n 型。在亚阈值工作时硅层开始耗尽,当达到阈值电压时部分硅变为中性(不再耗尽)。这个中性的沟道会流过小的体电流。栅电压增加达到平带电压时,整个硅膜都是中性。栅电压在 V_{TH}

和 V_{FB} 之间时器件部分耗尽。栅电压进一步增加,会形成表面积累层。

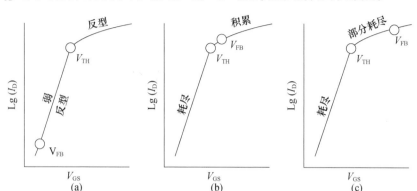

图 6.5 (a) 反型模式(IM)(b) 积累模式(AM)和(c) 无结(JLESS)纳米线多栅场效应晶体管(MuGFETs)的电流特性,注意平带电压 V_{FB} 处于不同的位置

在 n 沟道无结器件中,衬底是重掺杂的 n 型。在亚阈值工作时,硅完全耗尽。当达到阈值电压时部分硅变为中性,此时器件部分耗尽。在中性沟道中流动的体电流远大于积累模式器件的体电流,因为沟道区域的掺杂浓度要高得多。假如栅电压增加,耗尽区减小,中性沟道的直径增加。当栅电压达到平带电压时,整个沟道区变为中性(假设 V_{DS} 低)。进一步增加栅电压形成积累层。平带电压难以从电流电压特性中提取出来,因为在重掺杂积累模式和无结晶体管的 $I_D(V_G)$ 曲线及其变换曲线中,体导电到积累导电的过度是平滑的。相反,可以利用栅电容来检测平带电压,因为电容曲线在平带电压处耗尽区和积累区之间的过渡界限较清楚。在 $d^2 C_G/dV_G^2$ 同 V_G 的关系曲线中,最大值位于 $V_G = V_{FB}$ 处,由此可以容易地用实验测量平带电压(Rudenko 等,2013a)。

6.2.3 短沟道效应

传统(平面 SOI)的积累模式 SOI 晶体管,具有比 IM 器件更差的短沟道效应。然而,当硅膜降低到 10nm 以下时,积累模式双栅 MOSFET 的短沟效应显著提高,并达到与 IM 相同的值。这一结果开启了设计极薄和窄的积累模式及无结纳米线 FETs 的大门(Rauly 等,2001;Masahara 等,2006)。

在一个 IM MOSFET 中,源和漏通常为栅所覆盖,沟道中源和漏 PN 结产生的源/漏(S/D)耗尽电荷的扩展,导致短沟道效应。这些效应使栅对沟道区的静电控制能力减小。"短沟效应"是指漏引起的势垒降低、阈值电压与栅长有关(阈值电压滚降)以及亚阈值斜率(SS)的退化。在 JLT 结构中这些效应大大减小。

DIBL 是低压 CMOS 的关键参数,因为它在确定器件的 I_{on}/I_{off} 时起着重要的作用。实现低 DIBL 已经变得与增加载流子迁移率从而提高电路性能一样重要(Skotnicki 及 Boeuf,2010)。在 IM 器件中,DIBL 是由增加漏电压使漏耗尽区对沟道中电荷控制增加引起的。在 JLT 中,电流的阻塞不是通过反向偏置结实现的,而是通过将载流子"挤压"出沟道区实现的。在实际中,大多数电流的阻塞效应发生在漏中没有被栅覆盖的区域,结果增加了有效栅长 L_{eff},并使其大于物理栅长 L_{physical}(图 6.6)。这是无结晶体管短沟道效应降低的根源。这个效应有些类似于在 IM 器件中采用栅不覆盖漏减小 DIBL(Kranti 等,2008)。无结晶体管中有效栅长 L_{eff} 的变化如图 6.6 所示。在截止模式下,源和漏"结"之间的有效距离大于物理栅长(沟道耗尽向源漏内部扩展),与栅同 S/D 区有一些覆盖的有结器件不同。当器件导通时,有效栅长小于物理栅长。图 6.6(a)所示为在截止模式下源和漏中的中性(非耗尽)区。图 6.6(b)所示为导通模式(低 V_{DD} 情况)下源、沟道和漏的中性(非耗尽)区。图 6.6(c)所示为截止状态下 L_{eff} 增加的二维表示,L_{eff} 定义为源和漏的非耗尽部分之间的距离。当器件导通时,L_{eff} 小于 L_{physical}(图 6.6(d))。

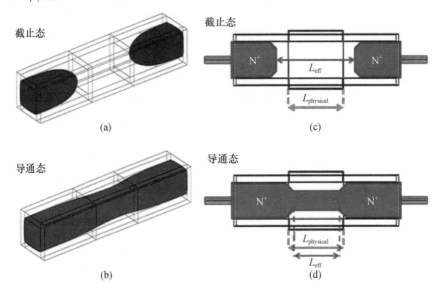

图 6.6 无结晶体管有效栅长 L_{eff} 的变化

(a) 截止模式下中性(非耗尽)区域;(b) 导通模式下中性(非耗尽)区域(V_{DD}低);
(c) 截止模式下 $L_{\text{eff}} > L_{\text{physical}}$;(d) 导通模式下 $L_{\text{eff}} < L_{\text{physical}}$。

图 6.7 将仿真得到的 JLT 和 IM Ⅱ 栅 FET 的 $I_D(V_G)$ 特性进行了比较,从图中可以看到无结的源和漏结构具有的优点。栅长为 10nm,硅纳米线的截面为 5nm×5nm。可以看出,JLT 中的 DIBL 和亚阈值斜率明显低于 IM 器件(Lee 等,2009)。表 6.2 列出不同研究组的短沟 SOI 无结晶体管亚阈值斜率和 DIBL。

DIBL 和 SS 值优于通常报道的 IM 器件。值得注意的是,可以通过使用高 κ 介质侧墙增加在源漏区中栅控制的深度,从而得到短沟效应的进一步改善(Gundapaneni 等,2011b)。关于 DG 无结晶体管亚阈值斜率影响因素的分析,可以在 Lin 等(2012)的文献中找到。

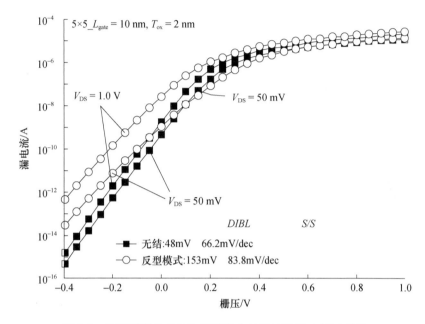

图 6.7　仿真得到的 JLT 和反型模式双栅 FET 的 $I_D(V_G)$ 特性

$L=10\text{nm}, W_{Si}=5\text{nm}, T_{Si}=5\text{nm}$

表 6.2　短沟道 SOI 无结晶体管的亚阈值斜率和漏致势垒降低的实验数据

L/nm	SS/(mV/dec)	DIBL/(mV/V)	文献
50	64	7	Lee et al.,2010
20	75	10	Park et al.,2011a
100	62	13	Chen et al.,2012
18	—	17	Jeon et al.,2012
20	79	10	Park et al.,2012
20	68	38	Barraud et al.,2012
13	68	130	Barraud et al.,2012
3	95	189	Migita et al.,2012

无结全包围栅硅纳米线 FET 器件输运特性的仿真工作,利用 ab initio(从头算法)仿真技术(在密度泛函理论(DFT)框架内)完成,纳米线的半径为 0.6nm,栅长为 3.1nm。仿真结果表明,这个尺寸的无结晶体管性能较好,导通截止电

流比 I_{ON}/I_{OFF} 为 10^6，具有良好的栅对沟道的静电控制能力，以及良好的亚阈值特性。相比之下，这种尺寸的标准有结 MOSFET 的设计非常困难。更重要的是，掺杂原子周围载流子的分布使得与沟道长度相当的结的边界变得模糊，这就使得这种尺寸的结不能阻塞载流子进入沟道，器件便无法截止。即使在这样小的尺寸上，自洽计算表明，p 沟道和 n 沟道器件可以分别得到 74mV/dec 和 80mV/dec 的亚阈值斜率（Ansari 等，2010，2012）。最近，已报道了栅长为 3nm 的 n 沟道无结晶体管。这些器件与 Lilienfeld 1925 年提出的原始专利器件非常相似，漏电压为 1V 时，I_{ON}/I_{OFF} 比值大于 10^6，亚阈值斜率为 95mV/dec（Migita 等，2012）。

6.3 无结晶体管的模型

一个简单但有用的基于物理的模型，包括 JLT 在式（6.1）中描述的体硅电流和可以在表 6.3 和表 6.4 中找到的积累电流。这个模型由早期用于积累型晶体管的模型推导而得（Colinge，1990）。该模型只有在超过阈值，以及体硅电流或者积累电流饱和，或者二者均饱和的情况下才有效。对于体硅电流和积累电流可以利用不同的迁移率值（Berthomé 等，2011）。

表 6.3　JLT 中漏电流的公式

偏置条件	漏电流	式
$V_{GS} > V_{po}$ $V_{GS} < V_{FB}$ $V_{DS} < V_{DSat1}$	$I_D = \dfrac{q\mu_b N_D}{L_{effb}} \left(\dfrac{1}{n+1} \dfrac{S_{max} - S_{min}}{(V_{FB} - V_{po})^n} ((V_{GS} - V_{po})^{n+1} - (V_{GS} - V_{DS} - V_{po})^{n+1}) + S_{min}V_{DS} \right)$	(6.3)
$V_{GS} > V_{po}$ $V_{GS} < V_{FB}$ $V_{DS} > V_{DSat2}$	$I_D = \dfrac{q\mu_b N_D}{L_{effb}} \left(\dfrac{1}{n+1} \dfrac{S_{max} - S_{min}}{(V_{FB} - V_{po})^n} (V_{GS} - V_{po})^{n+1} + S_{min}V_{DS} \right)$	(6.4)
$V_{GS} > V_{FB}$ $V_{DS} < V_{DSat2}$	$I_D = \dfrac{q\mu_b N_D}{L_{effb}} S_{maxC_{ox}} + \dfrac{\mu_{acc} C_{OX} W_{eff}}{L_{affacc}} \left(V_{DS}(V_{GS} - V_{FB}) - \dfrac{1}{2} V_{DS}^2 \right)$	(6.5)
$V_{GS} > V_{FB}$ $V_{DS} < V_{DSat1}$ $V_{DS} > V_{DSat2}$	$I_D = \dfrac{q\mu_b N_D}{L_{effb}} \left((S_{max} - S_{min})(V_{GS} - V_{FB}) + S_{min}V_{DS} + \dfrac{S_{max} - S_{min}((V_{FB} - V_{po})^{n+1} - (V_{GS} - V_{DS} - V_{po})^{n+1})}{(V_{FB} - V_{po})^n} \right)$ $+ \dfrac{1}{2} \dfrac{\mu_{acc} C_{OX} W_{eff}}{L_e}$	(6.6)
$V_{GS} > V_{FB}$ $V_{DS} > V_{DSat1}$	$I_D = \dfrac{q\mu_b N_D}{L_{effb}} \left(S_{max(V_{DS} - V_{DS})} + \dfrac{S_{max} + nS_{min}}{n+1}(V_{FB} - V_{po}) \right) + \dfrac{1}{2} \dfrac{\mu_{acc} C_{OX} W_{eff}}{L_{effacc}}(V_{GS} - V_{FB})^2$	(6.7)

注：这些公式包括体硅沟道电流和积累沟道电流。公式中用到的不同符号在表 6.4 中定义（Berthomé 等，2011）

表6.4 表6.3中所用符号的定义

符号	意义
V_{DS}	漏电压
V_{GS}	栅电压
V_{FB}	平带电压
V_{P00}	$V_D=0$时的线性截止电压
V_{P0}	$V_{P0}=V_{P00}$时的截止电压
η	DIBL系数
C_{OX}	用沟长归一化的栅氧化物电容
S	沟道的中性(非耗尽)截面;当表面反型时$S=S_{min}$,而当表面积累时$S=S_{max}$
V_{DSat1}	中性体沟道的漏饱和电压
	$V_{DSat1}=\dfrac{V_{GS}-V_{P00}}{1-\eta}$
V_{DSat2}	积累沟道的饱和电压 $V_{DSat2}=V_{GS}-V_{FB}$
L_{effacc},L_{effb}	有效的积累沟道长度及有效的中性体沟道长度
μ_{acc},μ_b	积累沟道的有效载流子迁移率及中性体沟道的有效载流子迁移率

已有文献利用求解泊松方程计算双栅结构或圆柱型结构的一些更复杂的模型。工作在亚阈值和超阈值状态下的长沟DG无结晶体管漏电流模型,可以在Duarte等(2011a,b)的文献中查到。该模型是连续的一维电荷模型,这个模型是将亚阈值和线性区抛物线电位近似进行延伸而推导出来的。基于这个连续的电荷模型,通过解析的Pao-Sah积分,得到漏电流模型的连续表达式。所提出的模型涵盖了器件所有工作区的体硅导电机制,其中包括亚阈值区、线性区和饱和区。

计算无结FET中的电荷密度和电流,还有一种基于电荷的DG模型(Sallese等,2011)。该模型从深耗尽区到积累区,从线性区到饱和区,在所有的工作区都是有效的。这个模型是物理模型,没有使用经验参数或近似值。这个模型预测,与有结的DG MOSFET不同,在电荷电压曲线中出现两个不同的斜率。

另一种针对圆柱形纳米线的解析模型,可参考Gnani等(2011)的文献。这个模型解释了器件行为的物理意义。最值得注意的是,它分析了一个现象,即为什么无结纳米线晶体管是一个耗尽器件而且由于杂质散射电子迁移率较低,但它却拥有几乎理想的亚阈值斜率和优良的导通电流特性。同时,这个模型还说明了单位长度掺杂密度的允许值同器件整体性能的关系。模型假定载流子迁移率值是恒定的及符合玻尔兹曼统计,并且考虑到纳米线具有足够大的横截面因而可以忽略量子约束效应。在这种情况下,泊松方程没有闭合形式解,因此可以在耗尽和积累条件下进行简化假设。通过比较亚阈值和导通状态下的数值结果对模型进行了验证。模型的物理意义在于,它可以理解和说明无结晶体管的优缺点,如几乎理想的SS、小的DIBL以及相对较高的电子迁移率。圆柱形纳米线无结晶体管的另一个包括量子效应的模型,可参考Soréeet等(2008)的文献。

近来,在无结晶体管领域中开发了许多仿真工具和技术,其中有用于圆柱形无结晶体管的连续模型(Jin等,2013);包含第一原理原子计算、半经典半导体器件仿真、紧凑模型产生和电路仿真的多尺度模型(Yam等,2013);用于长沟DG无结晶体管基于电荷的连续模型(Cerdeira等,2013);以及基于多带量子仿真的模型(Huang等,2013)。

6.4 同三栅场效应晶体管的性能比较

在本节中,将比较无结和反型模式多栅FETs的电学特性和性能。

6.4.1 电流-电压特性

在无结晶体管的短沟特性及其驱动电流之间进行优化时,存在一个折中。一方面,增加驱动电流需要增加源和漏的掺杂浓度,其中包括非常接近沟道的源漏区的掺杂浓度。另一方面,改善短沟效应需要在器件截止时通过栅使部分源和漏耗尽,这就限制了接近栅的源和漏部分的掺杂浓度(Yan等,2011)。在早期文献中报道过,导通电流和截止电流的比值与反型的三栅MOSFET是类似的(Rios等,2011)。

无结晶体管在物理学上有一个有意义的附带作用,即体的导电沟道位于纳米线中心的附近。因而,控制体电导的栅电容等于栅氧化物电容 C_{ox} 和纳米线耗尽电容串联。结果,无结晶体管的栅电容低于积累或反型模式器件的栅电容。此外,当沟道掺杂增加时栅电容降低(Rios等,2011)。表6.5列出无结和IM SOI纳米线晶体管的各项性能比较,这个比较说明它们有类似的驱动电流及 I_{ON}/I_{OFF} 比值。但无结晶体管的SS和DIBL比IM晶体管的更好(Park等,2011a,b)。

表6.5 短沟道SOI无结晶体管和IM纳米线晶体管的 I_{ON}、I_{ON}/I_{OFF} 值、亚阈值斜率和漏致势垒降低的实验数据比较

器件类型	I_{ON}/(mA/mm)	I_{ON}/I_{OFF}	SS/(mV/dec)	DIBL/(mV/V)
JLT	1000	5x106	75	10
IM	1000	5x106	92	78
注:栅长=20nm,V_{DD}=1V(引自:Park等,2011a)				

6.4.2 RF 及模拟性能

目前尚无无结晶体管 RF 性能的实验数据。但是仿真研究表明,JLTs 的截止频率 f_T 低于 IM 器件 ($L=30\text{nm}$),这是由于 JLTs 具有较低的载流子迁移率以及更低的跨导所致。同时,JLT 的最高振荡频率 f_{max} 比传统的 IM 纳米线 MOSFET 的高,因为 JLT 具有较低的输出跨导 g_{ds}。这项研究表明,JLTs 可用于 RF 领域中需要高功率增益的场合(Cho 等,2011a)无结 FETs 的低输出跨导也对模拟领域应用有利(Doria 等,2010,2011a,b)。

6.4.3 噪声

无结晶体管中的 $1/f$ 噪声同载流子数量的波动有关。由于电荷载流子的俘获/释放不仅存在于氧化物半导体界面,而且也存在于耗尽的沟道中,它导致中性(非耗尽)体导电沟道的截面随时间变化。总之,三栅 JLT 的噪声水平接近具有高质量栅氧化硅界面的 IM 器件(Jang 等,2011)。在全包围栅无结 FET 中,低于平带的所有输运是由远离任何界面的纳米线中心的载流子完成的。在这些器件中,观察到极低的低频噪声(Singh 等,2011)。

涉及随机电报噪声(RTN)有这样的报道,即在无结 MOSFET 中测量到的漏电流 RTN 幅值比 IM MOSFET 要小。这是因为不存在吸引多数载流子(在这种情况下是电子)流向栅氧化硅/硅界面的电场。JLT 器件中栅氧化硅中陷阱俘获电子的平均时间比 IM 晶体管长(Nazarov 等,2011)。

6.4.4 波动及屏蔽效应

由于无结晶体管是重掺杂的,因此研究电离杂质的库仑散射、随机掺杂波动和其他可能影响器件性能以及重复性的问题是非常有意义的。关于波动的问题基本上有两种观点。

第一种观点是所有的波动问题都直接与掺杂浓度有关。掺杂浓度越高,同制造有关的器件参数,例如纳米线宽度和厚度的波动越大,随机掺杂起伏引起的波动也就越高。在 Choi 等(2011a)的文献中,可以找到说明这个观点的例子。在本书中,研究了阈值电压的灵敏度与硅纳米线宽度波动的关系,对全包围栅无结晶体管与同样结构参数的 IM 晶体管进行了比较。由于无结晶体管具有重掺杂沟道,因此与那些具有本征沟道的 IM 晶体管相比,由纳米线宽度起伏引起的 V_{TH} 波动更明显。在这些器件中,沟道掺杂浓度、宽度、厚度和长度分别为 10^{19}cm^{-3}、10nm、20nm 和 50nm。器件的等效栅氧化层厚度等于 13nm,它可能是为什么测量到的波动如此大的原因。在另一篇文献中,Aldegunder 等(2012)采用 3D 非平衡格林函数仿真,观察了无结全包围栅 n 型硅纳米线晶体管中掺杂原子的具体影响。在这个例子中,采用的平均掺杂浓度非常高($10^{20}cm^{-3}$)。杂质分布随机产生,利用完全原子级的方法建模。仿真也包括了弹性和非弹性声子散射。这些仿真结果表明,无结纳米线晶体管比相应的相同尺寸和掺杂水平的 IM 具有更高的亚阈值波动(Aldegundeet 等,2012)。最后,使用 DG 无结 FETs 的解析研究,评估了最小宽度无结 MOSFET 受掺杂数量波动的影响。一级解析表达式说明,1σ 阈值波动与掺杂浓度的平方根成正比,其中重掺杂的无结器件与未掺杂的 IM 器件相比处于劣势(Taur 等,2012)。

第二种观点是掺杂引起的波动可以用适当的 EOT、掺杂浓度和仿真方法进行控制。1D 和 2D 仿真由于低估了栅对沟道控制的有效性,因而有可能过高估计了这个波动(假设是一个三栅或全包围栅器件)。采用与现代 FET 工艺兼容的高于 $10^{18}cm^{-3}$ 而低于 $10^{19}cm^{-3}$ 的浓度以及低的 EOT 值。此外,必须考虑器件的 3D 性质,包括由于短沟道效应导致的波动。最近的工作说明,由于减小了纳米线的尺寸,无结纳米线 FET 的阈值电压对沟道掺杂的波动不敏感,这是栅对纳米线中心沟道的静电控制改善的结果(Trevisoli 等,2011;Leung 和 Chui,2012)。重要的是,在 IM 器件中,由受主原子引入的数量波动,与相同的积累模式器件中由施主原子引入的波动是不同的。带正电的施主离子被周围的电子屏蔽。这就是所谓的"屏蔽效应"(Sun 和 Plummer,1980;McKeon 等,1997;Chindalore 等,1999;Mundanai 等,1999;Ohno 等,1982;Goto 等,2012;Rudenko 等,2013b)。屏蔽通过减少杂质的库仑散射增加了体硅积累层的迁移率,也减小了掺杂原子的"静电影响区"。结果是,以 n 沟道器件为例,在积累模式或无结晶体管中单个施主原子的存在、消逝或波动引起 V_{TH} 的波动,小于同样尺寸的 IM 器件中受主原子引起的波动(Yan 等,2008;Moon 等,2010)。在无结 FET 中,采用小 EOT 值是必要的,它可以减少 V_{TH} 波动。例如,对于 $T_{Si}=5nm$ 和 $N_D=10^{19}cm^{-3}$ 的器件,将 EOT 从 5nm 减小到 1nm,dV_{TH}/dW_{Si} 从 25mV/nm 降低到 6mV/nm(Colinge 等,2011;Yan 等,2011)。最后值得注意的是,无结和积累模式的 FET 的电学特性与 IM 器件相比,对栅覆盖源和漏面积的变化更不敏感(Lee 等,2008)。在纳米级沟道中,来自源和/或漏的掺杂原子的散射,导致有效沟长的明显波动,这极大地影响了亚阈值和漏电特性。根据这个观点,无结器件在导通状态下比 IM 器件的波动更小(DehdashtiAkhavan 等,2011;Han 等,2013)。

因为无结晶体管是一种新型器件,关于波动的实验数据的报道还很少。有限样品的数据表明,栅长降至 20nm 时,IM 和无结晶体管的 I_{Dsat} 波动相当(Park 等人,2011a)。

6.5　超越经典的 SOI 纳米线结构

由于其结构简单,无结结构采用多种半导体材料如锗、Ⅲ-Ⅴ族半导体材料以及多晶硅材料,也可在体衬底上制造源和漏之间的无结器件。

6.5.1 体硅无结晶体管

在体硅衬底上用各向同性和各向异性刻蚀工艺,制造了全包围栅纳米线无结晶体管,其宽度为10nm,长度为50nm。纳米线是硅衬底上悬空的梁,采用氧化和多晶硅沉积工艺,制造出被多层栅极全包围的硅纳米线沟道。采用氧化物/氮化物/氧化物栅介质,无结晶体管可以作为一个闪存单元工作。具有的非易失性存储特性,如耐久性、数据保持性和直流性能等达到了可接受的水平。无结晶体管本身的优点,使它能克服闪存器件的电流因尺寸减小受到的限制,当NAND闪存器件的尺寸低于20nm节点时,无结晶体管是一个有力的替代者(Choi等,2011b)。

体硅无结纳米线晶体管的可行性,已经利用3D仿真进行了验证。由于器件是$N^+N^+N^+$结构,因此没有横向的S/D结(沿电流流动的路径),但是,需要纵向的PN结将器件与衬底隔离。虽然PN结被用来实现与衬底隔离,但是器件在电流流动的方向上仍然是"无结"的。尽管为了获得导通状态下的高电流N^+区域需要重掺杂,对于10nm的器件来说,体硅JLMOS的小截面保证了全耗尽,因此漏电电流低(25nm体硅JLMOSFETS的漏电电流约为10pA,尽管在没有反向偏置的横向PN结(在电流流动方向),仍然能观察到完整的器件功能)。当栅长降至12nm时,体硅JLT器件的亚阈值斜率和DIBL分别小于80mV/dec和100mV/V。另外,在短栅长时,体硅JLT的亚阈值斜率特性比SOI器件的差(Colinge等,2011)。值得一提的是,也提出了一种平面的体硅无结晶体管,其中沟道不是纳米线结构,而是p型衬底上的n型硅薄层(Gundapaneni等,2011a)。

6.5.2 绝缘体上锗器件

已经在绝缘体上锗(GeOI)衬底上制备出无结场效应晶体管。这些器件综合了Ge比Si有更高迁移率以及无结FET的优点。在11nm厚掺杂浓度为$10^{19}cm^{-3}$的GeOI层上制造出P沟道器件。器件的电流-电压($I-V$)特性与传统的FET相同,导通/截止电流比高于10^4。场效应迁移率等于$120cm^2/V·s$,与沟道载流子密度无关(Zhao等,2011,2012)。众所周知,尽管体锗中电子的迁移率高,但是N沟道锗MOSFET难以制造,性能差。这是因为难以进行S/D的高浓度掺杂,以及Ge/栅氧化物界面的质量差。无结结构有助于缓解这些问题,因为掺杂水平不是特别高,而且可以很好地控制沟道载流子在器件体中流动。GeOI薄膜制造的背栅N沟道晶体管,薄膜厚度为15~32nm,掺杂浓度在$1×10^{18}$~$5×10^{18}cm^{-3}$之间,电子沟道迁移率为$1000cm^2/V·s$,$V_{DS}=1V$时漏的导通/截止电流比是10^5(Kabuyanagi等,2013)。

6.5.3 Ⅲ-Ⅴ无结晶体管

已经提出了在砷化镓(GaAs)上制造无结晶体管的工艺,也报道了与之相关的器件仿真工作。沟道材料是 Si 衬底上外延生长的 20nm 厚的 N^+ GaAs 层,在硅和 GaAs 之间是足够厚的 P^+ 锗缓冲层。GaAs 和 Ge 的能隙差大,在任何实际的偏置电压下,均能有效地阻塞 GaAs 沟道和衬底之间的漏电路径而实现自隔离。Ge 缓冲层和 GaAs 沟道的掺杂浓度分别是 $3\times10^{17} cm^{-3}$ 和 $1\times10^{18} cm^{-3}$。仿真得到的导通/截止电流比为 3×10^7(Cho 等,2011b)。

在 Si 晶圆片上制造出亚 10nm 极薄(ETB)的绝缘体上 InGaAs(InGaAs-OI)无结晶体管。器件是用直接晶圆片键合工艺制造的,它具有超薄的 Al_2O_3 埋氧化物(UTBOX)。制造出的器件沟道厚度为 9nm 和 3.5nm。9nm 厚的 ETB InGaAs-OI n 沟道无结 MOSFET,其掺杂浓度(N_D)为 $10^{19} cm^{-3}$,电子迁移率峰值为 $912 cm^2/V \cdot s$,表面载流子密度(N_s)为 $3\times10^{12} cm^{-2}$,与 Si n 沟道 MOSFET 相比,迁移率提高了 1.7 倍。此外发现,由于采用了 Al_2O_3 UTBOX 薄层,器件有优良的截止特性。3.5nm 厚的 ETB InGaAs-OI JLT,其 I_{ON}/I_{OFF} 比值约 10^7。这些结果表明,即使是小于 10nm 厚的沟道,也能实现高迁移率的Ⅲ-Ⅴ nMOSFET(Yokoyama 等,2011)。

利用蓝宝石上宽度为 60~200nm,厚度为 120nm 的 GaN 纳米线制造出了无结晶体管。器件利用浓度为 $4\times10^{18} cm^{-3}$ 的 N 型硅原子掺杂。这些无结的 GaN 纳米线呈现优良的截止态性能,例如亚阈值斜率为 68~137mV/dec,漏电电流极低为 10^{-8} mA/mm,而 I_{ON}/I_{OFF} 比值为 10^9。68mV/dec 的亚阈值斜率是用宽 60nm 栅长为 1μm 的器件得到的。最引人注目的是,这些器件具有 500V 的漏击穿电压(Im 等,2013)。

6.5.4 多晶硅无结晶体管

只用一种重掺杂的多晶 Si 层作为源、沟道和漏,制造出全包围栅多晶硅(多晶 Si)纳米线无结晶体管。原位掺杂多晶 Si 材料具有重掺杂和均匀掺杂的特性,它对制造工艺有利。研制出的 JLT 器件呈现出希望的静态电学性能,与对应的 IM 器件相比,I_{ON}/I_{OFF} 比更高,源/漏串联电阻更低。这种方案在未来的平面系统和 3D IC 应用中,具有潜在的优势(Su 等,2011)。

已成功制造出具有极薄和浓磷掺杂沟道的平面 n 型无结多晶 Si 薄膜晶体管(TFTs)。器件呈现出优良的性能,亚阈值斜率为 240mV/dec,导通/截止流比大于 10^7。此外,与传统的无掺杂沟道的 IM 控制器件相比,当栅驱动电压为 4V 时无结器件的导通电流增加了 23 倍。由于 JL 器件本身沟道中的载流子浓度高,因此驱动电流明显提高。这些结果证明,JL 多晶 Si TFT 在未来 3D 和平面电学产品中具有极大的潜力(Lin 等,2012;Chen 等,2013)。

用多晶 Ge 制造的 p 型无结晶体管,同多晶 Si 晶体管相比具有优势,因为载流子浓度更高因此驱动电流更高。栅长低至 40nm 的多晶 Ge 无结三栅 p-FET,是采用宽度为 7nm 的多晶 Ge 纳米线制造的。当 $V_D = -1V$ 时,I_{ON}/I_{OFF} 的比值高于 10^5,亚阈值斜率为 158mV/dec,DIBL 小到 74mV/V。这些数据与单晶 Ge 器件的性能相当。$L_G = 80nm$ 的器件,当 $V_D = -1V$ 时,驱动电流为 $100\mu A/\mu m$ (Kamata 等,2013)。

6.5.5 氧化铟锡无结晶体管

在室温下在玻璃衬底上制造出无结、透明、电学双层的平面栅结构薄膜晶体管。在这些无结晶体管中,沟道和源/漏采用相同的氧化铟锡(ITO)薄膜而不需要额外的源/漏结掺杂。当 ITO 厚度减小到 20nm 时,可以实现漏电流的有效场效应调制。这种无结、透明的 TFT 呈现良好的电学性能,亚阈值斜率小(小于 0.2 V/dec),迁移率高(约为 $20cm^2/V \cdot s$),I_{ON}/I_{OFF} 比大(大于 10^6)(Jiang 等,2011a)。将上述概念进一步扩展,在室温下在纸衬底上制造出无结、柔性薄膜晶体管。沟道和源/漏采用 ITO 薄膜,没有源/漏结。假设 ITO 薄膜足够薄(20nm),则可以实现漏电流的有效场效应调制。这些无结纸 TFT 呈现良好的器件特性,亚阈值斜率为 210mV/dec,I_{ON}/I_{OFF} 比为 2×10^6。对于柔性纸电子学和廉价可携带的传感器应用来说,这种纸上的 TFT 能提供一个新的途径(Jiang 等,2011b)。

6.6 结 论

无结晶体管是单极、薄膜、重掺杂(典型值是 $10^{19}cm^{-3}$)MOS 晶体管。因为设计简单,无结晶体管可以采用硅以外的半导体材料制造。由于半导体材料和栅材料之间的功函数不同,在沟道处于截止状态时是全耗尽的。当器件导通时,大量的电流在薄膜体中流动,通常是因为积累电流增加。无结晶体管通过减小短沟效应,呈现优良的亚阈值斜率和低的 DIBL。当栅长降至 13nm 时,CMOS 无结器件呈现优良的短沟性能。无结晶体管可能是所有 FET 结构中可以做到尺寸最小的器件,通过 ab initio(从头算法)仿真和实验器件验证,器件栅长可小至 3nm。

6.7 致 谢

感谢从前 Tyndall 的同事和学生们,尤其是美国团队中的 I. Ferain,J. B. Milon,D. Lederer,A. Afzalian,A. Kranti,S. Das,C. W. Lee,R. Yan,R. Yu,N. Dehdashti,P. Razavi 和 L. Ansari。

6.8 参考文献

Aldegunde M., Martinez A. and Barker J. R. (2012), 'Study of discrete doping-induced variability in junctionless nanowire MOSFETs using dissipative quantum transport simulations', *IEEE Electron Device Letters*, **33**, 194 – 196.

Ansari L., Feldman B., Fagas G., Colinge J. P. and Greer J. C. (2010), 'Simulation of junctionless Si nanowire transistors with 3nm gate length', *Applied Physics Letters*, **97**, 062105.

Ansari L., Feldman B., Fagas G., Colinge J. P. and Greer J. C. (2012), 'Subthreshold behavior of junctionless silicon nanowire transistors from atomic scale simulations', *Solid-State Electronics*, **71**, 58 – 62.

Barraud S., Berthomé M., Coquand R., Cassé M., Ernst T., Samson M.-P., Perreau P., Bourdelle K. K., Faynot O. and Poiroux T. (2012), 'Scaling of trigate junctionless nanowire MOSFET with gate length down to 13nm', *IEEE Electron Device Letters*, **33**, 1225 – 1227.

Berthomé M., Barraud S., Ionescu A. and Ernst T. (2011), 'Physically-based, multi-architecture, analytical model for junctionless transistors', *Proceedings of the 12th International Conference on Ultimate Integration on Silicon (ULIS 2011)*, Cork, Ireland, 11 – 14.

Cerdeira A., Estrada M., Iñiguez B., Trevisoli R. D., Doria R. T., de Souza M. and Pavanello M. A. (2013), 'Charge-based continuous model for long-channel symmetric double-gate junctionless transistors', *Solid-State Electronics*, **85**, 59 – 63.

Chen Z., Kamath A., Singh N., Shen N., Li X., Lo G-Q., Kwong D-L, Kasprowicz D., Pfitzner A. and Maly W. (2012), 'N-channel junction-less vertical slit field-effect transistor (VeSFET): fabrication-based feasibility assessment', *2012 International Conference on Solid-State and Integrated Circuit (ICSIC 2012)*, IPCSIT Vol. 32, 90 – 94, IACSIT Press, Singapore.

Chen H-B., Chang C-Y., Lu N-H., Wu J-J., Han M-H., Cheng Y-C. and Wu Y-C. (2013), 'Characteristics of gate-all-around junctionless poly-Si TFTs with an ultrathin channel', *IEEE Electron Device Letters*, **34**, 897 – 899.

Chindalore G., Mudanai S., Shih W. K., Tasch A. F. Jr. and Maziar C. M. (1999), 'Temperature dependence characterization of effective electron and hole mobilities in the accumulation layers of n-and p-type MOSFET's', *IEEE Transactions on Electron Devices*, **46**, 1290 – 1294.

Cho S., Kim K. R., Park B-G. and Kang I. M. (2011a), 'RF performance and small-signal parameter extraction of junctionless silicon nanowire MOSFETs', *IEEE Transactions on Electron Devices*, **58**, 1388 – 1396.

Cho S., Park S. H., Park B – G. and Harris J. S. Jr. (2011b), 'Silicon-compatible bulk-type compound junctionless field-effect transistor', *Proceedings of ISDRS 2011*, 7 – 9 December 2011, College Park, MD, USA.

Choi S-J., Moon D-I., Kim S., Duarte J. P. and Choi Y-K. (2011a), 'Sensitivity of threshold voltage to nanowire width variation in junctionless transistors', *IEEE Electron Device Letters*, **32**, 125 – 127.

Choi S-J., Moon D-I., Kim S., Ahn J-H., Lee J-S., Kim J-Y. and Choi Y-K. (2011b), 'Nonvolatile memory by all-around-gate junctionless transistor composed of silicon nanowire on bulk substrate', *IEEE Electron Device Letters*, **32**, 602 – 604.

Colinge J. P. (1990), 'Conduction mechanisms in thin-film accumulation-mode SOI p-channel MOSFETs', *IEEE Transactions Electron Devices*, **37**, 718 – 723.

Colinge J. P., Lee C. W., Ferain I., Dehdashti Akhavan N., Yan R., Razavi P., Yu R., Nazarov A. N. and Doria R. T. (2010), 'Reduced electric field in junctionless transistors', *Applied Physics Letters*, **96**, 073510.

Colinge J. P., Kranti A., Yan R, Lee, C. W., Ferain I., Yu R., Dehdashti Akhavan N. and Razavi P. (2011), 'Junctionless nanowire transistor (JNT): properties and design guidelines', *Solid-State Electronics*, **65/66**, 33–37.

Dehdashti Akhavan N., Ferain I., Razavi P., Yu R. and Colinge J. P. (2011), 'Random dopant variation in junctionless nanowire transistors', *Proceedings IEEE International SOI Conference*, 3–5 October 2011, Tempe, AZ, USA, 55–56.

Doria R. T., Pavanello M. A., Lee C-W., Ferain I., Dehdashti-Akhavan N., Yan R., Razavi P., Yu R., Kranti A. and Colinge J. P. (2010), 'Analog operation and harmonic distortion temperature dependence of nMOS junctionless transistors', *ECS Transactions*, **31**, 13–20.

Doria R. T., Pavanello M. A., Trevisoli R. D., Souza M., Lee C-W., Ferain I., Dehdashti Akhavan N., Yan R., Yu R., Kranti A. and Colinge J. P. (2011a), 'The roles of electric field and the density of carriers in the improved output conductance of junctionless nanowire transistors', *ECS Transactions*, **35**, 283–288.

Doria R. T., Pavanello M. A., Trevisoli R. D., de Souza M., Lee C. W., Ferain I., Dehdashti Akhavan N., Yan R., Razavi P., Yu R., Kranti A. and Colinge J. P. (2011b), 'Junctionless multiple-gate transistors for analog applications', *IEEE Transactions on Electron Devices*, **58**, 2511–2519.

Duarte J. P., Choi S-J., Moon D-I. and Choi Y-K. (2011a), 'Simple analytical bulk current model for long–channel double-gate junctionless transistors', *IEEE Electron Device Letters*, **32**, 704–706.

Duarte J. P., Choi S-J. and Choi Y-K. (2011b), 'A full-range drain current model for double-gate junctionless transistors', *IEEE Transactions on Electron Devices*, **58**, 4219–4225.

Duarte J. P., Kim M. S., Choi S. J. and Choi Y. K. (2012), 'A compact model of quantum electron density at the subthreshold region for double-gate junctionless transis-tors', *IEEE Transactions on Electron Devices*, **59**, 1008–1012.

Gnani E., Gnudi A., Reggiani S., Baccarani G. and De Castro E. (2011), 'Theory of the junctionless nanowire FET', *IEEE Transactions on Electron Devices*, **58**, 2903–2910.

Goto K. I., Yu T-H., Wu J., Diaz C. H. and Colinge J. P. (2012), 'Mobility and screening effect in heavily doped accumulation-mode metal-oxide-semiconductor field-effect transistors', *Applied Physics Letters*, **101**, 073503.

Gundapaneni S., Ganguly S. and Kottantharayil A. (2011a), 'Bulk planar junctionless transistor (BPJLT): an attractive device alternative for scaling', *IEEE Electron Device Letters*, **32**, 261–263.

Gundapaneni S., Ganguly S. and Kottantharayil A. (2011b), 'Enhanced electrostatic integrity of short–channel junctionless transistor with high-κ spacers', *IEEE Electron Device Letters*, **32**, 1325–1327.

Han M-H., Chang C-Y., Jhan Y-R., Wu J-J., Chen H-B., Cheng Y-C. and Wu Y-C. (2013), 'Characteristic of p-type junctionless gate-all-around nanowire transis-tor and sensitivity analysis', *IEEE Electron Device Letters*, **34**, 157–159.

Huang J. Z., Chew W. C., Peng J., Yam C-Y., Jiang L. J. and Chen G-H. (2013), 'Model order reduction for multiband quantum transport simulations and its application to p-type junctionless transistors', *IEEE Transactions on Electron Devices*, **60**, 2111–2119.

Im K-S., Won C-H., Jo Y-W., Lee J-H., Bawedin M., Cristoloveanu S. and Lee J-H. (2013), 'High-performance GaN-based nanochannel FinFETs with/without AlGaN/GaN heterostructure', *IEEE Transactions on Electron Devices*, **60**, 3012–3018.

Iqbal M. M. H., Hong Y., Garg P., Udrea F., Migliorato P. and Fonash S. J. (2008), 'The nanoscale silicon accumulation-mode MOSFET – a comprehensive numerical study', *IEEE Transactions on Electron Devices*, **55**,

2946 - 2958.

Jacoboni C., Canali C., Ottaviani G. and Quaranta A. A. (1977), 'A review of some charge transport properties of silicon', *Solid State Electronics*, **20**, 77 - 89.

Jang D., Lee J. W., Lee C. W., Colinge J. P., Montès L., Lee J. I., Kim G. T. and Ghibaudo G. (2011), 'Low-frequency noise in junctionless multigate transistors', *Applied Physics Letters*, **98**, 133502.

Jeon D. Y., Park S. J., Mouis M., Berthomé M., Barraud S., Kim G. T. and Ghibaudo G. (2012), 'Electrical characterization and revisited parameter extraction methodology in junctionless transistors', *Proceedings EUROSOI*, 23 - 25 January 2012, La Grande Motte, France, 109 - 110.

Jiang J., Sun J., Dou W., Zhou B. and Wan Q. (2011a), 'Junctionless in-plane-gate transparent thin-film transistors', *Applied Physics Letters*, **99**, 193502.

Jiang J., Sun J., Dou W. and Wan Q. (2011b), 'Junctionless flexible oxide-based thin-film transistors on paper substrates', *IEEE Electron Device Letters*, **33**, 65 - 67.

Jin X-S., Liu X., Kwon H-I. and Lee J-H. (2013), 'A continuous current model of accumulation mode (junctionless) cylindrical surrounding-gate nanowire MOSFETs', *Chinese Physics Letters*, **30**, 038502 - 1/4.

Kabuyanagi S., Nishimura T., Nagashio K. and Toriumi A. (2013), 'High electron mobility in germanium junctionless n-MOSFETs', Abstract #2249, *224th Electrochemical Society Meeting*, 27 October - 1 November 2013, San Francisco, CA, USA.

Kadotani N., Ohashi T., Takahashi T., Oda S. and Ken Uchida K. (2011), 'Experimental study on electron mobility in accumulation-mode silicon-on-insulator metal-oxide-semiconductor field-effect transistors', *Japanese Journal of Applied Physics*, **50**, 094101 1 - 4.

Kamata Y., Kamimuta Y., Ikeda K., Furuse K., Ono M., Oda M., Moriyama Y., Usuda K., Koike M., Irisawa T., Kurosawa E. and Tezuka T. (2013), 'Superior cut-off characteristics of Lg = 40nm Wfin = 7nm poly Ge junctionless tri-gate FET for stacked 3D circuits integration', *Symposium on VLSI Technology Digest of Technical Papers*, T94 - T95.

Kamath A., Chen Z., Shen N., Singh N., Lo G. Q., Kwong D-L., Kasprowicz D., Pfitzner A. and Maly W. (2012), 'Realizing AND and OR functions with single vertical-slit field-effect transistor', *IEEE Electron Device Letters*, **33**, 152 - 154.

Klaassen D. B. M. (1992), 'A unified mobility model for device simulation - I. Model equations and concentration dependence', *Solid-State Electronics*, **35**, 953 - 967.

Kranti A., Hao Y. and Armstrong G. A. (2008), 'Performance projections and design optimization of planar double gate SOI MOSFETs for logic technology applications', *Semiconductor Science and Technology*, **23**, 045001. 1 - 13.

Lee C. W., Lederer D., Afzalian A., Yan R., Dehdashti N., Xiong W. and Colinge J. P. (2008), 'Comparison of contact resistance between accumulation-mode and inversion-mode multigate FETs', *Solid-State Electronics*, **52**, 1815 - 1820.

Lee C. W., Afzalian A., Dehdashti Akhavan N., Yan R., Ferain I. and Colinge JP. (2009), 'Junctionless multigate field-effect transistor', *Applied Physics Letters*, **94**, 053511.

Lee C. W., Ferain I., Kranti A., Dehdashti Akhavan N., Razavi P., Yan R., Yu R., O'Neill B., Blake A., White M., Kelleher A. M., McCarthy B., Gheorghe S., Murphy R. and Colinge J. P. (2010), 'Short-channel junctionless nanowire transistors', *Solid-State Devices and Materials Conference (SSDM) Proceedings*, 22 - 24 September 2010, Tokyo, Japan, 1044 - 1045.

Leung G. and Chui C. O. (2012), 'Variability impact of random dopant fluctuations on nanoscale junctionless

FinFETs', *IEEE Electron Device Letters*, **33**, 767 – 769.

Lilienfeld J. E. (1925), *Method and Apparatus for Controlling Electric Current*. US patent 1745175 filed in Canada 1925 – 10 – 22.

Lilienfeld J. E. (1928), *Device for Controlling Electric Current*. US patent 1900018. 1928 – 03 – 28.

Lin H-C., Lin C-I. and Huang T-Y. (2012a), 'Characteristics of n-type junctionless poly-Si thin-film transistors with an ultrathin channel', *IEEE Electron Device Letters*, **33**, 53 – 55.

Lin Z. M., Lin H. C., Liu K. M. and Huang T. Y. (2012b), 'Analytical model of sub-threshold current and threshold voltage for fully depleted double-gated junctionless transistor', *Japanese Journal of Applied Physics*, **51**, 02BC14 1 – 7.

Masahara M., Endo K., Yongxun Liu, Matsukawa T., O'Uchi S., Ishii K., Sugimata E. and Suzuki E. (2006), 'Demonstration and analysis of accumulation-mode double-gate metal-oxide-semiconductor field-effect transistor', *Japanese Journal of Applied Physics*, **45**, 3079 – 3083.

McKeon J. B., Chindalore G., Hareland S. A., Shih W. K., Wang C., Tasch A. F. Jr. and Maziar C. M. (1997), 'Experimental determination of electron and hole mobilities in MOS accumulation layers', *IEEE Electron Device Letters*, **18**, 200 – 202.

Migita S., Morita Y., Masahara M. and Ota H. (2012), 'Electrical performances of junctionless-FETs at the scaling limit (L_{CH} = 3nm)', *IEEE International Electron Device Meeting (IEDM) Technical Digest*, 191 – 194.

Moon D-H., Song J-J. and Kim O. (2010), 'Effect of source/drain doping gradient on threshold voltage variation in double-gate fin field effect transistors as determined by discrete random doping', *Japanese Journal of Applied Physics*, **49**, 104301.

Mudanai S., Chindalore G. L., Shih W. -K., Wang H., Ouyang Q., Tasch Al F., Jr., Maziar C. M. and Banerjee S. K. (1999), 'Models for electron and hole mobilities in MOS accumulation layers', *IEEE Transactions on Electron Devices*, **46**, 1749 – 1758.

Nazarov A. N., Ferain I., Dehdashti Akhavan N., Razavi P., Yu R. and Colinge J. P. (2011), 'Random telegraph-signal noise in junctionless transistors', *Applied Physics Letters*, **98**, 092111.

Niquet Y. M., Mera H. and Delerue C. (2012), 'Impurity-limited mobility and variability in gate-all-around silicon nanowires', *Applied Physics Letters*, **100**, 153119.

Ohno Y. and Okuto Y. (1982), 'Electron mobility in n-channel depletion-type MOS transistors', *IEEE Transactions on Electron Devices*, **29**, 190 – 194.

Park C-H., Ko M-D., Kim K-H., Sohn C-W., Baek C. K., Jeong Y-H. and Lee J-S. (2011a), 'Comparative study of fabricated junctionless and inversion-mode nanowire FETs', *Proceedings Device Research Conference (DRC) 69th Annual*, 20 – 22 June 2011, Santa Barbara, CA, USA, 179 – 180.

Park C-H., Lee S-H., Kim Y-R., Baek C-K. and Jeong Y-H. (2011b), 'Fabrication and characterization of gate-all-around silicon nanowire field effect transistors', *Proceedings 11th IEEE International Conference on Nanotechnology*, 15 – 18 August 2011, Portland, OR, USA, 255 – 259.

Park C-H., Ko M-D., Kim K-H., Baek R-H., Sohn C-W., Baek C. K., Park S., Deen M. J., Jeong Y-H. and Lee J-S. (2012), 'Electrical characteristics of 20-nm junc-tionless Si nanowire transistors', *Solid-State Electronics*, **73**, 7 – 10.

Persson M., Mera H., Niquet Y. M., Delerue C. and Diarra M. (2010), 'Charged impurity scattering and mobility in gated silicon nanowires', *Physical Review B*, **82**, 115318.

Rauly E., Iñiguez B. and Flandre D. (2001), 'Investigation of deep submicron single and double gate SOI MOSFETs in accumulation mode for enhanced performance', *Electrochemical Solid-State Letters*, **4**, G28 – G30.

Rios R., Cappellani A., Armstrong M., Budrevich A., Gomez H., Pai R., Rahhal-Orabi N. and Kuhn K. (2011), 'Comparison of junctionless and conventional trigate transistors with L_g down to 26nm', *IEEE Electron Device Letters*, **32**, 1170–1172.

Rudenko T., Yu R., Barraud S., Cherkaoui K. and Nazarov A. (2013a), 'Method for extracting doping concentration and flat-band voltage in junctionless multigate MOSFETs using 2-D electrostatic effects', *IEEE Electron Device Letters*, **34**, 957–959.

Rudenko T., Nazarov A., Yu R., Barraud S., Cherkaoui K., Razavi P. and Fagas G. (2013b), 'Electron mobility in heavily doped junctionless nanowire SOI MOSFETs', *Microelectronic Engineering*, **109**, 326–329.

Sallese J. M., Chevillon N., Lallement C., Iñiguez B. and Prégaldiny F. (2011), 'Charge-based modeling of junctionless double-gate field-effect transistors', *IEEE Transactions on Electron Devices*, **58**, 2628–2637.

Shan Y., Ashok S. and Fonash S. J. (2007), 'Unipolar accumulation-type transistor configuration implemented using Si nanowires', *Applied Physics Letters*, **91**, 093518 1–3.

Singh P., Singh N., Miao J., Park W-T. and Kwong D-L. (2011), 'Gate-all-around junctionless nanowire MOSFET with improved low-frequency noise behavior', *IEEE Electron Device Letters*, **32**, 1752–1754.

Skotnicki T. and Boeuf F. (2010), 'How can high mobility channel materials boost or degrade performance in advanced CMOS', *Symposium on VLSI Technology Digest of Technical Papers*, 15–17 June 2010, Honolulu, HI, USA, 153–154.

Sorée B., Magnus W. and Pourtois G. (2008), 'Analytical and self-consistent quantum mechanical model for a surrounding gate MOS nanowire operated in JFET mode', *Journal of Computational Electronics*, **7**, 380–383.

Su C-J., Tsai T-I., Liou Y-L., Lin Z-M., Lin H-C. and Chao T-S. (2011), 'Gate-all-around junctionless transistors with heavily doped polysilicon nanowire chan-nels', *IEEE Electron Device Letters*, **32**, 521–523.

Sun S. C. and Plummer J. D. (1980), 'Electron mobility in inversion and accumulation layers on thermally oxidized silicon surfaces', *IEEE Transactions on Electron Devices*, **27**, 1497–1507.

Taur Y., Chen H. P., Wang W., Lo S. H. and Wann C. (2012), 'On-off charge-voltage characteristics and dopant number fluctuation effects in junctionless double-gate MOSFETs', *IEEE Transactions on Electron Devices*, **59**, 863–866.

Trevisoli R., Doria R., de Souza M. and Pavanello M. (2011), 'Threshold voltage in junctionless nanowire transistors', *Semiconductor Science Technology*, **26**, 105009.

Weis M., Pfitzner A., Kasprowicz D., Lin Y. W., Fischer T., Emling, R., Marek-Sadowska M., Schmitt-Landsiedel D. and Maly W. (2008), 'Low power SRAM cell using vertical slit field effect transistor (VeSFET)', *European Solid-State Circuits Conference, ESSCIRC Fringe*, 15–19 September 2008, Edinburgh, Scotland, paper P6.

Weis M. and Schmitt-Landsiedel D. (2010), 'Circuit design with adjustable threshold using the independently controlled double gate feature of the Vertical Slit Field Effect Transistor (VESFET)', *Advances in Radio Science*, **8**, 275–278.

Yam C. Y., Peng J., Chen Q., Markov S., Huang J. Z., Wong N., Chew W. C. and Chen G. H. (2013), 'A multiscale modeling of junctionless field-effect transistors', *Applied Physics Letters*, **103**, 062109–1/5.

Yan R., Lynch D., Cayron T., Lederer D., Afzalian A., Lee C. W., Dehdashti N. and Colinge J. P. (2008), 'Sensitivity of trigate MOSFETs to random dopant induced threshold voltage fluctuations', *Solid-State Electronics*, **52**, 1872–1876.

Yan R., Kranti A., Ferain I., Lee C. W., Yu R., Dehdashti N., Razavi P. and Colinge J. P. (2011), 'Investigation of high-performance sub-50nm junctionless nanowire transistors', *Microelectronics Reliability*, **51**, 1166–1171.

Yokoyama M., Iida R., Sanghyeon K., Taoka N., Urabe Y., Takagi H., Yasuda T., Yamada H., Fukuhara N., Hata M., Sugiyama M., Nakano Y., Takenaka M. and Takagi S. (2011), 'Sub-10-nm extremely thin body InGaAs-on-insulator MOSFETs on Si wafers with ultrathin Al_2O_3 buried oxide layers', *Electron Device Letters*, **32**, 1218 – 1220.

Zhao D. D., Nishimura T., Lee C. H., NagashioK., Kita K. and Toriumi A. (2011), 'Junctionless Ge p-channel metal-oxide-semiconductor field-effect transistors fabricated on ultrathin Ge-on-insulator substrate', *Applied Physics Express*, **4**, 031302 1 – 3.

Zhao D. D., Lee C. H., Nishimura T., NagashioK., Cheng G. A. and Toriumi A. (2012), 'Experimental and analytical characterization of dual-gated germanium junctionless p-channel metal-oxide-semiconductor field-effect transistors', *Japanese Journal of Applied Physics*, **51**, 04DA03 1 – 7.

第7章 SOI FinFET

B. CHENG, University of Glasgow, UK; A. BROWN,
Gold Standard Simulations Ltd, UK; E. TOWIE, University
of Glasgow, UK; N. DAVAL, K. K. BOURDELLE and B-Y.
NGUYEN, Soitec, France; A. ASENOV, University of Glasgow and
Gold Standard Simulations Ltd, UK

摘 要：互补金属氧化物半导体继续缩比需要新的器件结构，例如 FinFET。与体硅 FinFET 不同，本章评述 SOI FinFET 的性能和波动性方面的一些问题。分析结果表明，由于 BOX 隔离代替了结隔离，SOI FinFET 同体硅 FinFET 相比，在漏电电流及驱动特性方面有相当大的优势。由于在 SOI 工艺中有更好的 fin（鳍）的限定，因此 SOI FinFET 由于工艺引入的波动更低。因为匹配因子 A_{VT} 为 1.2mV·μm 左右，所以 SOI FinFET 不会因统计波动造成大的影响。

关键词：SOI，FinFET 器件，CMOS，统计波动，工艺波动，漏电电流，驱动电流。

7.1 引 言

由于性能的限制以及过大的随机离散掺杂波动[1]，传统的体硅 MOSFET 结构缩比有限制，为了保持在 22nm 及更小的技术节点缩比的优点[2-7]，需要性能及波动性更好的器件结构，例如 FinFET 和超薄体绝缘体上硅器件。事实上，英特尔在他们的 22nm CMOS 工艺中引入了 FinFET[8]，另外 UTB 全耗尽 SOI 现在也已为公共平台合作伙伴们所采用[9]。FinFET 以复杂的三维结构和制造工艺为代价，能提供性能、漏电电流及波动性方面显著的改善。由于体硅晶圆片丰富，因此英特尔在 22nm 节点引入的及一些重要的代工线在 16/14nm 技术代加工的都是体硅 FinFET。在体硅 FinFET 中，如图 7.1 所示，fin 在浅槽隔离（STI）上面的体硅部分形成。限定 fin 以后的刻蚀影响 fin 的形状，且产生形状的波动[10-12]。另外，需要在 fin 的基面进行高剂量的角度注入以形成 fin 之间的结隔离。制作 FinFET 器件的一个简便方法是使用 SOI 衬底。如图 7.2 所示，在 SOI FinFET 中，fin 的刻蚀在埋氧化物处停止。这就使得 fin 的形成有好的形状及控制[13,14]，并且 fin 自然地被 BOX 隔离。结隔离和 BOX 隔离之间的差别也可以影响寄生电容。近来的一项研究[10]表明，SOI 的 BOX 有助于减小寄生电容,而结隔离的体硅 FinFET 则由于结隔离会引入附加的电容。还有就是,尽管由于衬底的价格提高使基于 SOI 的 FinFET 成本有些提高,但是当大量生产时其工艺的简单性相比体硅更容易实现[10]。

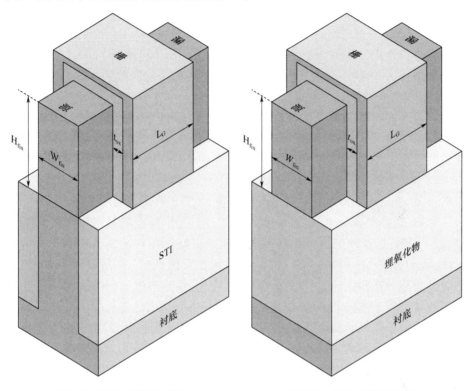

图 7.1　体硅三栅 FinFET　　　　图 7.2　SOI 三栅 FinFET

尽管现在已经很好地认识到 SOI 不仅能简化 FinFET 的制造工艺,也可以改善 fin 形成的质量,但是仍然有一些问题需要回答。问题之一是,同体硅比较,采用 SOI FinFET 结构有没有性能不佳的方面呢？用体硅的 FinFET 作为参考工艺,对基本的 SOI FinFET 工艺的一般性能及其波动两方面进行综合性仿真来给以评估。这项研究针对亚 20nm 技术节点,采用 14nm 和 16nm 技术节点设计的优化器件作为基本的测试器件。仿真利用金标准仿真公司(GSS)的统计"原子"仿真器 GARAND[15]进行,它是一个漂移－扩散仿真器,仿真器引入了密度梯度量子修正[16],这一点对于像 FinFET 这样的薄体器件是很重要的。

在 7.2 节中,将基于一个宽范围的器件结构并以 14nm 技术节点作为例子,介绍 SOI FinFET 的性能同对应的体硅三栅及双栅器件相比较的研究结果。在 7.3 节中,用三栅 16nm 技术节点的工艺,讨论 SOI 衬底对器件短沟效应的影响。7.4 节研究 FinFET 的工艺及波动性方面的问题,用体硅 FinFET 作为对比器件,并且分析在 16nm 技术节点时波动性对 SOIFinFET 器件性能的影响。仿真的两种三栅结构在图 7.1 和图 7.2 中进行了说明。

7.2 SOI FinFET 的性能

在进行 SOI FinFET 器件的性能讨论以前,对 SOI 和体硅 FinFET 工作的一般问题进行一些说明,以便找出有相同尺寸的两种结构的差别。图版 I 示出通过 fin 中间的电势分配。可以很清楚地看出,对于体硅 FinFET,高水平的停止层可以有效地抑制漏的电场深入沟道,因此预期漏致势垒降低将得到改善。在 SOI FinFET 中,漏电场向沟道的穿透是由 BOX 的厚度以及 BOX 材料的亲和力决定的。在这样的情况下,由于在这项研究中使用的是厚 BOX,因此体硅 FinFET 比 SOI FinFET 将有更好的亚阈值特性(值得一提的是,如果引入薄的 BOX,SOI FinFET 的静电特性就会得到改善,如 7.3 节所证明的那样)。

然而,以往的研究表明,对于薄体器件,由于源/漏电阻对器件性能的影响增加[17],较好的亚阈值行为并不一定会导致更好的器件性能。从不同的角度考虑,我们看到另一种影响 FinFET 器件性能的可能机制。图版 II 对 16nm 技术节点的典型 SOI 和体硅 FinFET 晶体管在 $V_G = V_T$ 时沟道中间的载流子密度进行了比较。对于体硅 FinFET 停止层的内建势引起沟道底部耗尽,有效的 fin 高度有点降低。载流子及电流进一步向 SOI 的 fin 下面穿透,而且载流子的分布集中,到 fin 的底部更密。这部分地是由于漏电场的穿透及对沟道载流子的偏压控制所致。这表明 SOI FinFET 相对于体硅 FinFET 有一些固有的优点,即可以通过增加 fin 的高度改善器件性能。

在下面的评估和基本研究中,SOI 和体硅衬底上的晶体管有同样的尺寸,fin 的高度固定在 25nm,有相同的沟道及源/漏掺杂分布。为了提供一个平稳的器件性能画面,器件设计的空间针对 14nm 技术节点并结合三栅的长度及 3 个 fin 的宽度进行考虑。对于体硅 FinFET,在沟道下引入 $5 \times 10^{18} cm^{-3}$ 的沟道停止掺杂。采用高 κ 栅介质以减小栅的漏电电流,栅介质的等效氧化物厚度为 0.8nm。表 7.1 列出了器件的一些参数,电源电压为 0.9V。

表 7.1 器件参数

参数	值/nm
沟道长度(L_G)	18,20,22
Fin 宽度(W_{FIN})	8,10,12
Fin 高度(H_{FIN})	25
等效氧化物厚度(ETO)	0.8
STI 深度	30

第7章 SOI FinFET

在这项研究中,所有的仿真都是用 GSS 的漂移扩散(DD)仿真器 GA-RAND[15]进行的。引入密度梯度量子修正捕获窄 FinFET 固有的量子约束效应。众所周知,没有迁移率校准[18] DD 仿真不能精确预测纳米级晶体管的性能。因此,在 DD 仿真中进一步调整了饱和速度和应变,以匹配实验目标 FinFET 器件的性能。Masetti 低场迁移率模型[19]用来修正应变,而 Lombardi[20] 和 Caughey – Thomas 模型[21]用来考虑高场效应。对于 SOI 及体硅 FinFET,采用相同的迁移率参数。

漏电电流和导通电流是决定电路和系统待机时间以及速度性能的两个重要器件性能指标。这两个量用来评估以及检测同体硅相应器件对比的 SOI FinFE 工艺。可以根据实际应用的要求,采用金属栅功函数调节技术来调节器件漏电电流和导通电流的性能。因此,确定器件阈值电压 V_T 的栅功函数(WF),在这些器件中不能视为是固定值。为了提供合理的器件结构级(SOI 相对于体硅)的比较,在这里用过驱动电流 I_{ODsat} 来作为导通电流。它被定义为恒定过驱动栅压 $V_G = V_T + 0.7V$ 及 $V_D = V_{DD} = 0.9V$ 时的漏电流,并且 V_T 由 SOI 和体硅晶体管相同的恒定电流标准确定。漏电电流也利用类似的方法:对于相同 fin 结构的 SOI 和体硅晶体管,通过调节金属栅的功函数来提供 $V_G = V_D = V_{DD} = 0.9V$ 时同样的漏电流,漏电电流 I_{off} 定义成 $V_G = 0, V_D = V_{DD} = 0.9V$ 时的漏电流。

图 7.3 所示为 SOI 和体硅 FinFET 晶体管导通电流比值同 fin 的尺寸及栅长的关系。在整个设计参数空间内,SOI 的性能优势范围为 6%~10%。因为 SOI 和体硅 FinFET 在仿真设置中有相同大小的漏电电流,因此这就表明 SOI 同体硅比较,$I_{on}/_{off}$ 比值有 6%~10% 的改善。对于窄的 fin,因为 SOI 和体硅 FinFET 两者都有优良的静电控制能力,结果对于所有的栅长都有一个类似的改善。但是对于宽的 fin,在 SOI 结构的固有性能改善和体硅结构较好的静电性能之间有一个折中,另外,器件性能的改善同栅长是有关的。基于图 7.3 中的趋势,进一步减小栅长并伴随进一步增加栅宽,它可以减弱 SOI FinFET 器件的优势。但是,在一个良好的 FinFET 设计中,fin 宽度的缩比因子同栅长的缩比因子是类似的。因此,在实际的常规设计中,SOI FinFET 将提供比体硅 FinFET 更好的性能。

图 7.4 所示为体硅和 SOI FinFET 晶体管截止电流的比值同 fin 的尺寸及栅长的关系。SOI FinFET 的漏电电流是体硅 FinFET 漏电电流的 1/2~1/4,而两种器件有相同的驱动电流。SOI 漏电电流改善的总趋势类似于导通电流,同时窄的 fin 宽及长的沟长使 SOI 漏电电流的优势最大。这是 SOI FinFET 有效 Fin 高度固有的改善同体硅 FinFET 较好的静电行为相互作用的结果,尽管 SOI 的漏电电流的优势会因器件的极短沟长和宽的 fin 宽有所抵消。在常规的实际设计条件下,SOI FinFET 将提供更好的漏电电流性能。

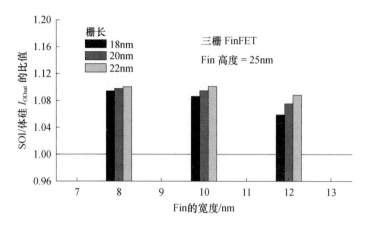

图 7.3　SOI 及体硅 FinFET 的导通电流比值同 fin 几何尺寸及栅长的关系

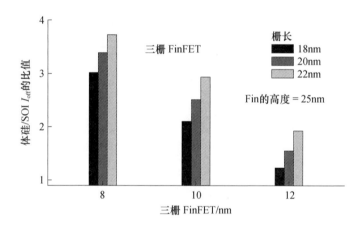

图 7.4　SOI 及体硅 FinFET 的截止电流比值同 fin 几何尺寸及栅长的关系

除了三栅结构以外，IBM 及其联盟还支持另一种类型的双栅 FinFET[22]。如图 7.5 和图 7.6 所示，FinFET 可以在 SOI 衬底和体硅衬底上制造。利用同三栅 FinFET 相同的 fin 及栅长结构来评估 DG FinFET，以及对照着体硅相应器件对它进行检测。

图 7.7 所示为 SOI 和体硅 DG FinFET 晶体管的导通电流比值 $I_{ODsatSOI}/I_{ODsatBULK}$ 同 fin 几何尺寸及栅长的关系。SOI FinFET 提供 12%～16% 范围更高的驱动电流，它同 fin 几何尺寸的实际设计有关，转换成 I_{on}/I_{off} 的改善也是 12%～16%。同体硅三栅结构比较，在 DG 结构中 SOI 的性能优势更加明显，因为有效器件宽度的相对减小，要比体硅三栅 FinFET 中的更大。

图 7.8 所示为 SOI 和体硅截止电流的比值同 fin 几何尺寸及栅长的关系。类似驱动电流，在 DG 结构中，同体硅技术相比，SOI 技术在漏电电流方面具有

明显的优势。在大多数情况下,它的漏电电流只有体硅的 1/5,却能提供同体硅 DG FinFET 一样的驱动电流。

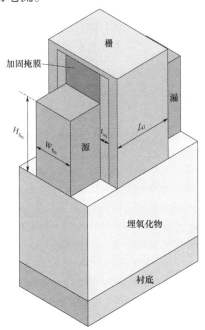

图 7.5　SOI 双栅 FinFET

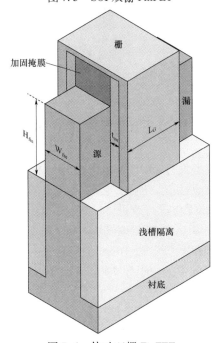

图 7.6　体硅双栅 FinFET

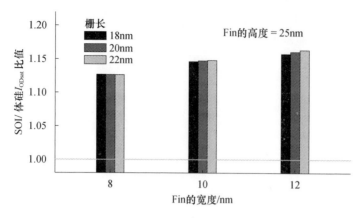

图 7.7 SOI 和体硅导通电流的比值同 Fin 几何尺寸及栅长的关系

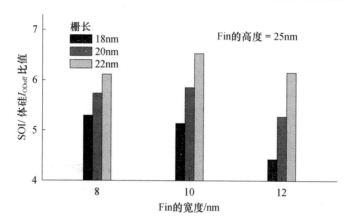

图 7.8 SOI 和体硅截止电流的比值同 Fin 几何尺寸及栅长的关系

7.3 SOI FinFET 衬底的优化

对于本章讨论的典型设计,SOI FinFET 结构同相应的体硅器件相比,可能具有稍差一点的短沟效应性能。但是,它的短沟道效应和所引起的工艺敏感性,可以通过 SOI 衬底的优化进行改进[23]。类似 FDSOI MOSFET 的情况,BOX 厚度的减小及 BOX 下方引入重掺杂地平面,可以降低同沟道中载流子耦合的漏电势,以及显著减小 DIBL[24]。以 16nm 的三栅 FinFET 为例,图 7.9 所示为 BOX 厚度从 145nm 下降到 10nm 时,SOI FinFET 的 V_T 对 fin 宽度的敏感性,同时图中也给出了这个敏感性因 BOX 下面衬底不同掺杂浓度产生的影响。当地平面掺杂浓度为 $1.0 \times 10^{19} \text{cm}^{-3}$,而 BOX 厚度从 145nm 变为 10nm 时,V_T 的宽度敏感性可以减小 30%。BOX 厚度为 10nm,地平面掺杂浓度为 $1.0 \times 10^{15} \sim 1.0 \times 10^{19} \text{cm}^{-3}$ 时,器件 V_T 的宽度敏感性也可以减小 30%。

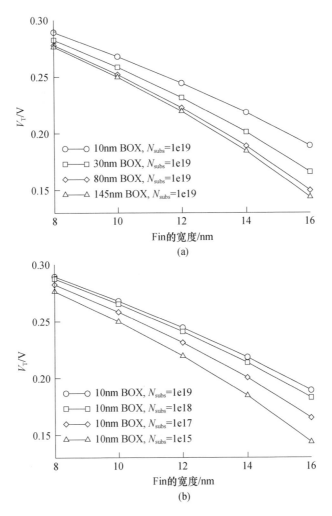

图 7.9 SOI 三栅 FinFET 的宽度敏感性以及它同
(a) BOX 厚度及(b) BOX 下面衬底掺杂浓度的关系

7.4 FinFET 的工艺及统计波动性

由于 FinFET 器件的三维性质,fin 固有的波动性对器件的性能有相当大的影响[23]。体硅 fin 的高度由若干工艺步骤完成,其中也包括 STI 槽的刻蚀时间。因此一般可以预料,同 SOI 相比体硅 FinFET 的高度会有更大的波动[10,12]。在下面的分析中,在体硅 FinFET 的情况下,假设体工艺引入 fin 的波动($\pm 3\sigma$)高度为 ± 5nm 而宽度为 ± 2nm。在 SOI FinFET 的情况下,波动可以降低到高度为 ± 1nm,因为它只是由均匀的 SOI 层决定的,因此它可以很好地表征,并且典型的甚至低到 ±0.5nm,而 fin 宽度的波动低到 ±1.5nm。表 7.2 和表 7.3 对三栅 16nm 工艺节点($W_F = 12nm$,$H_F = 30nm$ 及 $L_G = 25nm$)通常器件的计算工艺角进行了小结。SOI FinFET 可以将 V_T 角的范围提高 2 倍。更值得称道的是,I_{ODsat}/I_{ODsat} 波动从体硅的 28.7% 降低到 SOI 时的 7.3%。

虽然 FinFET 器件可以允许非常低的沟道掺杂,源/漏区中的随机离散掺杂杂质(RDD)在器件性能的波动中,仍然可以起重要的作用。在 RDD 仿真设置中,可以假设 SOI 和体硅二者的 FinFET 都有一个非常低的掺杂浓度($1 \times 10^{15} cm^{-3}$),因为两种器件具有完全相同的 fin 结构。然而在实际中,体硅 FinFET 需要高得多的沟道掺杂浓度。这常常是为了防止体硅工艺中 fin 确定不良引起的短沟效应的变坏。这里介绍的 RDD 结果,代表可以通过体硅 FinFET 实现的最好 RDD 性能。由于 FinFET 器件的 3D 性质,FinFET 中的线条边缘粗糙度(LER)不仅引入传统的栅极边缘粗糙度(GER)的波动,而且还引入 fin 边缘粗糙度(FER)的波动。同制造工艺中采用的高 κ/金属栅极堆叠技术有关,金属栅极的颗粒度(MGG)可能是主要的波动来源[25]。这里介绍 16nm 技术节点的 SOI 三栅 FinFET 的统计波动仿真结果。为了在书中引用这个结果,利用有相同结构的体硅 FinFET 晶体管作为对比器件,并且它有 SOI FinFET 相同的统计波动来源的影响及相同的波动参数。利用 GARNAD. RDD,GER,FER 进行统计波动性仿真,以及单独地引入 MGG 并同仿真相结合。

表 7.2　在工艺波动影响下 SOI 及体硅 FinFET 的品质因数

	H 对比/nm	W 对比/nm	V_{Tmin}/V	V_{Tmax}/V	VT 范围/V	SS Min/Dec	SS Max/Dec	SS 范围/Dec
体硅 fin	±5	±2	0.147	0.212	0.065	69.5	77.6	8.1
SOI 的 fin	±2	±2	0.167	0.229	0.062	71.9	80.3	8.5
SOI 的 fin	±1	±1.5	0.175	0.221	0.046	72.8	79.2	6.33
注:标称的器件几何尺寸:$W_F = 12nm$,$H_F = 30nm$ 以及 $L_G = 25nm$							

表 7.3　在工艺波动影响下 SOI 及体硅 FinFET 的性能波动

	H 对比/nm	W 对比/nm	I_{ODsat} 最小/μA	I_{ODsat} 最大/μA	I_{ODsat} 范围/V
体硅 fin	±5	±2	69.8	95.5	25.6
SOI 的 fin	±2	±2	82.0	93.1	11.1
SOI 的 fin	±1	±1.5	84.9	90.7	5.8

RDD 仿真中各个分立掺杂杂质的分辨率,采用细网格结合密度梯度量子修正得到。这样就可以防止在迅速溶解的电离杂质库仑阱中人为的电荷俘获,避免严重的网格间距敏感性,这对源/漏区中溶解的随机分散杂质是特别重要的,在源/漏区中人为的电荷俘获可能引入串联电阻的非物理性增加。

LER 建模时,假设它服从高斯自相关函数[26],并且栅边沿位置的 3 倍均方根偏差 LER = 3Δ = 2nm。MGG 的建模利用 GER 及 FER。在这个模型中,假设金属栅采用 2 个晶粒取向的 TiN,它导致 0.2V 的功函数差,可能的更高/更低功函数差分别为 0.4V/0.6V,而平均的晶粒直径为 5nm[27-29]。利用自动的 GSS 集群仿真技术,对每个分离的波动来源和它们的组合,进行了 1000 个显微镜下的不同器件集群的仿真。

图板 Ⅲ 示出沿 SOI FinFET 的 fin 中间切面的一个统计实例中的电子浓度,其中包括所有的统计波动来源,此图也示出了对比的体硅器件结果。这些结果不仅提供了统计波动仿真物理类型的视觉认知,以及波动来源对晶体管中电子分布的影响,而且也揭示了这些波动的来源对 SOI 和体硅 FinFET 影响的差别。

图 7.10 所示为 SOI 及体硅 FinFET 单独地受到 RDD、GER、FER 和 MGG 以及它们的组合影响时阈值电压的直方图,也示出了用来对比的体硅 FinFET 器件的结果。同体硅器件相比,SOI FinFET 由 RDD 引入的统计波动更小。因为在体硅 FinFET 中存在同阻止掺杂浓度有关的随机掺杂,以及它们在 fin 中对电流的影响,会引入附加的波动。但是,SOI FinFET 更容易受 GER 特别是 FER 的影响,这是因为同对应的体硅器件相比,其短沟效应略差。正如所料,MGG 对两种结构的影响是一样的,而且在高 κ/金属栅器件中是主要的统计波动来源。对于 MGG,减小晶粒尺寸或采用非晶栅是非常有利的。

关于组合统计波动来源方面,两种 FinFET 具有非常相似的阈值电压标准偏差,SOI 和体 FinFET 的这个值,即 20mV 和 19mV 转换成匹配因子分别为 $A_{VT} = 1.22\text{mV} \cdot \mu\text{m}$ 和 $1.14 \text{ mV} \cdot \mu\text{m}$。其中 $A_{VT} = \sigma_{\Delta VT}\sqrt{WL} = \sqrt{2}\sigma_{VT}\sqrt{WL}$,$W$ 此时是有效的 fin 沟宽,$W = 2H_F + W_F$。SOI 的 A_{VT} 因子性能与参考文献[12]和[30]报道的值符合得很好。SOI FinFET 与其对应的体硅器件具有非常相似的 A_{VT} 因子说明,SOI 结构的引入不会带来体硅器件以外的统计波动,同时还可能具有最好的 RDD 性能。实际上,体硅 FinFET 具有同 fin 形成相关的更大的工艺波动,这就需要更高的沟道掺杂浓度以抵消短沟效应的变坏。在这种情况下,体硅 FinFET 的 A_{VT} 因子约为 $1.8\text{mV} \cdot \mu\text{m}$,而 SOI FinFET 则具有更好的总体波动性能。

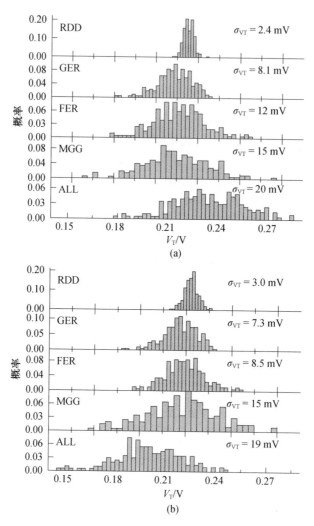

图 7.10 标称为 $W_F=12\text{nm}$、$H_F=30\text{nm}$ 及 $L_G=25\text{nm}$ 的 SOI(a)及体硅(b)的 FinFET 经受以下的波动来源,即 RDD、GER、FER、MGG 以及全部这些来源的组合以后的阈值电压直方图。对每一个来源计算 σ_{VT},对于组合的情况加上 A_{VT}

7.5 结 论

在本章中,通过 3D 的"atomistic"仿真,对亚 20nm 技术节点的 SOI FinFET 常规和统计的性能进行了评估。在研究中,利用相同 fin 结构的体硅器件作为对比器件。研究结果表明,同体硅 FinFET 相比,SOI FinFET 可以有超过 6% 的性能及 I_{on}/I_{off} 比值的优势,或者说它在相同的驱动电流下漏电电流仅为体硅器件的 1/2 以下。这是因为同结隔离相比,BOX 隔离耗尽了体 fin 的底部。对于 DG FinFET,SOI FinFET 比相应的体硅器件优势更为明显,可以预期,在器件有相同的漏电电流的情况下,驱动电流和 I_{on}/I_{off} 比值的改善超过 10%,而两种器件有相同的驱动电流时,SOI FinFET 的漏电电流减小到 1/5 以下。虽然 SOI FinFET 同体硅 FinFET 相比,其短沟效应稍差,但是通过 BOX 和衬底掺杂优化,它在一定程度上可以得到缓解。SOI 技术可以有效地减少工艺引起的 FinFET 性能的波动。同体硅 FinFET 相比,SOI FinFET 没有明显的因统计波动引起的性能变坏,并具有最好的 RDD 性能。考虑到体硅中同 fin 形成有关的较大的工艺波动性,同体硅 FinFET 相比,SOI FinFET 可以具有更好的总体波动性能。

7.6 参考文献

[1] A. Cathignol, B. Cheng, D. Chanemougame, A. R. Brown, K. Rochereau, G. Ghibaudo and A. Asenov, 'Quantitative evaluation of statistical variability sources in a 45nm technological node LP N-MOSFET', *IEEE Electron Device Letters*, Vol 29, No. 6, pp. 609 – 611, 2008.

[2] X. Wang, A. R. Brown, B. Cheng and A. Asenov, 'Statistical variability and reliability in nanoscale FinFETs', *Proceeding of IEEE International Electron Devices Meeting*, pp. 103 – 106, 2011.

[3] C. Auth, C. Allen, A. Blattner, D. Bergstrom, M. Brazier, M. Bost, M. Buehler, V. Chikarmane, T. Ghani, T. Glassman, R. Grover, W. Han, D. Hanken, M. Hattendorf, P. Hentges, R. Heussner, J. Hicks, D. Ingerly, P. Jain, S. Jaloviar, R. James, D. Jones, J. Jopling, S. Joshi, C. Kenyon, H. Liu, R. McFadden, B. McIntyre, J. Neirynck, C. Parker, L. Pipes, I. Post, S. Pradhan, M. Prince, S. Ramey, T. Reynolds, J. Roesler, J. Sandford, J. Seiple, P. Smith, C. Thomas, D. Towner, T. Troeger, C. Weber, P. Yashar, K. Zawadzki and K. Mistry, ' A 22nm high performance and low-power CMOS technology featuring fully-depleted tri-gate transistors, self-aligned contacts and high density MIM capacitors', *Symposium on VLSI Technology*, pp. 131 – 132, 2012.

[4] N. Planes, O. Weber, V. Baarral, S. Haendler, D. Noblet, D. Croain, M. Bocat, P. -O. Sassoulas, X. Federspiel, A. Cros, A. Bajolet, E. Richard, B. Dumont, P. Perreau, D. Petit, D. Golanski, C. Fenouillet-Béranger, N. Guillot, M. Rafik, V. Huard, S. Puget, X. Montagner, M. -A. Jaud, O. Rozeau, O. Saxod, F. Wacquant, F. Monsieur, D. Barge, L. Pinzelli, M. Mellier, F. Boeuf, F. Arnaud and M. Haond, '28nm FDSOI technology platform for high-speed low-voltage digital applications', *Symposium on VLSI Technology*, pp. 133 – 134, 2012.

[5] S. Narasimha, P. Chang, C. Ortolland, D. Fried, E. Engbrecht, K. Nummy, P. Parries, T. Ando, M. Aquilino, N. Arnold, R. Bolam, J. Cai, M. Chudzik, B. Cipriany, G. Costrini, M. Dai, J. Dechene, C. DeWan, B. Engel, M. Gribelyuk, D. Guo, G. Han, N. Habib, J. Holt, D. Ioannou, B. Jagannathan, D. Jaeger, J. Johnson, W. Kong, J. Koshy, R. Krishnan, A. Kumar2, M. Kumar, J. Lee, X. Li, C-H. Lin, B. Linder, S. Lucarini, N. Lustig, P. McLaughlin, K. Onishi, V. Ontalus, R. Robison, C. Sheraw, M. Stoker, A. Thomas, G. Wang, R. Wise, L. Zhuang, G. Freeman, J. Gill, E. Maciejewski, R. Malik, J. Norum and P. Agnello, '22nm high-performance SOI technology featuring dual-embedded stressors, Epiplate high-K deep-trench embedded DRAM and self-aligned via 15lM BEOL', *Proceeding of IEEE International Electron Devices Meeting*, 2012.

[6] J. Mazurier, O. Weber, F. Andrieu, F. Allain, L. Tosti, L. Brévard, O. Rozeau, M-A. Jaud, P. Perreau, C. Fenouillet-Beranger, F. A. Khaja, B. Colombeau, G. De Cock, G. Ghibaudo, M. Belleville, O. Faynot and T. Poiroux, 'Drain current variability and MOSFET parameters correlations in planar FDSOI technology', *International Electron Devices Meeting*, pp. 575 – 578, 2011.

[7] J. Mazurier, O. Weber, F. Andrieu, A. Toffoli, O. Rozeau, T. Poiroux, F. Allain, P. Perreau, C. Fenouillet-Beranger, O. Thomas, M. Belleville and O. Faynot, On the variability in planar FDSOI technology: from MOSFETs to SRAM cells', *IEEE Transactions on Electron Devices*, Vol. **58**, No. 8, pp. 2326 – 2336, August 2011.

[8] C. -H. Jan, U. Bhattacharya, R. Brain, S. -J. Choi, G. Curello, G. Gupta, W. Hafez, M. Jang, M. Kang, K. Komeyli, T. Leo, N. Nidhi, L. Pan, J. Park, K. Phoa, A. Rahman, C. Staus, H. Tashiro, C. Tsai, P. Vandervoorn, L. Yang, J. -Y. Yeh and P. Bai, ' A 22nm SOC platform technology featuring 3-D Tri-gate and High-K/metal gate, optimized for ultra low power, high performance and high density SoC applications ', *Proceeding of IEEE International Electron Devices Meeting*, 2012.

[9] L. Grenouillet, M. Vinet, J. Gimber, B. Giraud, J. P. Noël, Q. Liu, P. Khare, M. A. Jaud, Y. Le Tiec, R. Wacquez, T. Levin, P. Rivallin, S. Holmes, S. Liu, K. J. Chen, O. Rozeau, P. Scheiblin, E. McLellan, M. Malley, J. Guilford, A. Upham, R. Johnson, M. Hargrove, T. Hook, S. Schmitz, S. Mehta, J. Kuss, N. Loubet, S. Teehan, M. Terrizzi, S. Ponoth, K. Cheng, T. Nagumo, A. Khakifirooz, F. Monsieur, P. Kulkarni, R. Conte, J. Demarest, O. Faynot, W. Kleemeier, S. Luning and B. Doris, ' UTBB FDSOI Transistors with dual STI for a multi-Vt strategy at 20nm node and below ', *Proceedings of IEEE International Electron Devices Meeting*, 2012.

[10] H. Mendez, D. M. Fried, S. B. Samavedam, T. Hoffmann and B. -Y. Nguyen, ' Comparing SOI and bulk FinFETs: performance, manufacturing variability, and cost ', http://www.soiconsortium.org. Accessed on August 2012.

[11] P. Dobrovolny, P. Zuber, M. Miranda, M. G. Bardon, T. Chiarella, P. Buchegge, K. Mercha, D. Verkest, A. Steegen and N. Horiguchi' Impact of fin height variations on SRAM yield ', *Int. Symp. on VLSI Technology, Systems, and Applications (VLSI – TSA)*, p. T45, 2012.

[12] T. Hook, ' FINFET isolation approaches and ramifications: bulk vs. SOI ', presentation at FD-SOI Technology Forum, Hsinchu, Taiwan, 22 April 2013.

[13] G. Patton, ' Evolution and expansion of SOI in VLSI technologies: planar to 3D ', *IEEE Int. SOI Conference*, Napa, CA, p. 1. 1, 2012.

[14] J. Wang, ' Simply fundamental innovation for complex technology challenges-case of SmartTools ', *IEEE Int. SOI Conference*, Napa, CA, p. 1. 2, 2012.

[15] GARAND Statistical 3D TCAD Simulator, http://www.Gold Standard Simulations.com/products/garand/. Accessed on August 2012.

[16] G. Roy, A. R. Brown, A. Asenov and S. Roy, ' Bipolar quantum corrections in resolving individual dopants in "atomistic" device simulation ', *Superlattices and Microstructures*, Vol. **34**, pp. 327 – 334, 2003.

[17] S. Markov, B. Cheng and A. Asenov, ' Statistical variability in fully depleted SOI MOSFETs due to random dopant fluctuations in the source and drain extensions ', *IEEE Electron Device Letters*, Vol. **33**, pp. 315 – 317, 2012.

[18] U. Kovac, C. Alexander, G. Roy, C. Riddet, B. Cheng and A. Asenov, ' Hierarchical simulation of statistical variability: from 3-D MC with ' *ab initio* ' ionized impurity scattering to statistical compact models ', *IEEE Transactions on Electron Devices*, vol. **57**, No. 10, pp. 2418 – 2426, 2010.

[19] G. Masetti, M. Severi, and S. Solmi, 'Modeling of carrier mobility against carrier concentration in arsenic-, phosphorus- and boron-doped silicon', *IEEE Transactions on Electron Devices*, Vol. **ED-30**, no. 7, pp. 764 – 769, 1983.

[20] C. Lombardi et al., 'A physically based mobility model for numerical simulation of nonplanar devices', *IEEE Transactions on Computer-Aided Design*, Vol. **7**, no. 11, pp. 1164 – 1171, 1988.

[21] D. M. Caughey and R. E. Thomas, 'Carrier mobilities in silicon empirically related to doping and field', *Proceedings of the IEEE*, Vol. **55**, no. 12, pp. 2192 – 2193, 1967.

[22] H. Kawasaki, V. S. Basker, T. Yamashita, C. H. Lin, , Y. Zhu, J. Faltermeier, S. Schmitz, J. Cummings, S. Kanakasabapathy, H. Adhikari, H. Jagannathan, A. Kumar, K. Maitra, J. Wang, C. -C. Yeh, C. Wang, M. Khater, M. Guillorn, N. Fuller, J. Chang, L. Chang, R. Muralidhar, A. Yagishita, R. Miller, Q. Ouyang, Y. Zhang, V. K. Paruchuri, H. Bu, B. Doris, M. Takayanagi, W. Haensch, D. McHerron, J. O'Neill and K. Ishimaru, 'Challenges and solutions of FInFET integration in an SRAM cell and a logic circuit for 22nm node and beyond', *Proceeding of IEEE International Electron Devices Meeting*, 2009.

[23] A. R. Brown, N. Daval, K. K. Bourdelle, B. -Y. Nguyen and A. Asenov, 'Comparative simulation analysis of process-induced variability in nanoscale SOI and bulk tri gate FinFETs', *IEEE Transactions on Electron Devices*, Vol. **60**, No. 11, pp. 3611 – 3617, 2013.

[24] C. Fenouillet-Beranger, P. Perreau, S. Denorme, L. Tosti, F. Andrieu, O. Weber, S. Barnola, C. Arvet, Y. Campidelliv, S. Haendler, R. Beneyton, C. Perrot, C. de Buttet, P. GroS, L. Pham-Nguyen, F. Leverd, P. Gouraud, F. Abbate, F. Baron, A. Torres, C. Laviron, L. Pinzelli, J. Vetier, C. Borowiak, A. Margain, D. Delprat, F. Boedt, K. Bourdelle, B. -Y. Nguyen, O. Faynot and T. Skotnicki. , 'Impact of a 10nm ultra-thin BOX (UTBOX) and ground plane on FDSOI devices for 32nm node and below', *Solid-State Electronics*, Vol **54**, pp. 849 – 854, 2010.

[25] B. Cheng, A. R. Brown, X. Wang and A. Asenov, 'Statistical variability study of a 10nm gate length SOI FinFET device', *Proc. Silicon Nanoelectronics Workshop*, paper 7 – 2, 2012.

[26] A. Asenov, S. Kaya and A. R. Brown 'Intrinsic parameter fluctuations in decananometer MOSFETs introduced by gate line edge roughness', *IEEE Transactions on Electron Devices*, Vol. **50**, No. 5, pp. 1254 – 1260, 2003.

[27] H. Dadgour, K. Endo, V. De and K. Banerjee, 'Modeling and analysis of grain-orientation effects in emerging metal-gate devices and implications for SRAM reliability', *International Electron Devices Meeting*, pp. 705 – 708, 2008.

[28] K. Ohmori, T. Matsuki, D. Ishikawa, T. Morooka, T. Aminaka, Y. Sugita, T. Chikyow, K. Shiraishi, Y. Nara and K. Yamada, 'Impact of additional factors in threshold voltage variability of metal/high-k gate stacks and its reduction by controlling crystalline structure and grain size in the metal gates', *International Electron Devices Meeting*, 2008.

[29] A. R. Brown, N. M. Idris, J. R. Watling and A. Asenov, 'Impact of metal gate granularity on threshold voltage variability: a full-scale 3D statistical simulation study', *IEEE Electron Device Letters*, Vol. **31**, No. 11, pp. 1199 – 1201, 2010.

[30] T. Hook, 'Elements for the next generation FinFET CMOS technology', *FDSOI Workshop*, Kyoto, Japan, 2013.

第8章 利用 SOI 技术制造 CMOS 的参数波动性

S. MARKOV, The University of Hong Kong, HK-SAR China;
B. CHENG and A. S. M. ZAIN, University of Glasgow, UK;
A. ASENOV, University of Glasgow and Gold Standard Simulations Ltd, UK

摘 要：超大规模 CMOS 电路的统计性波动，是当今半导体行业面临的一项主要挑战。它是影响芯片功能和良率的关键因素，特别是对于静态随机存取存储器（SRAM）电路。本章重点介绍统计性波动的物理起源及其在全耗尽薄体绝缘体上硅（TB-SOI）晶体管中的表现。本章首先评述互补金属氧化物半导体电路统计性波动的主要来源。然后，提出 TB-SOI 技术对统计性波动的特别影响，并与传统的体硅金属氧化物半导体场效应晶体管进行比较。最后，基于 TB-SOI 和双栅技术的对比研究，讨论可靠性方面的统计性规律。

关键词：统计性波动，随机掺杂剂起伏，金属栅颗粒度（Metal Gate Granularity, MGG），线条边缘粗糙度，CMOS。

8.1 引 言

本节主要介绍器件波动性、统计性波动来源及其测量方法的相关背景知识。

8.1.1 器件波动性概述

器件波动性是指相同设计的晶体管在电气特性方面的偏差。它已经成为器件连续缩比面临的最重要挑战之一，因为器件电气特性的容差不能简单地同电学参数的标称值成比例地缩比，这也就意味着电路和系统在延时和漏电电流上必将存在波动性，如图 8.1 所示[1]。

波动性源于两个简单的事实。首先，关键器件和互连尺寸在纳米尺度上的快速实现需要在其加工过程中保持原子级的精度，想在大生产制造设备中维持这一点（如果可能的话）是非常困难的。其次，由于硅工艺以及 MOSFET 设计中某些等效宏观参数（例如几何形状和器件版图）存在的问题，会引起不可控的微观特性的固有波动。

第 8 章 利用 SOI 技术制造 CMOS 的参数波动性　　179

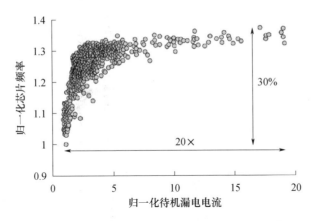

图 8.1　芯片频率与待机漏电电流之间的散点图，数据引自文献[1]

器件波动性可以根据影响参数波动的原因进行分类。图 8.2[2]中清晰地给出影响 CMOS 波动的不同组成部分之间的说明和区别。自从半导体行业出现以来，就一直存在着不同晶圆片间、同一晶圆片内和芯片内的传统意义上的"缓慢的"工艺波动。这与工艺参数的控制不精确性和设备的不均匀性有关，它导致晶圆片内、晶圆片间和批次间在器件尺寸、薄层厚度和掺杂浓度（以及相应电参数）等方面的缓慢起伏。

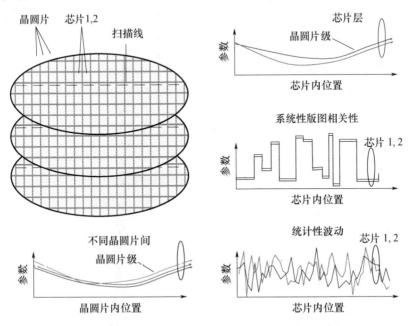

图 8.2　根据参考文献[2]不同波动类型的分类示意图

工艺达到 90nm 技术代以后，与版图布局相关的系统性波动日益重要。部分原因是目前在亚50nm特征尺寸的工艺中还在使用193nm光刻技术。即使采用相移和光学邻近校正(OPC)技术,实际所获得的器件几何形状仍然会与设计师在绘制晶体管版图时所期望的理想矩形之间存在某些偏差。从波动性的角度看,为提升90nm技术代器件特性而引入的应力技术则让事情变得更糟。相同几何形状器件所表现出来的特性差异,不仅仅来自光刻引起的形状差异,还与版图布局引起的应力波动有关。应力波动主要源自器件之间的不同间距、到浅槽隔离(STI)区域的不同距离以及接触孔的数量和位置等。但是,单个器件经过OPC后的形状和版图相关应力变化的影响都可以进行建模仿真,并能精确地进行预测。因此,上述情形都属于可预判性或系统性的波动。

然而,除了系统性波动以外,因晶体管中电荷和物质的基本原子性所产生的统计性波动迅速增加,应对这类波动的唯一方法就是扩大设计容限。在本章中,重点关注统计性波动,因为同标准体硅技术相比,SOI技术在这方面表现出一些非常不同的特性。特别是,即便在沟道掺杂非常低时,良好的静电控制能力也能成功减轻由随机掺杂剂波动所引起的变化。

8.1.2 统计性波动的来源

现代CMOS晶体管统计性波动的主要来源包括电荷和物质不可避免的离散性、界面处原子级尺度的不均匀性、集成电路制造过程中所使用材料的粒度等。当材料晶粒尺寸和晶体管尺寸变得相当时,粒度就会引起晶体管特性的显著变化。随机掺杂剂起伏(RDF)[3]是内在波动性的主要来源之一,它表现为离散掺杂原子的不同数量和空间分布主要由离子注入过程引入,并在高温退火过程进行了再分布。图版Ⅳ所示为借助原子级工艺仿真器获得的18nm栅长体硅MOSFET的掺杂剂分布情况。在光刻过程中,栅极边缘与基准线间的偏差引入线边缘粗糙度(LER),如图8.3所示。193nm光刻的LER极限约为5nm[4],它主要由聚合物的化学特性决定,同样见图8.3。高κ/金属栅技术的引入改进了随机离散掺杂剂(RDD)引起的波动性,其与等效氧化物厚度成反比。然而,如图8.4所示,金属栅极材料在高温退火过程中,通过结晶引入的金属栅粒度会导致金属栅极中晶粒功函数的变化[5],这成为金属前栅工艺中的主要波动来源之一。

上述三种波动性来源是引起缩比体硅MOSFET阈值电压大幅波动的主要因素。它们同样也会作用于SOI MOSFET。然而,硅膜厚度的起伏是一个SOI特有的波动性来源。在极端缩比的晶体管中,体厚度在原子尺度上的变化也会成为统计性波动的重要来源[6]。

在统计性波动的基础上,与可靠性相关的统计性问题也会出现,或许在不久的将来,现代电路的寿命会从数十年缩短至1~2年甚至更短。热电子退化、负/正偏压温度不稳定性(NBTI/PBTI)和热载流子注入(HCI),都会影响器件界面或栅氧化物中缺陷状态的离散俘获电荷统计特性,进而导致相对罕见的异常大的晶体管参数变化,这将导致性能下降或电路失效[7]。8.3 节将详细讨论在可靠性方面的统计性规律。

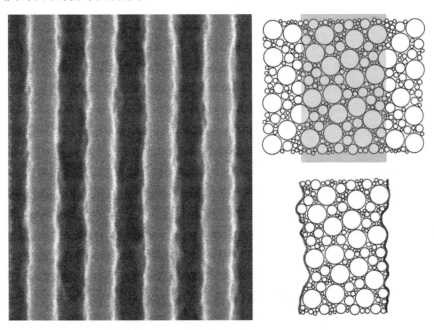

图 8.3　窄光刻线自上而下的扫描电子显微镜图像,白色迹线表示线边缘的波动。右侧插图从概念上说明去除未曝光(非阴影)部分以后负光刻胶中的聚合物聚集体引起的线边缘粗糙度

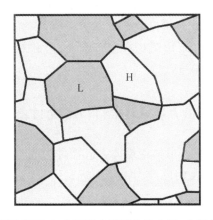

图 8.4　金属栅粒度示意图,包含两种主要晶向的金属,由颜色(灰色阴影)区分。标号 H 和 L 分别表示功函数的高和低

8.1.3 方法的说明

统计波动性的实验研究通常涉及配对晶体管组合的测量,每一配对由彼此相邻且宏观尺寸相同的两只晶体管组成。因此,如果测量每个晶体管的阈值电压(V_{TH}),得到$V_{TH,a}$和$V_{TH,b}$,这样就可以获得参数波动的一个统计数,即差值$\Delta V_{TH} = V_{TH,a} - V_{TH,b}$,假设系统性因素对两个晶体管是相同的,就可以相互抵消[8]。另外一种区分V_{TH}波动的统计性变量方法,是在同一晶体管上进行两次连续测量,但在第一次测量后应将源和漏接触点反接(变换源/漏的方向)[9]。在一些试验中没有调换源/漏方向,而是采用一个大的特殊设计的晶体管阵列组合,并允许对每一个晶体管单独测试,这种方法也是可行的[10]。在此类研究中,必须特别注意尽可能地减少系统性波动所带来的影响(包括成熟的工艺和特殊的版图等)[11]。

不管采用哪种测量方法,实验观察都能同时反映所有统计性波动因素造成的影响。另外,仿真能够针对单个波动来源或多个来源的组合进行研究分析。因此,可以将给定电参数的波动直接追溯到物理起源,并确定每个波动源之间的相关性。

本章的论述集中在三维尺度的物理级器件仿真,采用GARAND工具,这是一款基于漂移–扩散方法的商用仿真器[12]。通过空穴和电子的密度梯度近似来解释存在的量子效应[13]。这一架构准确而且计算效率非常高,适用于研究纳米尺度MOSFET的大量组合,为反型层中各种限制效应以及电离杂质库仑势问题提供了协同一致的处理方法[14]。

研究的FDSOI器件是低功耗n沟MOSFET,由PULLNANO联盟设计提供[15],物理栅长(L_G)为32nm,采用TiN/HfO$_2$/SiO$_2$堆叠栅,有效氧化物厚度为1.2nm。硅膜厚度、埋氧化层厚度和侧墙宽度分别为7nm、20nm和10nm。除非特别说明,V_{TH}采用1μA/μm电流标准进行定义,因此对于$W_G/L_G = 32nm/32nm$的器件,其饱和V_{TH}约为0.3V。

8.2 平面FDSOI器件的统计参数波动

在本节中,以32nm栅长薄体绝缘体上硅器件为例,提出统计波动性对TB–SOI技术的影响,并同通常的体硅MOSFET进行比较。

8.2.1 建模和仿真的定性研究

本节系统比较RDF、LER和MGG(见8.1.2节)等因素对V_{TH}、I_{ON}和漏致势垒降低的影响。为了预测并理解上述影响,首先考察器件内部每一个波动来源的微观效应。在图版V中,示出了一个FDSOI晶体管体区中导带的状态和电子的分布,晶体管中的掺杂分布由RDF和LER等因素确定。两幅图像的区别在于是否包含MGG的影响(图版V(b)包含)。在$3.2 \times 10^{17} cm^{-3}$下面的透明部分,代表在沟道中这个密度的等电子面形状,它有助于解释不同波动源之间的相互作用。

首先来看RDF所引起电子势能的局部波动,从图版V(a)可以很清楚地看到,沟道中的势垒是平滑的,仅有一个由赝受主引起的单峰。在仿真中,假设受主浓度为$10^{15} cm^{-3}$量级,则沟道中的赝受主每几百个器件才有一个。可见,RDF引起的V_{TH}波动被抑制得很好[16]。然而,源/漏扩展区(S/D-RDF)中施主引起的电势起伏会导致源漏串联电阻的大幅波动,进而转换为导通电流变化的增加,这一点近期已有理论和实验证明[17,18]。另外,S/D-RDF一般意味着沟道长度的局部变化,由此可以预测RDF也会影响到DIBL的波动。

接下来考虑LER,仍然参看图版V(a),电势形状的平滑度未受影响,但沿晶体管宽度方向上的势垒高度有变化。因此,LER主要通过沟道长度局部变化影响器件的DIBL。值得注意的是,与S/D-RDF分布引起的有效沟道长度局部变化相比,由LER引起的栅边缘位置变化对沟道长度的影响更大。因此,LER对DIBL的影响也更为显著。

如果存在MGG(见图版V(b)),特殊的晶粒分布形态很容易通过对晶体管沟道中电势形状的影响进行识别。特别,具有较高功函数的晶粒会阻止栅下方沟道的形成,而具有较低功函数的晶粒会促进栅下方沟道的形成,明显发生在均匀器件的标称阈值条件之前(对比图版V(a)和图版V(b))。尽管仿真得到的平均晶粒面积比栅面积小约25倍,但是晶粒尺寸和排列的统计分布意味着栅中有相对较大的面积会受到一个或另一个数值的栅功函数影响。还发现,由于体区很薄(7nm),电势波动会影响到晶体管整个硅体深度中的自由载流子分布。注意,在给定的金属晶粒结构中,赝受主的影响会减小,因为其周围具有较低功函数的晶粒能引起比均匀栅极(图版V(a))情况更多的电子。因此,预测V_{TH}和I_{ON}都会受到MGG的强烈影响是相对合理的。

8.2.2 统计波动性高度免疫的证据

用于评估某项技术统计波动性的最常用度量标准,是阈值电压标准偏差σV_{TH}和失配系数A_{VT},[8,19],它们之间的关系如下:

$$A_{VT} = (\sigma V_{TH}\sqrt{2})(WL)^{0.5}(mV \cdot \mu m)$$

式中:W和L分别是有效栅宽和栅长。尽管已引入另一个失配系数B_{VT}来更客观地比较不同的体硅MOSFET技术[20],但是A_{VT}仍然是用于比较不同器件结构(例如平面体硅器件、全耗尽SOI器件以及FinFET器件等)之间波动性差异的主要指标。

图 8.5 收集的是已发表的 A_{VT} 因子,它证明 FDSOI 工艺的晶体管匹配优良,其 A_{VT} 值最小,约为 $1.1\text{mV} \cdot \mu\text{m}$。所有报道的数值,都是由有高 κ/金属堆叠栅以及尽量缩比等效氧化物厚度的成对晶体管测量得到的[21-24,38]。最小的 A_{VT} 值反映 V_{TH} 对不同统计波动性来源的敏感度是最低的。可以看出,图中平面体硅、超薄体 FDSOI 和 FinFET 器件 V_{TH} 变化范围的差别非常明显,这表明 V_{TH} 灵敏度与器件结构之间存在很强的相关性。

目前已经很好地确认,平面 FDSOI 器件相对于平面体硅 MOSFET 具有更优良的 V_{TH} 匹配特性,主要原因是 FDSOI 器件沟道中的掺杂非常低[16],结果较低的 RDF 引起较低的 V_{TH} 波动。由于所报道的 FDSOI 器件具有超薄体和相对薄的 BOX,这些器件显示出良好的 V_{TH} 滚降特性,它使得 LER 引起的波动性不能抵消低的体掺杂所带来的优点[23,25]。在这一方面,最小的 DIBL 效应是最重要的,目前已经证明,超薄体晶体管中使用的特殊设计和注入技术,都会直接影响 DIBL 及 V_{TH} 的波动性[23,25,39]。

应该注意的是,图 8.5 中所列 SOI 器件的数据都是关于前栅工艺晶体管的,这意味着在高温退火注入激活过程中,存在一些有利于金属栅结晶的条件[40]。因此,与之相关的功函数波动性会同时影响两种结构(体硅和 FDSOI)器件的 V_{TH}。已经发现,对于高 κ/金属栅和 SiON/多晶硅栅,这两类 FDSOI 器件之间的 A_{VT} 差别相对较小[25]。然而,残留的波动要高于 RDF 和 LER 引起的预期值,通过对 σV_{TH} 的温度关系分析,得到的主要原因是金属栅功函数的波动性[23]。通过三维物理级器件建模和仿真也证实是金属栅功函数影响的结果[17],并显示存在金属栅粒度时的 A_{VT} 值约为 $1.15\text{mV} \cdot \mu\text{m}$。仿真采用的器件与试验中的类似[21],即物理栅长为 32nm,采用 TiN 金属栅,平均晶粒尺寸设定值与 TiN 栅试验上观察到的一样为 5nm[41]。另外,仿真表明,由 RDF 和 LER 本身波动性引起的 A_{VT} 值低于 0.7。因此,全耗尽器件的全部优点只能通过消除栅功函数波动性的技术来体现[26,41-43]。

目前已知,波动性的来源有一部分是堆叠栅介质中的微观不均匀性,例如氧化物界面粗糙度、高 κ 材料介电常数的波动等,上述因素预期的影响相对较小,不过目前还没有针对 SOI 技术进行的系统性研究[5,14,16,23,44]。

然而,体厚度 t_{Si} 的波动一直是 UTB FDSOI 晶体管特有的主要问题。为了保证低的 V_{TH} 波动性,已经建立了非常严格的标准[45],要求 t_{Si} 可容忍的最大峰波动不高于 ±5Å。目前 SOI 晶圆片制备技术已有满足上述要求的明确技术路线[46]。当然,还需要记住,在器件处理过程中,SOI 晶圆片会被减薄以获得亚 10nm 的体厚度目标值。原则上,这可能会改变 t_{Si} 的波动方式及其相关性,进而在更小的长度尺度上引入新的统计分量,从而增大器件参数的统计波动性。最

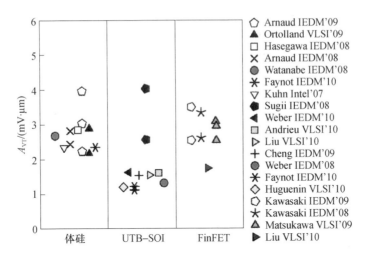

图 8.5 平面体硅、平面 SOI 及 FinFET 器件失配系数 A_{VT} 的对比,具有高 κ/金属堆叠栅极。按照图例中的出现顺序,数据分别引自参考文献[21-37]

近,试验证实,σT_{Si} 引起的 V_{TH} 变化不是随机的,而且不会明显地随着面积减小而降低,但可以通过工艺优化加以修复[47]。重要的是,对 σV_{TH} 的贡献似乎很大程度上取决于晶体管的间距,并且不会影响 SRAM 中的晶体管匹配(最小和最密集的晶体管布局)。

有研究表明,同样重要的是 FDSOI 器件 A_{VT} 因子与沟道中引入的应变水平无关[23],这意味着可以将应变作为 SOI 器件的性能增强器,而不会影响其参数波动的水平。

最后,值得注意的是,A_{VT} 因子虽可用于比较不同工艺之间晶体管的匹配特性,但其有效性在于假设局部扰动的自平均值能以某种方式影响 σV_{TH},并使其反比于栅有效面积的平方根,即 $(WL)^{-1/2}$。上述关系适用于具有固定栅长且有晕圈掺杂的体硅 MOSFET 技术[48,49],此时沟道中 RDF 的影响占主导地位。但其对全耗尽 SOI 晶体管的有效性却值得推敲,因为线边缘粗糙度和功函数的波动是 V_{TH} 波动的主要来源,不过还没有针对 FDSOI 的详尽系统性研究来证明这一点。已报道过 Pelgrom 曲线($\sigma \Delta V_{TH}$ 与 $(WL)^{-1/2}$ 的关系),对于 FDSOI 及体硅的晶体管,在试验点范围内的拟合曲线相交于坐标原点(假设在很大面积内的统计波动自平均值就应该是这样)支持上述假设。

8.2.3 阈值电压分布

迄今为止,针对 $\sigma \Delta V_{TH}$ 和 A_{VT} 的比较表明,FDSOI 器件比其竞争对手体硅技术具有更多优点。然而,对于 FDSOI 器件,$\sigma \Delta V_{TH}$ 和 A_{VT} 本身并没有给出完整的波动性相关信息。V_{TH} 在大集合样本中的分布,能提供关于不同波动来源重要性的附加信息。这种信息对于统计紧凑模型的参数提取及生成,以及随后的统计性电路仿真也是必需的[18]。

基于前面描述的 FDSOI 宏观模板,图 8.6 所示为 RDF 对线性和饱和阈值电压分布的影响,该图由 1 万个晶体管的数据组成。注意与高斯分布的偏离明显超过 2.5σ 的偏差。这样的尾部将影响 SRAM 的设计,当晶体管集成密度达到 10^9 量级,参数落在 $\pm 3\sigma$ 范围之外的器件,将对芯片的功能造成非常显著的影响。

在分布中的上尾(正 σ)部分,显示出比对应的高斯分布有较大 V_{TH} 值的概率更高,这是由于在晶体管沟道中出现了寄生受主原子,正如在前面图版 V(a) 中所示的那样。在高漏压($V_D = 1.0V$)时,拖尾不太明显,因为对于在漏极附近有受主原子的器件,该原子对电子密度以及静电势的影响由漏的耗尽区减轻了。因此,高漏压分布中的上尾部代表的主要是源附近具有受主原子的器件。下尾部(负 σ)也具有比高斯分布更高的概率,这是源/漏随机掺杂剂起伏(SD - RDF)引起的具有较小有效栅长器件的 DIBL 效应形成的。回顾一下,DIBL 会引起电子密度的指数性放大,同样也会引起亚阈值电流的增加。

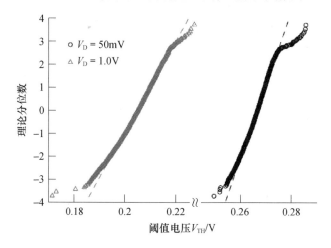

图 8.6 在 1 万个 FDSOI 晶体管的集合中,线性和饱和阈值电压分布的正态概率分位数图(QQ 图)。图中,V_{TH} 的电流标准约为 $30nA/\mu m$,以保证所有器件工作在亚阈值区

虽然 $\sigma\Delta V_{TH}$ 很小(线性/饱和值分别为 $3mV/5mV$),但由于同正态情况偏离明显,因而并不能很好地描述 RDF 所引起的 V_{TH} 波动,甚至可能会产生误导。特别是,观察到的 V_{TH} 跨度比两种情况(线性/饱和时分别为 $4.4mV/7mV$)下的 $\sigma\Delta V_{TH}$ 都要大 40%,与 $26mV (A_{VT} = 1.1)$ 的 $\sigma\Delta V_{TH}$ 相比这是不可忽略的,这一点可以参考对图 8.5 的讨论。

图 8.7 同样在没有界面陷阱电荷(原始器件)的情况下,将 RDF、LER 和

MGG 对饱和阈值电压分布的影响以及它们的组合效应进行了比较。晶体管集合数为 1000。从图 8.7 中可以看出，总体而言，FDSOI 器件的波动性由 MGG（$\sigma V_{TH} = 24\text{mV}$）的功函数波动决定。在没有 MGG 的情况下，主要影响因素是 LER（$\sigma V_{TH} = 11\text{mV}$）。相比之下，RDF 分布似乎得到了抑制，由其引起的 σV_{TH} 最小。

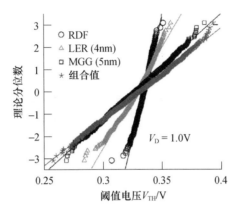

图 8.7　由 RDF、LER 和 MGG 密度及其组合效应
（见图标）引起的 V_{TH} 分布正态概率 QQ 图

考虑图 8.7 中分布的尾部，注意到集合数目更小，细节也要比图 8.6 中更少。但是，所有的分布都存在一些拖尾，虽然在方向上相反，这需要一些解释。由于 DIBL 效应，LER 组合的下尾部特征与 RDF 引起的分布非常相似。LER 组合上尾部的概率低于高斯分布，这表明最短的渗流路径主导了亚阈值电流。另外，MGG 给出了 V_{TH} 的一种有界分布[44,50]。从图 8.8 中可以很好地理解，这里仅显示由 MGG 产生的 V_{TH} 离散，它对应于两种不同的平均晶粒直径：5nm 和 15nm。上尾部更为明显，对应于具有较大功函数（WF）晶粒的发生概率较高。与 RDF 和 LER 相比，MGG 引起分布的下尾部处于相反方向。不足为奇的是，三种来源的组合效应使得 V_{TH} 分布更接近于正态，如图 8.6 所示，除了上尾部，MGG 和 LER 的组合效应要比 RDF 更强。

8.2.4　RDF 对阈值电压波动以外的影响

为了阐明体硅和 FDSOI 在统计波动性方面的差异，进行了 FDSOI 器件与体硅对比器件的比较性研究，两种器件具有相同的物理栅长 L_G 和等效氧化物厚度以及几乎相同的性能。

图 8.9(a) 所示为 FDSOI 典型体管的施主浓度分布与体硅 MOSFET 的净掺杂浓度分布的比较。在图 8.9(b) 中则比较了器件的标称传输特性。注意，体硅 MOSFET 的仿真基于以下近似：①为了实现与 SOI 晶体管相类似的跨导，不

考虑由沟道中受主导致的迁移率劣化,并且将迁移率对垂直场的依赖关系进行归一化处理,以产生与 SOI 晶体管相同的劣化(其表现出的垂直场大约低 3 倍);②为达到相同的源/漏电阻(R_{SD}),显著降低体硅器件源/漏区域的迁移率,以补偿较高的施主浓度。

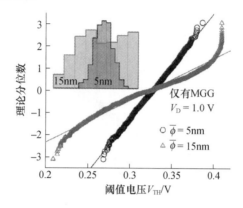

图 8.8 由 MGG(两种平均晶粒直径,插图为其直方图)引起的 V_{TH} 分布正态概率 QQ 图

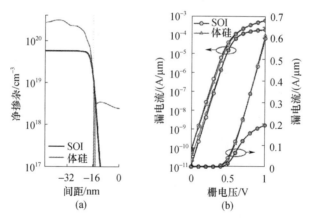

图 8.9 FDSOI 和体硅典型器件的(a)净掺杂和(b)传输特性(在 50mV 和 1V 的漏偏置电压下)

当使用 σV_{TH} 作为唯一指标来预测 RDF 对基于 FDSOI 的集成电路的影响时,会有另外一个问题。这个问题由 S/D - RDF 导致的导通电流波动性增加引起。如图 8.10 所示,1000 个 FDSOI 器件传输特性的形状非常清楚地展示了这一点。在栅电压(V_G)接近 1V 时,$I-V$ 曲线有一个明显的扩开,尽管该组数据在 V_G 低于最大线性跨导(G_m)点(约为 0.6V)时表现得较为紧凑。这种影响第一眼看上去会有些意想不到,因为基于漂移扩散(Draft-Diffusion,DD)方法的仿

真不涉及输运的波动性,对于大于 V_{TH} 的 V_G,I-V 曲线的离散一般是相同的。图 8.10 还示出 1000 个体硅 MOSFET 器件集合的转移特性,基于上文所述的特定假设进行仿真。曲线交叉显著,在低漏压时最明显,而且 I-V 曲线明显的离散预示着在这种情况下导通电流 I_{ON} 与阈值电压 V_{TH} 之间有强的去相关性,这在图 8.11(a)中得到了证实。对于 FDSOI 和对比的体硅器件,一个比较有意义的优值系数(Figure Of Merit,FOM)是归一化波动性的比值,它定义为 $\alpha = (\sigma I_{ON}/\langle I_{ON} \rangle)/(\sigma V_{TH}/\langle V_{TH} \rangle)$。对于线性/饱和偏置,$\alpha$ 的值分别为 5.4/2.2(FDSOI 集合)和 0.9/1.0(体硅集合)。

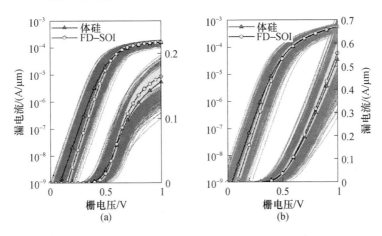

图 8.10　1000 个 FDSOI(浅色)和体硅(深色)器件的集合受 RDF 影响的(a)线性($V_D = 50mV$)和(b)饱和($V_D = 1V$)态转移特性

根据参考文献[10],导通电流 I_{ON} 的波动有三个组成部分,分别来自阈值电压、电流起始电压和跨导的相应波动。然而,在现有的仿真中并未考虑输运的波动,因而预期有效沟长的变化(由于在物理栅极边缘处施主原子的随机分布)对跨导的波动贡献有限。RDF 仿真中的电流起始电压与实验结果的差异可以忽略不计[11]。因此,与 FDSOI 集合的 V_{TH} 波动相比,I_{ON} 波动的增大必须考虑接触电阻(R_{SD})的变化(受侧墙下方施主原子的随机数目和分布的影响)。这是可以理解的,因为在低漏极电压下,晶体管的电阻由串联的源极沟道和漏电阻决定。与线性区相比,饱和区的 I-V 扩开和 I_{ON} 波动较弱,主要是由于源接触电阻的变化,导致有效(本征)栅源电压变化。

对于 FD-SOI 器件,估计接触电阻 R_{SD}(按参考文献[51])与线性区导通电流 I_{ON} 关系密切,如图 8.11(b)所示。对于体硅 MOSFET,相关性尚不清楚,因为沟道电阻和接触电阻分别受沟道 RDF 和源漏 RDF 的独立影响,并且又同时影响导通电流 I_{ON}。因此,在 FDSOI 器件中,源漏 RDF 引起的 R_{SD} 变化是 I_{ON} 波动的额外来源,此前没有进行过研究。

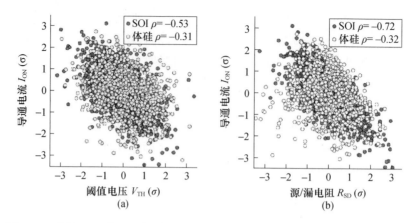

图 8.11 线性区 I_{ON} 与(a)线性区 V_{TH} 和(b) R_{SD} 相互关系的散点图,归一化为标准评分 $(X-\mu)/\sigma$。对于 FDSOI/体硅器件,饱和区 $I_{ON}-V_{TH}$ 的相关性(图中未示出)分别为 0.77/0.69。$<R_{SD}>$ 为 200Ω·μm。图中 ρ 为 Spearman 相关系数,对分布中的离群值较不敏感

8.2.5 器件结构与工艺类型方面的对比

FD-SOI 和对比的体硅器件之间的比较表明,R_{SD} 波动对 I_{ON} 波动的贡献增加部分原因同器件结构有关。在 FD-SOI 晶体管的沟道中基本不掺杂,因此 RDF 引起的 V_{TH} 波动最小,结果使得 R_{SD} 波动成为控制 I_{ON} 波动的主要原因,特别是在低漏电压时。实际上,如果在体硅晶体管的"原子级"仿真中假设受主掺杂连续而施主离散分布,则该器件的转移特性(为了简洁并未示出)就与 FDSOI 晶体管非常类似。当沟道受主原子也设置为离散分布时,由 σV_{TH} 和 σR_{SD} 所引起的 I_{ON} 波动之间就存在某种竞争关系,细节如图 8.11(b)所示。

由于在超薄体器件中较难实现低的接触电阻,σR_{SD} 对 σI_{ON} 的贡献也部分体现在工艺技术方面。图 8.12(a)比较了此前讨论的 FD-SOI 器件集合(源自 PULLNANO)的线性转移特性,对比器件为低 R_{SD} 的设计,假设侧墙下方施主浓度为理想的 $2\times10^{20}\rm cm^{-3}$、$R_{SD}$ 低 2 倍(约为 100Ω·μm)。注意,沟道 RDF 引起的 σV_{TH} 随掺杂浓度的增大而增加,而由源漏 RDF 引起的 σI_{ON} 则随掺杂浓度的增加而降低,这两者是不一样的。

图 8.12(b)表明,尽管功函数变化(WFV)仍然是 σV_{TH} 的主要因素,但是即使考虑到 LER 和 WFV,源漏 RDF 仍然是影响 I_{ON} 波动的关键因素。考虑到 WFV 的仿真假设平均晶粒直径为 5nm;颗粒度为 TiN 型,且两种可能晶粒间的功函数差设为 0.2V;对于具有较高功函数的颗粒,假设出现概率为 60%[41]。并假设 LER 的 3σ 范围取 4nm[23]。如前所述,该组合情况下的 σV_{TH} 为 26mV,而 RDF 组合影响仅为 3mV。但是,在图 8.12(b)给出的所有情况下,I_{ON} 波动几

乎可以完全归因于源漏 RDF。对于 RDF 组合和 RDF/LER/MGG 集合，σI_{ON} 分别为 5.6 和 6.0A/μm。由于 WFV 对阈值电压影响较大，V_{TH} 和 I_{ON} 在低漏压时具有强的去相关性（$\rho = 0.2$）。相反，饱和区的相关性更高（$\rho = 0.82$）。最后，当考虑波动源的综合效应时，优质系数 α 的值大大降低，线性（饱和）偏置从 5.4（2.2）降低至 0.6（0.7）。

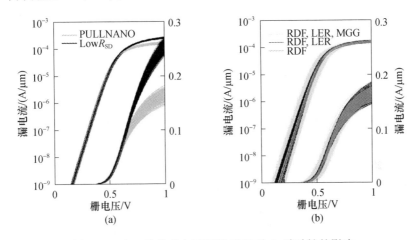

图 8.12　在工艺技术方面源漏 RDF 对 I_{ON} 波动性的影响
(a) R_{SD} 降低 2 倍后的效果；(b) 其他波动性来源的影响（两种情况下的漏电压均取 50mV）。

8.3　可靠性的统计问题

在本节中，以 32nm 栅长 TB - SOI 器件为例，首先介绍偏压温度不稳定性（BTI）对 TB - SOI 工艺影响的统计学分析，接着对比分析 TB - SOI 与双栅极（DG）工艺对 BTI 可靠性的影响。

8.3.1　偏压温度不稳定性对统计波动性的影响

器件可靠性是超大规模工艺的主要关注点。其中栅氧化物的退化影响最大，表现为电参数漂移的时间相关性。这种漂移，例如随着器件工作有效期延长阈值电压增加，原因是栅氧化物中俘获的电荷量在增加[52-57]。氧化物退化会使统计波动性变得更差，因为它会以时间相关的方式增加器件的不匹配度[58-61]。此外，统计波动本身也会影响氧化物退化，从而使电路/系统层面的可靠性预测和合理设计容限的确定变得更加困难[58-60]。不幸的是，统计波动性（SV）和可靠性之间的相互作用尚未得到很好的认识，也还没有进行全面的研究，特别是对于 FDSOI 器件[60,62,63]。

在本节中，考虑正偏压温度不稳定性（PBTI）退化带来的影响，已知 PBTI 退

化是高 κ/金属栅 n 沟晶体管时间相关波动的主要机制之一[64]。在这里,建模仅假设涉及界面陷阱,能量范围等于或低于沟道中的费米能级,它所有界面陷阱态都能被填充。PBTI 引起的界面俘获电荷薄层密度 N_{IT},由电/热应力模式和器件的老化条件以及高 κ/金属栅堆叠的工艺和材料性质决定。但是,本节的仿真假设时间固定,只考虑与不同水平的 N_{IT} 相关的波动。N_{IT} 选择为 10^{11}、5×10^{11} 和 $1 \times 10^{12} \mathrm{cm}^{-2}$ 3 个等级,分别代表早、中、晚 3 个阶段的退化级别。对于相应的器件组合,每个器件中离散陷阱的实际数量并不相同,这也会增加所选定退化阶段的波动性,这一点在下面讨论。

图版 Ⅳ 所示为当存在 RDF 和 LER 时有 MGG(a)及没有 MGG(b)的两种情况下,界面俘获电荷(ITC)对晶体管导带形状和电子分布的影响。值得注意的是,在硅体区和栅氧化物之间界面处的俘获电子,以沟道中杂散电离受主相同的方式起作用,排斥反型电子并减少电流,这可以见图版 V(a)和图版 V(b)。尽管这种现象仅发生在表面,但是界面俘获电荷的影响能扩展到整个超薄体的深度内。图版 Ⅵ(b)说明所有 4 种波动来源的影响。图版 Ⅵ 中使用的 RDF、LER、MGG 模式与图版 V 中相同;同样,在图版 Ⅵ(a)和图版 Ⅵ(b)中建立的界面陷阱模型也是相同的。然而要注意,额外添加的界面电荷能引起电势形状和载流子分布的显著差异,并且能在某一特定情况下完全阻断沟道的导电路径。因此,波动来源的组合可以显著增加(或者可能减少)某一单项波动源的影响。

图 8.13 所示为阈值电压的标准偏差和平均漂移同界面俘获电荷密度 N_{IT} 的关系,它们对应于轻度、中度和重度 PBTI 退化的情况。对于同时包括 RDF、LER 和 MGG 的仿真,原始器件(无陷阱)的 σV_{TH} 为 26mV,转化为 A_{VT} 是 1.18mV·μm。重度 PBTI 退化使 σV_{TH} 增加至 33mV(对应 A_{VT} 为 1.49mV·μm),同时产生 55mV 的平均 V_{TH} 漂移。这些结果与类似器件结构的测量值非常一致,记录到的低 A_{VT} 约为 1.1mV·μm,PBTI 引起的平均 V_{TH} 漂移约为 60mV[21,22]。

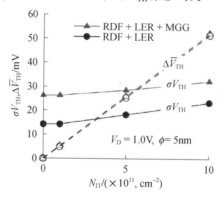

图 8.13 有/无 MGG 时 V_{TH} 标准偏差和平均漂移同界面俘获电荷密度 N_{IT} 之间的关系

图 8.14 所示为 FDSOI 器件仅受 RDF 和 LER 影响在不同退化水平时的 V_{TH} 分布正态概率 QQ 曲线。标准偏差的增加与 N_{IT} 的增加几乎呈线性关系（图 8.13），并且它在对 QQ 曲线的斜率中得到反映。N_{IT} 增大 10 倍时 σV_{TH} 的增幅超过 50%。此外，分布的形状也会改变，如图 8.14 中波动曲线的尾部变化所示。可以看出，在非晶态金属的极限情况下，界面俘获电荷增大了随机受主引起的 V_{TH} 分布曲线的上尾部区域。这一点可以从 8.2 节的讨论中预测到。

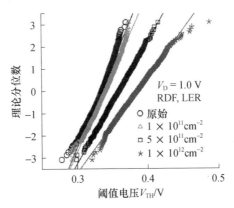

图 8.14　在不同退化水平下由 RDF、LER 和 ITC 组合的效应引起的 V_{TH} 分布正态概率 QQ 曲线

图 8.15 所示为 FDSOI 器件组合在不同的 ITC 退化水平下受 RDF、LER 和 MGG 影响时的累积 V_{TH} 分布。虽然 σV_{TH} 较大，但当 N_{IT} 增加 10 倍时它仅增加 25%，这是因为 MGG 引起的波动远大于俘获电荷影响的结果。从图版 V 中看到，MGG 会在相对较大的区域中影响势垒，而界面俘获电荷仅在相对局部的位置引起电势扰动。另外，可以从图 8.15 中看到，通过引入 MGG 的影响，在 $\pm 3\sigma$ 范围内 V_{TH} 的分布相当接近于正态，特别是对于较大的 N_{IT} 值，因为界面陷阱和 MGG 引起的 V_{TH} 分布曲线的拖尾方向正好相反。

图 8.14 和图 8.15 所示的结果，对应于仅在栅氧化物同体硅的界面处包含陷阱的仿真。可以预测，在平面薄体 FDSOI 的情况下，PBTI 将主要发生在顶界面处。然而，BOX 界面通常没有栅氧化物的界面质量好，因而在背界面处一般会有更高的本征缺陷密度。另外，具有超薄埋氧化物以及可以进行漏电电流/性能优化的背栅控制能力的器件，也可能受到 BOX 额外退化的影响。由于缺乏老化过程中 BOX 界面处陷阱电荷密度的实验数据，下面比较了 3 种情况：①假设 BOX 界面处没有陷阱电荷；②假设在老化过程中，$N_{IT,BOX}$（体硅/BOX 界面处的俘获电荷密度）为 $10^{11} cm^{-2}$，并且不随时间变化；③假设 $N_{IT,BOX}$ 与顶界面处的 N_{IT} 相同。图 8.16 说明了在这 3 种情况下，同时存在 RDF 和 LER 时，由陷阱电荷引起的阈值电压变化 ΔV_{TH} 的分布。情况③是在实际工作条件下可能不

会发生的极端条件,如图 8.16 所示,对于薄 BOX 结构,由于电荷耦合的原因,BOX 界面的质量对器件特性的影响是第一位的[48]。

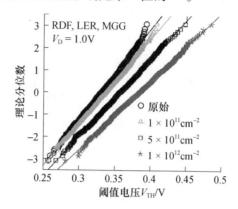

图 8.15 在不同退化水平时由 RDF、LER、MGG 和 ITC 组合效应引起的 V_{TH} 分布正态概率 QQ 曲线

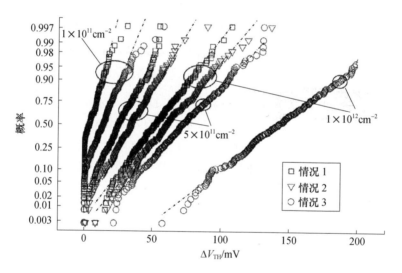

图 8.16 对于体硅/BOX 界面 3 种电荷俘获条件并考虑 RDF、LER 和栅氧化物 - 体硅界面处不同水平 ITC 值的影响下由 PBTI 引起的 TB - SOI 器件阈值电压变化的正态概率曲线

8.3.2 单栅与双栅器件对比

在本节的剩余部分,将对平面 FDSOI 器件和全耗尽的双栅极器件进行比较,器件的物理栅长为 22nm,等效氧化物厚度为 1.1nm。平面 FDSOI 根据上述的情况②进行建模,即 $N_{IT,BOX} = 10^{11} cm^{-2}$ 不考虑 N_{IT};对于 DG 器件,假设在每一

个界面处都具有相同的平均陷阱密度。

图 8.17 说明不同退化水平(平均 N_{IT})下,V_{DS} 为 1V 时,界面俘获电荷对两种器件阈值电压分布的影响。两种器件的分布特征看起来非常相似,但显然,在 N_{IT} 增长率相同的情况下,TB-SOI 器件的阈值电压分散加大要比 DG 器件更快。这一结果有些意外,因为 TB-SOI 器件的栅面积更大一些,理论上应该能在较大程度上达到自平均化。图 8.18 进一步强调了上述问题,它示出阈值电压变化 ΔV_{TH} 的出现概率曲线,并对应于图 8.17 的情况。虽然单栅晶体管具有较大的栅面积,但与 DG 器件相比,在每个退化水平下,相应的变化值都更大一些,分布也更宽。尽管 DG 晶体管的有效栅面积减小了 60%,但显然不太容易受 PBTI 引起的波动性影响。

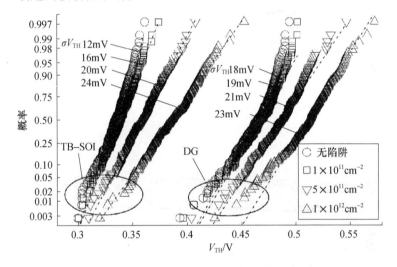

图 8.17 在不同退化水平(用不同的俘获电荷密度表征)下受静态统计波动源(RDF 和 LER)影响的阈值电压分布正态概率曲线。对 TB-SOI 和 DG MOSFET 两者进行的比较

借助图 8.18 中的插图可以认识这一现象。插图所示为 TB-SOI 和 DG 晶体管在顶部和底部界面之间的反型电荷分布情况。在 DG 器件中,整个体反型,而且载流子主要位于靠近器件中心的位置,此处由俘获电荷引起的电势波动相对较小。与载流子输运主要发生在顶界面处的单栅 TB-SOI 器件相比,一方面,这意味着有更低的波动性。然而另一方面,这也意味着对于 DG 器件,电流会同时受到两侧界面处俘获电荷的影响(效果上等价于 N_{IT} 翻倍),因此平均起来并不会降低波动性,就像具有两个独立沟道的情形。

图 8.19 进一步示出 DG 和 TB-SOI 晶体管,在主要电流的位置有不同程度的电势波动。与 TB-SOI 器件相比,DG 器件的沟道电势形状(每个器件的上半图)明显更为平滑。

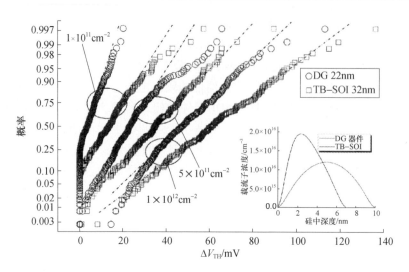

图 8.18 由 PBTI 引起的 32nm TB-SOI 和 22nm DG 器件阈值电压增加的正态概率分布曲线
插图：阈值电压处的载流子密度分布

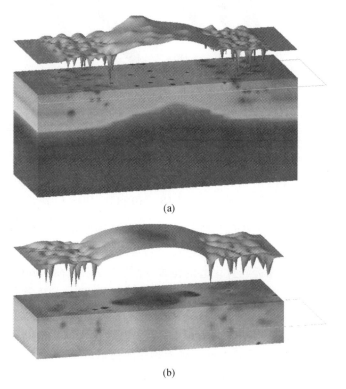

图 8.19 (a) TB-SOI 和 (b) DG 器件在 RDF、LER 和 ITC ($1 \times 10^{12} cm^{-2}$) 组合影响下的电势分布图。电势分布切面图截取自最大载流子密度的位置

8.4 SOI FinFET

本章最后简单介绍最近商业化的 FinFET 结构[65],它是一种有效的三栅晶体管,相比 TB-SOI 和 DG 器件,它能提供更优异的静电完整性。尽管目前的商用 FinFET 工艺一般利用结隔离技术将器件的 fin-沟道与衬底隔离,但是 IBM 公司一直在推动 SOI 衬底上 FinFET 工艺的商业化[66]。

同 TB-FDSOI 晶体管类似,SOI 上的 FinFET 沟道也不有意地进行掺杂。因此,其 FinFET 的 V_{TH} 值受 RDF 和 WFV 的影响情况与平面单栅 SOI 器件相类似。但是,fin 宽的波动是一个新的统计波动性来源,这对 FinFET 都是一样的(无论体硅还是 SOI FinFET)。它所引起的 V_{TH} 波动程度与功函数波动相类似[27,67]。fin 宽直接限制载流子的运动范围,进而影响沿晶体管沟道特定横截面处的电荷密度。此外,fin 形成的质量强烈地依赖于所用的刻蚀工艺类型,这对导通电流的波动也是非常重要的。实验已证实,除了 V_{TH} 和 R_{SD} 的波动之外,SOI 上 FinFET 中的导通电流 I_{ON} 波动也会增大,原因是 fin 及其表面的不均匀性会引起跨导的波动[68]。

在可靠性方面,在亚阈值区体的反型效应,使得 FinFET 器件的 BTI 退化响应与具有超薄体的 DG 晶体管类似。因此,尽管 FinFET 波动性的定量评估自成一章,但是通过对平面和双栅 UTB-SOI 的分析,可以在很大程度上定量了解 SOI 上 FinFET 统计波动性的变化趋势。

8.5 结 论

本章重点关注了平面 FDSOI 晶体管的统计波动性,并且讨论了它们与常规体硅晶体管的相似性和差异性。具体来说,在 FDSOI 中,阈值电压的标准偏差主要受功函数变化的影响,在非晶态金属栅的限制条件下,主要受栅的线边缘粗糙度影响。然而,源/漏 RDF 对 FDSOI 晶体管的统计波动性的影响最为关键,主要原因是:①短沟道效应的变化影响了 V_{TH} 分布的尾部;②接触电阻的变化和 σI_{ON} 的增加超出了 σV_{TH} 可能引起的变化。即使考虑到 WFV 和 LER,源/漏 RDF 仍能在低漏压下主导 I_{ON} 的波动性,从而消除了 I_{ON} 和 V_{TH} 之间的相关性。因此,使用 σV_{TH} 作为 FDSOI 器件波动性的唯一度量指标可能会引起严重的误导,并低估 RDF 对电路的影响。

在可靠性方面,到目前为止的分析结果表明,在 TB-SOI 和 DG 晶体管中,PBTI/NBTI 退化可以显著增大 RDD 和 LER 引起的"原始"波动性。在具有较低原始波动性的 32nm TB-SOI 晶体管中,这一效应更为明显,其中 $1\times10^{12}\mathrm{cm}^{-2}$

的俘获电荷薄层密度导致 σV_{TH} 几乎增加了 2 倍。在 DG 器件中,相同数量俘获电荷引起的 σV_{TH} 增加小于 30%。这一改善与 DG 器件的体反型有关,从而突出了这种对称栅结构的优势。

虽然 SOI 器件总的波动性能优于体硅晶体管,但鉴于器件特性的变化可以直接影响电路/系统的性能和良率,在整个电路和系统设计中,还必须仔细考虑不同波动源的影响。特别地,晶体管层次的导通电流 I_{ON} 波动将引起数字电路的时序和性能变化,而 V_{TH} 波动将导致总的漏电电流功耗的增加。此外,对于采用最小晶体管设计的 SRAM 电路,V_{TH} 和 DIBL 的统计性波动可能导致单元噪声容限的严重退化[69]。

8.6 参考文献

[1] S. Borkar, T. Karnik, S. Narendra, J. Tschanz, A. Keshavarzi and V. De,'Parameter variations and impact on circuits and microarchitecture', presented at the *Proceedings of the 40th annual Design Automation Conference*, Anaheim, CA, USA, 2003.

[2] K. Takeuchi, T. Tsunomura, A. T. Putra, T. Fukai, A. Nishida, S. Kamohara and T. Hiramoto,'Analyses of random threshold voltage fluctuations in MOS devices', *9th International Workshop on Junction Technology 2009*, pp. 7 – 10, 2009.

[3] A. Asenov,'Random dopant induced threshold voltage lowering and fluctuations in sub-0.1 μm MOSFET's: A 3D atomistic simulation study', *IEEE Transactions on Electron Devices*, vol. 45 (12), pp. 2505 – 2513, 1998.

[4] A. Asenov, S. Kaya and A. R. Brown,'Intrinsic parameter fluctuations in decananometer MOSFETs introduced by gate line edge roughness', *IEEE Transactions on Electron Devices*, vol. 50 (5), pp. 1254 – 1260, 2003.

[5] H. Dadgour, K. Endo, V. De and K. Banerjee,'Modeling and analysis of grainorientation effects in emerging metal-gate devices and implications for SRAM reliability', *IEDM Digest. Tech.*, pp. 705 – 708, 2008.

[6] A. R. Brown, J. R. Watling and A. Asenov,'A 3-D atomistic study of archetypal double gate MOSFET structures', *Journal of Computational Electronics*, vol. 1, pp. 165 – 169, 2002.

[7] V. Reddy, A. T. Krishnan, A. Marshall, J. Rodriguez, S. Natarajan, T. Rost and S. Krishnan,'Impact of negative bias temperature instability on digital circuit reliability', *Reliability Physics Symposium Proceedings*, pp. 248 – 254, 2002.

[8] M. J. M. Pelgrom, A. C. J. Duinmaijer and A. P. G. Welbers,'Matching properties of MOS transistors', *Solid-State Circuits, IEEE Journal of*, vol. 24, pp. 1433 – 1439, 1989.

[9] T. Tanaka, T. Usuki, Y. Momiyama and T. Sugii,'Direct measurement of Vth fluctuation caused by impurity positioning', *Symposium on VLSl Technology Digest of Technical Papers*, pp. 136 – 137, 2000.

[10] T. Tsunomura, A. Kumar, T. Mizutani, C. Lee, A. Nishida, K. Takeuchi, S. Inaba, S. Kamohara, K. Terada, T. Hiramoto and T. Mogami,'Analysis and prospect of local variability of drain current in scaled MOSFETs by a new decomposition method', *Proceedings VLSI Technology Symposium*, 2010, pp. 97 – 98, 2010.

[11] T. Hiramoto, T. Mizutani, A. Kumar, A. Nishida, T. Tsunomura, S. Inaba, K. Takeuchi, S. Kamohara and T. Mogami,'Suppression of DIBL and currentonset voltage variability in intrinsic channel fully depleted

SOI MOSFETs', in *SOI Conference (SOI), 2010 IEEE International*, pp. 1-2, 2010.

[12] GARAND Simulator [Online]. Available: http://www.GoldStandardSimulations.com/

[13] A. Asenov, G. Slavcheva, A. R. Brown, J. H. Davies and S. Saini, 'Increase in the random dopant induced threshold fluctuations and lowering in sub-100nm MOSFETs due to quantum effects: a 3-D density-gradienT simulation study', *IEEE Transactions on Electron Devices*, vol. 48, no. 4, pp. 722-729, 2001.

[14] R. Gareth, R. B. Andrew, A. -L. Fikru, R. Scott and A. Asen, 'Simulation study of individual and combined sources of intrinsic parameter fluctuations in conventional nano-MOSFETs', *Electron Devices, IEEE Transactions on*, vol. 53, pp. 3063-3070, 2006.

[15] M. Agostinelli, P. Palestri, L. Selmi, M. Panozzo, C. Fiegna and A. Schenk, Definition of Template Devices, December 2007, European Commission FP6 Integr. Proj. PULLNANO (IST-026828) Deliverable D-6451.

[16] N. Sugii, R. Tsuchiya, T. Ishigaki, Y. Morita, H. Yoshimoto and S. Kimura, 'Local Vth variability and scalability in silicon-on-thin-BOX (SOTB) CMOS with small random-dopant fluctuation', *Electron Devices, IEEE Transactions on*, vol. 57, pp. 835-845, 2010.

[17] S. Markov, B. Cheng and A. Asenov, 'Statistical variability in fully depleted SOI MOSFETs due to random dopant fluctuations in the source and drain extensions', *Electron Device Letters, IEEE*, vol. 33, pp. 315-317, 2012.

[18] J. Mazurier, O. Weber, F. Andrieu, F. Allain, L. Tosti, L. Brevard, O. Rozeau, M. -A. Jaud, P. Perreau, C. Fenouillet-Beranger, F. A. Khaja, B. Colombeau, G. De Cock, G. Ghibaudo, M. Belleville, O. Faynot and T. Poiroux, 'Drain current variability and MOSFET parameters correlations in planar FDSOI technology', *Electron Devices Meeting, IEDM 2011*, pp. 25.5.1-25.5.4, 2011.

[19] K. R. Lakshmikumar, R. A. Hadaway and M. A. Copeland, 'Characterization and modeling of mismatch in MOS transistors for precision analog design', *IEEE Journal of Solid State Circuits*, vol. **sc-21**, no. 6, pp. 1057-1066, 1986.

[20] K. Takeuchi, T. Fukai, T. Tsunomura, A. T. Putra, A. Nishida, S. Kamohara and T. Hiramoto, 'Understanding random threshold voltage fluctuation by comparing multiple fabs and technologies', *Electron Devices Meeting, IEDM*, pp. 467-470, 2007.

[21] O. Faynot, F. Andrieu, O. Weber, B. Fenouillet, X, C. ranger, P. Perreau, J. Mazurier, T. Benoist, O. Rozeau, T. Poiroux, M. Vinet, L. Grenouillet, J. P. Noel, N. Posseme, S. Barnola, F. Martin, C. Lapeyre, M. Casse, X. Garros, M. A. Jaud, O. Thomas, G. Cibrario, L. Tosti, L. Brevard, C. Tabone, P. Gaud, S. Barraud, T. Ernst and S. Deleonibus, 'Planar fully depleted SOI technology: a powerful architecture for the 20nm node and beyond', in *Electron Devices Meeting (IEDM), 2010 IEEE International*, pp. 3.2.1-3.2.4, 2010.

[22] O. Weber, F. Andrieu, J. Mazurier, M. Cassé, X. Garros, C. Leroux, F. Martin, P. Perreau, C. Fenouillet-Béranger, S. Barnola, R. Gassilloud, C. Arvet, O. Thomas, J. -P. Noel, O. Rozeau, M. -A. Jaud, T. Poiroux, D. Lafond, A. Toffoli, F. Allain, C. Tabone, L. Tosti, L. Brévard, P. Lehnen, U. Weber, P. K. Baumann, O. Boissiere, W. Schwarzenbach, K. Bourdelle, B. -Y. Nguyen, F. Boeuf, T. Skotnicki and O. Faynot, 'Work-function engineering in gate first technology for multi-VT dual-gate FDSOI CMOS on UTBOX', *IEDM Tech Dig.*, pp. 58-61, 2010.

[23] O. Weber, O. Faynot, F. Andrieu, C. Buj-Dufournet, F. Allain, P. Scheiblin, J. Foucher, N. Daval, D. Lafond, L. Tosti, L. Brevard, O. Rozeau, C. Fenouillet Beranger, M. Marin, F. Boeuf, D. Delprat, K. Bourdelle, B. Y. Nguyen and S. Deleonibus, 'High immunity to threshold voltage variability in undoped ultrathin FDSOI MOSFETs and its physical understanding', in *Electron Devices Meeting, 2008. IEDM*

2008. IEEE International, pp. 1 – 4, 2008.

[24] F. Andrieu, O. Weber, J. Mazurier, O. Thomas, J. P. Noel, B. Fenouillet, C. Ranger, J. P. Mazellier, P. Perreau, T. Poiroux, Y. Morand, T. Morel, S. Allegret, V. Loup, S. Barnola, F. Martin, J. F. Damlencourt, I. Servin, M. Casse, X. Garros, O. Rozeau, M. A. Jaud, G. Cibrario, J. Cluzel, A. Toffoli, F. Allain, R. Kies, D. Lafond, V. Delaye, C. Tabone, L. Tosti, Bre, L. vard, P. Gaud, V. Paruchuri, K. K. Bourdelle, W. Schwarzenbach, O. Bonnin, B. Y. Nguyen, B. Doris, F. uf, T. Skotnicki and O. Faynot, 'Low leakage and low variability ultra-thin body and buried oxide (UT2B) SOI technology for 20nm low power CMOS and beyond', in *VLSI Technology (VLSIT), 2010 Symposium on*, 2010, pp. 57 – 58.

[25] K. Cheng, A. Khakifirooz, P. Kulkarni, S. Ponoth, J. Kuss, D. Shahrjerdi, L. F. Edge, A. Kimball, S. Kanakasabapathy, K. Xiu, S. Schmitz, A. Reznicek, T. Adam, H. He, N. Loubet, S. Holmes, S. Mehta, D. Yang, A. Upham, S. C. Seo, J. L. Herman, R. Johnson, Y. Zhu, P. Jamison, B. S. Haran, Z. Zhu, L. H. Vanamurth, S. Fan, D. Horak, H. Bu, P. J. Oldiges, D. K. Sadana, P. Kozlowski, D. McHerron, J. O'Neill and B. Doris, 'Extremely thin SOI (ETSOI) CMOS with record low variability for low power system-on-chip applications', in *Electron Devices Meeting (IEDM), 2009 IEEE International*, pp. 1 – 4, 2009.

[26] Y. X. Liu, K. Endo, S. O'Uchi, T. Kamei, J. Tsukada, H. Yamauchi, Y. Ishikawa, T. Hayashida, K. Sakamoto, T. Matsukawa, A. Ogura and M. Masahara, 'On the gate-stack origin threshold voltage variability in scaled FinFETs and multi-FinFETs', in *VLSI Technology (VLSIT), 2010 Symposium on*, pp. 101 – 102, 2010.

[27] T. Matsukawa, S. O'uchi, K. Endo, Y. Ishikawa, H. Yamauchi, Y. X. Liu, J. Tsukada, K. Sakamoto and M. Masahara, 'Comprehensive analysis of variability sources of FinFET characteristics', *2009 VLSI Technology*, p. 118, 2009.

[28] F. Arnaud, A. Thean, M. Eller, M. Lipinski, Y. W. Teh, M. Ostermayr, K. Kang, N. S. Kim, K. Ohuchi, J-P. Han, D. R. Nair, J. Lian, S. Uchimura, S. Kohler, S. Miyaki, P. Ferreira, J-H. Park, M. Hamaguchi, K. Miyashita, R. Augur, Q. Zhang, K. Strahrenberg, S. ElGhouli, J. Bonnouvrier, F. Matsuoka, R. Lindsay, J. Sudijono, F. S. Johnson, J. H. Ku, M. Sekine, A. Steegen and R. Sampson, 'Competitive and cost effective high-k-based 28-nm CMOS technology for low-power applications', in *IEDM Tech. Dig.*, December 2009, pp. 651 – 654.

[29] C. Ortolland, L.-A. Ragnarsson, T. Hoffmann, S. Biesemans, P. P. Absil, M. J. Cho, M. Aoulaiche, S. Kubicek, T. Schram, J.-L. Everaert, J. Tseng, A. Akheyar, Y. Okuno, E. Rosseel, T. Chiarella, C. Kerner, O. Richard and P. Favia, 'Optimized ultralow thermal budget process flow for advanced high-k/metal gate first CMOS using laser-annealing technology', in *VLSI Symp. Tech. Dig.*, pp. 38 – 39, June 2009.

[30] S. Hasegawa, Y. Kitamura, K. Takahata, H. Okamoto, T. Hirai, K. Miyashita, T. Ishida, H. Aizawa, S. Aota, A. Azuma, T. Fukushima, H. Harakawa, E. Hasegawa, M. Inohara, S. Inumiya, T. Ishizuka, T. Iwamoto, N. Kariya, K. Kojima, T. Komukai, N. Matsunaga, S. Mimotogi, S. Muramatsu, K. Nagatomo, S. Nagahara, Y. Nakahara, K. Nakajima, K. Nakatsuka, M. Nishigoori, A. Nomachi, R. Ogawa, N. Okada, S. Okamoto, K. Okano, T. Oki, H. Onoda, T. Sasaki, M. Satake, T. Suzuki, Y. Suzuki, M. Tagami, K. Takeda, M. Tanaka, K. Taniguchi, M. Tominaga, G. Tsutsui, K. Utsumi, S. Watanabe, T. Watanabe, Y. Yoshimizu, T. Kitano, H. Naruse, Y. Goto, T. Nakayama, N. Nakamura and F. Matsuoka, 'A cost-conscious 32-nm CMOS platform technology with advanced single exposure lithography and gate-first metal gate/high-k process', in *IEDM Tech. Dig.*, December 2008, pp. 938 – 940.

[31] F. Arnaud, J. Liu, Y. M. Lee, K. Y. Lim, S. Kohler, J. Chen, B. K. Moon, C. W. Lai, M. Lipinski, L. Sang, F. Guarin, C. Hobbs, P. Ferreira, K. Ohuchi, J. Li, H. Zhuang, P. Mora, Q. Zhang, D. R. Nair, D. H. Lee,

K. K. Chan, S. Satadru, S. Yang, J. Koshy, W. Hayter, M. Zaleski, D. V. Coolbaugh, H. W. Kim, Y. C. Ee, J. Sudijono, A. Thean, M. Sherony, S. Samavedam, M. Khare, C. Goldberg and A. Steegen, ' 32nm general purpose bulk CMOS technology for high performance applications at low voltage', in *Electron Devices Meeting*, 2008. IEDM 2008. IEEE International, pp. 1 – 4. IEEE, 2008.

[32] R. Watanabe, A. Oishi, T. Sanuki, H. Kimijima, K. Okamoto, S. Fujita, H. Fukui, K. Yoshida, H. Otani, E. Morifuji, K. Kojima, M. Inohara, H. Igrashi, K. Honda, H. Yoshimura, T. Nakayama, S. Miyake, T. Hirai, T. Iwamoto, Y. Nakahara, K. Kinoshita, T. Morimoto, S. Kobayashi, S. Kyoh, M. Ikeda, K. Imai, M. Iwai, N. Nakamura and F. Matsuoka, ' A low-power 40-nm CMOS technology featuring extremely high density of logic (2100 kGate/ μm^2) and SRAM (0.195 μm^2) for wide range of mobile applications with wireless system', in *IEDM Tech. Dig.*, December 2008, pp. 641 – 644.

[33] K. J. Kuhn, ' Reducing variation in advanced logic technologies: Approaches to process and design for manufacturability of nanoscale CMOS', in *IEDM Tech. Dig.*, December 2007, pp. 471 – 474.

[34] N. Sugii, R. Tsuchiya, T. Ishigaki, Y. Morita, H. Yoshimoto, K. Torii and S. Kimura, ' Comprehensive study on Vth variability in silicon on thin BOX (SOTB) CMOS with small random dopant fluctuation: finding a way to further reduce variation', in *IEDM Tech. Dig.*, December 2008, pp. 249 – 252.

[35] Huguenin, J-L., S. Monfray, G. Bidal, S. Denorme, P. Perreau, S. Barnola, M-P. Samson, Arvet, K. Benotmane, N. Loubet, Q. Liu1, Y. Campidelli, F. Leverd, F. Abbate, L. Clement, C. Borowiak, A. Cros, A. Bajolet, S. Handler, D. Marin-Cudraz, T. Benoist, P. Galy, C. Fenouillet-Beranger, O. Faynot, G. Ghibaudo, F. Boeuf and T. Skotnicki, ' Hybrid localized SOI/bulk technology for low power system-on-chip', in *VLSI Technology (VLSIT), 2010 Symposium on*, pp. 59 – 60. IEEE, 2010.

[36] H. Kawasaki, V. S. Basker, T. Yamashita, C. -H. Lin, Y. Zhu, J. Faltermeier, Schmitz, J. Cummings, S. Kanakasabapathy, H. Adhikari, H. Jagannathan, A. Kumar, K. Maitra, J. Wang, C. -C. Yeh, C. Wang, M. Khater, M. Guillorn, N. Fuller, J. Chang, L. Chang, R. Muralidhar, A. Yagishita, R. Miller, Q. Ouyang, Y. Zhang, V. K. Paruchuri, H. Bu, B. Doris, M. Takayanagi, W. Haensch, D. McHerron, J. O'Neill and K. Ishimaru, ' Challenges and solutions of FinFET integration in an SRAM cell and a logic circuit for 22-nm node and beyond', in *IEDM Tech. Dig.*, December 2009, pp. 289 – 292.

[37] H. Kawasaki, M. Khater, M. Guillorn, N. Fuller, J. Chang, S. Kanakasabapathy, L. Chang, R. Muralidhar, K. Babich, Q. Yang, J. Ott, D. Klaus, E. Kratschmer, E. Sikorski, R. Miller, R. Viswanathan, Y. Zhang, J. Silverman, Q. Ouyang, A. Yagishita, M. Takayanagi, W. Haensch and K. Ishimaru, ' Demonstration of highly scaled FinFET SRAM cells with high-k/metal gate and investigation of characteristic variability for the 32-nm node and beyond', in *IEDM Tech. Dig.*, December 2008, pp. 237 – 240.

[38] Q. Liu, A. Yagishita, N. Loubet, A. Khakifirooz, P. Kulkarni, T. Yamamoto, K. Cheng, M. Fujiwara, J. Cai, D. Dorman, S. Mehta, P. Khare, K. Yako, Y. Zhu, S. Mignot, S. Kanakasabapathy, S. Monfray, F. Boeuf, C. Koburger, H. Sunamura, S. Ponoth, A. Reznicek, B. Haran, A. Upham, R. Johnson, L. F. Edge, J. Kuss, T. Levin, N. Berliner, E. Leobandung, T. Skotnicki, M. Hane, H. Bu, K. Ishimaru, W. Kleemeier, M. Takayanagi, B. Doris and R. Sampson, ' Ultra-thin-body and BOX (UTBB) fully depleted (FD) device integration for 22nm node and beyond', in *VLSI Technology (VLSIT), 2010 Symposium on*, pp. 61 – 62, 2010.

[39] S. Ponoth, M. Vinet, L. Grenouillet, A. Kumar, P. Kulkarni, Q. Liu, K. Cheng, B. Haran, N. Posseme, A. Khakifirooz, N. Loubet, S. Mehta, J. Kuss, V. Destefanis, N. Berliner, R. Sreenivasan, Y. Le Tiec, S. Kanakasabapathy, S. Schmitz, T. Levin, S. Luning, T. Hook, M. Khare, G. Shahidi and B. Doris, ' Implant approaches and challenges for 20nm node and beyond ETSOI devices', *IEEE International SOI*

Conference, pp. 1 – 2, 2011.

[40] M. Takahashi, A. Ogawa, A. Hirano, Y. Kamimuta, Y. Watanabe, K. Iwamoto, S. Migita, N. Yasuda, H. Ota, T. Nabatame and A. Toriumi, 'Gate-first processed FUSI/HfO$_2$/HfSiOX/SiMOSFETs with EOT = 0.5nm – interfacial layer formation by cycle-by-cycle deposition and annealing', *International Electron Devices Meeting*, *Technical Digest*, p. 523, 2007.

[41] K. Ohmori, T. Matsuki, D. Ishikawa, T. Morooka, T. Aminaka, Y. Sugita, T. Chikyow, K. Shiraishi, Y. Nara and K. Yamada, 'Impact of additional factors in threshold voltage variability of metal/high-k gate stacks and its reduction by controlling crystalline structure and grain size in the metal gates', *IEDM Tech. Dig.*, pp. 409 – 412, 2008.

[42] K. Chen, Y. Yu, H. Mu, E. Z. Luo, B. Sundaravel, S. P. Wong and I. H. Wilson, 'Preferentially oriented and amorphous Ti, TiN and Ti/TiN diffusion barrier for Cu prepared by ion beam assisted deposition (IBAD)', *Surface and Coatings Technology*, vol. **151 – 152**, pp. 434 – 439, 2002.

[43] H. C. Wen, H. N. Alshareef, H. Luan, K. Choi, P. Lysaght, H. R. Harris, C. Huffman, G. A. Brown, G. Bersuker, P. Zeitzoff, H. Huff, P. Majhi and B. H. Lee, 'Systematic investigation of amorphous transition-metal-silicon-nitride electrodes for metal gate CMOS applications', *Symposium on VLSI Technology Digest of Technical Papers*, pp. 46 – 47, 2005.

[44] X. Wang, A. R. Brown, N. Idris, S. Markov, G. Roy and A. Asenov, 'Statistical threshold-voltage variability in scaled decananometer bulk HKMG MOSFETs: a full-scale 3-D simulation scaling study', *IEEE Transactions on Electron Devices*, vol. **58**, pp. 2293 – 2301, 2011.

[45] A. Khakifirooz, K. Cheng, P. Kulkarni, J. Cai, S. Ponoth, J. Kuss, B. S. Haran, A. Kimball, L. F. Edge, A. Reznicek, T. Adam, H. He, N. Loubet, S. Mehta, S. Kanakasabapathy, S. Schmitz, S. Holmes, B. Jagannathan, A. Majumdar, D. Yang, A. Upham, S. C. Seo, J. L. Herman, R. Johnson, Y. Zhu, P. Jamison, Z. Zhu, L. H. Vanamurth, J. Faltermeier, S. Fan, D. Horak, H. Bu, D. K. Sadana, P. Kozlowski, D. McHerron, J. O' Neill, B. Doris, W. Haensch, E. Leobondung and G. Shahidi, 'Challenges and opportunities of extremely thin SOI (ETSOI) CMOS technology for future low power and general purpose system-on-chip applications', in *VLSI Technology Systems and Applications (VLSI-TSA)*, *2010 International Symposium on*, pp. 110 – 111, 2010.

[46] W. Schwarzenbach, X. Cauchy, F. Boedt, O. Bonnin, E. Butaud, C. Girard, B. Nguyen, C. Mazure and C. Maleville, 'Excellent silicon thickness uniformity on ultra-thin SOI for controlling Vt variation of FD-SOI', *IEEE International Conference on IC Design & Technology (ICICDT)*, pp. 1 – 3, 2011.

[47] T. B. Hook, M. Vinet, R. Murphy, S. Ponoth and L. Grenouillet, 'Transistor matching and silicon thickness variation in ETSOI technology', *IEDM 2011*, pp. 5.7.1 – 5.7.4, 2011.

[48] V. P. Trivedi and J. G. Fossum, 'Nanoscale FD/SOI CMOS: thick or thin BOX', *Electron Device Letters*, *IEEE*, vol. **26**, pp. 26 – 28, 2005.

[49] T. Mizuno, J. -I. Okamura and A. Toriumi, 'Experimental study of threshold voltage fluctuation due to statistical variation of channel dopant number in MOSFET's', *IEEE Transactions on Electron Devices*, vol. **41**, pp. 2216 – 2221, 1994.

[50] A. R. Brown, V. Huard and A. Asenov, 'Statistical simulation of progressive NBTI degradation in a 45nm technology pMOSFET', *IEEE Transactions on Electron Devices*, vol. **57**, no. 9, pp. 2320 – 2323, 2010.

[51] J. Campbell, K. Cheung, J. Suehle and A. Oates, 'A simple series resistance extraction methodology for advanced CMOS devices', *IEEE Electron Device Letters*, vol. **32**, no. 8, pp. 1047 – 1049, 2011.

[52] S. V. Kumar, K. H. Kim and S. S. Sapatnekar, 'Impact of NBTI on SRAM read stability and design for relia-

bility', *Quality Electronic Design*, 2006. ISQED '06. 7th International Symposium on, pp. 6 – 218, 2006.

[53] K. Takeuchi, T. Nagumo and T. Hase, 'Comprehensive SRAM design methodology for RTN reliability', *VLSI Technology (VLSIT) Symposium*, pp. 130 – 131, 2011.

[54] T. Grasser, B. Kaczer, W. Goes, H. Reisinger, T. Aichinger, P. Hehenberger, P. Wagner, F. Schanovsky, J. Franco, M. T. Luque and M. Nelhiebel, 'The paradigm shift in understanding the bias temperature instability: from reaction-diffusion to switching oxide traps', *Electron Devices, IEEE Transactions on*, vol. **58**, pp. 3652 – 3666, 2011.

[55] M. A. Alam and S. Mahapatra, 'A comprehensive model of PMOS NBTI degradation', *Microelectronics Reliability*, vol. **45**, pp. 71 – 81, 2005.

[56] B. Kaczer, T. Grasser, P. J. Roussel, J. Franco, R. Degraeve, L. Ragnarsson, E. Simoen, G. Groeseneken and H. Reisinger, 'Origin of NBTI variability in deeply scaled pFETs', *Reliability Physics Symposium (IRPS), 2010 IEEE International*, pp. 26 – 32, 2010.

[57] V. Huard, C. Parthasarathy, C. Guerin, T. Valentin, E. Pion, M. Mammasse, N. Planes and L. Camus, 'NBTI degradation: from transistor to SRAM arrays', *Reliability Physics Symposium, 2008. IRPS 2008. IEEE International*, pp. 289 – 300, 2008.

[58] M. Toledano-Luque, B. Kaczer, J. Franco, P. J. Roussel, T. Grasser, T. Y. Hoffmann and G. Groeseneken, 'From mean values to distributions of BTI lifetime of deeply scaled FETs through atomistic understanding of the degradation', *VLSI Technology (VLSIT) Symposium*, pp. 152 – 153, 2011.

[59] B. Kaczer, S. Mahato, V. V. de Almeida Camargo, M. Toledano-Luque, P. J. Roussel, T. Grasser, F. Catthoor, P. Dobrovolny, P. Zuber, G. Wirth and G. Groeseneken, 'Atomistic approach to variability of bias-temperature instability in circuit simulations', *Reliability Physics Symposium (IRPS), 2011*, pp. XT. 3. 1 – XT. 3. 5, 2011.

[60] T. Grasser, B. Kaczer, W. Goes, H. Reisinger, T. Aichinger, P. Hehenberger, P. -J. Wagner, F. Schanovsky, J. Franco, P. J. Roussel and M. Nelhiebel, 'Recent advances in understanding the bias temperature instability', *Proceedings of the IEEE International Electron Devices Meeting (IEDM)*, pp. 82 – 85, 2010.

[61] A. Asenov, A. R. Brown, J. H. Davies, S. Kaya and G. Slavcheva, 'Simulation of intrinsic parameter fluctuations in decananometer and nanometer-scale MOSFETs', *IEEE Transactions on Electron Devices*, vol. **50**, no. 9, pp. 1837 – 1852, 2003.

[62] J. Nishimura, T. Saraya and T. Hiramoto, 'Statistical comparison of random telegraph noise (RTN) in bulk and fully depleted SOI MOSFETs', *Ultimate Integration on Silicon (ULIS)*, pp. 1 – 4, 2011.

[63] G. D. Panagopoulos and K. Roy, 'A three-dimensional physical model for Vth variations considering the combined effect of NBTI and RDF', *Electron Devices, IEEE Transactions on*, vol. **58**, pp. 2337 – 2346, 2011.

[64] J. C. Liao, Y. K. Fang, Y. T. Hou, C. L. Hung, P. F. Hsu, K. C. Lin, K. T. Huang, T. L. Lee and M. S. Liang, 'BTI reliability of dual metal gate CMOSFETs with Hf-based high-k gate dielectrics', *VLSI Technology, Systems and Applications*, pp. 1 – 2, 2007.

[65] C. Auth, C. Allen, A. Blattner, D. Bergstrom, M. Brazier, M. Bost, M. Buehler, V. Chikarmane, T. Ghani, T. Glassman, R. Grover, W. Han, D. Hanken, M. Hattendorf, P. Hentges, R. Heussner, J. Hicks, D. Ingerly, P. Jain, S. Jaloviar, R. James, D. Jones, J. Jopling, S. Joshi, C. Kenyon, H. Liu, R. McFadden, B. McIntyre, J. Neirynck, C. Parker, L. Pipes, I. Post, S. Pradhan, M. Prince, S. Ramey, T. Reynolds, J. Roesler, J. Sandford, J. Seiple, P. Smith, C. Thomas, D. Towner, T. Troeger, C. Weber, P. Yashar, K. Zawadzki and K. Mistry, 'A 22nm high performance and low-power CMOS technology featuring fully-depleted tri-gate

transistors, self-aligned contacts and high density MIM capacitors', *Symposium on VLSI Technology*, pp. 131 – 132, 2012.

[66] M. A. Guillorn, J. Chang, A. Pyzyna, S. Engelmann, M. Glodde, E. Joseph, R. Bruce, J. A. Ott, A. Majumdar, F. Liu, M. Brink, S. Bangsaruntip, M. Khater, S. Mauer, I. Lauer, C. Lavoie, Z. Zhang, J. Newbury, E. Kratschmer, D. P. Klaus, J. Bucchignano, B. To, W. Graham, E. Sikorski, V. Narayanan, N. Fuller and W. Haensch, 'A 0.021 μm² trigate SRAM cell with aggressively scaled gate and contact pitch', *Symposium on VLSI technology*, pp. 64 – 65, 2011.

[67] X. Wang, A. R. Brown, B. Cheng and A. Asenov, 'Statistical variability and reliability in nanoscale FinFETs', *Proceedings of the IEEE International Electron Devices Meeting (IEDM)*, p. 103, 2011.

[68] T. Matsukawa, Y. Liu, S. O'uchi, K. Endo, J. Tsukada, H. Yamauchi, Y. Ishikawa, H. Ota, S. Migita, Y. Morita, W. Mizubayashi, K. Sakamoto and M. Masahara, 'Comprehensive Analysis of I_{on} Variation in Metal Gate FinFETs for 20nm and Beyond' *Proceedings of the IEEE International Electron Devices Meeting (IEDM)*, p. 517, 2011.

[69] X. Song, M. Suzuki, T. Saraya, A. Nishida, T. Tsunomura, S. Tsunomura, S. Kamohara, K. Takeuchi, S. Inaba, T. Mogami and T. Hiramoto, 'Impact of DIBL variability on SRAM static noise margin analyzed by DMA SRAM TEG', *Proceedings of the IEEE International Electron Devices Meeting (IEDM)*, 2010, pp. 3.5.1 – 3.5.4.

[70] P. A. Stolk, F. P. Widdershoven and D. B. M. Klaassen, 'Modelling statistical dopant fluctuations in MOS transistors', *IEEE Transactions on Electron Devices*, vol. **45/9**, pp. 1960 – 1971, 1998.

第 9 章 SOI CMOS 集成电路的 ESD 保护

M. G. KHAZHINSKY, Silicon Laboratories, USA

摘　要：本章介绍 SOI 工艺同体硅工艺在 ESD 保护方面的主要差异。提出了基于 SOI ESD 保护网络的有源轨道钳位方法，以及包括器件和电路级表征数据的设计方法。引入了一个紧凑模型来描述 ESD 域中的栅控二极管。研究了先进的 SOI 工艺中 FinFET、Fin 二极管以及 FDSOI 器件的 ESD 特性。介绍了一种根据输出缓冲器结构方便地优化器件尺寸的响应面法。证实了分布的和自举的 SOI 轨道钳位 ESD 网络是非常紧凑的，并且提供了一个有效的 ESD 保护解决方案。

关键词：ESD，静电放电，有源轨道钳位，响应面，紧凑模型，表征。

9.1　引　言

静电放电(ESD)作为半导体工业产品的意外损伤来源，始终是一个重要的问题。ESD 在不同的静电电压下，对物体和表面之间进行静电电荷的转移。ESD 是一种短持续时间(1~100ns)高电流(1~15A)的事件。ESD 造成的集成电路损伤，可以由以下原因引起：

(1) 人体触摸芯片(人体模型 – HBM)；
(2) 在组装时机器的接触(机器模型 – MM)；
(3) 在自动封装和测试过程中对 IC 管壳进行充电后对地的放电(带电器件模型 – CDM)。

ESD 是电的过应力(EOS)的一个分支，它定义为一个物体经受超出其最大标称电流或电压的事件。

EOS/ESD 已经成为许多半导体公司所有产品的主要失效机制。ESD 造成的损失可能发生在现场制作及测试的任何地方。根据 Duvvury2003 的估计，ESD 每年造成的实际损失和隐藏的损失达数百万美元。据估计，所有元件 25% 的失效是由静电放电和电过应力造成的。

CMOS 工艺尺寸向深亚微米范围缩比，使 ESD 保护成为一个重要的可靠性问题。为了保护集成电路免受损伤，需要在芯片上的输入/输出(I/O)和内核电路实现 ESD 保护。在有限的空间内制作 ESD 保护电路同时对集成电路造成最小的影响,是一项具有挑战性的设计任务。

存在几个原因使 CMOS SOI 集成电路的 ESD 保护特别困难(Kuo 和 Lin,2001;Khazhinsky,2007)。首先,因为器件是在硅薄膜中制造的,基于厚场氧化物的 ESD 技术不能采用。其次,由于 SOI 中埋氧化物的存在使器件的 ESD 功耗不容易散掉,并且在大电流时 ESD SOI 器件的性能也较差。同时因为有埋氧化层,在体硅工艺中通常采用的大面积寄生二极管、双极器件和硅可控整流器(SCR),在标准的 SOI 工艺中不容易实现。要实现 ESD 保护,从体硅到 SOI 有另外一些主要的变化需要考虑(Raha 等,1997a;Voldman 等,2000;Juliano 和 Andersun,2003;Khazhinsky 等,2005)。体硅的浅槽隔离(STI)二极管要用栅控二极管取代。所有的二极管都只是二端器件,没有双极结晶体管(BJT)。很少有或根本没有寄生二极管。输出缓冲器和钳位 MOSFET 可能是体接触或浮体的。SOI 同体硅相比,总的来说器件失效电压水平更低。

在本章中,将按照 CMOS ESD 保护的理念,避免使用传统的雪崩结触发"快返回"ESD 器件;使用工艺上设计的有源器件(MOSFET 管,二极管)来构建 ESD 网络;主要将 ESD 作为电路设计而不是作为工艺/器件的问题来进行处理;就像集成电路的其余部分一样,利用 SPICE(Simulation Program with Integrated Circuit Emphasis,通用集成电路仿真程序)来设计及优化所有的 ESD 网络;开发利用简单的、可扩展的 ESD 专用紧凑模型,来描述短持续时间、高电流 ESD 域的器件及互连。尽管有些设计是同体硅 ESD 特定器件相关并且在 SOI 中使用受到限制的,但是,仍然有一些 ESD 保护方法是可以在体硅和 SOI 两者中都可以利用的。特别是,如在先进 CMOS 体硅(Worley 等,1995;Torres 等,2001;Stockinger.,2003,2005)及 SOI(Palumbo 和 Dugan,1986;Raha 等,1997a;Voldman 等,1999,2000;Juliano 和 Anderson,2003)产品(图 9.1)中,已证明它们是有效的正向偏置二极管及瞬态触发有源 MOSFET ESD 轨道钳位构成的 ESD 保护网络。

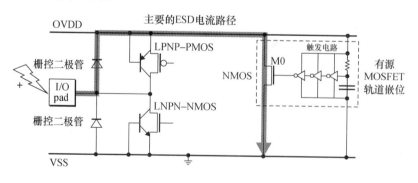

图 9.1 基于轨道的 ESD 保护

基于钳位的 ESD 保护主要优点如下：

（1）在主要的 ESD 电流路径中不存在雪崩结；

（2）保护是工艺高度简便、可扩展，并且易于用 SPICE 进行仿真的，ESD 的风险主要不依赖工艺加工的代工线；

（3）大部分的布图面积有效地用于解决 ESD 问题（Stockinger 等，2003）；

（4）输出缓冲器不需要镇流电阻；

（5）供 ESD 有效选用只有最少的附加 I/O 电容（Richier 等，2000）。

这些网络的另一个优点是，它们可以很容易地从体硅工艺移植到 SOI 工艺中。本章将描述为双栅氧化层、部分耗尽 SOI 技术（PD）产品开发的 ESD 保护。这种方法是基于 Stockinger 等（2003，2005）为体硅工艺引入的分布式和增强的 ESD 网络设计方法。将展示这种方法是如何扩展到 SOI 工艺中的，特别强调 SOI 的特殊器件及网络方面的问题。

众所周知，浮体的 SOI MOSFET 在正常工作及 ESD 状态下，容易产生体的充电效应。体接触的 SOI MOSFET 虽对体不敏感，但是受体电阻的影响大（colinge，1991；Chan 等，1994）。本章对浮体及体接触的 SOI MOSFET 的击穿电压（V_{t1} 和 V_{t2}）的数据以及体硅相应的数据进行比较。可以证明，对于抗 ESD 而言，SOI 晶体管比体硅晶体管要弱得多，而且浮体的器件也并不提供更多的优点。

本章还证实，尽管 SOI 栅控二极管比传统的体沟槽隔离二极管具有更高的电导，但是它仍然显示较低的 ESD 失效电流。将引入描述高电流 ESD 域中栅控二极管 SPICE 紧凑模型。还将讨论先进的技术节点的 SOI 器件，如 FinFET、Fin 二极管以及全耗尽 SOI 器件的 ESD 表征。最后将介绍便于优化 ESD 器件尺寸同输出缓冲器结构关系的响应面法。

9.2 SOI 器件的 ESD 表征：SOI 晶体管

首先来研究全硅化物薄氧化物部分耗尽 OD1（18Å/1.2V）及厚氧化物 OD2（50Å/2.5V）的 NMOS 和 PMOS 器件。OD1 晶体管是浮体型的，而 OD2 晶体管既有浮体结构，也有体接触的结构。体接触 SOI 晶体管的示意图如图 9.2 所示。这个晶体管的击穿特性同体接触电阻有关。如图 9.2 所示，考虑一个离体接触距离为 d 的晶体管横截面。给漏极加一个 V_{ds} 大小的电压，其他所有的电极（源极、栅极和体接触）都接地，集电极－基极（漏极）结处于反向，结果产生雪崩电流。雪崩产生的空穴电流，经过有效的体电阻向地漂移，引起近雪崩结的体电势增加。当此处的电势增高到足以使发射极－基极（源）结正偏时，此双极晶体管便导通。对于沟宽为 W 的晶体管来说，体电阻及这个局部的体的电位是随 d

而增加的，我们在 $d=W$ 的条件下来定义第一个击穿电压 V_{t1}。为了保证有一致的体电阻值，假设对于不同的体接触器件有固定的最大沟宽。这样，如 ESD 轨道钳位的一些大的晶体管就必须配置在分段的阵列之中。

ESD 事件的表征包括脉宽为 1~100ns ESD 事件的脉冲高电流试验。这一表征通常使用传输线脉冲（TLP）系统来进行。这个系统能检测 ESD 器件的工作限制以及设置实际的 ESD 网络优化目标。为了研究不同偏压下晶体管的特性，这个系统需要既能在漏极加电压情况下，也能利用电阻分压器，来改变不同测试结构的栅偏压。

研究失效之前的最大漏源电压 V_{ds_max} 同器件的类型（OD1 相对于 OD2，浮体相对于体接触，单个器件相对于级联器件）、外加栅偏压 V_{gs} 以及外加脉冲宽度 t_{pulse} 之间都有何种关系。所有被测的二次击穿电流（$It2$）都是很低（$2mA/\mu m$ 或更小）的，它是 SOI 器件的典型值。因此，这个工程上广泛用于体硅工艺并且同流过 NMOS 和 PMOS 缓冲器显著的 ESD 放电电流 $It2$ 的方法，不能很容易地用于 SOI（Polgreen 和 Chatterjee，1989；Amerasekera 和 Seitchik，1994；Amerasekera 和 Duvvury，1995）。一个替代的方法，是采用 Khazhinsky 等（2004）在体硅工艺中所发展的方法。此时，将 SOI 器件同对应的体硅器件进行比较便成为可能。虽然由于两种晶体管的特性目标不一致使这一比较并不理想，但是它仍然能提供一些有意义的定性的知识。

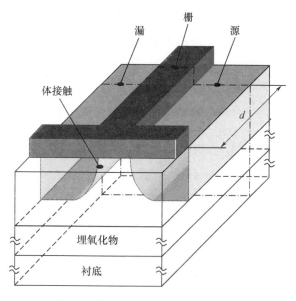

图 9.2 体接触 SOI 晶体管的示意图

图 9.3（a）所示为浮体和体接触 OD2 SOI NMOS 晶体管 V_{ds_max} 同栅偏压（V_{gs}）关系的测量结果。用于比较，也示出了一个 OD2（50Å /2.5V）体硅器件的

数据。晶体管栅偏压从 0V 变化到最大电压 $V_{gs} = V_{ds}$("热栅"),它们远低于 OD2 晶体管的氧化物失效电压 10V。应该指出的是,V_{ds_max} 这个参数同 V_{t1} 或 V_{t2} 中较大的值对应。当 $V_{gs} = 0V$ 时,所有的器件在 $V_{t1} > V_{t2}$ 的 $I_d(V_{ds})$ 曲线中都表现出明显的快返回现象。因此,在 $V_{gs} = 0V$(空心符号)时,$V_{ds\_max} = V_{t1}$。当 $V_{gs} > 0V$ 时,没有器件显示快返回现象($V_{t2} > V_{t1}$),结果,$V_{ds\_max} = V_{t2}$(实心符号)。注意,浮体和体接触 SOI 器件二者的 V_{ds_max} 同体硅器件相比明显降低了约 2V。浮体大大地加快了双极器件的导通(Colinge,1991;Verhaege. 等,1993;Chan 等,1994;Ramaswamy. 等,1995;Raha. 等,1997b,C,1999),可以看出,它在 ESD 方面有小的优势。OD2 的体接触和浮体器件,除了 $V_{gs} = 0V$ 以外,在每一点其 V_{ds_max} 几乎都是相同的,$V_{gs} = 0V$ 时,体接触器件的 V_{ds_max} 为更高一点的 1.8V。因为体接触在 $V_{gs} = 0V$ 时只有低的碰撞电离率,它能保持低的体电位,这样就延缓了 NPN 晶体管的导通,并使 V_{ds} 超过 5V 时器件不受损伤。对于更高的栅偏压,体接触电阻太大,因此没有效果。

图 9.3(b)所示为单个的及级联的浮体 OD1 NMOS 晶体管的 V_{ds_max} 同 V_{gs} 之间的关系,为了比较也给出了单个的 OD1(20Å,1.2V)体硅器件的数据。在脉冲测试时,单个晶体管的栅偏压从 0V 变化到最高电压 $V_{gs} = V_{ds}$("热栅")。对于级联器件,在脉冲测试时要特别小心复现正确的上栅(连接到 VDD)偏置条件 V_{gs1},正如实际的级联输出缓冲器 I/O 设计那样,而下栅外加可变的偏置电压,其范围从 0 到 VDD。级联的 NMOS 输出缓冲器最坏的应力,发生在对应的 I/O 焊盘相对于接地的 I/O 焊盘之间的正 ESD 事件时。对于这个事件预期的 ESD 电流路径,包括连到 VDD 的一个二极管和连到 VSS 的有源轨道钳位的 MOSFET。在这个 ESD 路径中,VDD 处在中点位置,并且维持在 I/O 焊盘电压一半($V_{ds}/2$)附近。因此,在级联结构的脉冲测试时,利用一个电阻分压来保证一个 $V_{gs1} = V_{ds}/2$ 的上栅偏置电压(Khazhinsky,2005)。下面的栅电压从 0V 到 $V_{gs2} = V_{ds}/2$("热栅")。同 OD1 晶体管氧化物失效限制对应的栅偏压大约是 5V。在图 9.3(b)中这个限制用一条垂直线表示。注意,这个器件的鲁棒性受一次或二次击穿电压(V_{ds_max})限制,而不是受氧化物失效的限制。

将单个浮体 SOI 器件同体硅器件进行比较可以再一次看到,$V_{ds\_max}(V_{gs})$ 有一个显著地降低(约 1.8V)。单个浮体 NMOS 晶体管 V_{ds_max} 值十分低(2.6 ~ 2.8V)。由此可以得到结论,当用作缓冲器时,保护这个器件是非常困难的。但是正如图 9.3(b)所示,若级联两个 OD1 浮体器件,在级联对管上测到的 V_{ds_max} 可以有很大的增加(Miller 等,2000)。提高单个 OD1 NMOS 输出缓冲器 ESD 保护能力的另一个办法,是附加串联电阻以及 Khazhinsky 等(2004)介绍过的 ESD 二极管。

图 9.4 所示为浮体和体接触的 OD2 及 OD1 SOI PMOS 晶体管的 V_{ds_max} 同

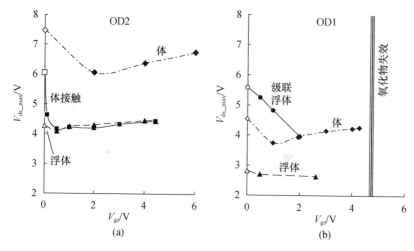

图 9.3 不同结构的(a)OD2 及 OD1 NMOS 晶体管 V_{ds_max} 同 V_{gs} 关系的测量(t_{pulse} = 120ns)结果。V_{t1} 对应于空心符号,V_{t2} 对应于实心符号(Source:Reproduced Fig 2, p71 from 2005 EOS/ESD Symp. Proc. ,by permission from EOS/ESD Association Inc.)

V_{gs} 的关系。为了比较,也示出对应的体硅器件的数据。注意,同体硅器件相比,SOI 器件的 $|V_{ds\_max}|$ 仍然是明显降低的(约 2V)。OD2 PMOS 晶体管同浮体器件相比有一小的改善(图 9.4(a))。然而发现,在 ESD 事件时,晶体管的栅极加偏压例如所加 $V_{gs} = V_d$("热栅")的改善最大,改善的最大值为 V_{ds_max}。而若 V_{gs} 在 $-0.5 \sim -2V$ 的范围,则有最小的 $|V_{ds\_max}|$ 值。

对于图 9.4(b)所示的 OD1 PMOS 晶体管,V_{ds_max} 值相当低。但是,它们比 NMOS 晶体管的高。例如,单个浮体 OD1 PMOS 晶体管最坏情况的 V_{ds_max} 是 $-3.2V$,而 OD1 NMOS 晶体管则仅为 2.6V。注意,OD1 及 OD2 晶体管的失效限制仍然是由 V_{ds_max} 决定,而不是取决于氧化物的鲁棒性。

对于浮体器件一个重要的 ESD 现象,是 V_{ds_max} 敏感于脉冲宽度 t_{pulse}。正如 Raha 等(1997b)介绍过的接地栅器件,这个 t_{pulse} 脉冲灵敏度可以用电容充电模型解释。SOI 工艺中寄生双极器件的导通时间的变化范围从 100ps 到几个微秒,它部分地同存在体接触以及外加电压应力的大小有关(Raha 等,1997b)。假如体电阻小(体接触 SOI 器件),在脉冲测试时,源体结的 RC 充电时间常数同应力脉冲宽度(约为 100ns)相比可以忽略不计(约为 1ps)。集电极-基极结的碰撞电离产生给体充电的空穴,一旦它被充电到发射极基极结正偏时,横向双极器件便导通(V_{t1})。因此,在 SOI 器件中立即发生双极快返回。如果体电阻像在浮体 SOI 晶体中是无限大的,则由于漏结处的碰撞电离及电容的充电电流会使体电位上升。在开始,即在快的斜波电压上升(约为 1ns)时,以电容充电电流为主。但是它对于激励双极器件导通还是不够的。在此情况下,碰撞电离电

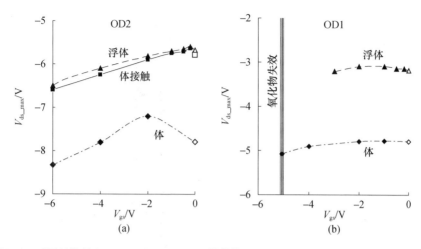

图 9.4 不同结构的(a) OD2 及 OD1 PMOS 晶体管 V_{ds_max} 同 V_{gs} 关系的测量($t_{pulse}=120\text{ns}$)结果。V_{t1} 对应于空心符号,V_{t2} 对应于实心符号(Source:Reproduced Fig3,p72 from 2005 EOS/ESD Symp. Proc.,by permission from EOS/ESD Association Inc.)

流会进一步提升脉冲稳定阶段的体电位。如果 V_{DS} 及 t_{pulse} 对提升体电位是足够的,则双极器件便导通。可以看到,对于所有的器件及所有的电压,V_{ds_max} 随 t_{pulse} 都增加。

图 9.5 所示为 NMOS 和 PMOS OD1 及 OD2 浮体晶体管的测量结果,这些结果说明了 t_{pulse}(80~500ns)及 V_{gs}(三种偏置条件)对 V_{ds_max} 的影响。可以看到,尽管对于所有的器件及所有的 V_{gs} 电压,V_{ds_max} 随 t_{pulse} 增加略有下降,但是 OD2 的 NMOS 管在 $V_{gs}=0\text{V}$ 时有最大的降低(约 1V)。这是因为在 $V_{gs}=0\text{V}$ 时,对于一个给定的 V_{DS},OD2 器件具有最低的碰撞电离电流。因此在这里,如果要看到一个 V_{t1} 同 t_{pulse} 的明显关系,则浮体充电电流显得太低了。对于 PMOS,V_{ds_max} 随脉冲宽度的变化很不明显(见图 9.5(b))。但是可以看到,对于最短的脉冲,V_{ds_max} 也有 0.5V 的变化。给晶体管充电到使寄生双极晶体管完全导通,这些脉冲持续时间需要更高的电压幅度。由于 t_{pulse} 的影响,为了确定晶体管的工作极限,要直到 $t_{pulse}=500\text{ns}$ 的条件下来考虑 V_{ds_max} 的值。

从图 9.3~图 9.5 给出的数据可以很清楚,无论是浮体还是体接触的 SOI 器件,就 V_{ds_max} 而言比同类的体硅器件要脆弱得多。因此可以预期,为了要因 V_{ds_max} 减小而补偿网络性能指标,SOI 的 ESD 网络要在体硅的基础上扩大。虽然并未给出较多的 ESD 优点,但在 I/O 设计中已广泛利用体接触设计。为了同其他 I/O 设计一致,在构建 ESD 网络时只采用体接触的 OD21 器件。

表 9.1 总结了 OD1 浮体结构(单个或级联的)以及 OD2 级联结构最坏情况

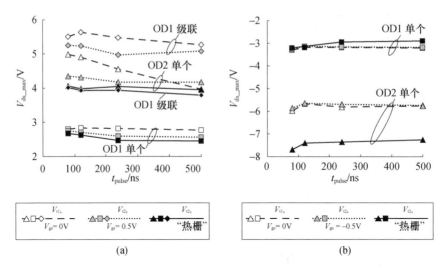

图 9.5 浮体的(a)NMOS 及 PMOS 晶体管的 V_{ds_max} 同 t_{pulse} 关系的测量结果。"热栅"指的是 $V_{gs} = V_{ds}$(单个器件), $V_{gs2} = V_{ds}/2$(级联的器件)。级联的 OD1 NMOS 晶体管其上面的栅保持在 $V_{gs1} = V_{ds}/2$ (Source:Reproduced Fig 4, p73 from 2005 EOS/ESD Symp. Proc., by permission from EOS/ESD Association Inc.)

下的 V_{ds_max}(V_{gs}, V_{pulse})值。也列出了在网络仿真中所用的保护目标值。注意,在 ESD 网络设计中为了更好地防止电路失效,目标值设定得比实际测量得到的最坏 V_{ds_max} 值要低 25%。设计轨道钳位网络,要使 ESD 时所有的钳位晶体管都工作在同正常的电源水平稍高一点的偏压条件下。利用这样的限制,SOI 工艺中的标准晶体管紧凑模型仍然可以精确地用在 ESD 网络的仿真中。

表 9.1 SOI 晶体管最坏的 V_{ds-max} 值及保护目标

	晶体管选项	最坏情况 V_{ds-max}/V	保护目标/V
NMOS	单个浮体 OD1	2.6	2.0
	级联的浮体 OD1	3.8	2.9
	单个体接触 OD2	4.2	3.2
PMOS	级联的 OD1	-3.2	-2.5
	单个体接触 OD2	-5.7	-4.3

(Source:Reproduced Table 1, p 74, from 2005 EOS/ESD Symp. Proc., by permission from EOS/ESD Association Inc.)

9.3 SOI 器件中的 ESD 表征:SOI 二极管

二极管广泛应用于 ESD 保护网络,以提供从 I/O 焊盘到电源/接地焊盘的 ESD 放电通路。在 SOI 工艺中,由于浅槽隔离(STI)二极管制作困难,通常采用栅控二极管(Voldman 等,1998;Richier 等,2000;Salman 等,2004)。考虑到氧化物的可靠性,也经常采用厚的(OD2)二极管。此外,只采用 P^+/N 阱类型的二极管,因为它有比 N^+/P 型小一些的寄生电容。栅控二极管按单行配置,考虑的是器件单位布图面积有最大的电导,而不是单位周长有最大的 $It2$。

回顾一下 SOI 二极管表征的一些结果,这些结果是用 50Ω 快速自动传输线脉冲(VF-TLP)系统完成的(Grund,2003,2005;Grund 和 Gauthie,2004)。为了探索时间相关的自加热和击穿效应,采用 1.2~100ns 不等的脉冲。测量到的脉冲上升时间为 175ps。对于 100ns 脉冲长度,系统用时间域反射(TDR)-O(入射和反射脉冲重叠)模式构建成标准的 TLP;对于所有的较短脉冲,则用 TDR-S(入射和反射脉冲分开)模式的 VF-TLP 结构。使用四点开尔文测量方法,以消除由于系统噪声和探针到焊盘的寄生电阻不定性造成的误差(Stockinger 和 Miller,2006)。

图 9.6 所示为 t_{pulse} 在 1.2~100ns 变化时这个器件的高电流 $I-V$ 曲线。自加热导致电流饱和并决定失效点,失效点是每条曲线最终的数据点。注意,失效点是同 t_{pulse} 有关的。在设计中,二极管的电流限制选择在 $8.5\text{mA}/\mu\text{m}$(图 9.6 中的水平线),它对应于 $t_{\text{pulse}}=100\text{ns}$ 时的失效点。典型的充电器件模型波形有 1ns 的脉冲宽度,典型的机器模型波形有 30ns 的脉冲宽度,而典型的人体波形对应于 100ns 的 TLP 脉冲。因此,选择 $8.5\text{mA}/\mu\text{m}$ 的电流限制来作为 CDM、MM 及 HBM 事件的限制是合适的。

图 9.6 所示为典型的 STI 隔离二极管的曲线(Torres 等,2001)。可以看出,在栅控 SOI 二极管自加热效应引起电流饱和之前,具有比体硅二极管更高的导通电导。但是栅控 SOI 二极管,却因为具有有限的导电层厚度以及由于埋氧化物的热导率不良,而具有较低的失效阈值。这样,当 ESD 网络设计从体硅向 SOI 移植时,有时我们可以放较小的 ESD 二极管,并且可以符合 ESD 性能的目标,但如下面将要证明的,常常因为有较低的失效电流,二极管存在一个按比例缩小的限制。

工艺设计工具包(PDK)中的标准栅控二极管紧凑模型,一般不适合在脉冲大电流 ESD 域中的器件。因此需要开发一个特殊的二极管紧凑模型。khazhinsky 等(2005)开发的这样一个模型如图 9.7 所示。二极管结由工艺设计工具包中标准的栅控二极管模型 D0 进行一个修正来模型化:D0 的基极电阻值设置为零,在模型中采用一个分开的同温度有关的电阻 R_b,即

$$R_b = \frac{l_b}{W_b}\rho_{0,b}\left(1 + \alpha_b V_{\text{temp},b} \cdot 1\frac{K}{V}\right) \tag{9.1}$$

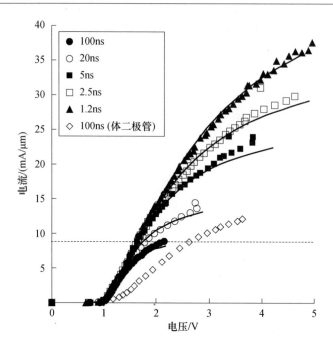

图9.6 大电流二极管测量值(符号)同ESD模型值的关系。二极管的电流是其单位周长结的值(Source：Reprinted from Khazhinsky et al. 2007，Copyright 2007，with permission from Elsevier.)

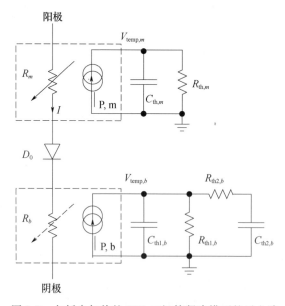

图9.7 包括自加热的ESD二极管紧凑模型的子电路

(Source：Reprinted from Khazhinsky et al. 2007，Copyright 2007，with permission from Elsevier.)

二极管指形金属化电阻 R_m 采用同样方法实现。这两种电阻均用 Verilog - A 所构建的瞬态自加热模型描述,但要考虑线性的温度关系。参数 l_b 及 W_b 分别定义为互连线的长度和宽度,ρ_0 定义为环境温度下的薄层电阻,α_b 为线性温度系数,而 $V_{temp,b}$ 表示温度升高时的电阻。为了得到电阻同时间有关的温度,在模型子电路中要包括一个等效的热 RC 网络($R_{th1,b}$、$R_{th2,b}$、$C_{th1,b}$ 以及 $C_{th2,b}$)。电阻 R_b 单位面积耗散功率,由驱动 RC 网络的电流源输出的 Verilog - A 模型提供(I 是通过电阻 R_b 的电流):

$$I_{p,b} = \frac{R_b \cdot I^2}{W_b \cdot l_b} \cdot 1 \frac{\mu m^2}{V} \qquad (9.2)$$

温度的升高显示为一个降在 RC 网络上的等效电压 $V_{temp,b}$,而它用在式(9.1)中来计算由于自加热引起的 R_b 增加。这个紧凑模型已用不同的 t_{pulse} 对二极管和金属线的大电流数据进行了校准。图 9.6 所示为数据和模型拟合的结果。

9.4 SOI 器件的 ESD 表征:FinFET 及 Fin 二极管

另外需要 ESD 表征的基于 SOI 器件是 FinFET(图 9.8)。同它的平面 MOS-FET 对应器件一样,FinFET 也必须保护外来的 ESD 应力事件。特别是当 FinFET 用于输出驱动器直接连接到外部焊盘时。此时,FinFET 需要提供有效的 ESD 保护。

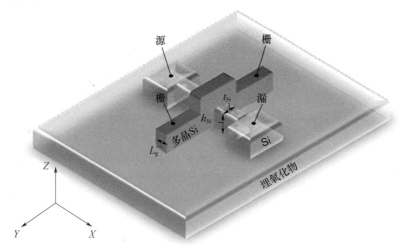

图 9.8 一个 FinFET 的三维视图,栅围成一个薄的 fin(Source:© 2008 IEEE. Reprinted with permission from Khazhinsky et al. (2008)'Study of undoped channel FinFETs in active rail clamp ESD networks', IEEE Proceedings.)

近来,已发表了一些用于 I/O 的 FinFET 的 ESD 表征和 ESD 电路的论文。Russ 等(2005)及 Gossner 等(2006)的 FinFET 器件 ESD 研究重点,是掺杂沟道厚 fin(约 50nm)的多晶硅栅器件。这些器件利用常规的 SOI CMOS 工艺流程制造,只是用 fin 的形成替代了 STI 工艺模块。Tremouilles 等(2007)研究的是不掺杂沟道的 FinFETs,它们用高电流的寄生双极晶体管方式工作,并具有不同的布图和工艺选项。Khazhinsky 等(2008)采用不同的策略,他们研究的是不掺杂沟道的 FinFETs,主要用在 ESD 时保护两种输出缓冲器件,以及有源轨道钳位网络中仅以 MOSFET 方式工作(无双极方式)的钳位器件。本章,主要评述薄和厚氧化层的 SOI FinFET 在不同的栅偏压工作条件下的 ESD 可靠性。

为了评估 Khazhinsky 等人(2008)FinFET 器件的电性能,进行了直流和 100ns 脉冲 TLP 的表征。此外,利用工艺 CAD(TCAD)对正常工作及 ESD 时 FinFET 器件的物理机理进行了仿真。

在三维器件仿真中,对图版Ⅶ(a)中所示的结构,完成了包括利用密度梯度进行量子修正而同连续方程和泊松方程耦合的漂移扩散模型的求解。器件的 $t_{Si}=20\text{nm}$, $h_{Si}=100\text{nm}$, $t_{ox}=50\text{Å}$,金属栅。

与传统的平面器件不同,对于小的栅偏压,FinFETs 的电流在垂直于电流方向(Y 轴)的水平方向上表现出强烈的非均匀性。这在 $V_{ds}=2.5\text{V}$ 和 $V_{gs}=1\text{V}$ 时栅的中间同沟道相交的器件截面所显示电子分布的图版Ⅶ(b)中可以看到。然而,当 FinFET 接近类似于 ESD 钳位工作($V_{gs}=V_{ds}=2.5\text{V}$)的'热栅'域时,则在整个 FinFET 沟道截面(图版Ⅶ(c))中,电流分布变得均匀,于是便保证了高电流承载能力,也就保证了器件强的击穿特性。

图 9.9(a)所示为 17Å 栅氧化物金属栅 NMOS FinFET 的 I_{ds} 同 V_{ds} 关系的脉冲测量数据。数据是用 50ΩTLP 系统(Oryx/Thermo Celestron - I)采用 100ns 的脉冲提取得到的。脉冲上升时间为 175ps。系统用 TDR - O 模式(重叠入射和反射脉冲)构建成 TLP。图中示出了不同 V_{gs} 偏置条件下的曲线。这些曲线的最后一点对应于晶体管的失效点,在此点当 $V_{ds}=1.2\text{V}$ 及 $V_{gs}=0\text{V}$ 时测量到的漏电电流的增加超过 50%。正如所预期的那样,在直到 $V_{ds}=4.0\text{V}$ 第一次击穿电压(V_{t1})时,只有很小的电流通过器件。对于 $V_{gs}=0\text{V}$,我们不能分辨出明显的双极导电区。任何超过 V_{t1} 的瞬态电压,都可以引起立即的二次击穿(V_{t2})以及永久性的物理损伤。因此,当 $V_{gs}=0\text{V}$ 时,$V_{t2}=V_{t1}$。当 V_{gs} 增加时,器件首先作为 MOSFET 而导通,其后,在达到 V_{t1} 时寄生双极结晶体管开始启动。在图 9.6(a)$V_{gs}=1.5\text{V}$ 的曲线中,可以明显地看到这一点。注意,直到 $V_{gs}=1.5\text{V}$ 器件都仅呈现 MOSFET 的电流。当 $V_{t1}=2.8\text{V}$ 时寄生横向 NPN BJT 开始启动,并当 $V_{ds}>V_{t1}$ 它同 NMOSFET 并联导电,使 $I-V$ 曲线的斜率明显增加。BJT 同 NMOSFET 继续并联导电,接着以 BJT 为主,直到 $V_{t2}=3.5\text{V}$ 达到二次击穿阈值。注意,在高的 V_{gs} 偏

置条件下,很难准确地确定 $I-V$ 曲线精确的 V_{t1} 阈值,因为以 MOSFET 为主和 BJT 为主的区域之间的过渡缓慢。同时,V_{t2} 阈值很容易从 $I-V$ 曲线提取。还要注意,对于所有非零栅偏置电压,向 BJT 为主的区域转变没有任何不希望的"快返回"现象。为了比较,图 9.9(b) 所示为这个器件良好的准静态 I_{ds} 相对于 V_{ds} 的曲线。

在图 9.9(c) 中,提供了 TLP 的汇总数据,它说明 V_{ds_max}(由 Khazhinsky (2005) 定义的 V_{t1} 或 V_{t2} 的最大值) 是如何随 V_{gs} 变化的。当 V_{gs} 从 0V 增加时,V_{ds-max} 从 $V_{gs}=0V$ 的 4V 下降到 $V_{gs}=1V$ 时的 3.4V,然后再一次上升。当栅偏压的条件有利于引起增加电离率的高电场和高速电流时,便达到最小的 V_{ds_max} 值。FinFET 用于构建成一个输出缓冲器件时,最坏情况的 V_{ds_max} 便用来作为保护目标,假设 ESD 时 V_{gs} 是可以变化的。从图 9.9(c) 可以看到,在薄氧化层 FinFET 中最坏情况的 V_{ds_max} 值(3.4V),要高于 Khazhinsky 等(2005) 报道的相应平面 PDSOI NMOS 晶体管 2.8V 的类似值。

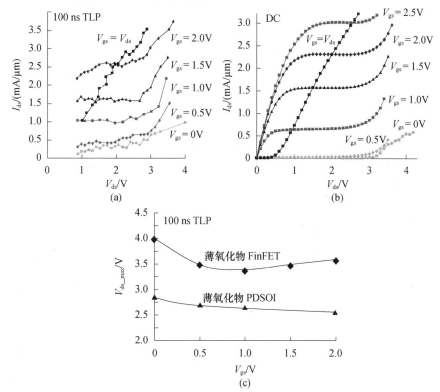

图 9.9 (a) 实验的 TLP-V 特性;(b) 准静态 $I-V$ 特性;(c) 薄氧化物不掺杂沟道 NMOS FinFET 的 V_{ds_max} 同 V_{gs} 的关系(氧化物厚 17Å,$L_g=70$nm)(Source:© 2008 IEEE. Reprinted with permission from Khazhinsky et al. (2008) 'Study of undoped channel FinFETs in active rail clamp ESD networks', IEEE Proceedings.)

接下来考虑有较厚(50Å)氧化物的金属栅的 FinFET。它也呈现出明显依赖于栅偏压的击穿特性。图 9.10(a)所示为不同 V_{gs} 偏置条件下 50Å 氧化物 NMOS FinFET 器件的 100ns TLP I_{ds} 相对于 V_{ds} 的测量数据。当 $V_{gs} = 0V$ 时,在

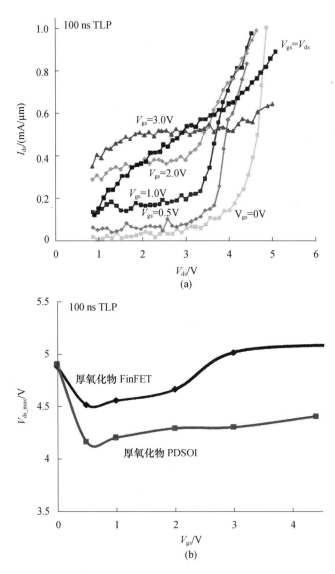

图 9.10 厚氧化物不掺杂沟道 NMOS FinFET(氧化物厚为 50Å,$L_g = 280$nm)
(a) 实验的 TLP-V 特性及(b) V_{ds_max} 同 V_{gs} 的关系(Source:© 2008 IEEE. Reprinted with permission from Khazhinsky et al. (2008) 'Study of undoped channel FinFETs in active rail clamp ESD networks', IEEE Proceedings.)

$V_{ds} = 4.8\text{V}$ 处达到 V_{t1} 及 V_{t2} 的阈值。图 9.11(b) 说明了 V_{ds_max} 是如何随 V_{gs} 变化的。随着 V_{gs} 从 0V 开始增加 V_{ds} 从 $V_{ds} = 0\text{V}$ 时的 4.8V 下降到 $V_{gs} = 0.5\text{V}$ 时的 4.5V,然后复又上升。V_{ds_max} 用来作为 FinFET 构建成输出缓冲器时的保护目标。从图 9.10(b) 中可以看出,厚氧化物 FinFET 最坏情况的 V_{ds_max}(4.5V),要高于 Khazhinsky 等(2005)报道的对应的平面 PDSOI NMOS 晶体管 4.2V 的类似值。因此,所测量的厚(50Å)氧化物 FinFET 的击穿特性,优于平面 PDSOI 工艺中的类似器件。

随着 fin 厚度降低,FinFET 的优势更加明显。图 9.11 对以上描述的最坏击穿情况下的 0.5V 栅偏压下的薄(22nm)和厚(32nm)fin 器件的击穿特性进行了比较。随着 fin 厚度从 32nm 减小到 22nm,最坏情况下的 4.5V 击穿电压 V_{ds_max}(在 $V_{gs} = 0.5\text{V}$ 下测量到的)增加到 5.4V。更薄 fin 晶体管的更高击穿(在其他栅偏压下也观察到),一部分是由于更薄 fin 器件具有更高的阈值电压,同时也由于更薄 fin 晶体管中体反型(Kim 等,2005)导致更均匀的电流分布,以及由于表面热导增加导致有更好的热耗散。

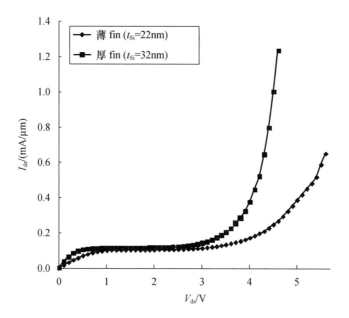

图 9.11 $L_g = 280\text{nm}$ 的双栅器件厚度减小同击穿特性的关系(Source:© 2008 IEEE. Reprinted with permission from Khazhinsky et al. (2008) 'Study of undoped channel FinFETs in active rail clamp ESD networks', IEEE Proceedings.)

总之,同它们的平面 PDSOI 对应器件相比,薄和厚的氧化物 FinFET,在所有的栅偏压下具有更高的击穿电压。这些数据表明,FinFET 可以很好地用作输出缓冲器件以及 RC - 触发有源钳位电路中的钳位器件。

除了 FinFET 以外,这种工艺还可以实现 Fin 二极管。Fin 二极管可以用栅分开的两部分掺相反的杂质制造(图 9.12)。在这种工艺中,出于氧化物可靠性考虑,只使用厚氧化物(50Å)二极管。由于 Fin 二极管的整个截面都流过电流,因而同传统的栅控二极管相比,在正向导通时具有优良的 ESD 电流承受能力,并具有均匀的电流及小的电容耦合。

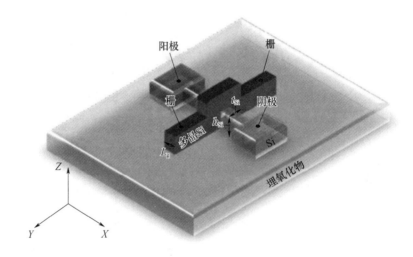

图 9.12 FinFET 二极管的三维视图(Source:© 2008 IEEE. Reprinted with permission from Khazhinsky et al. (2008) 'Study of undoped channel FinFETs in active rail clamp ESD networks', IEEE Proceedings.)

图 9.13 所示为一个 Fin 二极管的 100ns TLP $I-V$ 特性。为了电流归一化,假设二极管周长为 Si 高度(h_{sii})的 2 倍。当 $V_{ds}>1.5V$ 时,自加热导致电流饱和并决定失效点,即曲线上显示的最后一点($V_{ds}=2.5V$,$I_{ds}=9.2$ mA/μm)。在 ESD 网络设计中,应该选择使二极管工作在高电流区,但要限制二极管电流不超过 9.2mA/μm。

图 9.13 所示为 Khazhinsky(2005)等报道的传统 PDSOI 二极管的曲线。可以看出,在高的 ESD 电流区($I_{ds}>4.5mA/\mu m$),Fin 二极管比 PDSOI 二极管有更高的导通电导。同传统 PDSOI 二极管相比,Fin 二极管还具有更高的失效阈值。这便使得 Fin 二极管在基于轨道钳位的 ESD 保护网络中,成为一个有吸引力的器件。

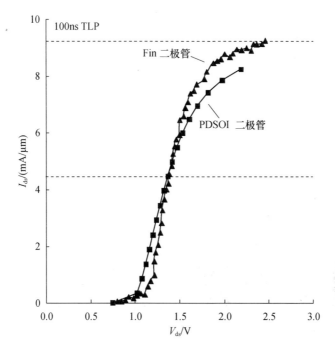

图 9.13　FinFET 二极管和 65nm PDSOI 二极管特性的比较（Source：© 2008 IEEE. Reprinted with permission from Khazhinsky et al.（2008）Study of undoped channel FinFETs in active rail clamp ESD networks'，IEEE Proceedings.）

9.5　SOI 器件的 ESD 表征：FDSOI 器件

近来，在发展基于超薄 SOI 以及超薄埋氧化物层的技术方面做出了很大的努力。采用这种技术的 28nm 工艺表明，在先进的节点平面 FDSOI 是 FinFET 技术的一个可行替代方法，对于系统芯片（SOC）及低功耗应用尤其如此。已发表了几篇关于这一技术 ESD 方面的论文，可以参考例如 Benoist 等（2010a,b）及 Dray 等（2010）的论文。

FDSOI 技术有益的特性，包括漏电电流减小、可以很好地控制短沟道效应、不存在闩锁（latch-up）效应、高抗 V_t 波动的能力等。但是在超薄的 SOI 技术中，控制短沟道效应必须的有源硅层厚度（T_{Si}）的减小，在强注入区例如在 ESD 事件时，影响器件特性。所包括的高 κ 介质金属栅（HKMG）堆叠层，在 ESD 域中也影响器件的行为。而且，SOI BOX 本身就限制 ESD 时的热耗散。上述这些因素，使得 FDSOI 在得到强的 ESD 保护方面，成为一种具有挑战性的技术。

对体硅、PDSOI 以及 FDSOI 的 ESD 二极管特性进行的比较，表明 ESD 二极管特性有系统的退化（I_{t2}，R_{on}）（Benoist，2010a）。在 FDSOI 中，减小 BOX 的厚度可以改善 ESD 特性，因为它具有更好的散热性。例如 Benoist 等（2010b）的工作指出，对 10nm 和 145nm 的 BOX 厚度进行比较，ESD 二极管的鲁棒性增益为 1.6。利用体硅/FDSOI 混合集成，通过空隙上硅（Silicon-On-Nothing，SON）技术，可以得到进一步的改善，此时，FDSOI 器件利用图 9.14（Benoist 等，2010a）所示的混合集成的体硅 ESD 二极管保护。体硅/FDSOI 混合集成中加强 ESD 保护能力的方法，由 Dray 等（2012）在 28nm 工艺中进一步发展。选定非常小 BOX 厚度（10~20nm），利用局部的 BOX 刻蚀在体硅衬底中形成 ESD 二极管来完成混合集成。

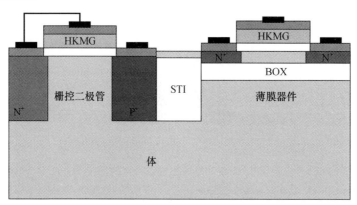

图 9.14　FDSOI 及体硅器件混合兼容集成的截面图（Source：Reproduced Fig 8，p 5 from 2010 EOS/ESD Symp. Proc.，by permission from EOS/ESD Association Inc.）

同二极管相反，动态触发并不受 FDSOI 工艺中 BOX 上面的硅体积减小的影响。ESD 钳位的大小不是雪崩区决定的，因而可以用 FDSOI 形成。同时 Dray 等（2012）证实，相对于类似的体硅工艺，当利用背面偏置电压时，超薄 BOX FD-SOI 工艺本身的优点可以改善 ESD 钳位特性。这使得加强 FDSOI 中的 ESD 保护成为可行方案。

9.6　SOI 器件中 ESD 网络的优化

针对如上所述的 SOI 器件保护目标和紧凑模型，便可以进行 ESD 网络设计了。本节接着要密切关注 Stockinger 等（2003，2005）描述过的分布和增强的 ESD 网络仿真方法，重点是 SOI 特殊要求的一些变化。按照 Khazhinsky（2007）的思想，设计一个用在宽范围 SOI 产品中 I/O 库的 ESD 保护。一个典型的产品是由 1.2V OD1 I/O 单元库和 2.5V OD2 I/O 单元库构成的。因而，完成了两个独立的 ESD 网络来保护 1.2V 的库和 2.5V 的库。需要注意的是，只用到 OD2

二极管和 MOSFET 作为 ESD 器件,即使是保护脆弱的 OD1 输出缓冲器也是如此。这两个网络仅在 ESD 器件尺寸上有所不同。

图 9.15 所示为两个 I/O 焊盘单元之间的 ESD 器件及被保护的输出缓冲器。假设形成 I/O 库的其他 I/O 单元都布置在所示单元的两边。除了输出缓冲器以外,每个 I/O 单元包含 3 个二极管(A1、A2 和 B1)和轨道钳位晶体管 M1。A1 和 B1 分别是 I/O 焊盘同 VDD 和 VSS 耦合的大 ESD 二极管。如 Stockinger 等(2003,2005)介绍过的,小得多的二极管 A2 是钳位设计的关键元件。值得注意的是,在这个分布式网络中,多个钳位晶体管 M1 并联工作以保证 VDD 和 VSS 之间安全地流过 ESD 电流。ESD 触发电路(未示出)放置得很远。为了 I/O 单元中一些分布的小钳位 M1 终止,在每一个 I/O 库的两端放一些大的钳位器件。终端钳位见 Torres 等(2001)和 Stockinger 等(2003,2005)的介绍,图 9.15 中未示出它们。

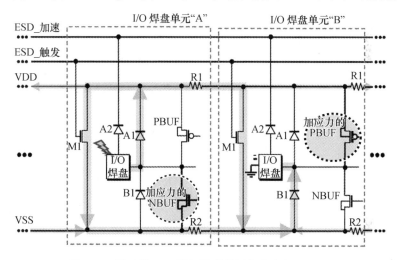

图 9.15　NMOS 及 PMOS 缓冲器 ESD 最坏情况的网络分布(Source:Reproduced Fig 7, p 76,from 2005 EOS/ESD Symp. Proc. ,by permission from EOS/ESD Association Inc.)

图 9.16 是 I/O 单元 ESD 部分物理布图的说明。I/O 器件放置在图中所示的 ESD 器件的上面。在这个设计中,I/O 单元的宽度(W_I/O)确定为 40μm。注意,ESD 器件绘制成穿过整个单元宽度的短纵向指形库。二极管 A1、A2 和 B1 的短纵向指形数分别为 52、4 和 58,M1 的指形数为 55。已知,体接触钳位晶体管 M1 必须用 2μm 线段的阵列来实现。图 9.16 示出 6 行指形。从布图效率考虑,需要整数行的 2μm 线段。A1 和 A2(h_A)以及 B1(h_B)和 M1(m_M1)的行数,都是优化变量。

仿真的目的是确定用 h_A、h_B 及 m_M1 表示的 I/O 单元中 ESD 器件的尺寸,以便可以满足表 9.1 中定义的输出缓冲器的保护目标,同时所用 ESD 布图区的面积最小。对于所有的仿真,峰值 ESD 电流设置为 3.8 A,它对应于 200V ESD

MM 事件。为了达到这个目的,用 100 个同样的 I/O 单元构成的一个闭环进行 SPICE 仿真,这一技术由 Torres 等(2001)及 Stockinger 等 (2003,2005)介绍过。如图 9.15 所示,I/O 焊盘单元"A"加正的电压应力,而相邻的焊盘单元"B"接地。这个相邻的焊盘结构,同时在加应力 I/O 焊盘的 NMOS 晶体管和接地焊盘的 PMOS 晶体管上,产生最坏情况的电压。在仿真电路中,相邻的 I/O 单元(图 9.15 中的 R1 和 R2)之间的寄生的 VDD 和 VSS 金属总线电阻增量,从布图中提取并设置为 0.2Ω。ESD 提高的增加量为 1.7,触发器总线电阻的增加量(未示出)为 4.3Ω。

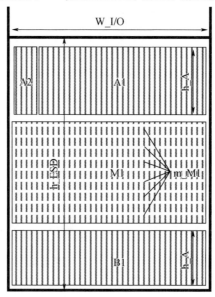

图 9.16 I/O 单元概念性的 ESD 器件的平面布置(I/O 器件此处未绘出)(Source: Reproduced Fig 8, p76, from 2005 EOS/ESD Symp. Proc., by permission from EOS/ESD Association Inc.)

将 M1 钳位器件限制为整数行可以极大地发挥响应面曲线的优点,从而实现 ESD 网络的优化。同其他报道的技术(Torres 等,2001;Stockinger 等,2003,2005)不同,对于各种不同的缓冲器结构(单个 OD2,单个 OD1,级联的 OD1),这个响应面法可以立即给出 ESD 解决方案的全部设计。它无须进一步仿真对 ESD 特性和 ESD 器件布图面积进行折中考虑。对于整个优化工作来说,两组 RSM 曲线就足够了。第一组曲线(图 9.17)显示 h_A 及 m_M1 上加应力焊盘中 NMOS 缓冲器应力电压的关系,第二组曲线(图 9.18)显示在 h_B 及 m_M1 上接地焊盘中 PMOS 的缓冲器应力电压的关系。两组曲线用同一个 m_M1 联系在一起,它从 m_M1 = 1 到 m_M1 = 12 分步来定义一个曲线族。最大二极管电流限制为 $8.5\text{mA}/\mu\text{m}$ 而峰值电流水平为 3.8A,它们决定 ESD 二极管 h_A 和 h_B 尺寸的下限,正如图 9.17 和图 9.18 左边阴影的"禁止区"所示。这两个图中的粗水平线,同表 9.1 中不同缓冲器的缓冲器应力电压相对应。

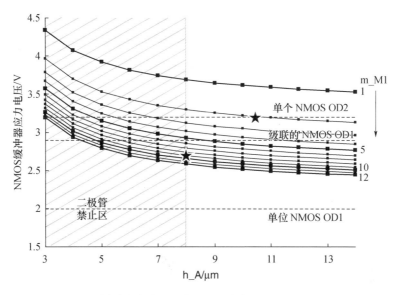

图 9.17　NMOS 缓冲器应力电压的 RSM（响应面法）（Source：Reproduced Fig 8, p76, from 2005 EOS/ESD Symp. Proc., by permission from EOS/ESD Association Inc.）

RSM 曲线与这些目标电压线相交,在图 9.17 中得到一对值{m_M1,h_A},在图 9.18 中得到另一对值{m_M1,h_B}。所有这些成对的值,代表精确地满足表 9.1 中缓冲器应力目标的解决方案。假如一个交点是在二极管失效的禁止区内,我们沿曲线向右移动直到禁止区的边界。在这种情况下,各个缓冲器的应力电压略低于目标值。结合图 9.17 和图 9.18 解决方案中成对的数值,便可以计算所需的 ESD 总面积,并将它绘制成不同 m_M1 的曲线（图 9.19）,从而找到一个给定缓冲器结构最佳 m_M1 值。总的 ESD 面积(h_ESD·w_I/O)包括有源器件的面积,以及器件之间的间距和金属布线的面积。正如在表 9.1 和图 9.17 中所看到的,单一 OD1 NMOS 缓冲器具有低的保护目标值,以致它不可能用合理尺寸的 ESD 器件来保护。因此,需要级联的 OD1 NMOS 以及用于 1.2V I/O 库的单一 OD1 PMOS 输出缓冲器晶体管。由图 9.19 可知,1.2V I/O 焊盘单元的总 ESD 面积为 $2100\mu m^2$,单个器件的尺寸是 m_M1 = 9,h_A = 8μm 以及 h_B = 12.7μm。对于 2.5V I/O 库,可以很容易地保护单一 NMOS 及 PMOS 输出缓冲器。2.5V I/O 焊盘单元的总 ESD 面积仅为 $1100\mu m^2$,可用 m_M1 = 2,h_A = 10.5μm 及 h_B = 7μm 得到。在图 9.17 和图 9.18 RSM 曲线以及图 9.19 中的 ESD 面积曲线中,用星号突出 1.2V 及 2.5V I/O 库中最优的变量值。虽然很难进行直接的比较,这个面积大约要比类似结构的体硅 2.5V 网络所需要的面积大 50%(Stockin 等,2003,2005)。尽管如此,这个 2.5V 的 ESD 网络的面积是非常有效的。假设 ESD 失效在 3.8A 时发生,$1100\mu m^2$ 的面积转换成 ESD 布图面积 HBM 的效能是 $5V/\mu m^2$,对于 SOI 工艺来讲这是非常高的。这个网络设计已在一些先进的 SOI 产品中使用,并且典型的 ESD 特性已得到证实。

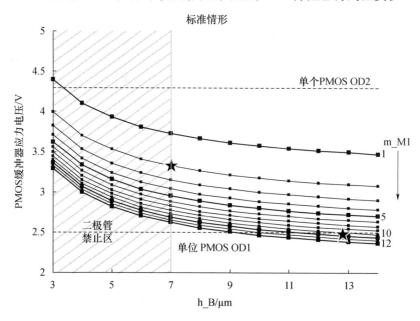

图 9.18　PMOS 缓冲器应力电压的 RSM(响应面法)(Source:Reproduced Fig 10, p76,from 2005 EOS/ESD Symp. Proc., by permission from EOS/ESD Association Inc.)

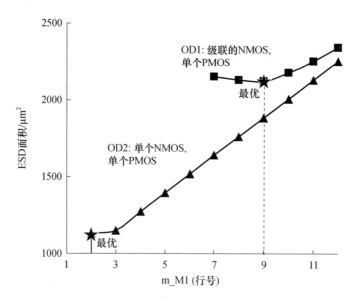

图 9.19　实际的 OD1 及 OD2 输出缓冲器结构 ESD 面积同钳位电路大小的关系(Source:Reproduced Fig 11,p77,from 2005 EOS/ESD Symp. Proc., by permission from EOS/ESD Association Inc.)

9.7 结　论

本章描述了 SOI 工艺同体硅工艺在 ESD 保护方面的主要差别。介绍了包括器件和电路层次表征数据在内的基于 SOI ESD 保护网络的有源轨道钳位电路及其设计方法。引入一个紧凑模型来描述 ESD 域中的栅控二极管。研究了作为先进 SOI 工艺中有望采用的 FinFETs、Fin 二极管及 FDSOI 器件的 ESD 表征方法。介绍了一种方便地优化同输出缓冲器结构有关的 ESD 器件尺寸的响应面法。结果表明,虽然面积利用率略低于体硅工艺,但分布式和提高轨道钳位的 SOI ESD 网络是非常紧凑的,它提供了一种有效的 ESD 保护方法。

9.8　参考文献

Amerasekera, A. and Duvvury, C. (1995), *ESD in Silicon Integrated Circuits*, John Wiley & Sons, Chichester, England; New York, USA; Brisbane, Australia; Toronto, Canada; Singapore.

Amerasekera, A. and Seitchik, J. (1994), 'Electrothermal behavior of deep submicron nMOS transistors under high current snapback (ESD/EOS) conditions', *IEDM Tech. Digest*, pp. 455 – 458.

Benoist, T., Fenouillet-Beranger, C., Guitard, N., Huguenin, J. -L, Monfray, S., Galy, P., Buj, C., Andrieu, F., Perreau, P., Marin-Cudraz, D., Faynot, O., Cristoloveanu, S. and Gentil, P. (2010a), 'Improved ESD protection in advanced FDSOI by using hybrid SOI/bulk co-integration', *2010 EOS/ESD Symp. Proc.*, Sparks (Reno), NV, pp. 1 – 6.

Benoist, T., Fenouillet-Beranger, C., Perreau, P., Buj, C., Galy, P., Marin-Cudraz, D., Faynot, O., Cristoloveanu, S. and Gentil, P. (2010b), 'ESD robustness of FDSOI gated diode for ESD network design: thin or thick BOX?', *SOI Conference (SOI)*, *2010 IEEE International*, pp. 1 – 2, 11 – 14 October 2010.

Chan, M., Yuen, S., Ma, Z. -J., Hui, K., Ko, P. and Hu, C. (1994), 'Comparison of ESD protection capability of SOI and bulk CMOS output buffers', *IEEE Int. Rel. Phys. Symp.*, pp. 292 – 298.

Colinge, J. -P. (1991), *Silicon-on-Insulator Technology: Materials to VLSI*, Kluwer Academic Publishers, Norwell, USA; Dordrecht, the Netherlands.

Dray, A., Guitard, N., Fonteneau, P., Golanski, D., Fenouillet-Beranger, C., Beckrich, H., Sithanandam, R., Benoist, T., Legrand, C. -A. and Galy, P. (2012), 'ESD design challenges in 28nm hybrid FDSOI/Bulk advanced CMOS process', *EOS/ESD Symp*, 2012 34th, 9 – 14 September 2012, Tucson, AZ, pp. 1 – 7.

Duvvury, C. (2003), 'Electrostatic discharge in integrated circuits', *2003 EOS/ESD Symp. Tutorial*.

Gossner, H., Russ, C., Siegelin, F., Schneider, J., Schruefer, K., Schulz, T., Duvvury, C., Cleavelin, C. R. and Xiong, W. (2006), 'Unique ESD failure mechanism in a MuGFET technology, *IEDM 2006*, pp. 1 – 4.

Grund, E. (2003), 'Comparisons of transmission line pulser configurations', *8th Forum of the Interessengemeinschaft Electro Static Discharge Proc.*, pp. 87 – 99.

Grund, E. (2005), 'VF-TLP wafer level performance based on probe needle configuration', *9th Forum of the Interessengemeinschaft Electro Static Discharge Proc.*, pp. 127 – 136.

Grund, E. and Gauthier, R. (2004), 'VF-TLP Systems using TDT and TDRT for Kelvin wafer measurements and package level testing', *EOS/ESD Symp. Proc.*, Grapevine, TX, pp. 338 – 345.

Juliano, P. and Anderson, W. (2003), 'ESD protection design challenges for a high pin-count alpha microprocessor in a 0.13μm CMOS SOI technology', *EOS/ESD Symp. Proc.*, Las Vegas, NV, pp. 59 – 69.

Khazhinsky, M., Miller, J., Stockinger, M. and Weldon, J. (2005), 'ESD protection for advanced CMOS SOI technologies', *EOS/ESD Symp. Proc.*, Anaheim, CA, pp. 70 – 79.

Khazhinsky, M. G. (2007), ESD Protection Strategies in Advanced CMOS SOI ICs. ESREF 2007.

Khazhinsky, M. G., Chowdhury, M. M., Tekleab, D., Mathew, L. and Miller, J. W. (2008), Study of undoped channel FinFETs in active rail clamp ESD networks, IRPS 2008.

Khazhinsky, M. G., Miller, J. W., Stockinger, M. and Weldon, J. C. (2004), 'Engineering single NMOS and PMOS output buffers for maximum failure voltage in advanced CMOS technologies', *EOS/ESD Symp. Proc.*, Grapevine, TX, pp. 255 – 264.

Kim, S.-H., Fossum, J. G. and Trivedi, V. P. (2005), 'Bulk inversion in FinFETs and implied insights on effective gate width', *Trans. Electron Devices*, vol. **52**, pp. 1993 – 1997.

Kuo, J. B. and Lin, S.-C. (2001), *Low-Voltage SOI CMOS VLSI Devices and Circuits*. John Wiley & Sons.

Miller, J. W., Khazhinsky, M. G. and Weldon, J. C. (2000), 'Engineering the cascoded NMOS output buffer for maximum Vt1', *EOS/ESD Symp. Proc.*, Anaheim, CA, pp. 308 – 317.

Palumbo, W. and Dugan, M. (1986), 'Design and characterization of input protection networks for CMOS/SOS application', *EOS/ESD Symp. Proc.*, Las Vegas, NV, pp. 182 – 186.

Polgreen, T. and Chatterjee, A. (1989), 'Improving the ESD failure threshold of silicided NMOS output transistors by ensuring uniform current flow', *EOS/ESD Symp. Proc.*, New Orleans, LA, pp. 167 – 174.

Raha, P., Diaz, C., Rosenbaum, E., Cao, M., VandeVoorde, P. and Greene, W. (1999), 'EOS/ESD reliability of partially depleted SOI technology', *IEEE Trans. Electr. Dev.*, pp. 429 – 431.

Raha, P., Miller, J. W. and Rosenbaum, E. (1997c), 'Time-dependent snapback in thinfilm SOI MOSFET's', *Electr. Device Lett.*, pp. 509 – 511.

Raha, P., Ramaswamy, S. and Rosenbaum, E. (1997b), 'Heat flow analysis for EOS/ESD protection device design in SOI technology', *IEEE Trans. Electr. Dev.*, pp. 464 – 471.

Raha, P., Smith, J. C., Miller, J. W. and Rosenbaum, E. (1997a), 'Prediction of ESD protection levels and novel protection devices in thin film SOI technology', *EOS/ESD Symp. Proc.*, Santa Clara, CA, pp. 356 – 365.

Ramaswamy, S., Raha, P., Rosenbaum, E. and Kang, S.-M. (1995), 'EOS/ESD protection circuit design for deep submicron SOI technology', *EOS/ESD Symp. Proc.*, Phoenix, AZ, pp. 212 – 216.

Richier, C., Salome, P., Mabboux, G., Zaza, I., Juge, A. and Mortini, P. (2000), 'Investigation on different ESD protection strategies devoted to 3.3V RF applications (2GHz) in a 0.18μm CMOS process', *EOS/ESD Symp. Proc.*, Anaheim, CA, pp. 251 – 259.

Russ, C., Gossner, H., Schulz, T., Chaudhary, N., Xiong, W., Marshall, A., Duvvury, C., Schrufer, K. and Cleavelin, C. R. (2005), 'ESD evaluation of the emerging MuGFET technology', *2005 ESD Symp. Proc.*, Anaheim, CA, pp. 280 – 289.

Salman, A., Pelella, M., Beebe, S. and Subba, N. (2004), 'ESD protection for SOI technology using an under-the-box (substrate) diode structure', *EOS/ESD Symp. Proc.*, Grapevine, TX, pp. 248 – 254.

Stockinger, M. and Miller, J. W. (2006), 'Characterization and modeling of three CMOS diode structures in the CDM to HBM timeframe', *EOS/ESD Symp. Proc.*, Tucson, AZ, pp. 46 – 53.

Stockinger, M., Miller, J. W., Khazhinsky, M. G., Torres, C. A., Weldon, J. C., Preble, B. D., Bayer, M. J., Akers, M. and Kamat, V. G. (2003), 'Boosted and distributed rail clamp networks for ESD protection in advanced CMOS technologies', *EOS/ESD Symp. Proc.*, Las Vegas, NV, pp. 17 – 26.

Stockinger, M., Miller, J. W., Khazhinsky, M. G., Torres, C. A., Weldon, J. C., Preble, B. D., Bayer, M. J., Akers, M. and Kamat, V. G. (2005), 'Advanced rail clamp networks for ESD protection', *Microelectron. Reliab.*, pp. 211–222.

Torres, C., Miller, J. W., Stockinger, M., Akers, M., Khazhinsky, M. and Weldon, J. (2001), 'Modular, portable, and easily simulated ESD protection networks for advanced CMOS', *EOS/ESD Symp. Proc.*, Portland, OR, pp. 82–95.

Tremouilles, D., Thijs, S., Russ, C., Schneider, J., Duvvury, C., Collaert, N., Linten, D., Scholz, M., Jurczak, M., Gossner, H. and Groeseneken, G. (2007) 'Understanding the optimization of sub-45nm FinFET devices for ESD applications', *2007 EOS/ESD Symp. Proc.*, Anaheim, CA, pp. 408–415.

Verhaege, K., Groesenken, G., Colinge, J.-P. and Maes, H. (1993), 'The ESD protection capability of SOI snapback NMOSFETs: mechanisms and failure modes', *EOS/ESD Symp. Proc.*, Orlando, FL, pp. 215–219.

Voldman, S., Giessler, S., Nakos, J., Pekarik, J. and Gauthier, R. (1998), 'Semiconductor process and structural optimization of shallow trench isolation-defined and polysilicon-bound source/drain diodes for ESD networks', *EOS/ESD Symp. Proc.*, Sparks (Reno), NV, pp. 151–160.

Voldman, S., Hui, D., Warriner, L., Young, D., Howard, J., Assaderaghi, F. and Shahidi, G. (1999), 'Electrostatic discharge (ESD) protection in silicon-on-insulator (SOI) CMOS technology with aluminum and copper interconnect in advanced microprocessor semiconductor chips', *EOS/ESD Symp. Proc.*, Orlando, FL, pp. 105–115.

Voldman, S., Hui, D., Young, D., Williams, R., Dreps, D., Howard, J., Sherony, M., Assaderaghi, F. and Shahidi, G. (2000), 'Silicon-on-insulator dynamic threshold ESD networks and active clamp circuitry', *EOS/ESD Symp. Proc.*, Anaheim, CA, pp. 29–40.

Worley, E., Gupta, R., Jones, B., Kjar, R., Nguyen, C. and Tennyson, M. (1995), 'Submicron chip ESD protection schemes which avoid avalanching junctions, *EOS/ESD Symp. Proc.*, Phoenix, AZ, pp. 13–20.

第二部分

SOI 器件及应用

第10章 射频及模拟应用的 SOI MOSFET

J. -P. RASKIN, Université catholique de Louvain (UCL),
Belgium and M. EMAM, Incize, Belgium

摘 要：在过去的10年中，绝缘体上硅金属氧化物半导体场效应晶体管技术，已经被证明在高频应用中具有潜力，其截止频率接近500GHz，而且适用于苛刻环境的商业应用。对于高速和射频应用，可以分别结合应变硅和高阻硅以提高载流子迁移率，增强电流和工作速度，并使射频信号的衬底损耗最小。现在，可以轻松实现电阻率高于5kΩ·cm 的支撑衬底。此外，在射频 IC 和混合信号应用领域，高电阻率硅被广泛视为是一种很有前途的支撑衬底。

关键词：SOI,MOSFET,RF,肖特基势垒 MOSFET,超薄体超薄 BOX(UTBB) MOSFET,FinFET,高电阻率衬底(HRS),衬底效应,串扰,RF 线性度,陷阱富集的高电阻率 SOI 衬底。

10.1 引 言

在20世纪70年代初，Dennard 及其同事提出了一种减小 MOSFET 尺寸的方法[1]，它能够提高复杂数字集成电路(IC)的工作速度和集成密度。此后，半导体行业的一个重要目标就是优化这种缩比过程[2]。对于半导体公司来说，通信行业这一市场不仅意味着挑战，更蕴含着丰厚的利润。当前的通信系统有着非常苛刻的要求，主要体现在：

(1) 高频；

(2) 高集成度；

(3) 满足一系列标准；

(4) 高线性度；

(5) 低功耗；

(6) 在高温和/或辐射这样的苛刻环境下具有良好的性能。

现代收发器通常由3或4个芯片组与多个外部元件组合而成。因此，减少外部组件对于降低成本、功耗和重量至关重要。模拟前端需要高性能技术，例如Ⅲ-Ⅴ族化合物或硅基双极型技术，这类晶体管的工作频率可以轻松达到千兆赫范围。对于数字信号处理器，小的器件尺寸则是实现复杂算法的关键。为了满足未来通信系统的数字和模拟/射频需要,先进的亚微米 CMOS 技术似乎是一种可行且具有成本优势的解决方案。

在过去的 10 年中,由于晶体管和后端互连线的不断缩比,加上应变硅沟道的引入,MOS 晶体管的工作频率达到了令人惊讶的高度。如今,半导体行业已将硅基 CMOS 视为射频应用的主流技术。需要特别指出的是,绝缘体上硅 MOSFET 技术已经被证明,其具有高频性能(n 型和 p 型 MOSFET 的截止频率分别约为 500GHz 和 350GHz[3])和在恶劣环境(高温、辐射)下实现商业应用的潜力。经过早期的发展,SOI 已经从科学家的好奇心变成为一种成熟的商用技术。部分耗尽 SOI 已在 45nm 节点为数字市场提供了大规模的服务,同体硅相比,它提供的替代品具有更高的性能和更低的功耗。全耗尽器件的应用也日趋广泛,因为同现有技术相比,它是能提供具有极低功耗模拟应用的半导体技术[4]。对于射频和片上系统(SoC)的应用,通过引入高电阻率衬底,SOI 还可以提供更多的优点,从而大大降低在同一芯片上不同电路之间的衬底损耗和串扰。市场上的衬底电阻率值高于 $5\mathrm{k\Omega \cdot cm}$,高电阻率硅(HRS)通常被认为是射频集成电路(RFIC)和混合信号应用最有希望的衬底材料[5]。

本章将基于实验和仿真结果,介绍 SOI MOS 技术在微波和毫米波领域的应用、局限性以及未来可能的改进。

10.2 目前的射频器件性能

1958 年,锗双极晶体管的截止频率达到了千兆赫范围[6]。1965 年,砷化镓(GaAs)金属半导体场效应晶体管(MESFET)首次被提出[7],并在 1973 年研制成功最高振荡频率(f_{max})为 100GHz 的场效应晶体管[8]。在 1980 年,提出并研制成功具有高电子迁移率(HEMT)的 FET 结构[9]。1995 年,用 HEMT 实现了高于 500GHz 的 f_{max}[10]。2000 年,Ⅲ-Ⅴ族异质结双极晶体管(HBT)达到 1 太赫的极限频率[11],而在 2007 年时又被 HEMT 超过[12]。

消费电子市场大量采用射频集成电路,随着这一市场的持续增长,需要不断优化解决方案,不仅仅是性能,还要从功耗、成本和尺寸大小等多角度加以考虑。对手持设备,例如智能手机,在一颗芯片上同时集成数字内核和高频内核非常重要。这正是双极 CMOS(BiCMOS)技术兴起的原因。与 GaAs HBT 技术相比,SiGe BiCMOS 的低成本,是其能够在需要高速数据传输和更小尺寸的便携式无线系统应用中日益增长的关键驱动因素。这直接促成了系统芯片(SoC)方法的产生[13],而 BiCMOS 技术正是满足这一要求的最佳候选者。当今,采用 SiGe HBT 的 BiCMOS 技术,已成为超高速领域中应用最广泛的技术。BiCMOS 器件的射频性能仍在持续增强。目前,SiGe HBT 的最高振荡频率达到

500GHz[14]，并已被集成到典型的55nm节点、300mm BiCMOS芯片代工线的工艺中。然而，低功耗和低成本的要求继续引发着单纯CMOS技术能否满足射频应用的争论[15]，原因是MOSFET技术的射频性能仍在不断提高。

1996年，得益于栅长的成功缩比，硅MOSFET的截止频率超过200GHz[16]。此后，在微波和毫米波应用领域，对采用MOSFET的低电压、低功耗、高集成度混合集成电路的兴趣不断增长。MOSFET技术成熟而且经济、高效，是批量生产的理想选择。从90nm技术节点开始，CMOS已经显示出与先进SiGe技术相当的截止频率和射频噪声性能[15]。如今，由于引入了诸如应变硅沟道之类的迁移率增强机制，30nm栅长的n型和p型MOSFET已分别实现了接近500GHz和350GHz的截止频率[3]。

图10.1所示为当前的n型MOSFET电流增益截止频率(f_T)与栅长之间的关系，连续线是国际半导体技术发展蓝图(ITRS)在2006年给出的预测[17]。尽管与Ⅲ-Ⅴ族材料相比，硅中的电子迁移率较低，但是硅MOSFET仍被认为是一种适于高频应用的竞争性技术。如图10.1所示，应变沟道硅MOSFET甚至可以超过ITRS给出的数值，而在未来15年内将继续为硅技术提供广阔的应用前景。

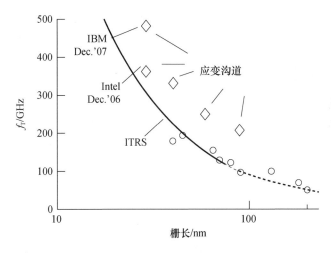

图10.1 无应变/应变硅和SOI n型MOSFET的电流增益截止频率(f_T)与栅长之间的关系

10.3 MOSFET性能的限制因素

从历史上看，器件缩比一直是提高CMOS生产效率和性能以及降低芯片成本的主要途径。从100nm节点开始，CMOS技术面临着许多重大的技术挑战。在这种情况下，最关键的问题是短沟道效应(SCE)，它会引起亚阈值特性变坏，漏电电流增加,并导致随沟长缩短的阈值电压降低。已有很多文献从理论和实验两个方面,对短沟效应进行研究并提出了解决方案。然而,只有少数报道涉及 CMOS 器件高频特性随沟长缩比引起的限制或退化。如图 10.2 所示,考虑 MOSFET 的经典小信号等效电路,可以定义 3 个截止频率 f_c、f_T 和 f_{max},它们分别对应于本征(同所用的 MOSFET 相关)截止频率、电流增益截止频率和有效的功率增益截止频率,其表达式如下:

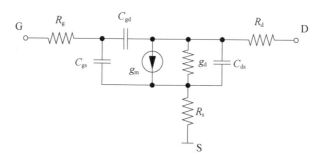

图 10.2 MOSFET 的小信号集总等效电路

$$f_c = \frac{g_m}{2\pi C_{gs}} \quad (10.1)$$

$$f_c \approx \frac{f_c}{(1+(C_{gd}/C_{gs})) + (R_s+R_d)((C_{gd}/C_{gs})(g_m+g_d)+g_d)} \quad (10.2)$$

$$f_{max} \approx \frac{f_c}{2 \cdot (1+(C_{gd}/C_{gs}))\sqrt{g_d(R_g+R_s)+(1/2)(C_{gd}/C_{gs})((R_S g_m)+(C_{gd}/C_{gs}))}} \quad (10.3)$$

式中:g_m 是栅跨导;g_d 是输出电导;C_{gs}、C_{gd} 和 C_{ds} 分别是栅到源、栅到漏和漏到源之间的电容;R_g、R_d 和 R_s 分别是栅、漏和源的串联电阻。

图 10.3 是 Si MOSFET 的示意截面图,图中示出了源、漏电阻和各个不同电容的组成部分。

本征截止频率(f_c)表征场效应晶体管放大高频信号的固有能力。据 Dambrine 等报道[18],在栅长相当时,HEMT 的 f_c 值约为硅 MOSFET 的 2 倍,主要是因为 Si 的载流子迁移率比Ⅲ-Ⅴ族半导体的低。为了提高硅沟道中的载流子迁移率和 MOSFET 的电流驱动能力和高频特性[3],近年来重点研究了应变 n 和 p 型 MOSFET。除了硅和Ⅲ-Ⅴ族材料之间载流子迁移率的差异以外,已证明硅器件的 f_{max}/f_T 比值较低。Dambrine 等人的研究表明[18],首先是串联电阻(R_g、R_d 和 R_s)的增加引起高频特性的降低,其次 CMOS 技术中 g_m/g_d 比和 C_{gs}/C_{gd} 比的降低,导致晶体管的 f_T 和 f_{max} 随着沟长减小而趋于饱和。栅下沟道长度减小则漏输出电导(g_d)增加,这是 FET 器件众所周知的短沟效应之一。C_{gs}/C_{gd} 比

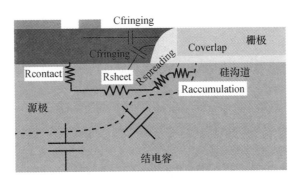

图 10.3　沟道不同串联电阻以及周围覆盖电容和边缘电容的 Si MOSFET 截面图

的降低还意味着栅对沟道中电荷控制能力的降低,同时它也增加了栅(输入)和漏(输出)两端之间的直接耦合电容。源和漏区的自对准是 MOSFET 结构的主要优点之一,但也直接附加了源/栅电容和漏/栅电容。Dambrine 等人的研究还表明[18],HEMT 的 C_{gs}/C_{gd} 比约等于 7.8,而 90nm 的 MOSFET 则只有 1.5 ~ 1.6。

已有研究[19]表明,轻掺杂漏(LDD)的剂量和能量以及退火的温度和时间都会对 C_{gs}/C_{gd} 比、g_m 和 g_d 产生影响,进而影响 f_{max}。研究结果表明,通过优化 LDD 注入可以改善 f_{max},特别是 G_{ass}/NF_{min} 比(G_{ass} 和 NF_{min} 分别代表相关功率增益和最小射频噪声系数),这对于低噪声微波应用最为重要。但是,LDD 优化的窗口相当狭窄,对于传统的亚 100nm 栅长 MOSFET 结构,想在给定的技术节点下实现分别高于 2 和 6 的 C_{gs}/C_{gd} 比和 g_m/g_d 比,似乎是非常困难的。为了进一步提高深亚微米 MOSFET 的微波性能,至关重要的是使寄生电阻和电容最小,如图 10.4 所示[12]。

近年来,为了进一步推进单栅硅 MOSFET 数字和模拟性能的极限,文献中提出了几种技术选择,例如:

(1) 将体硅 MOSFET 改进为部分耗尽[20]或全耗尽[21] SOI MOSFET,增强栅电极和沟道载流子之间的静电耦合,使短沟效应最小。目前,已经提出硅体区厚度小于 10nm 的 SOI 基超薄体(UTB)MOSFET[22,23]。这种结构的埋氧化物层,SOI 晶体管与硅衬底间的结电容(图 10.3)大大降低。

(2) 重点研究应变 MOSFET 以改善载流子迁移率。沟道中的机械应力来自于标准 CMOS 工艺流程的特定工艺步骤[24]。应变 SOI 晶片也已开始商用,应力约为 1 ~ 2GPa,其中顶硅层处于双轴拉伸应力之下[25,26]。

(3) 低肖特基势垒接触[27-31]被看作是降低源/漏(S/D)接触电阻并形成突变结(没有覆盖电容)的非常有意义的候选工艺,它还可以大大降低 CMOS 工艺的热预算。

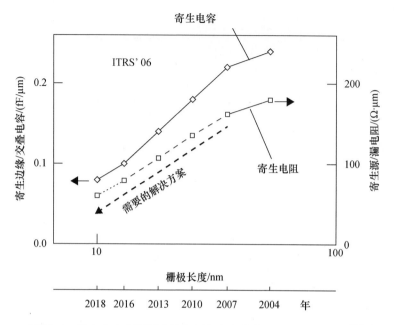

图 10.4 寄生电容和源漏电阻与栅长之间的关系,引自 ITRS'06[17]

(4) 金属栅能消除与多晶硅栅耗尽相关的静电栅控能力损失[32,33],同时降低栅极方块电阻(更低的 R_g)。

(5) 引入低 κ 介质和空气隙[34,35],以减少栅源和栅漏之间的边缘电容(较低的寄生栅电容),并使分布电容最小,进而减小与互连线(后端)直接相关的延迟时间。

(6) 最近提出的具有超薄埋氧化层的 SOI 晶片,能够减小短沟道效应,如漏致势垒降低,同时减小自加热等问题[22,23,36,37]。

(7) 高电阻率硅衬底表现非常优异,可用于集成高质量的无源元件,例如传输线[38]和电感[39],同时能减小集成在同一芯片上的不同电路模块之间的串扰[5]。

(8) 最后一点将在 10.7 节中详细阐述。10.4 节至 10.6 节则介绍 3 种先进 MOSFET 结构的静态和高频特性:低肖特基势垒超薄 SOI MOSFET、超薄体超薄埋氧化层 MOSFET 和 FinFET。

10.4 肖特基势垒 MOSFET

采用金属源/漏的肖特基势垒 MOSFET 外部串联电阻低,并具有优良的可缩比性[40]。然而,在金属/沟道界面处形成的肖特基势垒,导致其电学性能比不上常规的 MOSFET。事实上,SB - MOSFET 的导通电流更低,且在开关过程具有双极特性,亚阈值摆幅也较差。仿真结果显示,肖特基势垒低于 0.1eV 的 SB – MOSFET可以优于传统的 MOSFET[41,42]。除了使用对于空穴或电子具有低肖特基势垒的特定硅化物之外[43,44],掺杂剂分凝(DS)也是一种很有希望的降低有效肖特基势垒(eSB)的解决方案[45,46]。在硅化过程中由于硅化物/硅的界面处形成一薄的高掺杂层,因此能够在界面处形成大的能带弯曲。结果,由于肖特基势垒的有效降低,使得载流子发生隧穿的概率显著增加。因此,通过改变注入剂量这种技术[47],可以帮助将 NiSi/Si 界面处的 eSB 从 0.65eV 降低到小于 0.1eV。

采用 PtSi 的 22nm 器件获得了 280GHz 的 f_T[48],PtSi 结合 DS 技术的 30nm 器件则达到了 180GHz 的 f_T[30,49]。Urban 等研究过采用 DS 技术的 p 型及 n 型 SB – MOSFET 的漏电流及射频特性同栅长之间的关系[50]。Urban 等还研究了当不同 As 注入剂量时,肖特基势垒高度对采用 DS 技术的 n 型 NiSi SB – MOSFET 电性能的影响[51],这将在后面进行介绍。利用小信号等效电路并从散射参数(S 参数)测量结果中提取了关键的器件参数,并且对具有不同肖特基势垒高度的 SB – MOSFET 进行了比较。

在 20nm 厚的不掺杂 SOI 衬底(本征沟道杂质浓度为 $5 \times 10^{14} cm^3$)上,制备了沟长(L_g)为 80~380nm 的一系列肖特基势垒晶体管。首先生长 3.5nm 厚的 SiO_2 栅氧化物,然后沉积 160nm 厚的 n^+ 多晶硅。对于源/漏注入,能量取 5keV,剂量取 $5 \times 10^{13} \sim 3 \times 10^{15} As/cm^2$ 范围。原始硅层在 450℃ 下完全硅化 30s,并且在硅化期间 NiSi 深入侧墙下方将抵达堆叠栅的边缘区域。然后,利用 SPM 溶液($H_2SO_4:H_2O_2 = 4:1$)选择性去除未反应的 Ni。图 10.5 所示为 SOI SB – MOSFET 的示意图。该 SB – MOSFET 具有 2 个平行的栅指,总栅宽 $W_G = 2 \times 40\mu m$,并被嵌入在共面波导(CPW)传输线中,用于片上进行微波测量。

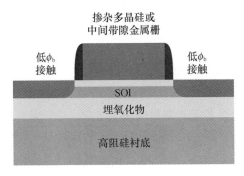

图 10.5 高电阻率硅衬底上超薄肖特基势垒 SOI MOSFET 的横截面示意图

图 10.6 所示为不同 As 注入剂量下采用 DS 技术的 SB – MOSFETs(L_g = 180nm)的传输特性。器件呈现典型的双极开关特性[52]。对于 n 型晶体管,当

栅压 V_{gs} 为负时,空穴通过漏侧势垒进入沟道,产生 p 型分支;而当 V_{gs} 为正时,电子通过源侧势垒注入 n 型分支。在剂量取最低值 $5×10^{13}As/cm^2$ 时,SB – MOSFET 的 p 型和 n 型分支电流几乎相等,表明电子的有效肖特基势垒 eSB 仍然接近原始值;而当剂量较高时,可明显看到器件的 p 型分支电流显著降低。此外,还可以看出,当注入剂量由最低提升到最高之后,n 型分支的导通电流提高了 2 个数量级以上,并且随着 As 浓度增加,反向亚阈值斜率变得更为陡峭。

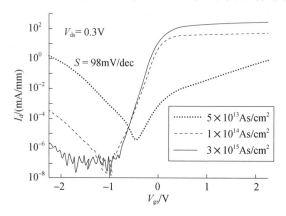

图 10.6　采用 DS 技术的 SB – MOSFET 的传输特性,As 注入剂量范围为 $5×10^{13} \sim 3×10^{15} As/cm^2$ (L_g = 180nm)[51]

较高的注入剂量能有效降低肖特基势垒,载流子的隧穿概率也相应提高,这样便获得更优的栅极控制能力。然而,高肖特基势垒 SB – MOSFET 的电流值受载流子注入(穿过源极肖特基势垒)的限制,并可以用 V_{gs} 调节。如果 SB 降低,则主要由沟道中的势垒控制,而且隧穿概率趋于统一[52,53]。使用去嵌入的 CPW 焊盘和馈电线的专用片上开放式测试结构,通过冷 FET(晶体管偏置于截止状态时)的 S 参数测量[54],能观察到非本征电阻($R_{S/D}$)的急剧降低,当 As 的注入剂量由 $1×10^{14}As/cm^2$ 增加到 $3×10^{15}As/cm^2$ 时(eSB 随之减小,图 10.7),此电阻从 5.2kΩ·μm 降至 600Ω·μm。

图 10.7 所示为 180nm 沟长器件 f_T 和饱和电流 I_{on}(取 $V_{gs} - V_{th}$ = 1.5V, V_{ds} = 1.5V)。注意,尽管最低和最高剂量时的 I_{on} 约差一倍,但 f_T 却只有 17% 的变化。图 10.8 所示为同一个 180nm 沟长器件偏置在峰值 f_T 时所提取的非本征栅跨导 G_M,以及总的栅源电容 C_{GS}、栅漏电容 C_{GD} 和沟道电容 C_{GG}(C_{GS} + C_{GD})(图 10.8[31,55])。当注入剂量从 $1×10^{14}As/cm^2$ 上升至 $5×10^{14}As/cm^2$ 时, C_{GD} 以及 C_{GS}、C_{GG} 有所改善,而 C_{GD} 则保持在 0.25fF/μm 的恒定值。G_M 随剂量而增大,可以解释为有效肖特基势垒 eSB 下降引起的源/漏电阻急剧降低。同时,我们得到了较高的 C_{GG} 值,原因是载流子通过较低 eSB 隧穿的概率显著增加,结果导致

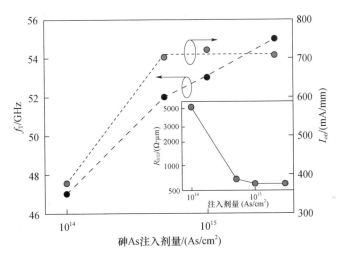

图 10.7 180nm 沟长器件的单位增益截止频率 f_T 和饱和电流 I_{on}
（取 $V_{gs} - V_{th} = 1.5V, V_{ds} = 1.5V$）与 As 注入剂量之间的关系[51]

更多的电荷被注入到沟道中。因为截止频率 $f_T \approx G_M/2\pi C_{GG}$，由于 G_M 和 C_{GG} 对肖特基势垒 SB 依赖关系类似，所以 As 剂量的改变对 f_T 的影响不大。这样，尽管肖特基势垒 SB 使直流特性严重变坏，但是对 SB-MOSFET 射频性能的影响却是有限的。

对 n 型 SB-MOSFET，在 $V_{gs} - V_{th} = 1.5V, V_{ds} = 1.5V$ 提取的截止频率为 140GHz（图 10.9），这是迄今报道的最高值。插图说明当 L_g 从 380nm 变化到 80nm 时，f_T 同 $1/L_g$ 具有良好的线性关系，这也意味着，随着器件进一步缩比减小，其射频性能会有显著改善。

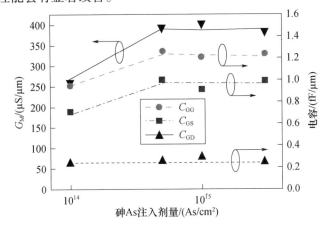

图 10.8 最大非本征跨导 G_M 以及在峰值 f_T 偏置下提取的 C_{GS} 和 C_{GG}[51]

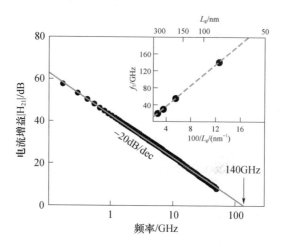

图 10.9 栅长 $L_g = 80nm(3 \times 10^{15} As/cm^2)$ n 型 SB – MOSFET 的电流增益与
频率的关系，截止频率为 140GHz（取 $V_{gs} - V_{th} = 1.5V, V_{ds} = 1.5V$）。
插图说明峰值 f_T 与 $1000/L_g$ 之间的线性相关性[51]

10.5 超薄体超薄埋氧化层 MOSFET

在能够满足 ITRS 要求实现终极缩比的众多器件结构中，超薄体超薄埋氧化层（UTBB、UTBOX 或 UTB^2）SOI MOSFET，被广泛认为是最有希望的候选结构之一[56]，原因是其具有优良的短沟效应[57-66]。超薄埋氧化物能够抑制边缘电场，进而改善 SCE 控制，减弱漏致势垒降低和亚阈值斜率劣化[63-65,67]。仿真结果表明，在薄埋氧化物 MOSFET 中的自加热效应（SHE）也会降低[68-70]。另外，超薄 BOX 使背栅控制更为有效[59,61]。不同的背/接地平面（BP/GP）和衬底偏置，能够在同一工艺中拥有多阈值电压（V_{th}）和动态阈值调节的能力[59]。

但是，超薄 BOX 的缺点是与衬底之间的耦合增强。这种耦合可能会同时降低其静态特性[63-65]和频率响应[70,71]，这取决于衬底 – 埋氧化物界面处的空间电荷状况[63-65,70-72]。此时比较好的一种选择就是采用接地平面，它有助于通过衬底来抑制边缘电场效应[67,70,73]。

Kilchytska 等对 UTBB 技术的仿真应用进行了首次评估[74]，特别关注驱动电流、最大跨导、厄利电压和本征增益以及衬底偏置、沟道宽度和温度（温度范围高达 250℃）对上述参数的影响。已对 UTBB 器件进行过很多基础测试，并与其他器件和技术（例如 FDSOI、UTB 和不同的 FinFET）进行过对比分析。下面将对这些 UTBB 器件的射频性能加以概括。

这些器件均在 CEA – Leti 加工[61]，采用 UNIBOND（晶向 100）SOI 晶圆片，

第 10 章 射频及模拟应用的 SOI MOSFET

埋氧化物厚度为 10nm。沟道区减薄至约 7nm,抬高源/漏以降低寄生电阻,沟道不掺杂,埋氧化物下方没有接地平面,栅堆叠由 HfSiON 和 TiN 栅电极组成,等效氧化物厚度等于 1.3nm。更多的工艺细节见 Andrieu 等的报道[61]。被测器件为 n 沟 MOSFET,栅长 L_g 的范围为 30nm~10μm,栅宽 W 范围为 80nm~10μm。

图 10.10 所示为不同尺寸 n 型 UTBB 晶体管的电流增益截止频率 f_T 同栅宽的关系。值得指出的是,这一工艺并没有针对射频应用进行特别优化。即便如此,沟长 50nm 和 30nm 的 UTBB 器件仍可实现高达 170GHz 和 220GHz 的 f_T 值。这些值超过了以前报道[66,75]的 70nm 栅长 UTB MOSFET 的 120GHz,但综合考虑此处 UTBB 器件的栅长 L_g 较小,两者仍具有可比性。UTBB 器件的 f_T 值也要比栅长相近 FinFET 的 f_T 值高一些[76,77]。当然,这些值虽然接近,但仍然低于 ITRS 的要求,并且肯定低于所报道的 30nm 栅长 PD-SOI 最佳 f_T 值(大于 450GHz)[78]。但是应该注意的是,这一最高的 f_T 值的获得结合了适于高性能 (HP)应用的工艺优化和器件设计。从另一个角度讲,这里呈现的 UTBB 器件应该不仅能够提供相对较高的 f_T,而且还能够提供低的 V_{th} 和优量的 DIBL、I_{off} 和 I_{on}/I_{off} 比值等特性,从而能从容应对低工作电压(Low Operation Voltage,LOP) 和/或低预备功耗(LSTP)等应用。

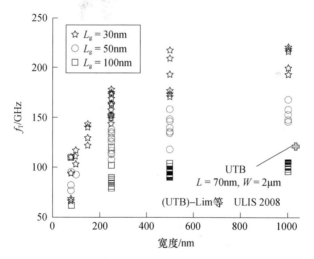

图 10.10 不同尺寸 n 型 UTBB 器件的 f_T 值[74]。"十"字符位置标注的是以前报道的 UTB 晶体管[66],L_g = 70nm,W = 2μm

沟宽减小引起的 f_T 值降低,同多沟道多叉指器件(射频应用必需)的沟道变窄引起的寄生参数(特别是边缘电容)增加有关[79]。完整的等效电路提取也证实了这一假设。

Kilchytska 等对比分析了其他技术[74],包括 FDSOI 和各种 FinFET,结果显示 UTBB 器件在最大跨导和本征增益方面要优于 FinFET，而且当沟长较窄时性能更为出色，从而使 UTBB 对于高精度模拟应用特别具有吸引力。即便当温度升高到 250℃ 时，所测得的数字和模拟优质系数降低也非常有限。

对于没有接地层的 UTBB 器件，自加热和与衬底相关的退化(后者可能超过前者)已经被实验性地证实会影响某些频率的输出电导。因此，当考虑宽频范围应用时，需要特别注意，仅基于 DC 数据的性能预测可能会不够精确。虽然该工艺并未针对射频应用进行特别优化，但鉴于 50nm 和 30nm 栅长的 UTBB 晶体管即可实现高达 170GHz 和 220GHz 的截止频率，这使其能很好地满足需要 LOP/LSTP 选项的移动及无线应用。

Arshad 等的研究[65]表明，在埋氧化层下方进行接地平面注入，能够抑制衬底耗尽效应的影响，从而避免 UTBB 器件失去其优势。因此，接地平面和衬底的应用能进一步确保 UTBB 器件具有最佳的静电控制力。Arshad 等还对比研究了有和无衬底接地平面(n 型和 p 型 GP)UTBB 器件的射频性能[80]。

图 10.11 所示为由测得 S 参数提取的非本征和本征(去除接触电阻后)栅跨导(g_m)值。可以看出，对于具有接地平面的器件，最大本征 g_m 相比非本征 g_m 显著增加。UTBB 器件在 GP 衬底上的增加约为 50%，而无 GP 的器件则为 25%。如前所述，这表明如果寄生电阻降低，则可以显著改善 g_m 值，尤其是对于短栅长器件(见表 10.1 和表 10.2)，以后可直接转化为更高的 f_T 和 f_{max}(见图 10.12)，因为接地平面对 UTBB 器件的电容没有明显的影响。

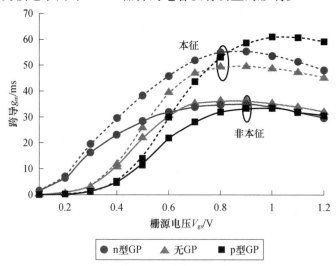

图 10.11　由实测 S 参数提取的本征和非本征 g_m 值[80]。当寄生电阻(R_g 和 R_{sd})被去除(不去除)时，本征(非本征)g_m 值对应于晶体管电学等效电路中栅漏之间导纳值的实部

已经对埋氧化物下方的不同掺杂特性进行了研究[80],并没有观察到与衬底间高频寄生电容值的增加。因此,对于具有 GP 衬底的 UTBB 器件,可以显著改善其本征 f_T 值。

表 10.1 从 W_f = 500nm(晶体管单叉指栅宽)、N_f = 80(栅极叉指数量)且具有 p 型接地平面的 UTBB 晶体管中提取的小信号等效电路集总参数列表,取 V_{ds} = 1.0V 且 V_{gs} 为栅跨导最大处的值[80]

nm	Ω		fF		mS			
L_g	R_g	R_{sd}	C_{ds}	C_{gg}	g_m	g_d	g_m/g_d	C_{gs}/C_{gd}
30	47.8	25.2	32.6	41.0	61.3	9.0	6.8	2.1
50	23.1	21.9	23.3	54.4	56.4	6.0	9.4	2.3
100	8.6	21.5	16.1	79.0	46.0	4.1	11.3	3.4

表 10.2 从 W_f = 500nm(晶体管单叉指栅宽)、N_f = 80(栅极叉指数量)且具有 n 型接地平面的 UTBB 晶体管中提取的小信号等效电路集总参数列表,取 V_{ds} = 1.0V 且 V_{gs} 为栅跨导最大处的值[80]

nm	Ω		fF		mS			
L_g	R_g	R_{sd}	C_{ds}	C_{gg}	g_m	g_d	g_m/g_d	C_{gs}/C_{gd}
30	37.1	15.5	43.9	40.3	55.4	10.1	5.5	2.2
50	24.0	12.5	22.0	51.6	55.3	6.5	8.6	2.6
100	9.9	11.7	17.2	77.6	48.4	5.1	9.6	3.6

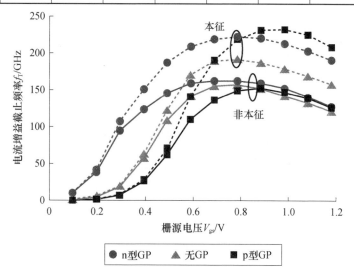

图 10.12 从 L_g = 30nm 器件实测 S 参数中提取的本征(非本征) f_T 值,分别对应于去除(不去除)寄生电阻(R_g 和 R_{sd})的情形[80]

10.6 多栅 MOSFET 的射频特性:FinFET

多栅晶体管能实现对沟道的多重控制,减少纳米尺度 MOSFET 中的短沟效应,因而成为最有希望的新型器件结构之一[81]。除 FinFET 外[82],还有其他多栅 MOSFET 结构[83],例如三栅(TG)、π 栅(PG)、四栅(QG)、Ω 栅(ΩG)等。已有多项研究表明,由于其对 SCE 的高抗扰性以及与平面 CMOS 工艺的良好兼容性,多栅器件具有满足 ITRS 对逻辑运算中 I_{on}/I_{off} 比值要求的巨大潜力[83,84]。对 FinFET 的研究,大部分集中在技术层面及在数字应用的前景上[85,86],只有少数研究对其模拟应用方面的价值进行过评估[87,88]。在本节中,将介绍各种几何形状 FinFET 的射频性能。

在 SOI 晶圆片上制备栅长(L_g)分别为 40nm、60nm 和 120nm 的 FinFET,埋氧化层厚为 145nm,顶层硅膜厚为 60nm,顶部和侧面的沟道分别为(100)和(110)硅晶面。硅有源区通过 193nm 光刻实现图形化,并采用抗蚀性和氧化物硬掩模进行修调以得到窄的 fin 形状的硅。通过侧墙氧化及氢退火进行表面平滑和圆角化。fin 图形化完成以后得到的 fin 高(H_{fin})为 60nm,fin 宽(W_{fin})分别为 22nm、32nm 和 42nm,fin 间距(S_{fin})为 328nm。堆叠栅由 EOT 等于 1.8nm 的等离子体氮氧化物和 100nm 的多晶硅组成。然后,高角度注入 As/BF_2 扩展区,并在源和漏区进行 40nm 厚的选择性外延生长(SEG)。在重掺杂漏(HDD)注入和快速热退火(RTA)之后,使用 NiSi 作为硅化物,并且仅沉积一层金属来形成接触孔。

对一个具有 50 条栅指、每条包含 6 个 fin 的 FinFET(图 10.13)进行 DC 和 RF 测量。如图 10.14(a)所示,60nm 工艺时对 SCE 的控制良好,亚阈值斜率(S)接近 73.5mV/dec。在该 L_g(V_{th} 约为 260mV)条件下未发现阈值电压(V_{th})

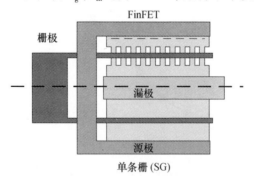

图 10.13 一个具有 10 条 Fin 的 FinFET(上)和一个平面部分耗尽 SOI 晶体管(下)的顶视图,二者具有相同的栅长和硅面积

降低,尽管在 W_{fin} 改变时观察到较小的 V_{th} 变化(30mV 以内)。与预期一致,这类器件也能够降低短沟效应,例如,当 fin 宽度减小时能得到更低的 S(图 10.14(a))。然而,源(R_s)和漏(R_d)电阻[89]的增加与 fin 宽度 W_{fin} 的变窄直接相关,如图 10.14(b)所示,这导致归一化漏电流和有效栅跨导的降低(图 10.14(c))。

图 10.14(d)所示为不同 fin 宽 FinFETs 的电流增益($|H_{21}|$)与频率之间的关系,从中可以提取器件的转换频率(f_T)。可以明显地看到截止频率随 W_{fin} 的减小而降低,fin 宽变薄而导致源漏电阻增加(图 10.14(d))是主要原因。

在同一晶圆片上也制备了具有相同尺寸的部分耗尽 SOI MOSFET(图 10.13),并对其 DC 和 RF 特性进行了对比测量。图 10.15 所示为平面和 FinFET 器件截止频率提取值与沟道长度之间的关系。

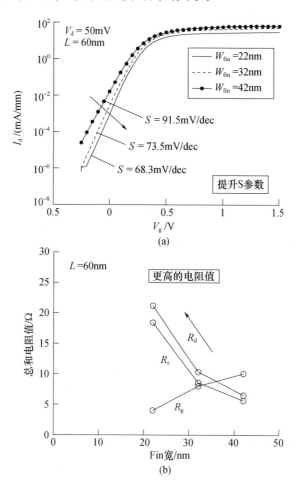

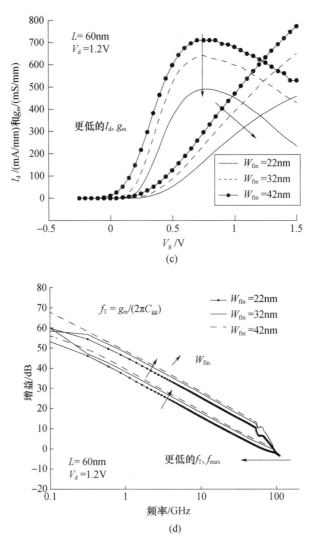

图 10.14 栅长为 60nm、鳍宽(W_{fin})不同的 FinFET 直流和射频特性:(a)对数坐标传输特性;(b)接触电阻的提取值;(c)线性坐标转移特性和栅跨导;(d)电流增益和最大可用功率增益与频率的关系(下面三条曲线为电流增益,上面三条曲线为最大可用功率增益)。数据用总栅宽 $W_{tot} = N_{finger}N_{fin}(W_{fin}+2H_{fin})$ 归一化

本征截止频率(f_{Ti})是仅与内部集总参数(g_m、g_d、C_{gsi} 和 C_{gdi})相关的电流增益截止频率。非本征截止频率(f_{Te})则涉及图 10.2 中所示的完整小信号等效电路,包括寄生电容 C_{gse} 和 C_{gde} 以及接触电阻 R_s、R_d 和 R_g。值得注意的是,结果表明,两类器件的本征截止频率(f_{Ti})相近(对于 60nm 沟长,约为 400GHz),但 FinFET (90GHz)的非本征截止频率(f_{Te})几乎只有平面 PDSOI 晶体管的 1/2(180GHz)。

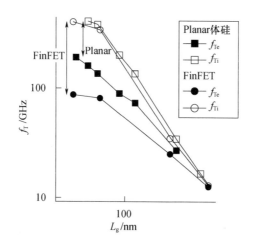

图 10.15　单栅 PDSOI 晶体管和 FinFET 的本征电流增益截止频率(f_{Ti})
和非本征电流增益截止频率(f_{Te})与沟长之间的关系

根据文献描述的方法[54,90],基于宽频分析,从实测的 S 参数中提取集总小信号等效电路的参数(图 10.2)。图 10.16 所示为每个寄生参数对 60nm 栅长 FinFET 的电流增益截止频率(f_T,图 10.16(a))和最大可用功率增益截止频率(f_{max},图 10.16(b))的相对影响。由式(10.1)~式(10.3)可知,单栅 PDSOI 晶体管的结果中[91],栅电阻对 f_{max} 影响较大,而 f_T 不变。与 FinFET 三维结构直接相关的总边缘电容 C_{inner},对截止频率和最大频率都有很大影响。实际上,f_T 和 f_{max} 分别下降了 1/3 和 1/2。最后,源和漏电阻以及与晶体管有源区之外互连线相关的寄生电容,也会略微降低截止频率。基于这一分析,可以肯定地说,FinFET 有源区内的边缘电容,是影响这种非平面多栅晶体管特性的最重要限制因素。

在文献中,Wu 和 Chan 分析了多 fin 的 FinFET 中与几何图形相关的寄生电容[92]。采用保角映射法,对寄生边缘电容和覆盖电容进行了物理建模,建立其与栅几何图形之间的关系,同时计算 FinFET 的三维几何结构中每一部分的相对贡献。研究结果证明了边缘电容的重要性[92],该电容源于 fin(侧墙)的源漏区域与 fin 上栅电极之间的耦合效应,主要是为了确保各 fin 栅极之间的电学连接,需要用栅将各条 fin 连接在一起,同时利用接触孔将源漏相连。在文献[93,94]中,使用有限元数值仿真方法,已经证明,通过减少 fin 间距或增加 fin 的高宽比(更高的 H_{fin}/W_{fin} 比),有可能降低 C_{inner} 及其对 FinFET 截止频率的影响。

总之,仿真和实验结果表明,作为一种多栅结构,FinFET 的主要意义在于减少数字电路的短沟效应,确保有更低的阈值电压下降、更好的亚阈值斜率和更高的导通/截止电流比(I_{on}/I_{off})。然而,与竞争的平面 PDSOI 晶体管相比,

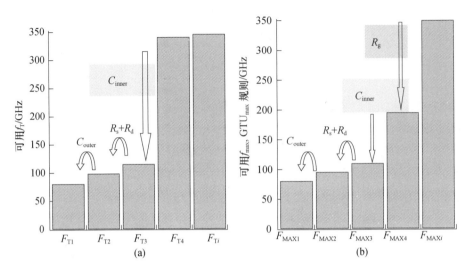

图 10.16 栅长为 60nm FinFET 中每个集总非本征参数对
(a) 电流增益截止频率(f_T) 和 (b) 最大可用增益截止频率(f_{max})的相对影响

FinFET 的高频性能(例如 Raskin 等[95]介绍过的截止频率和 RF 噪声系数)则有所降低。这与其复杂的三维非平面结构所增加的边缘电容有关。因此,需要在更高的 f_T 和 f_{max}(大 W_{fin})值和更优的 SCE(小 W_{fin})控制力之间进行折中考虑。

10.7 SOI 技术中的高电阻率硅衬底

前面介绍了 SOI MOSFET 的技术发展,本节将重点介绍 SOI 衬底的高频特性,在该类衬底上制备了前面提到的所有类型晶体管。通过测量共平面波导(CPW)传输线的插入损耗和产生的谐波,研究 SOI 衬底的小信号和大信号行为,设计了 2 个间隔数十微米的金属焊盘来测量同一芯片上不同器件及电路间的寄生耦合(串扰)。

10.7.1 CPW 传输线

高电阻率硅(HR-Si)衬底,对于尽可能地降低与衬底电导率相关的高频损耗至关重要。然而,由于可能恶化器件之间的闩锁效应,HR-Si 并不适合体硅 MOSFET。但在 SOI 技术中,晶体管中的薄顶硅层与硅衬底之间由埋氧化物隔离,因此可以采用 HR-Si 而不会影响 MOS 集成电路的良好性能。近来,工业界已经在 SOI CMOS 工艺中成功构建了 200GHz 插入损耗小于 2dB/mm 的高质量共平面波导,以及满足毫米波应用的低通和高通滤波器[96]。

在有损硅衬底上制备 CPW 传输线插入损耗取决于导体损耗(α_{cond})和衬底损耗(α_{sub}),数值与其有效电阻率成反比。有效电阻率代表共平面器件实际面对的衬底电阻率,该参数需要考虑硅晶圆片的不均匀性(氧化硅覆盖和空间电荷效应)以及均匀硅晶圆片(不考虑氧化硅或空间电荷效应)的电阻率,以维持相同的射频衬底损耗。采用 Lederer 和 Raskin 描述的方法[97],可以从 CPW 传输线实测 S 参数中提取有效电阻率。Lederer 和 Raskin[97,99] 以及 Lederer 等[98] 的研究表明,有效电阻率(ρ_{eff})高于 $3k\Omega \cdot cm$ 的 HR-Si 可以认为是准无损耗衬底。电阻率为 $5 \sim 10k\Omega \cdot cm$ 的 HR-Si 衬底目前已经上市,并已成为射频集成电路[100]和混合信号[101]应用的首选衬底。然而,经过氧化硅钝化的高电阻晶圆片,由于氧化硅中的固定电荷(Q_{ox})而产生寄生表面导电体(PSC)问题[102]。实际上,氧化硅中的电荷吸引了靠近衬底表面的自由载流子,降低了共平面器件所面临的有效电阻率(ρ_{eff}),并增加了衬底损耗。已经发现[98],当氧化物电荷 Q_{ox} 的值低至 $10^{10} cm^{-2}$ 时,在 50Ω CPW 传输线的情况下,可以将电阻率的有效值降低超过一个数量级。寄生表面导电体也可以在施加直流偏压(V_a)的金属线下方形成[103]。提取的线损耗和有效衬底电阻率与施加到 CPW 传输线中心导体的直流偏压之间的关系,分别示于图 10.17(a) 和图 10.17(b) 中,采用的不同衬底、氧化物层和金属线见表 10.3。工艺条件 A 和 B 是商用晶圆片,而其他 3 种晶圆片(C、D 和 E)都是内部定制的,只有一层金属。在所有情况下,对于氧化的 p 型 HR Unibond SOI(条件 A、B、C)衬底或者氧化的 p 型 HR 体硅(条件 D 和 E)衬底,金属结构都是图形化的。

使用 Thru-Line-Reflect 方法[104],能从实测 S 参数中提取 CPW 传输线的总损耗和射频损耗(α_{tot})。图 10.17(a) 示出频率为 10GHz 时总损耗与 V_a 的关系。理论上,当氧化硅厚度(t_{ox})较薄时,α_{tot} 更容易受到 V_a 的影响(技术条件 C)。损耗最小时的 V_a 值($V_{a,min}$),对应于氧化硅下深耗尽的状态。如图 10.17 所示,V_a 取决于器件结构的平带电压,因此依赖于氧化硅厚度 t_{ox} 以及氧化硅电荷密度(Q_{ox})。

表 10.3 图 10.17 中不同工艺条件的补充信息

工艺条件	原始晶圆片	金属层	氧化物厚度/μm	Si 钝化	氧化物类型
A	HR SOI	M3	3	无	BOX + 氧化 SOI + 层间介质
B	HR SOI	M5-M6	4.1	无	BOX + 氧化 SOI + 层间介质
C	HR SOI	M1	0.3	无	BOX + 氧化 SOI
D	HR-Si 体硅	M1	1	无	PECVD
E	HR-Si 体硅	M1	1	多晶硅	PECVD
注:第3、4列中的数据分别表示使用的金属层和 CPW 传输线的总等效氧化物厚度					

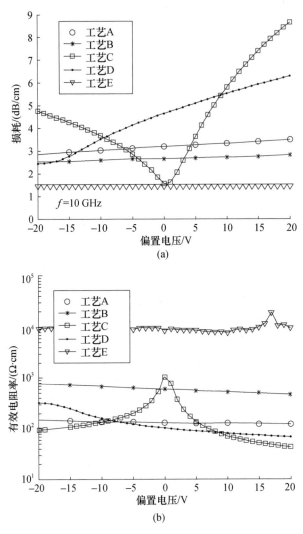

图 10.17 表 10.3 中所列不同工艺条件下实测的 (a) CPW 损耗和 (b) 有效衬底电阻率与施加到 CPW 中心导体 DC 偏置电压之间的关系

假设硅衬底在富陷阱层氧化之前钝化,则可以减少甚至抑制寄生表面导电。图 10.18 所示为偏置电压为 0V 时,不同 Q_{ox} 密度下在 HR-Si 衬底/SiO_2 界面处的陷阱密度(D_{it})对有效电阻率的影响。显然,实现无损衬底($\rho_{eff}=10k\Omega\cdot cm$)所需要的最小 D_{it} 水平与氧化硅固定电荷密度成正比关系。

使用低压化学气相沉积(LPCVD)多晶硅[105]和非晶硅(α-Si[106]),能成功地在 Si/SiO_2 界面引入高密度的陷阱。在制备 HR SOI 晶圆片过程中,需要将氧化的硅晶圆片键合到钝化的 HR 衬底上,而且钝化层应该包含在 SOI 结构内部。

参考文献[99]中提出,先利用LPCVD沉积非晶硅,然后在900℃下用快速热退火(RTA)进行硅结晶。这种新的钝化方法,能获得较好的均方根表面粗糙度值($\sigma = 0.37$nm),并能在长时间的热退火(900℃下4h)后仍保持有效。已经实现了该层与氧化衬底之间的成功键合,表明可以在智能剥离、键合或背蚀刻SOI工艺中以较低的成本引入这项新的钝化技术,从而制造出具有更高电阻率(高于10kΩ·cm)的SOI晶圆片。

图10.17(a)说明,使用多晶硅进行衬底钝化(工艺条件E)能显著降低射频损耗,同时消除V_a的影响。这是因为多晶硅层内的陷阱可以吸收自由载流子,并将表面电势固定为与V_a无关的值[105]。图10.17(b)示出根据Lederer和Raskin所描述方法[97]提取的有效电阻率(ρ_{eff})。不出所料,对于钝化衬底,当偏压为0V时得到的ρ_{eff}值最高,最低值则对应于低质量(富含Q_{ox})的等离子体增强化学气相沉积(PECVD)氧化物。还应该注意的是,由于技术条件A和B中BOX下面反型层的存在,提取的ρ_{eff}值未超过130Ω·cm和580Ω·cm,这些值都比其标称衬底电阻率低出一个数量级以上。

最近,SOITEC在市场上推出了富集陷阱的HR SOI衬底。Ben Ali等[107]证明,这种新型衬底的质量,显示有效电阻率超过3kΩ·cm,沿互连线的插入损耗降低,器件串扰也极大地减小。此外,分别采用HR SOI和陷阱富集HR SOI晶圆片同时制备FDSOI MOSFET,实验测量其静态和射频特性,结果明显地表明两种FDSOI晶体管的特性匹配非常好,因此埋氧化层下陷阱的存在,不会改变SOI MOS晶体管的直流和射频特性。

美国IBM公司的Botula等[108]还提出,在埋氧化层-支撑硅的界面处引入陷阱恢复HR SOI衬底高电阻率的特性。有源器件之间的陷阱引入在后端金属化之前进行,方法是进行穿透埋氧化物的高剂量注入。在衬底效应需要抑制的区域中,沟槽应该穿透浅槽隔离(STI)和埋氧化物并一直蚀刻到衬底上。这些沟槽或者是用于器件之间隔离的特征线,或者是在较大面积中作为高密度的格子图案。使用抗蚀剂作为掩模进行高剂量注入,然后向沟槽中填充氧化物,并对接触窗口进行平面化处理。利用这一技术,IBM得以大幅度减少HR SOI衬底中的谐波生成问题,同时基于180nm CMOS工艺设计了一种薄膜SOI射频开关,其功率密度、线性度和$R_{on} \times C_{off}$乘积都能与GaAs pHEMT和蓝宝石上硅技术相媲美[108]。与SOITEC所提出的陷阱富集HR SOI衬底相比,这项技术需要增加一块掩模和高剂量注入步骤来抑制PSC效应。

10.7.2 串扰

近年来,得益于集成电路技术的快速发展,通信系统的模拟前端和数字基带处理电路已经能够集成到同一芯片上。与非集成解决方案相比,这种混合信

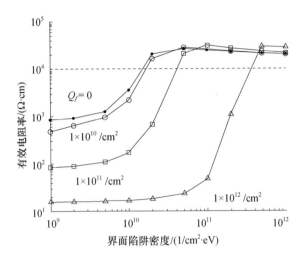

图 10.18 在外加偏置电压为 0V 时,有效电阻率(ρ_{eff})的仿真结果与陷阱密度(D_{it})之间的关系,图中选取了几种不同的固定电荷密度(Q_{ox})值

号系统芯片具有更多的功能、更好的性能、更低的功耗和更高的可靠性。此外,由于 CMOS 技术的不断缩比及与之相关不断增长的集成度,SoC 芯片已经成为节省成本的重要方式,广泛应用于家庭娱乐、图形处理、移动消费类产品、网络和存储设备等要求高的应用中。混合信号集成电路不断增加的集成度也提出了很多新的问题,例如数字电路开关过程中会在衬底中产生噪声,简称数字衬底噪声(DSN),这可能会降低相邻模拟电路的性能[109,110]。随着集成电路的发展,DSN 问题变得越来越重要:①由于复杂性和时钟频率的增加,数字部分的噪声越来越大;②数字和模拟部分距离越来越近;③模拟部分变得更加敏感,因为为了降低功耗电源电压 V_{dd} 不断降低。

通常,衬底噪声可以分为 3 种不同的机制:噪声的产生、注入或传播到衬底中并由模拟部分接收[111]。通过减少上述某一种或全部 3 种机制的影响,都可以降低 DSN 从而放宽对电路设计的要求。一般会采用保护环和过度设计等结构来限制衬底噪声的影响,代价就是降低新技术引入所带来的优势。因此,寻找节省面积的设计/工艺解决方案以减小混合信号集成电路中衬底噪声的影响,是半导体行业的一项重要任务。

在过去 10 年中,已有很多研究从理论和实验两方面证明,使用 HR SOI 衬底能大大降低集成电路间的串扰水平[5]。图 10.19 给出 2 个 50μm 间隔的金属焊盘间串扰与衬底 ρ_{eff} 之间关系的仿真结果。这些结果表明,ρ_{eff} 至少要到 kΩ·cm 量级才能避免 100MHz 以下频率信号在衬底内的电导性耦合。图 10.20 所示为串扰 $|S_{21}|$ 实测值与频率之间的关系,测试结构是间隔 20μm、面积为 50μm×50μm 的 2 个金属焊盘,采用 2 种 HR-Si 衬底:有和没有陷阱富集层。

测量过程中使用直到4GHz的低频矢量网络分析仪(VNA),并在耦合焊盘间施加不同的偏置电压。图中示出,对于标准HR SOI晶圆片,由于与寄生表面导电PSC相关的衬底导电效应,1GHz以下信号的串扰水平会明显更高一些(0V偏置时约为13dB)[112]。串扰与施加的偏压明显相关。施加负偏压时,埋氧化层下方形成深耗尽,串扰水平显著减小;反之,施加正偏压时,由于氧化物下强反型,它会增加且呈现更高的截止频率。另外,陷阱富集的晶圆片具有以下性能:①埋氧化物下方的富集陷阱多晶硅层消除了与偏置电压相关的效应[97];②斜率$|S_{21}|$趋近于完美的20dB/dec,它表明测量频率范围(高于VNA噪声频率)内仅有纯电容性耦合。混合信号应用中特别感兴趣的是如何减小低于1GHz信号的串扰,因为已有很多研究表明,数字逻辑所产生噪声的频谱通常在几百兆赫范围内,它们同时钟信号的倍数[113,114]或电路内部谐振频率一致[115]。在这个频率范围内产生的噪声会大大增加锁相环(PLL)中的抖动,似乎对在PLL参考频率(约数百兆赫范围)处注入的衬底噪声特别敏感[116]。进一步的研究认为,在串扰方面,陷阱富集的HR SOI将带来更显著的好处。此外,为了减少短沟效应和自加热效应,需要在下一代SOI CMOS器件中进一步降低埋氧化物的厚度[117]。

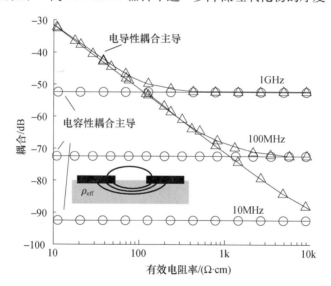

图10.19 根据Raskin等人提出的模型[5]在10MHz、100MHz和1GHz处串扰水平的仿真值同ρ_{eff}的关系

从有限元数值仿真和实验两方面研究了标准和陷阱富集HR-Si晶圆片的衬底串扰问题,频率范围从超低频(ULF)到极高频(EHF)[118]。已经证明,在HR-Si衬底和互连钝化层之间的界面处存在自由载流子,低频衬底串扰受其强烈影响。理论和实验结果均证明,在该界面处存在陷阱富集层(厚度大于

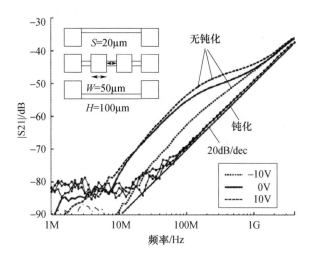

图 10.20 未钝化和钝化的高阻硅晶圆片实测串扰值与频率和偏压条件之间的关系

300nm 的多晶硅层),可以有效恢复 Si 衬底的标称高电阻率特性。基于简单的等效集总元件电路分析,可以对有和没有陷阱富集层 HR - Si 衬底的宽带串扰行为进行建模。所提出的模型与有限元数值仿真结果和 100kHz 以上频率信号的实验数据非常一致。由于引入了陷阱富集层,HR - Si 衬底可以作为无损介质衬底使用,因此一种纯电容性的等效电路便可以正确描述此类衬底的串扰特性。

可以采用具有更低有效介电常数的衬底来进一步降低串扰水平。如蓝宝石和石英,特别是多孔硅[119],其有效介电常数可以低至 2,这将是具有优良射频特性的 SOI 技术非常有意义的支撑衬底。

10.7.3 CPW 传输线的非线性度

如前所述,因为 HR SOI 衬底中的损耗和耦合都会减小,所以越来越多的公司利用 SOI 技术将射频蜂窝发射开关集成到一起[120,121]。射频开关对线性度的要求比较高。最近的一款Ⅲ - Ⅴ族射频开关产品,在输入功率为 + 35dBm 时,其 2 次和 3 次谐波功率(H2 和 H3)分别为 - 45 和 - 40dBm[122]。随着高端多模手机和 3G 标准愈加严格的要求,不仅要研究射频开关本身的非线性行为,而且还要关注其他引起非线性问题的起源,例如有损硅衬底(射频开关集成于此)引起的谐波失真(HD)问题等。

如 10.7.1 节所述,当给 CPW 传输线施加偏置时,硅衬底内的电势和自由载流子分布将发生变化,正如经典 MOS 电容器的情况。当有外加偏压或大的射频信号时,硅衬底中的载流子分布将发生变化,并导致与硅衬底相关的非线性电容(C)和电导(G)。这些 C 和 G 变量,都将成为硅衬底内谐波形成的起源。

第 10 章 射频及模拟应用的 SOI MOSFET

图 10.21 所示为不同电阻率的 p 型硅衬底上 CPW 传输线输出端上的谐波失真,传输线覆盖有 50nm 厚的 SiO_2 层。在大多数功率范围内,HR-Si 衬底的谐波失真都比 $20\Omega \cdot cm$(标准硅电阻率)衬底要低。测量时输入功率高至 15dBm,并可线性内插至 +35dBm。可以看出,未钝化的硅衬底在 +15dBm 处的谐波失真水平高于 45dBc,比射频开关在 +35dBm 的标称值高出 25dB。与未钝化的 HR-Si 衬底相比,引入 300nm 多晶硅层可将谐波失真水平降低超过 60dB。如上所述,由于 $Si-SiO_2$ 界面处多晶硅或沉积非晶硅层中的陷阱密度很高,在该界面处的表面电势几乎固定,因而外部施加到传输线上的 DC 偏置或大幅值射频信号,都不会影响到硅衬底内载流子的分布。

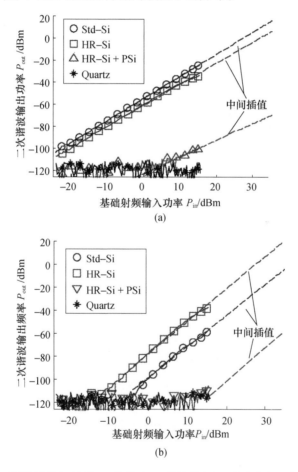

图 10.21 不同衬底上 3385μm 长的 CPW 传输线(a)二次和(b)三次谐波功率

为了验证衬底标称电阻率对谐波失真的影响,对在有和没有多晶硅层的不同电阻率的硅衬底上制备的 CPW 传输线进行了测量[123]。图 10.22 清楚地说明,陷阱富集层的存在对于低电阻率衬底($\rho = 10\Omega \cdot cm$ 和 $100\Omega \cdot cm$)的实测失真水平几乎没有影响。另外,对于较高电阻率的衬底,陷阱富集层则可能显著降低非线性度。对于相同高电阻率但不同埋氧化物的衬底也进行了研究(图中未给出),结果说明引入多晶硅层可以获得最小的失真,并且唯一的限制因素是最终的有效电阻率。薄多晶硅层的引入有助于降低 PSC 效应,但不能完全降低谐波水平。只有高电阻率(大于 $3k\Omega \cdot cm$)硅衬底和陷阱富集层的结合才是可行的解决方案,进而获得准线性的硅衬底。

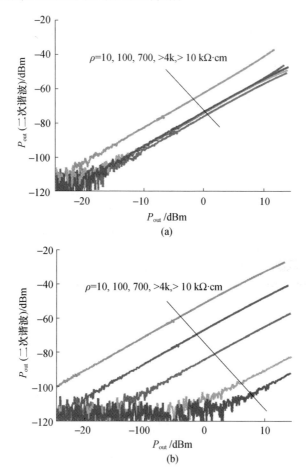

图 10.22 不同电阻率 n 型硅衬底上 2146μm 长的 CPW 传输线二次谐波输出功率,衬底(a)有(b)没有陷阱富集多晶硅层[123]

通过仿真和实验测量证明了衬底有效电阻率和沿 CPW 传输线所产生的谐波失真之间的相关性,涉及大量的各类商用硅衬底,标称电阻率从 $10\Omega \cdot cm$ 到高于 $10k\Omega \cdot cm$。因此,有效电阻率的确是一个非常有效的表征参数,在确定衬底射频损耗及其线性度方面具有重要的参考价值[123]。

在 Si/SiO$_2$ 界面处放置陷阱富集层(如多晶硅)是一种非常好的技术解决方案,不仅能恢复 HR-Si 衬底的高阻特性,还可以减少由衬底导致的谐波失真。此外,已经证明,陷阱富集 HR-Si 的谐波失真不会受到氧化层质量或厚度的影响。根据我们的实验结果可以得出结论,只有 $\rho_{eff} > 3\text{k}\Omega \cdot \text{cm}$ 并结合陷阱富集层的硅支撑衬底,才能够在 +35dBm 输入功率的情况下,呈现低于 70dBc 的等效谐波水平。

10.8 结 论

当今,截止频率接近 500GHz 的应变 SOI n 型 MOSFET,已经开始同 Ⅲ-Ⅴ 族技术形成真正的竞争。通过引入高电阻率 SOI 衬底,实现了高质量无源器件的集成。而且与体硅技术相比,衬底串扰的降低是一个切实的优势,特别是对于高集成度低压混合模式应用的集成电路开发尤其如此。意法半导体、IBM、RFMD、Honeywell、Tower Jazz 等主要半导体公司,已经采用 SOI 射频技术为电子通信市场生产多项产品。

如本章所述,通过在埋氧化层下面引入陷阱富集层,高阻 SOI 衬底仍可以继续改进。夹在埋氧化层和高阻硅衬底之间约 300nm 厚的多晶硅层,可以大大降低 CPW 插入损耗、串扰、DSN 和谐波失真,而不影响 SOI CMOS 晶体管良好的直流和射频特性。总之,目前和未来的 HR SOI MOSFET 技术,是混合模式低压低功耗射频,甚至毫米波应用非常好的候选者。

10.9 致 谢

感谢所有积极参与本章所涉及仿真和实验的博士生、高级研究人员和教授,其中包括 Mr Mohd Khairuddin Bin MD Arshad, Mr Khaled Ben Ali, Dr C. Roda Neve, Dr R. Valentin, Dr V. Kilchytska, Dr A. Kranti, Dr D. Lederer, Dr C. Urban, Dr Qing-Tai Zhao, D. Flandre 教授, F. Danneville 教授, E. Dubois 教授和 S. Mantl 教授。

同时感谢 Mr P. Simon(Welcome)完成了大部分的射频测量,感谢 UCL 洁净室团队(Winfab),感谢 Dr Jurczak Malgorzata 团队、Dr S. Decoutere 团队(特别是 Dr B. Parvais, Dr M. Dehan, Dr A. Mercha 和 Dr Subramanian Vaidy)、比利时的 IMEC 和 Leuven 大学提供 FinFETs 器件,感谢法国格勒诺布尔的 CEA-Leti 团队(尤其是 Dr Fran. ois Andrieu, Dr Olivier Faynot)提供 UTBB 器件,感谢法国贝尔南的 SOITEC 公司提供陷阱富集高阻 SOI 晶圆片。本项研究得到 European Networks of Excellence 项目 SINANO、NANOSIL 和 EuroSOI+ 的支持。

10.10 参考文献

[1] R. H. Dennard, F. H. Gaensslen, Hwa-Nien Yu, V. L. Rideout, E. Bassous and A. R. Leblanc, 'Design of ion-implanted MOSFET's with very small physical dimensions', *IEEE Journal of Solid-State Circuits*, vol. **SC-9**, pp. 256–268, October 1974.

[2] G. E. Moore, 'Cramming more components onto integrated circuits', *Electronics*, vol. **38**, pp. 114–117, 1965.

[3] S. Lee, B. Jagannathan, S. Narasimha, A. Chou, N. Zamdmer, J. Johnson, R. Williams, L. Wagner, JonghaeKim, J.-O. Plouchart, J. Pekarik, S. Springer and G. Freeman, 'Record RF performance of 45-nm SOI CMOS Technology', *IEEE International Electron Devices Meeting – IEDM 2007*, 10–12 December 2007, pp. 255–258.

[4] T. Sakurai, A. Matsuzawa and T. Douseki, *Fully – Depleted SOI CMOS Circuits and Technology for Ultralow-Power Applications*, Springer, 2006, XV, 411 p., ISBN: 978–0–387–29217–5.

[5] J.-P. Raskin, A. Viviani, D. Flandre and J.-P. Colinge, 'Substrate crosstalk reduction using SOI technology', *IEEE Transactions on Electron Devices*, vol. **44**, no. 12, pp. 2252–2261, December 1997.

[6] H. F. Cooke, 'Microwave transistors: theory and design', *Proceedings of IEEE*, vol. **59**, pp. 1163–1181, 1971.

[7] C. A. Mead, 'Schottky barrier gate field effect transistor', *Proceedings of IEEE*, vol. **59**, pp. 307–308, 1966.

[8] W. Baechtold, K. Daetwyler, T. Forster, T. O. Mohr, W. Walter and P. Wolf, 'Si and GaAs 0.5μm gate Schottky-barrier field-effect transistors', *Electronics Letters*, vol. **9**, pp. 232–234, 1973.

[9] T. Mimura, S. Hiyamizu, T. Fujii and K. Nanbu, 'A new field-effect transistor with selectively doped GaAs/n-$Al_x Ga_{1-x}$ As heterojunctions', *Japanese Journal of Applied Physics*, vol. **19**, pp. L225–L227, 1980.

[10] P. M. Smith, S.-M. J. Liu, M.-Y. Kao, P. Ho, S. C. Wang, K. H. G. Duh, S. T. Fu and P. C. Chao, 'W-band high efficiency InP-based power HEMT with 600 GHz f_{max}', *IEEE Microwave and Guided Wave Letters*, vol. 5, no. 7, pp. 230–232, July 1995.

[11] M. J. W. Rodwell, M. Urteaga, T. Mathew, D. Scott, D. Mensa, Q. Lee, J. Guthrie, Y. Betser, S. C. Martin, R. P. Smith, S. Jaganathan, S. Krishnan, S. I. Long, R. Pullela, B. Agarwal, U. Bhattacharya, L. Samoska and M. Dahlstrom, 'Submicron scaling of HBTs', *IEEE Transaction on Electron Devices*, vol. **48**, pp. 2606–2624, 2001.

[12] R. Lai, X. B. Mei, W. R. Deal, W. Yoshida, Y. M. Kim, P. H. Liu, J. Lee, J. Uyeda, V. Radisic, M. Lange, T. Gaier, L. Samoska and A. Fung, 'Sub 50nm InP HEMT Device with Fmax Greater than 1 THz', *IEEE International Electron Devices Meeting – IEDM 2007*, pp. 609–611, 10–12 December 2007.

[13] S. F. Chu, K. W. Chew, P. R. Verma, C. H. Ng, C. H. Cheng, N. G. Toledo, Y. K. Yoo, W. B. Loh, K. C. Leong, S. Q. Zhang, B. G. Oon, Y. W. Poh, T. Zhou, K. K. Khu and S. F. Lim, 'Enabling wireless communications with state-of-the-art RF CMOS and SiGe BiCMOS technologies', *Proc. IEEE Intl. Workshop on Radio-Frequency Integration Technology*, Singapore, November 2005, pp. 115–118.

[14] N. Derrier, A. Rumianstev and D. Celi, 'State-of-the-art and future perspectives in calibration and de-embedding techniques for characterization of advanced SiGe HBTs featuring sub-THz f_T/f_{MAX}', *IEEE Bipolar/BiCMOS Circuits and Technology Meeting (BCTM)*, Portland, OR, September 2012, pp. 1–8.

[15] K. Kuhn, R. Basco, D. Becher, M. Hattendorf, P. Packan, I. Post, P. Vandervoorn and I. Yong, 'A comparison of state-of-the-art NMOS and SiGe HBT devices for analog/mixed-signal/RF circuit applications', *Symposium on VLSI Technology Digest of Technical Papers*, pp. 224–225, 2004.

[16] H. S. Momose, E. Morifuji, T. Yoshitomi, T. Ohguro, I. Saito, T. Morimoto, Y. Katsumata and H. Iwai, 'High-frequency AC characteristics of 1.5nm gate oxide MOSFETs', *IEEE International Electron Devices Meeting –*

IEDM 1996, pp. 105 – 108, San Francisco, CA, USA, 8 – 11 December 1996.

[17] International Technology Roadmap for Semiconductors, Online. Available: http://www.itrs.net/.

[18] G. Dambrine, C. Raynaud, D. Lederer, M. Dehan, O. Rozeaux, M. Vanmackelberg, F. Danneville, S. Lepilliet and J. -P. Raskin, 'What are the limiting parameters of deep-submicron MOSFETs for high frequency applications?', *IEEE Electron Device Letters*, vol. 24, no. 3, pp. 189 – 191, March 2003.

[19] G. Pailloncy, C. Raynaud, M. Vanmackelberg, F. Danneville, S. Lepilliet, J. -P. Raskin and G. Dambrine, 'Impact of down scaling on high frequency noise performance of bulk and SOI MOSFETs', *IEEE Transactions on Electron Devices*, vol. 51, no. 10, pp. 1605 – 1612, October 2004.

[20] V. Kilchytska, A. Nève, L. Vancaillie, D. Levacq, S. Adriaensen, H. van Meer, K. De Meyer, C. Raynaud, M. Dehan, J. -P. Raskin and D. Flandre, 'Influence of device engineering on the analog and RF performances of SOI MOSFETs', *IEEE Transactions on Electron Devices*, vol. 50, no. 3, pp. 577 – 588, March 2003.

[21] M. Vanmackelberg, C. Raynaud, O. Faynot, J. -L. Pelloie, C. Tabone, A. Grouillet, F. Martin, G. Dambrine, L. Picheta, E. Mackowiak, P. Llinares, J. Sevenhans, E. Compagne, G. Fletcher, D. Flandre, V. Dessard, D. Vanhoenacker and J. -P. Raskin, '0.25 μm fully-depleted SOI MOSFET's for RF mixed analogdigital circuits, including a comparison with partially-depleted devices for high frequency noise parameters', *Solid-State Electronics*, vol. 46, no. 3, pp 379 – 386, March 2002.

[22] S. Burignat, D. Flandre, V. Kilchytska, F. Andrieux, O. Faynot and J. -P. Raskin, 'Substrate impact on sub-32nm ultra thin SOI MOSFETs with thin buried oxide', *Fifth Workshop of the Thematic Network on Silicon on Insulator Technology, Devices and Circuits, EUROSOI' 09*, Göteborg, Sweden, 19 – 21 January 2009, pp. 27 – 28.

[23] T. Rudenko, V. Kilchytska, S. Burignat, J. -P. Raskin, F. Andrieu, O. Faynot, A. Nazarov and D. Flandre, 'Transconductance and mobility behaviors in UTB SOI MOSFETs with standard and thin BOX', *Fifth Workshop of the Thematic Network on Silicon on Insulator Technology, Devices and Circuits, EUROSOI' 09*, Göteborg, Sweden, 19 – 21 January 2009, pp. 111 – 112.

[24] Kah-Wee Ang, Jianqiang Lin, Chih-Hang Tung, N. Balasubramanian, G. S. Samudra and Yee-Chia Yeo, 'Strained n-MOSFET with embedded source/drain stressors and strain-transfer structure (STS) for enhanced transistor performance', *IEEE Transactions on Electron Devices*, vol. 55, no. 3, pp. 850 – 857, March 2008.

[25] G. Néau, F. Martinez, M. Valenza, J. C. Vildeuil, E. Vincent, F. Boeuf, F. Payet and K. Rochereau, 'Impact of strained-channel n-MOSFETs with a SiGe virtual substrate on dielectric interface quality evaluated by low frequency noise measurements', *Microelectronics Reliability*, vol. 47, pp. 567 – 572, 2007.

[26] S. H. Olsen, E. Escobedo-Cousin, J. B. Varzgar, R. Agaiby, J. Seger, P. Dobrosz, S. Chattopadhyay, S. J. Bull, A. G. O'Neill, P. -E. Hellstrom, J. Edholm, M. Ostling, K. L. Lyutovich, M. Oehme and E. Kasper, 'Control of self-heating in thin virtual substrate strained Si MOSFETs', *IEEE Transactions on Electron Devices*, vol. 53, no. 9, pp. 2296 – 2305, September 2006.

[27] J. M. Larson and J. Snyder, 'Overview and status of metal S/D Schottky barrier MOSFET technology,' *IEEE Transactions on Electron Devices*, vol. 53, no. 5, pp. 1048 – 1058, May 2006.

[28] D. J. Pearman, G. Pailloncy, J. -P. Raskin, J. M. Larson and T. E. Whall, 'Static and high-frequency behavior and performance of Schottky barrier p-MOSFET devices', *IEEE Transactions on Electron Devices*, vol. 54, no. 10, pp. 2796 – 2802, October 2007.

[29] J. -P. Raskin, D. J. Pearman, G. Pailloncy, J. M. Larson, J. Snyder, D. L. Leadley and T. E. Whall, 'High-fre-

quency performance of Schottky barrier p-MOSFET devices', *IEEE Electron Device Letters*, vol. **29**, no. 4, pp. 396 – 398, April 2008.

[30] G. Larrieu, E. Dubois, R. Valentin, N. Breil, F. Danneville, G. Dambrine, J. -P. Raskin and J. -C. Pesant, 'Low temperature implementation of dopant-segregated band-edge metallic S/D junctions in thin-body SOI p-MOSFETs', *IEEE International Electron Devices Meeting – IEDM' 07*, Washington, DC, USA, 10 – 12 December 2007, pp. 147 – 150.

[31] R. Valentin, E. Dubois, J. -P. Raskin, G. Larrieu, G. Dambrine, Tao Chuan Lim, N. Breil and F. Danneville, 'RF small signal analysis of Schottky-Barrier p-MOSFET', *IEEE Transactions on Electron Devices*, vol **55**, no 5, pp. 1192 – 1202, May 2008.

[32] B. Ricco, R. Versari and D. Esseni, 'Characterization of polysilicon-gate depletion in MOS structures', *IEEE Electron Device Letters*, vol. **17**, no. 3, pp. 103-105, March 1996.

[33] A. Vandooren, A. V. Y. Thean, Y. Du, I. To, J. Hughes, T. Stephens, M. Huang, S. Egley, M. Zavala, K. Sphabmixay, A. Barr, T. White, S. Samavedam, L. Mathew, J. Schaeffer, D. Triyoso, M. Rossow, D. Roan, D. Pham, R. . Rai, B. -Y. Nguyen, B. White, M. Orlowski, A. Duvallet, T. Dao and J. Mogab, 'Mixed-signal performance of sub-100nm fully-depleted SOI devices with metal gate, high K (HfO_2) dielectric and elevated source/drain extensions', *IEEE International Electron Devices Meeting – IEDM 2003*, Washington, DC, USA, 8 – 10 December 2003, pp. 11.5.1 – 11.5.3.

[34] C. H. Ko, T. M. Kuan, Kangzhan Zhang, G. Tsai, S. M. Seutter, C. H. Wu, T. J. Wang, C. N. Ye, H. W. Chen, C. H. Ge, K. H. Wu and W. C. Lee, 'A novel CVDSiBCN low-K spacer technology for high-speed applications', *2008 Symposium on VLSI Technology*, Honolulu, Hawaii, USA, 17 – 19 June 2008, pp. 108 – 109.

[35] T. I. Bao, H. C. Chen, C. J. Lee, H. H. Lu, S. L. Shue and C. H. Yu, 'Low capacitance approaches for 22nm generation Cu interconnect', *International Symposium on VLSI Technology, Systems, and Applications – VLSI-TSA '09*, Hsinchu, Taiwan, 27 – 29 April 2009, pp. 51 – 56.

[36] T. Ernst, C. Tinella, C. Raynaud and S. Cristoloveanu, 'Fringing fields in sub-0.1 μm fully depleted SOI MOSFET's: optimization of the device architecture', *Solid-State Electronics*, vol. **46**, pp. 373 – 378, 2002.

[37] M. Fujiwara, M. Fujiwara, T. Morooka, N. Yasutake, K. Ohuchi, N. Aoki, H. Tanimoto, M. Kondo, K. Miyano, S. Inaba, K. Ishimaru and H. Ishiuchi 'Impact of BOX scaling on 30nm gate length FD SOI MOSFET', *IEEE International SOI Conference*, Honolulu, Hawaii, USA, 2005, pp. 180 – 182.

[38] F. Gianesello, D. Gloria, C. Raynaud, S. Montusclat, S. Boret, C. Clement, Ph. Benech, J. M. Fournier and G. Dambrine, 'State of the art 200 GHz passive components and circuits integrated in advanced thin SOI CMOS technology on high resistivity substrate', *IEEE International SOI Conference*, Niagara Falls, New York, USA, 2 – 5 October 2006, pp. 121 – 122.

[39] F. Gianesello, D. Gloria, C. Raynaud, S. Montusclat, S. Boret and P. Touret, 'On the design of high performance RF integrated inductors on high resistively thin film 65nm SOI CMOS technology', *IEEE Topical Meeting on Silicon Monolithic Integrated Circuits in RF Systems – SiRF 2008*, 23 – 25 January 2008, pp. 98 – 101.

[40] T. Kinoshita, R. Hasumi, M. Hamaguchi, K. Miyashita, T. Komoda, A. Kinoshita, J. Koga, K. Adachi, Y. Toyoshima, T. Nakayama, S. Yamada and F. Matsuoka, 'Ultra low voltage operations in bulk CMOS logic circuits with dopant segregated Schottky source/drain transistors', *IEEE International Electron Devices Meeting – IEDM 2006*, pp. 1 – 4.

[41] D. Connelly, C. Faulkner and D. E. Grupp, 'Optimizing Schottky S/D offset for 25-nm dual-gate CMOS performance', *IEEE Electron Device Letters*, vol. **24**, no. 6, pp. 411 – 413, June. 2003.

[42] S. Xiong, T.-J. King and J. Bokor, 'A comparison study of symmetric ultrathinbody double-gate devices with metal source/drain and doped source/drain', *IEEE Transactions on Electron Devices*, vol. 52, no. 8, pp. 1859–1867, August 2005.

[43] M. Jang, Y. Kim, J. Shin, S. Lee and K. Park, 'A 50-nm-gate-length erbium-silicided n-type Schottky barrier metal-oxide-semiconductor field-effect transistor', *Applied Physics Letters*, vol 84, no. 4, pp. 741–743, 2004.

[44] S. Zhu, J. Chen, M.-F. Li, S. J. Lee, J. Singh, C. X. Zhu, A. Du, C. H. Tung, A. Chin and D. L. Kwong, 'N-type Schottky barrier source/drain MOSFET using ytterbium silicide', *IEEE Electron Device Letters*, vol. 25, no. 8, pp. 565–567, August 2004.

[45] J. Kedzierski, P. Xuan, E. H. Anderson, J. Bokor, T.-J. King and C. Hu, 'Complementary silicide source/drain thin-body MOSFETs for the 20nm gate length regime', *IEEE International Electron Devices Meeting – IEDM 2000*, pp. 57–60.

[46] J. Luo, Z.-J. Qiu, D. W. Zhang, P.-E. Hellström, M. Östling and S.-L. Zhang, 'Effects of carbon on Schottky barrier heights of NiSi modified by dopant segregation', *IEEE Electron Device Letters*, vol. 30, no. 6, pp. 608–610, June 2009.

[47] C. Urban, Q. T. Zhao, C. Sandow, M. Müller, U. Breuer and S. Mantl, 'Schottky barrier height modulation by arsenic dopant segregation,' *in Proceedings of 9th International Conference ULIS*, 2008, pp. 151–154.

[48] M. Fritze, C. L. Chen, S. Calawa, D. Yost, B. Wheeler, P. Wyatt, C. L. Keast, J. Snyder and J. Larson, 'High-speed Schottky-barrier pMOSFET with $f_T = 280$ GHz', *IEEE Electron Device Letters*, vol. 25, no. 4, pp. 220–222, April 2004.

[49] R. Valentin, E. Dubois, G. Larrieu, J.-P. Raskin, G. Dambrine, N. Breil and F. Danneville, 'Optimization of RF performance of metallic source/drain SOI MOSFETs using dopant segregation at the Schottky interface', *IEEE Electron Device Letters*, vol. 30, no. 11, pp. 1197–1199, November 2009.

[50] C. Urban, M. Emam, C. Sandow, Q. T. Zhao, A. Fox, J.-P. Raskin and S. Mantl, 'High-frequency performance of dopant-segregated NiSi S/D SOI SB-MOSFETs', *in Proceedings 38th ESSDERC*, 2009, pp. 149–152.

[51] C. Urban, M. Emam, C. Sandow, J. Knoch, Q. T. Zhao, J.-P. Raskin and S. Mantl, 'Radio frequency study of dopant-segregated n-type SB-MOSFETs on thinbody SOI', *IEEE Electron Device Letters*, vol. 31, no. 6, pp 537–539.

[52] J. Knoch, M. Zhang, Q. T. Zhao, St. Lenk, S. Mantl and J. Appenzeller, 'Effective Schottky barrier lowering in silicon-on-insulator Schottky-barrier metaloxide-semiconductor field-effect transistors using dopant segregation, *Applied Physics Letters*, vol. 87, no. 26, p. 263–505, 2005.

[53] M. Zhang, J. Knoch, Q. T. Zhao, U. Breuer and S. Mantl, 'Impact of dopant segregation on fully depleted Schottky-barrier SOI-MOSFETs', *Solid-State Electronics*, vol. 50, no. 4, pp. 594–600, April 2006.

[54] A. Bracale, V. Ferlet-Cavrois, N. Fel, D. Pasquet, J. L. Gautier, J. L. Pelloie and J. Du Port De Poncharra, 'A new approach for SOI devices small-signal parameters extraction', *Analog Integrated Circuits Signal Processing*, vol. 25, no. 2, pp. 157–169, November 2000.

[55] J.-P. Raskin, R. Gillon, J. Chen, D. Vanhoenacker-Janvier and J.-P. Colinge, 'Accurate SOI MOSFET characterization at microwave frequencies for device performance optimization and analog modeling', *IEEE Transactions on Electron Devices*, vol. 45, no. 5, pp. 1017–1025, May 1998.

[56] http://www.public.itrs.net

[57] C. Fenouillet-Beranger, P. Perreau, S. Denorme, L. Tosti, F. Andrieu, O. Weber, S. Monfray, S. Barnola, C. Arvet, Y. Campidelli, S. Haendler, R. Beneyton, C. Perrot, C. deButtet, P. Gros, L. Pham-Nguyen,

F. Leverd, P. Gouraud, F. Abbate, F. Baron, A. Torres, 'Impact of a 10nm ultra-thin BOX (UTBOX) and ground plane on FDSOI devices for 32nm node and below', *Solid-State Electronics*, vol. **54**, issue 9, pp. 849 – 854, 2010.

[58] S. Monfray, C. Fenouillet-Beranger, G. Bidal, F. Boeuf, S. Denorme, J. L. Huguenin, M. P. Samson, N. Loubet, J. M. Hartmann, Y. Campidelli, V. Destefanis, C. Arvet, K. Benotmane, L. Clement, O. Faynot, T. Skotnicki, 'Thin-film devices for low power applications', *Solid-State Electronics*, vol. **54**, issue 2, pp. 90 – 96, 2010.

[59] C. Fenouillet-Beranger, O. Thomas, P. Perreau, J. -P. Noel, A. Bajolet, S. Haendler, L. Tosti, S. Barnola, R. Beneyton, C. Perrot, C. de Buttet, F. Abbate, F. Baron, B. Pernet, Y. Campidelli, L. Pinzelli, P. Gouraud, M. Cassé, C. Borowiak, O. Weber, F. Andrieu, S. Denorme, F. Boeuf, O. Faynot, T. Skotnicki, K. K. Bourdelle, B. Y. Nguyen, B. Y. , F. Boedt, 'Efficient multi-V_T FDSOI technology with UTBOX for low power circuit design', *2010 Symposium on VLSI Technology*, pp. 65 – 66, June 15 – 17, 2010.

[60] F. Andrieu, O. Faynot, X. Garros, D. Lafond, C. Buj-Dufournet, L. Tosti, S. Minoret, V. Vidal, J. C. Barbe, F. Allain, E. Rouchouze, L. Vandroux, V. Cosnier, M. Casse, V. Delaye, C. Carabasse, M. Burdin, G. Rolland, B. Guillaumot, J. P. Colonna, P. Besson, L. Brevard, D. Mariolle, P. Holliger, A. Vandooren, C. Fenouillet-Beranger, F. Martin, S. Deleonibus, 'Comparative scalability of PVD and CVD TiN on HfO_2 as a metal gate stack for FD SOI CMOSFETs down to 25nm gate length and width', *IEEE International Electron Devices Meeting IEDM*, pp. 1 – 4, 2006.

[61] F. Andrieu, O. Weber, J. Mazurier, O. Thomas, J. -P. Noel, C. Fenouillet-Béranger, J. -P. Mazellier, P. Perreau, T. Poiroux, Y. Morand, T. Morel, S. Allegret, V. Loup, S. Barnola, F. Martin, J. F. Damlencourt, I. Servin, M. Casse, X. Garros, O. Rozeau, M. -A. Jaud, G. Cibrario, J. Cluzel, A. Toffoli, F. Allain, R. Kies, D. Lafond, V. Delaye, C. Tabone, L. Tosti, L. Brevard, P. Gaud, V. Paruchuri, K. K. Bourdelle, W. Schwarzenbach, O. Bonnin, B. Y. Nguyen, B. Doris, F. Boeuf, T. Skotnicki, O. Faynot, 'Low leakage and low variability Ultra-Thin Body and Buried Oxide (UT2B) SOI technology for 20nm low power CMOS and beyond', *2010 Symposium on VLSI Technology*, pp. 57 – 58, 2010.

[62] N. Sugii, R. Tsuchiya, T. Ishigaki, Y. Morita, H. Yoshimoto and S. Kimura, 'Local V_{th} variability and scalability in Silicon-on-Thin-BOX (SOTB) CMOS with small random-dopant fluctuation', *IEEE Transactions on Electron Devices*, vol. **57**, pp. 835 – 845, 2010.

[63] S. Burignat, D. Flandre, M. K. Md Arshad, V. Kilchytska, F. Andrieux, O. Faynot and J. -P. Raskin, 'Substrate impact on threshold voltage and subthreshold slope of sub-32nm Ultra Thin SOI MOSFETs with thin Buried Oxide and undoped channel', *Solid-State Electronics*, vol. **54**, pp. 213 – 219, 2010.

[64] S. Burignat, M. K. Md Arshad, V. Kilchytska, D. Flandre, O. Faynot, P. Scheiblin, F. Andrieux, J. -P. Raskin, 'Drain/substrate coupling impact on DIBL of ultra thin body and BOX SOI MOSFETs with undoped channel', *39th European Solid-State Device Research Conference – ESSDERC' 09*, Athens, Greece, September 14 – 18, pp. 141 – 144, 2009.

[65] M. K. Md Arshad, J. -P. Raskin, V. Kilchytska, D. Flandre, O. Faynot, P. Scheiblin, F. Andrieux, 'Improved DIBL in ultra-thin body SOI MOSFETs with ultra-thin buried oxide and inverted substrate', *ULtimate Integration on Silicon – ULIS' 10*, Glasgow, Scotland, 17 – 19 March 2010, pp. 113 – 116.

[66] T. C. Lim, O. Rozeau, C. Buj, M. Parraud, G. Dambrine and F. Danneville, 'HF characterisation of sub-100nm UTB-FDSOI with TiN/HfO_2 gate stack', *Proceedings of ULIS*, pp. 145 – 148, 2008.

[67] S. Monfray, T. Skotnicki, C. Fenouillet-Beranger, N. Carriere, D. Chanemougame, Y. Morand, S. Descombes, A. Talbot, D. Dutartre, C. Jenny, P. Mazoyer, R. Palla, F. Leverd, Y. Le Friec, R. Pantel, S. Borel, D. Louis, N. Buffet, 'Emerging silicon-on-nothing (SON) devices technology', *Solid-State Electronics*,

vol. **48**, no. 6, pp. 887 – 895, 2004.

[68] M. Jurczak, T. Skotnicki, M. Paoli, B. Tormen, J. Martins, J. L. Regolini, D. Dutartre, P. Ribot, D. Lenoble, R. Pantel, S. Monfray, 'Silicon-on-Nothing (SON)-an innovative process for advanced CMOS', *IEEE Transactions on Electron Devices*, vol. **47**, no. 11, pp. 2179 – 2187, 2000.

[69] K. Oshima, S. Cristoloveanu, B. Guillaumot, H. Owai and S. Deleonibus, 'Advanced SOI MOSFETs with buried alumina and ground plane: self-heating and short-channel effects', *Solid-State Electronics*, vol. **48**, no. 6, pp 907 – 917, 2004.

[70] N. Bresson, S. Cristoloveanu, C. Mazuré, F. Letertre and H. Iwai, 'Integration of buried insulators with high thermal conductivity in SOI MOSFETs: thermal properties and short channel effects', *Solid-State Electronics*, vol. **49**, no. 9, pp. 1522 – 1528, 2005.

[71] V. Kilchytska, G. Pailloncy, D. Lederer, J. -P. Raskin, N. Collaert, M. Jurczak and D. Flandre, 'On the substrate-related variation of the small-signal output conductance in advanced MOSFETs, *IEEE Electron Device Letters*, vol. **28**, no. 5, pp. 419 – 421, 2007.

[72] V. Kilchytska, D. Flandre and J. -P. Raskin, 'Silicon-on-Nothing MOSFETs: an efficient solution for parasitic substrate coupling suppression in SOI devices', *Applied Surface Science*, vol. **254**, no. 19, pp. 6168 – 6173, 2008.

[73] T. Ernst, C. Tinella, C. Raynaud and S. Cristoloveanu, 'Fringing fields in sub-0. 1 μm fully depleted SOI MOSFETs: optimization of the device architecture', *Solid-State Electronics*, vol. **46**, pp. 373 – 379, 2002.

[74] V. Kilchytska, M. K. Md Arshad, S. Makovejev, S. H. Olsen, F. Andrieu, O. Faynot, J. -P. Raskin and D. Flandre, 'Ultra-thin body and BOX SOI analog figures of merit', *Solid-State Electronics*, vol. **70**, pp. 50 – 59, April 2012.

[75] T. C. Lim, E. Bernard, O. Rozeau, T. Ernst, B. Guillaumot, N. Vulliet, C. Buj-Dufournet, M. Paccaud, S. Lepilliet, G. Dambrine, F. Danneville, 'Analog/RF performance of multichannel SOI MOSFET', *IEEE Transactions on Electron Devices*, vol. **56**, no. 7, pp. 1473 – 1482, 2009.

[76] D. Lederer, V. Kilchytska, T. Rudenko, N. Collaert, D. Flandre, A. Dixit, K. De Meyer, and J. -P. Raskin, 'FinFET analog characterization from DC to 110 GHz', *Solid-State Electronics*, vol. **49**, pp. 1488 – 1496, 2005.

[77] B. Parvais, A. Mercha, N. Collaert, R. Rooyackers, I. Ferain, M. Jurczak, V. Subramanian, A. De Keersgieter, T. Chiarella, C. Kerner, L. Witters, S. Biesemans, T. Hoffman, T. , 'The device architecture dilemma for CMOS technologies: Opportunities & challenges of FinFET over planar MOSFET', *International Symposium on VLSI Technology, Systems, and Applications – VLSI-TSA* '09, 2009, pp 80 – 81.

[78] S. Lee, B. Jagannathan, S. Narasimha, A. Chou, N. Zamdmer, J. Johnson, R. Williams, L. Wagner, J. Kim, J. -O. Plouchart, J. Pekarik, S. Springer, G. Freeman, 'Record RF performance of 45-nm SOI CMOS Technology', *IEEE International Electron Devices Meeting – IEDM 2007*, 2007, pp. 55 – 258.

[79] D. Flandre, J. -P. Raskin and V. Kilchytska, 'Wide frequency band characterization', in: F. Balestra (Ed), *Nanoscale CMOS: Innovative Materials, Modeling and Characterization*, ISTE – Wiley, 2010, Chapter 17, pp. 603 – 632, ISBN: 978 – 1 – 84821 – 180 – 3.

[80] M. K. Md Arshad, M. Emam, V. Kilchystka, F. Andrieu, D. Flandre and J. -P. Raskin, 'RF behaviour of undoped channel ultra-thin body with ultra-thin BOX MOSFETs', *The 12th Topical Meeting on Silicon Monolithic Integrated Circuits in RF Systems – SiRF*' 12, Santa Clara, CA, USA, 16 – 18 January 2012, pp. 105 – 108.

[81] J. -P. Colinge, M. -H. Gao, A. Romano, H. Maes and C. Claeys, 'Silicon-on-Insulator "gate-all-around" MOS

device', *Proc. IEEE SOS/SOI Tech. Conf.*, Key West, Florida, USA, 2 – 4 October 1990, pp. 137 – 138.

[82] D. Hisamoto, W. -C. Lee, J. Kedzierski, H. Takeuchi, K. Asano, C. Kuo, E. Anderson, T. -J. King, J. Bokor and C. Hu, 'FinFET – a self-aligned double-gate MOSFET scalable to 20nm', *IEEE Transactions on Electron Devices*, vol. 47, no. 12, pp. 2320 – 2325, December 2000.

[83] S. Cristoloveanu, 'Silicon on insulator technologies and devices: from present to future', *Solid-State Electronics*, vol. 45, no. 8, pp. 1403 – 1411, August 2001.

[84] J. -T. Park and J. -P. Colinge, 'Multiple-gate SOI MOSFETs: device design guidelines', *IEEE Transactions on Electron Devices*, vol. 49, no. 12, pp. 2222 – 2229, December 2002.

[85] J. Kedzierski, D. M. Fried, E. J. Nowak, T. Kanarsky, J. H. Rankin, H. Hanafi, W. Natzle, D. Boyd, Ying Zhang, R. A. Roy, J. Newbury, Chienfan Yu, Qingyun Yang, P. Saunders, C. P. Willets, A. Johnson, S. P. Cole, H. E. Young, N. Carpenter, D. Rakowski, B. A. Rainey, P. E. Cottrell, M. Ieong, H. -S. P. M. Wong, 'High performance symmetric-gate and CMOS-compatible V_t asymmetric-gate FinFET devices', *IEEE International Electron Devices Meeting – IEDM 2001*, Washington, DC, USA, December 2001, pp. 437 – 440.

[86] Dong-Soo Woo, Jong-Ho Lee, Woo Young Choi, Byung-Yong Choi, Young-Jin Choi, Jong Duk Lee, Byung-Gook Park, 'Electrical characteristics of FinFET with vertically nonuniform source/drain profile', *IEEE Transactions on Nanotechnology*, vol. 1, no. 4, pp. 233 – 237, December 2002.

[87] V. Kilchytska, N. Collaert, R. Rooyackers, D. Lederer, J. -P. Raskin and D. Flandre, 'Perspective of FinFETs for analog applications', *34th European Solid-State Device Research Conference – ESSDERC 2004*, Leuven, Belgium, 21 – 23 September 2004, pp. 65 – 68.

[88] D. Lederer, V. Kilchytska, T. Rudenko, N. Collaert, D. Flandre, A. Dixit, K. De Meyer and J. -P. Raskin, 'FinFET analog characterization from DC to 110 GHz', *Solid-State Electronics*, vol. 49, pp. 1488 – 1496, 2005.

[89] A. Dixit, A. Kottantharayil, N. Collaert, M. Goodwin, M. Jurczak and K. De Meyer, 'Analysis of the parasitic source/drain resistance in multiple gate field effect transistors', *IEEE Transactions on Electron Devices*, vol. 52, no. 6, pp. 1131 – 1140, 2005.

[90] J. -P. Raskin, R. Gillon, J. Chen, D. Vanhoenacker and J. -P. Colinge, 'Accurate SOI MOSFET characterisation at microwave frequencies for device performance optimisation and analogue modelling', *IEEE Transactions on Electron Devices*, vol. 45, no. 5, pp. 1017 – 1025, May 1998.

[91] B. Razavi, Ran-Hong Yan and Kwing F. Lee, 'Impact of distributed gate resistance on the performance of MOS devices', *IEEE Transactions on Circuits and Systems – I: Fundamental Theory and Applications*, vol. 41, no. 11, pp. 750 – 754, November 1994.

[92] Wen Wu and Mansun Chan, 'Analysis of geometry-dependent parasitics in multifin double-gate FinFETs', *IEEE Transactions on Electron Devices*, vol. 54, no. 4, pp 692 – 698, April 2007.

[93] O. Moldovan, D. Lederer, B. Iniguez and J. -P. Raskin, 'Finite element simulations of parasitic capacitances related to multiple-gate field-effect transistors architectures', *The 8th Topical Meeting on Silicon Monolithic Integrated Circuits in RF Systems – SiRF 2008*, Orlando, FL, USA, 23 – 25 January 2008, pp. 183 – 186.

[94] J. -P. Raskin, T. M. Chung, V. Kilchytska, D. Lederer and D. Flandre, 'Analog/RF performance of multiple-gate SOI devices: wideband simulations and characterization', *IEEE Transactions on Electron Devices*, vol. 53, no. 5, pp. 1088 – 1094, May 2006.

[95] J. -P. Raskin, G. Pailloncy, D. Lederer, F. Danneville, G. Dambrine, S. Decoutere, A. Mercha, B. Parvais, 'High frequency noise performance of 60nm gate length FinFETs', *IEEE Transactions on Electron Devices*,

vol. **55**, no. 10, pp. 2718 – 2727, October 2008.

[96] F. Gianesello, S. Montusclat, B. Martineau, D. Gloria, C. Raynaud, S. Boret, G. Dambrine, S. Lepilliet and R. Pilard, '1.8 dB insertion loss 200 GHz CPW band pass filter integrated in HR SOI CMOS Technology', *IEEE Radio Frequency Integrated Circuits (RFIC) Symposium*, Hawaii, USA, June 2007, pp. 555 – 558.

[97] D. Lederer and J. -P. Raskin, 'Effective resistivity of fully-processed high resistivity wafers', *Solid-State Electronics*, vol. **49**, pp. 491 – 496, 2005.

[98] D. Lederer, C. Desrumeaux, F. Brunier and J. -P. Raskin, 'High resistivity SOI substrates: how high should we go?', *in Proc. IEEE International SOI Conference*, 2003, Newport Beach, CA, USA, pp. 50 – 51.

[99] D. Lederer and J. -P. Raskin, 'New substrate passivation method dedicated to high resistivity SOI wafer fabrication with increase substrate resistivity', *IEEE Electron Device Letters*, vol. **26**, no. 11, pp. 805 – 807, November 2005.

[100] A. C. Reyes, S. M. El-Ghazaly, S. J. Dom, M. Dydyk, D. K. Schroeder and H. Patterson, 'Coplanar waveguides and microwave inductors on silicon substrates', IEEE *Transactions on Microwaves Theory and Techniques*, vol. **43**, no. 9, pp. 2016 – 2021, September 1995.

[101] K. Benaissa, J. -T. Yuan, D. Crenshaw, B. Williams, S. Sridhar, J. Ai, G. Boselli, S. Zhao, S. Tang, S. Ashbun, P. Madhani, T. Blythe, N. Mahalingam and H. Schichijo, 'RF CMOS high-resistivity substrates for systems-on-chip applications', *IEEE Transactions on Electron Devices*, vol. **50**, no. 3, pp. 567 – 576, March 2003.

[102] Y. Wu, H. S. Gamble, B. M. Armstrong, V. F. Fusco, J. A. C. Stewart, 'SiO_2 interface layer effects on microwave loss of high-resistivity CPW line', *IEEE Microwaves and Guided Wave Letters*, vol. **9**, no. 1, pp. 10 – 12, 1999.

[103] C. Schollhorn, W. Zhao, M. Morschbach and E. Kasper, 'Attenuation mechanisms of aluminum millimeter-wave coplanar waveguides on silicon', *IEEE Transactions on Electron Devices*, vol. **50**, no. 3, pp. 740 – 746, 2003.

[104] H. -C. Lu and T. -H. Chu, 'The thru-line-symmetry (TLS) calibration method for on-wafer scattering matrix measurement of four-port networks', *IEEE MTT-S International Microwave Symposium Digest*, vol. **3**, 6 – 11 June 2004, Fort Worth, TX, USA, pp. 1801 – 1804.

[105] H. Gamble, B. M. Armstrong, S. J. N. Mitchell, Y. Wu, V. F. Fusco and J. A. C. Stewart, 'Low-loss CPW lines on surface stabilized high resistivity silicon', *IEEE Microwaves and Guided Wave Letters*, vol. **9**, no. 10, pp. 395 – 397, October 1999.

[106] B. Wong, J. N. Burghartz, L. K. Natives, B. Rejaei and M. van der Zwan, 'Surface passivated high resistivity silicon substrates for RFICs', *IEEE Electron Device Letters*, vol. **25**, no. 4, pp. 176 – 178, April 2004.

[107] K. Ben Ali, C. Roda Neve, A. Gharsallah and J. -P. Raskin, 'RF SOI CMOS technology on commercial trap-rich high-resistivity SOI wafer', *IEEE International SOI Conference – SOI'12*, Napa, CA, USA, 1 – 4 October 2012, pp. 112 – 113.

[108] A. Botula, A. Joseph, J. Slinkman, R. Wolf, Z. -X. He, D. Ioannou, L. Wagner, M. Gordon, M. Abou-Khalil, R. Phelps, M. Gautsch, W. Abadeer, D. Harmon, M. Levy, J. Benoit and J. Dunn, 'A thin-film SOI 180nm CMOS RF switch technology', *IEEE Topical Meeting on Silicon Monolithic Integrated Circuits in RF Systems – SiRF'09*, San Diego, CA, USA, 19 – 21 January 2009.

[109] F. Calmon, C. Andrei, O. Valorge, J. -C. Nunez Perez, J. Verdier and Ch. Gontrand, 'Impact of low-frequency substrate disturbances on a 4.5 GHz VCO', *Microelectronics Journal*, vol. **37**, no. 1, pp. 1119 – 1127, January 2006.

[110] C. Roda Neve, D. Bol, R. Ambroise, D. Flandre and J. -P. Raskin, 'Comparison of digital substrate noise in SOI and bulk Si CMOS technologies', *7th Workshop on Low-Voltage Low Power Design*, Louvain-la-Neuve, Belgium, 26 – 28 May 2008, pp. 23 – 28.

[111] M. van Heijningen, M. Badaroglu, S. Donnay, M. Engels and I. Bolsen, 'Highlevel simulation of substrate noise generation including power supply noise coupling', *37th Conference on Design Automation – DAC 2000*, Los Angeles, CA, USA, 2000, pp. 446 – 451.

[112] D. Lederer and J. -P. Raskin, 'Bias effects on RF passive structures in HR Si substrates,' *in Proc. 6th Top. Meeting Silicon Microw. Integr. Circuits RF Syst.*, January 2006, pp. 8 – 11.

[113] M. van Heijningen, J. Compiet, P. Wambacq, S. Donnay, M. G. E. Engels and I. Bolsens, 'Analysis and experimental verification of digital substrate noise generation for epi-type substrates', *IEEE Journal of Solid-State Circuits*, vol. **35**, no. 7, pp. 1002 – 1008, July 2000.

[114] M. van Heijningen, M. Badaroglu, S. Donnay, G. G. E. Gielen and H. J. De Man, 'Substrate noise generation in complex digital systems: efficient modeling and simulation methodology and experimental verification', *IEEE Journal of Solid-State Circuits*, vol. **37**, no. 8, pp. 1065 – 1072, August 2002.

[115] M. Badaroglu, S. Donnay, H. J. De Man, Y. A. Zinzius, G. G. E. Gielen, W. Sansen, T. Fonden and S. Signell, 'Modeling and experimental verification of substrate noise generation in a 220-kgates WLAN system-on-chip with multiple supplies', *IEEE Journal of Solid-State Circuits*, vol. **38**, no. 7, pp. 1250 – 1260, July 2003.

[116] K. A. Jenkins, W. Rhee, J. Liobe and H. Ainspan, 'Experimental analysis of the effect of substrate noise on PLL', *in Proc. 6th Topical Meeting Silicon Monolithic Integr. Circuits RF Syst.*, San Diego, CA, January 2006, pp. 54 – 57.

[117] 2005 ITRS Roadmap: Front end processes, 2005. Online. . Available: http://www.itrs.net

[118] K. Ben Ali, C. Roda Neve, A. Gharsallah and J. -P. Raskin, 'Ultrawide frequency range crosstalk into standard and trap-rich high resistivity', *IEEE Transactions on Electron Devices*, vol. **58**, no. 12, pp. 4258 – 4264, December 2011.

[119] I. K. Itotia and R. F. Drayton, 'DC bias effects on bulk silicon and porous silicon substrates', *IEEE Antennas and Propagation Society International Symposium* (Digest), pp. 663 – 666, 2003.

[120] C. Tinella, O. Richard, A. Cathelin, F. Reaute, S. Majcherczak, F. Blanchet and D. Belot, '0.13 μm CMOS SOI SP6T antenna switch for multi-standard handsets', *Topical Meeting on Silicon Monolithic Integrated Circuits in RF Systems*, 18 – 20 January, p. 58, 2006.

[121] T. G. McKay, M. S. Carroll, J. Costa, C. Iversen, D. C. Kerr and Y. Remoundos, 'Linear cellular antenna switch for highly integrated SOI front-end', *IEEE International SOI Conference*, pp. 125 – 126, 2007.

[122] 'Single-pole four-throw high-power switch,' RF1450 Data sheet, https://estore.rfmd.com/RFMD_Onlinestore/Products/RFMD + Parts/PID – P_RF1450.aspx? DC = 25.

[123] C. Roda Neve and J. -P. Raskin, 'RF harmonic distortion of CPW lines on HR-Si and trap-rich HR-Si substrates', *IEEE Transactions on Electron Devices*, vol. **59**, no. 4, pp. 924 – 932, April 2012.

第 11 章 超低功耗应用的 SOI CMOS 电路

N. SUGII, Low-power Electronics Association &
Project(LEAP), Japan

摘　要：本章评述低功耗领域中低电压工作的 SOI CMOS 器件和电路。这些电路对于提高能源利用效率，以及在电池长寿命或者是自采集能量的应用中既要超低功耗工作又要保持可接受的速度性能是重要的。CMOS 低电压工作的主要障碍是晶体管的特性波动较大，而导通－截止电流比则较小。这个问题的解决方案，是采用具有背偏控制的全耗尽绝缘体上硅晶体管。本章介绍这种器件的现状及电路技术的发展状态。

关键词：CMOS，超低功耗，超低电压，波动性，背偏置，FDSOI，BOX。

11.1　引　言

低功耗技术广泛应用于蜂窝和智能电话、游戏装置、个人计算机以及家庭和汽车电子装置的电子设备中。本章重点介绍降低功耗以得到超低功耗（ULP）电子器件的方法。ULP 微电子系统有许多潜在的应用，具体如下：

(1) 工业传感/监测系统；
(2) 基础设施的疲劳/断裂监测传感系统；
(3) 可植入或便携式健康监测系统。

这些系统通常需要在不外接电源的情况下保持长时间工作。图 11.1 所示为一个传感器节点的实例。该系统包括：

(1) 传感器；
(2) 数据处理单元（微控制器）；
(3) 通信单元（射频，RF）；
(4) 电源。

大部分元件是 CMOS 电路，关键是降低这些电路的功耗。首先，需要确定电池的寿命及持续时间，以及功耗降低到多少才能保证传统电池的长期（例如 10 年）有效。图 11.2 所示为电池寿命与平均电流之间的关系。注意，这里未考虑自放电以及退化。假设需要大约 10 年的寿命，电流消耗应小于 $10\mu A$；假设输出电压为 3V（锂电池），则平均功耗不高于 $30\mu W$。使用能量采集器，是保证长期运行的另一个选项。表 11.1 比较了典型能量收集源的功率密度,这些值引自 Tan(2010)。几十微瓦功率消耗的系统,非常适合于能量采集器的方案。

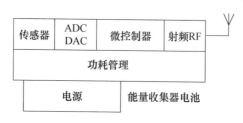

图 11.1　传感器节点的典型框图

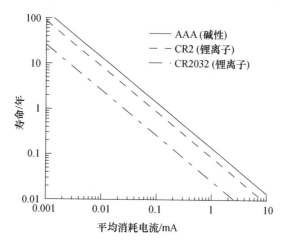

图 11.2　电池寿命与平均消耗电流之间的关系

表 11.1　能量收集源的比较

能量源	能量密度	注释
太阳能	$100\mu W/cm^3$	设定用于办公室照明
温差电	$60\mu W/cm^3$	设定温度梯度为 5℃
血压	0.93W	100mmHg,μW 量级(连续负荷)
环境气流	$177\mu W/cm^3$	设定平均气流为 3m/s
振动	$4\mu W/cm^3$	人体运动,高度依赖于活动度
压电按钮	$50\mu J/N$	取 DC 电压为 3V

引自:Tan,2010。

一般来说,在已有或设想的诸多传感器节点应用中,所需要的工作速度都不太高。例如,脉搏血氧饱和度、单导联 ECG(心电图)和 12 导联 ECG,分别需要 331kHz、1MHz 和 25.7MHz 的工作频率(Chandrakasan,2010),后一种情况(25.7MHz)仅在极少数情况下工作。因此,前面提到的功耗水平,对于许多应用都是可承受的。然而,如果能进一步提高能效水平,每个传感器节点的功能将更多、工作也会更智能,这样便可以提升整个传感器网络系统的性能,更进一步地扩展其应用范围。图 11.3 所示为不同应用领域 CMOS 电路工作时的功耗和待机漏电电流之间的关系(Tani,2007)。本章重点关注使用小型长寿命电池或能量收集器的超低功耗领域,并介绍 SOI 器件如何在这类电源受限的应用中提高性能。

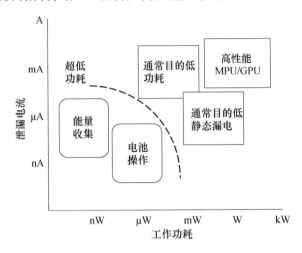

图 11.3 有效功耗与漏电电流之间的关系

11.2 CMOS 电路功耗的最小化

CMOS 电路的功耗等于动态功耗与漏电电流功耗的总和,简化后的表达式如下:

$$P = n(\alpha C V_{dd}^2 f + I_{leak} V_{dd}) \tag{11.1}$$

式中:n 是晶体管的数目;α 是电路的活动系数;C 是负载电容;V_{dd} 是工作电压或电源电压;I_{leak} 是晶体管的漏电电流;f 是工作频率。引入参数 α 的目的是考虑按时间平均的动态功耗,因为并非所有电路都是连续工作的。功耗与频率 f 直接相关,在这一方面,单次工作的能耗 E 也非常重要,可以简单写作

$$E = n\left(CV_{dd}^2 + I_{leak}\frac{V_{dd}}{\alpha f}\right) \tag{11.2}$$

式(11.2)右边(RHS)第一项对应于工作功耗,取决于 V_{dd},假设对于相同的电路和同样的 CMOS 工艺,负载电容 C 是恒定的;第二项代表漏电电流功耗,相对复杂,与所有的参数有关:I_{leak}、V_{dd}、α 和 f。CMOS 电路的频率 f 与晶体管漏电流 I_{ds} 之间的简单关系如下:

$$f \propto \frac{I_{ds}}{CV_{dd}} \tag{11.3}$$

且

$$I_{ds} = C_{ox}W(V_{gs} - V_{th})v_s \propto V_{gs} - V_{th} \tag{11.4}$$

式中：C_{ox}是栅电容；W是晶体管宽度；V_{gs}是栅电压；V_{th}是阈值电压；v_s是晶体管沟道中载流子的平均速度。

图 11.4(Kao,2002[①])所示为频率f与V_{dd}和V_{th}之间的关系。因此,V_{dd}和V_{th}的适当组合就能够满足各种处理速度对频率的不同要求。随着V_{dd}的减小,如果V_{th}恒定,频率f显著降低；如果希望频率f随着V_{dd}的减小而保持恒定,则V_{th}应该减小。在这2种情况下,式(11.1)中的漏电电流功耗相对增加。图 11.5所示为在与图 11.4(Kao,2002)相同的条件下,功耗P(动态功耗与漏电电流功耗之和)与V_{dd}和频率f之间的关系。可以看出,功耗最小化所需要的最佳V_{dd}随频率f不同而变化。为了比较不同频率下的功耗,可以直接将该图中的P值除以对应的频率f值,很明显,最小E点(单次工作功耗)位于最低频率(50MHz)的曲线上,在趋势上最小能量会随着频率f的降低而减小。更进一步,图 11.6所示为功耗、电源电压和频率之间的等高线图(Wang,2005[②])。注意,等高线上的数字是归一化到最小点时的相对能量。在该最小点,V_{dd}和V_{th}分别为 0.38V 和 0.48V,f仅为 13kHz。因此,如果希望以电路最小的能量工作,应该选择较慢的工作速度。总之,功耗最小化的主要要求如下：

(1) 频率f减慢；

(2) 对于特定f选取相应的最佳V_{dd}和V_{th}组合。

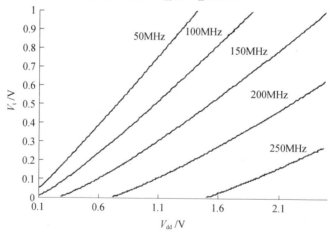

图 11.4　频率f与V_{dd}和V_{th}之间的关系(引自：Kao,2002)

[①] 图 11.4 和图 11.5 中的曲线是基于采用 0.14μm 工艺的 SH4 微处理器芯片的理论公式和电学数据绘制的。图 11.8 中的数据来自采用相同工艺的数字信号处理器(DSP)测试芯片。

[②] 图 11.6 中的数据基于 0.18μm 标准 CMOS 工艺的标准逻辑单元库的流片结果。

第 11 章 超低功耗应用的 SOI CMOS 电路

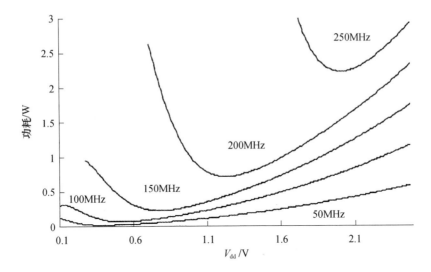

图 11.5 功耗 P 与 V_{dd} 和频率 f 之间的关系（引自：Kao,2002）

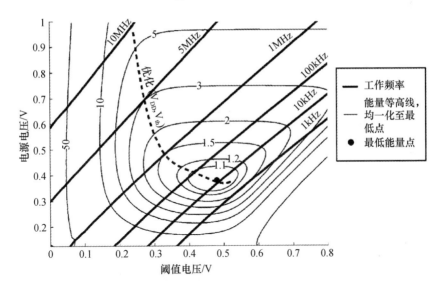

图 11.6 E、V_{dd} 及 f 的等高线图（引自：Wang,2005）

图 11.6 中的最小能量发生在频率 $f=13$ kHz 时，但此时的性能是非常差的。可以看到，这种情况下的 V_{th} 甚至比 V_{dd} 还高，这意味着此时的晶体管并未导通（低于阈值），这种类型的电路称为亚阈值逻辑电路。虽然亚阈值工作在能量效率方面可能更好，但其过低的时钟频率却阻碍了它的实际应用，尽管这可以通过电路的大规模并联来克服。另一个困难是工作速度的波动太大（Kwong,2008），因为在亚阈值机制下，I_{ds} 会随着 V_{th} 的波动而呈指数变化。这就导致在亚阈值状态下，随着 V_{dd} 的减小，逻辑错误率将会迅速增加（Kwong,2006）。

实际上,超低电压逻辑电路的优选解决方案应该是保证在正常工作下的超阈值工作状态,即在同时满足频率 f 和条件 $V_{dd} > V_{th}$ 的前提下对 V_{dd} 和 V_{th} 进行优化。当然,图 11.6 示出的是在连续工作状态下的功耗情况。在实际应用中,情况有所不同,电路并非连续工作,而是间歇地工作。在式(11.1)中,引入了参数 a。最小能量条件会随 a 的不同而发生变化。图 11.7 所示为功耗与参数 a 和 $I_{off}(=I_{leak})$ 之间的关系(Takeuchi, 2001①)。注意,I_{leak} 与 V_{th} 呈指数关系。该曲线的底部的高低由式(11.2)中的漏电电流(第 2 项)项确定。沿着这条底部曲线从左往右看,功耗相同时,工作速度会随着 I_{off} 的增加而变快(降低 V_{th})。因此,最佳点位于拐点(底线的右端点),显然最佳点会随参数 a 变动。通常,即使在同样的电路中,参数 a 也会随使用情况不同而发生变化。

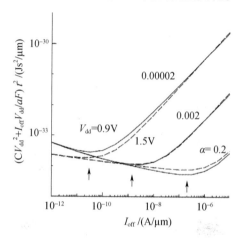

图 11.7 E 与参数 a 和 I_{off} 之间的关系(引自:Takeuchi, 2001)

这意味着当电路工作的频度变化时,应该改变 $V_{th}(I_{off})$ 以保持功耗最小。衬底偏置电压 V_{bb} 可以控制 MOSFET 的 V_{th},由 V_{bb} 控制 V_{th} 的电路称为适应性背(或体)偏置(ABB)控制(Miyazaki, 2002)。ABB 控制可以在各种频率下显著降低功耗,如图 11.8 所示(Miyazaki, 2002)。在既没有 V_{dd} 也没有 V_{bb} 控制(未缩比)时,功耗随频率成比例地变化(这一行为服从式(11.1)中的第 1 项)。

动态电压的缩比意味着能在指定频率下工作而 V_{dd} 为最小值;通常,V_{dd} 可能随频率 f 的降低而减小(式(11.3)和式(11.4)),同时功耗降低。ABB 则通过控制 V_{th} 进一步降低功耗。因此,ABB 控制是用于优化不同频率和工作频度所需功耗的最佳解决方案。然而,这种方案的可用性,迄今为止还并不适合于传统的体硅 CMOS 电路。在 11.3 节中,将讨论与 V_{dd} 缩比和 ABB 相关的问题。

---

① 不依赖于特定 CMOS 工艺的理论计算结果。

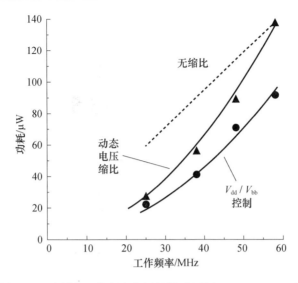

图 11.8　功耗与工作频率之间的关系（引自：Miyazaki，2002）

11.3　降低 V_{dd} 改善 CMOS 电路能量效率的问题

正如 11.2 节所述，为了使 CMOS 电路的能耗效率最大，重要的是 V_{dd} 和 V_{th} 的优化。纵观 CMOS 电路 40 年的发展史，CMOS 晶体管的连续缩比不断改善着电路的性能、功能、功耗效率和经济价值。从功耗效率的角度看，遵循理想缩比规则（Dennard，1974）的 V_{dd} 持续降低被证明是有效且成功的。如果能够继续 V_{dd} 的缩比，即外推 V_{dd} 降低的趋势（Bult，2000），在 28～40nm 的最小特征尺寸时，V_{dd} 将小于 0.6V。然而，目前 CMOS 技术中的 V_{dd} 缩比是非常困难的，并且最低的 V_{dd} 仍然保持在略小于 1.0V 的水平。

如图 11.9（Chandrakasan，2010）所示，与缩比规则（注：图中的工艺节点与最小特征尺寸大致相同）相反，最小的 V_{dd}（V_{min}）实际上在增加。该图说明静态随机存取存储器（SRAM）的 V_{min} 很难减小，并且要比逻辑电路的 V_{min} 高出许多。在最新的技术节点中，V_{min} 值仍然很高，尽管在小于 40nm 的技术节点时稍有改善（Sinangil，2012）。这种改善可能源自辅助电路的优化，例如在读出和写入周期中对工作电压进行控制。

V_{dd} 难以缩比的主要原因，是小尺寸晶体管阈值电压 V_{th} 波动性的增加。众所周知，V_{th} 的波动性可以表示如下（Pelgrom，1989）：

$$\sigma V_{th} = \frac{A_{VT}}{\sqrt{LW}} \tag{11.5}$$

而在传统的体硅晶体管中，该式可以写成为

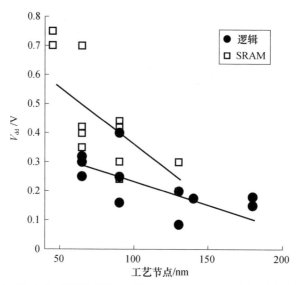

图 11.9 最小 V_{dd} 的趋势(引自:Chandrakasan,2010),数据引自多篇文献

$$\sigma V_{th} \propto \frac{t_{ox} N_{imp} 1/4}{\sqrt{LW}} \qquad (11.6)$$

式中:σV_{th} 是阈值电压 V_{th} 的标准偏差;A_{VT} 是 Pelgrom 失配系数;L 是栅长;W 是晶体管宽度;t_{ox} 是栅氧化物厚度;N_{imp} 是沟道区的掺杂浓度。

在理想的缩比法则中,t_{ox}、L 和 W 同比例降低,而 N_{imp} 相应增高,这样缩比的结果就是技术一代接一代 σV_{th} 略有增加。此外,在最新的 2 或 3 代工艺中,t_{ox} 的缩比已被延迟,这也加速了 σV_{th} 的增加。因此,如果我们仍停留在通常的体硅晶体管上,则缩比后 σV_{th} 的增加是很难避免的。解决方案是采用可以减少 N_{imp} 注入的不同晶体管结构。下面我们对能减少这种波动性的可能结构进行描述。

在逻辑电路中,某一级的输出电压会用来驱动下一级的输入节点。为了避免发生任何错误,这一级的输出电压应该充分高于噪声的幅度。当然,输出电压值会随着 V_{dd} 的增加而增加。举个例子,如图 11.10(Kwong,2006)所示,反相器的失效率与 V_{dd} 之间存在函数关系,失效率随着 V_{dd} 的减小呈指数增加。注意,失效率也受晶体管宽度 W 的影响,晶体管宽度 W 反映了对下一级输入节点电容进行充电的能力。

最小 V_{dd}(V_{min})由随机波动系数和系统波动系数共同决定。V_{min} 可以用下式(Yasufuku,2011)描述:

$$V_{min} = \frac{\sigma_{pn}}{a} \sqrt{\ln\left(\frac{N}{b}\right)} + V_{min(sys)} \qquad (11.7)$$

式中:σ_{pn} 是 n 及 p 管 σV_{th} 平方和的根;N 是级数;a 是由 DIBL 决定的常数;b 是由良率决定的常数。

注意,式(11.7)中未包含工作频率,这是因为当 V_{dd} 在 V_{min} 附近时频率会非

第 11 章 超低功耗应用的 SOI CMOS 电路

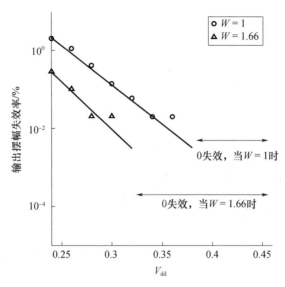

图 11.10 反相器失效率与工作电压 V_{dd} 之间的关系（引自：Kwong，2006）

常的低。图 11.11 所示为 V_{min} 与反相器级数 N 之间的仿真关系（Yasufuku，2011）。由式（11.7）中右边的第一项可以看出，随机波动常数使得 V_{min} 随级数 N 的增加而增大。系统分量 $V_{min(sys)}$ 由逻辑阈值电压决定。CMOS 逻辑电路的输出幅值由上拉 PMOS 和下拉 NMOS 晶体管之间的竞争决定。当两个晶体管的驱动能力平衡时，$V_{min(sys)}$ 恢复到最小，此时的逻辑阈值电压仅为 V_{dd} 的 1/2。

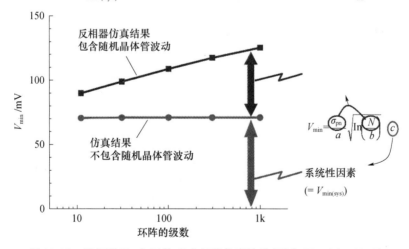

图 11.11 反相器 V_{min} 与级数 N 之间的仿真关系（引自：Yasufuku，2011）

变量 $V_{min(sys)}$ 主要由两个因素决定。一是导通-截止电流比。在亚阈值状态下，漏电流呈指数变化，指数性变化的斜率称为亚阈值摆幅（或斜率）S，并且可用下式表示：

$$S = \ln(10)\frac{k_B T}{q}\left(1 + \frac{C_{dm}}{C_{ox}}\right) \approx 59.5\left(1 + \frac{C_{dm}}{C_{ox}}\right)(\mathrm{mV/dec}, T = 300\mathrm{K}) \quad (11.8)$$

式中:k_B是玻耳兹曼常数;T是绝对温度;q是基本电荷;C_{dm}是沟道区的最大耗尽层电容;C_{ox}是栅氧化物电容。

如果想要确保导通-截止电流比达到6个数量级,假设亚阈值斜率S= 60mV/dec(室温下的最小值),则需要大约0.36V的栅压变化。导通电压是另一影响因素,它的数值与式(11.4)中的栅过驱动电压$V_{gs} - V_{th}$大致相同,并由导通状态所需要的I_{ds}值确定。在图11.11所示的情况下,假设处于亚阈值状态,则前面的值非常小,后面的值为零。

如前所述,用最低能量E工作会显著降低工作频率。应该尝试一些折中方法来提高速度性能,以匹配应用的要求。换句话说,任务是在保持适当速度的情况下,使式(11.4)中的栅过驱动电压最大,同时确保在小漏电电流情况下具有适当的导通-截止电流比。适应的背/体偏置技术结合V_{dd}控制是这种折中方法的最佳选择,如图11.8所示(Miyazaki,2002)。但是,这种ABB方案对于体CMOS电路并不总是有效的,原因是衬底漏电电流会因此增大。

在强正向偏压条件下,工作速度增加。但漏电电流因漏和体区之间的pn结而迅速增加,如图11.12(Miyazaki,2002)所示。相反,施加如图11.13(Lin,

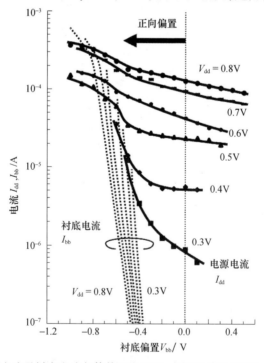

图11.12 电源电流及衬底电流与体偏置电压V_{bb}之间的关系(引自:Miyazaki,2002)

2002)所示的反向偏压时,漏电电流会随着反向偏压的增大而增加,原因是在漏结位置出现栅引入的漏极的漏电电流(GIDL)和/或带 – 带隧穿(BT-BT)电流。

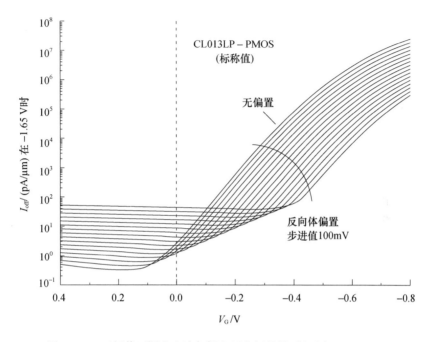

图 11.13　亚阈值区漏电电流与栅电压之间的关系(引自:Lin,2002)

11.4　利用减小波动及适应性偏压控制发展 SOI 器件

本节将介绍能解决上述问题的器件结构。主要的要求如下:

(1) 小的局部波动性,以保证低电压工作及具有小的错误率;

(2) 适应性的背偏压可控性,以在高速度(导通态)和低漏电电流(截止态)之间进行优化。

引起传统体硅晶体管参数局部波动的主要原因,是沟道区中的随机掺杂波动(RDF)(11.5 节)。早在本征沟道(逆向沟道)提出之前,就已经提出了一种减小体硅晶体管 RDF 的器件结构(Aoki,1990)。这种结构是通过在沟道区中利用外延硅生长形成的。然而,热处理过程中杂质外扩散,在一定程度上消除了本征沟道的优点。另外,与传统的体硅晶体管一样,仍然存在漏极的漏电电流问题。

大约在同一时期,提出了新型的 SOI 结构(Fukuma,1988),并作为终极晶体管结构为人们所熟知。这种结构具有非常薄的硅沟道,由绝缘膜包围,并且还能够进行背栅的偏置控制,这是第一个具有背偏可控性的平面 FDSOI 结构的原型。后来,为了与现有 CMOS 工艺相兼容,同时提升低功耗应用中阈值电压 V_{th} 的控制力,又有一种新的结构形式(Tsuchiya,2004)提出,并称为薄埋氧化物上硅(SOTB)。此后陆续报道了诸多类似的结构(Chen,2005;Fujiwara,2005;Fenouillet-Beranger,2007;Monfray,2007;Cheng,2009),它们被称为超薄埋氧化物(UTBOX)FDSOI 或超薄体超薄埋氧化物(UTBB)结构,这些结构基本上都与 SOTB 是相同的。

典型的晶体管截面及其特性如图 11.14 所示。SOI 和 BOX 层的厚度都非常薄(约 10nm),它们用来改善短沟道效应和背栅偏置控制的灵敏度。沟道杂质通过 SOI 和 BOX 层注入到硅衬底(阱区)中以控制 V_{th},同时保持 SOI 层中的低掺杂浓度。这种杂质分布可以明显降低 RDF 的波动性(11.5 节)。除了衬底掺杂之外,V_{th} 还可以通过背栅偏压来控制。另一个重要的特性,是 SOTB 晶体管与体硅晶体管可以在同一晶圆片上实现混合集成。这得益于较薄的 SOI 和 BOX 层,只要去除这些层也可以很容易地制造体硅晶体管。这一特性对电路设计非常有用,因为传统的体硅 CMOS 电路可以通过最小的改变实现移植。此外,工作电压(约 1.5V)比 SOTB 更高的外围电路和静电放电(ESD)保护电路,都可以在体硅区域上制造。

还有其他类型的一些具有局部小波动的本征沟道结构。典型的是 FinFET(Huang,1999),它在发明 10 年以后才得到这个名字,最初被称为 DELTA(Hisamoto,1989)。后来,基于 FinFET 又提出了 3 栅结构(Doyle,2003)并实现了商业化。在这些结构中,2 个或 3 个栅电极围绕硅体区,形状像 fin(鳍),这些栅电极彼此短接,并施加共同的栅电压。通常,不对该结构施加背栅偏压,因为薄硅体的电位已被这 2 或 3 个栅电极强烈地控制住。

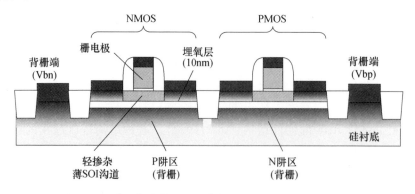

图 11.14　薄埋氧化物上硅晶体管的截面示意图和主要特性

第 11 章 超低功耗应用的 SOI CMOS 电路

性质：
(1) 沟道轻掺杂，局部波动（RDF）较小；
(2) 超薄 SOI 超薄 BOX，短沟效应抗干扰性优异；
(3) 阱掺杂浓度可调节，实现多阈值控制；
(4) 背栅偏置可控，有助于全局波动性和功耗降到最低；
(5) 可去除薄 SOI 和 BOX，在相同的晶圆片上制造传统体硅晶体管。

在 fin 高度有限的情况下，也能利用薄体下方的超薄 BOX 层实现背偏控制，尽管控制系数不大（Nagumo,2006）。能够进行背偏控制的另一种结构是分离栅型 FinFET，称为 4T（端）FinFET（Masahara,2005）。4T FinFET 的电性能与 SOTB 平面结构非常相似。一侧栅极用作前栅以导通晶体管，另一侧则用作背栅以控制阈值电压 V_{th}。在普通的 FinFET 中，前栅和后栅的栅氧化物厚度是相同的。在 4T FinFET 中，相同厚度的前后栅氧化物会显著增加 S 因子，除非使用特殊工艺使背栅氧化物比前栅氧化物厚。

11.5 参数波动的建模

引起局部 V_{th} 波动的主要原因是离散掺杂原子数量和位置的波动，称为随机掺杂波动。有很多工作通过仿真来讨论 RDF 对 V_{th} 波动性的影响（Asenov,1998）。本节将给出 RDF 的解析公式，快速地建立 RDF 的影响，以作为认识 FDSOI 类器件结构的指导。

为了估计由掺杂引起的离散电荷对 V_{th} 的影响，可以在耗尽区的微小体积中设置电荷以使表面势（正好位于栅氧化物界面下方）增加，并将这一增加量在深度方向上进行积分。假设每一个微小区域中的掺杂剂数量波动是完全随机的，那么在具有均匀掺杂沟道（体）区的经典体硅晶体管中，V_{th} 的变化可以写成

$$\sigma V_{th} = \frac{q}{C_{ox}} \sqrt{\frac{N_{body} w_{dm}}{3LW}} \tag{11.9}$$

式中：N_{body} 和 W_{dm} 分别是体区的杂质密度和最大耗尽层宽度（Takeuchi,1997；Taur,1998）。

在 FDSOI 结构中，只需要考虑 SOI 体区中的沟道掺杂效应。分布一般是均匀的。在 V_{th} 波动的表达式中可以简单地将 W_{dm} 替换为 SOI 层厚度 t_{SOI}，有

$$\sigma V_{th} = \frac{q}{C_{ox}} \sqrt{\frac{N_{body} t_{SOI}}{3LW}} \tag{11.10}$$

假设 BOX 层很薄，则应该考虑 BOX 层下方的掺杂剂分布。此时的表达式则类似于逆向沟道的情况（Taur,1998）：

$$\sigma V_{th} = \frac{q}{C_{ox}} \sqrt{\frac{N_{body} w_{dm}}{3LW}} \left(1 - \frac{x_s}{W_{dm}}\right)^{3/2} \tag{11.11}$$

式中：N_{sub}和x_s分别是 BOX 层下方的杂质浓度（假设是均匀的）和表面附近本征区的深度。如果x_s大，即本征层厚，并且下方的掺杂层薄，则式（11.11）中的V_{th}波动就会变得非常小。这就是为什么本征沟道（逆向沟道）结构的V_{th}波动小的原因。在 SOTB 类结构中，本征区由 SOI 和 BOX 层组成。深度分布如图 11.15 所示。因为 BOX 层的介电常数小于硅的介电常数，所以有效厚度便大于埋氧化层的物理厚度t_{BOX}。因此，V_{th}的波动可以写为（Sugii，2010）

$$\sigma V_{th} = \frac{q}{C_{ox}}\sqrt{\frac{N_{body}w_{dm}}{3LW}}\left(1 - \frac{t_{SOI} + (\varepsilon_{Si}/\varepsilon_{ox})t_{BOX}}{W_{dm}}\right)^{3/2} \qquad (11.12)$$

此结构的V_{th}总体波动可以计算成为式（11.10）和式（11.12）中两个σV_{th}平方和的根。对于 SOTB 结构，通过式（11.10）中小的N_{body}和式（11.12）中远离掺杂区域，能够实现小的V_{th}波动。在很多仿真研究中，已经预期 FDSOI 中抑制 RDF 可减小器件参数的波动性；同时也有很多实际的器件结果表明，FDSOI 器件的参数波动的确非常小，这一点将在后面介绍（11.7 节）。

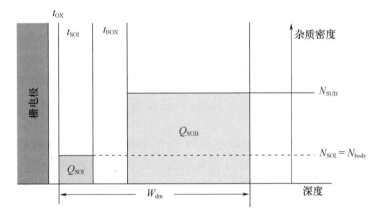

图 11.15　SOTB 结构中杂质密度的深度分布

11.6　超低电压工作的器件设计

在晶体管设计中最重要的是控制V_{th}。为了获得足够的速度性能，应优选较低的V_{th}。为了获得较低的漏电电流，则应选择较高的V_{th}。在没有 ABB 控制的情况下，这种权衡难以决定，特别是对于电压容限有限的超低电压应用。对于使用 ABB 的晶体管设计有两种方法：一种是零背偏（ZBB）时低V_{th}，在静态预备状态（RBB 待机模式）下施加反向背偏压（RBB）；另一种是零背偏（ZBB）时高V_{th}，在动态工作状态（FBB 升压模式）下施加正向背偏压（FBB）。

MOS 晶体管的V_{th}值由平带电压V_{FB}和耗尽层电荷决定。适当选择栅电极的功函数值可以控制 V_{FB}。耗尽层电荷则由阱区的掺杂控制。一般来说,由于 SOI 层的低杂质密度以及 BOX 层下方的远程掺杂,FDSOI 中的耗尽层电荷低于传统体硅晶体管中的耗尽层电荷。采用带边功函数的常规多晶硅栅电极的 FD-SOI 晶体管 V_{th} 值大约为 0V。采用中间带隙金属栅电极 V_{th} 大约为 0.4V,它适合于低漏电电流的应用。然而,对于超低电压工作,这样的 V_{th} 值则显得有些高,因此应该优选 FBB 升压模式。同时,对于 RBB 待机模式,V_{th} 应该优选中间值(约为 0.2V),这一 V_{th} 值也可以通过控制栅电极的功函数来实现。可以采用的金属电极有很多种(Faynot,2010)。一种经济有效的方法就是将高 κ 介质同常规多晶硅栅电极结合起来(Yamamoto,2012)。如图 11.16 所示,在常规 SiON 介质膜中引入适量的 Hf 和 Al,这可以将有效功函数调节至 1/4 的带隙值(对于 NMOS 和 PMOS 分别约为 4.4eV 和 4.8eV)。

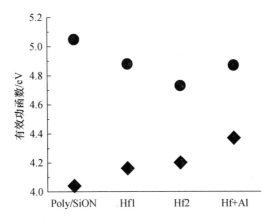

图 11.16　高 κ/SiON 栅介质对有效功函数的调节

11.6.1　背偏控制的器件设计:BOX 厚度

如前所述,背偏压控制有利于优化 CMOS 电路的能量消耗,尤其是对于超低电压电路。具体到晶体管的设计,衬底(背)偏置系数是一个重要的参数,因为这个系数越高,改变足够 V_{th} 所需的背偏电压越小。体硅晶体管的衬底偏置系数 m 与式(11.8)有关,可以写成

$$m = \left(1 + \frac{C_{dm}}{C_{ox}}\right) \tag{11.13}$$

由衬底偏置电压 V_b 引起的 V_{th} 变化,即 $\partial V_{th}/\partial V_b$ 系数,在大约 $V_b = 0$ 时等于 $m-1$。容易看出 $m-1$ 和 S 相互影响,需要统筹考虑。人们总是希望尽可能地减小 S,以在栅电压较小变化时即可增加导通 - 截止电流比;然而,$m-1$ 随着 S 的减小而减小。在 FDSOI 结构中,最大耗尽电容 C_{dm} 是由 SOI 体电容 C_{SOI}、BOX 层电容 C_{BOX} 和 BOX 下面耗尽层电容 C_{sub} 三者组成的串联电容,可以将其写作

$$m = 1 + \frac{1}{C_{ox}}\left(\frac{1}{C_{SOI}} + \frac{1}{C_{BOX}} + \frac{1}{C_{sub}}\right) \quad (11.14)$$

将式(11.8)中的$(1+(C_{dm}/C_{ox}))$项简单替换成式(11.14)中的对应项,即可获得该结构的S值。减小 SOI 厚度、减薄 BOX 厚度或者增加衬底掺杂密度,可以增加m和S的值。

上述讨论仅适用于长沟情形。在短沟晶体管中,应该考虑短沟效应,例如漏致势垒降低和电荷共享。图 11.17 所示为S(亚阈值斜率,图中的 SS)与t_{BOX}之间的关系(Numata,2004)。在长沟情况下($L_g=1$um),S(室温下)随着t_{BOX}的减小而稳定地增加,行为可以由式(11.14)描述。相反,对于短沟晶体管($L_g=$ 50 或 40nm),S随着t_{BOX}减小而减小,并在$t_{BOX}=30$nm 附近达到最小值,这是因为S主要由$t_{BOX}>30$nm 处的 DIBL 确定。随着t_{BOX}或t_{SOI}降低,由于避免 SCE 的能力改善,S值减小。随着L_g减小,S也会因为相同的原因而增加。注意,背偏置系数m也会因为 SCE 效应而改变,这种现象可以通过电荷共享来解释(Yau,1974)。因此,要考虑t_{SOI}和t_{BOX}设计折中以优化m和S时 SCE 的影响。

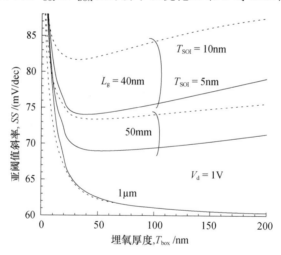

图 11.17 亚阈值摆幅与 BOX 厚度之间的关系(引自:Numata,2004)

背偏压系数为电路设计提供了另一个折中方法。晶体管堆叠在电路设计中广泛应用,衬底偏置系数对堆叠层晶体管的特性有很大影响,特别是低电压工作。厚 BOX 的 FDSOI 优点是偏置系数近似为零。而薄 BOX 的 FDSOI 虽牺牲了堆叠层晶体管的特性,但获得了背偏的可控性。

11.6.2 背偏控制的器件设计:阱结构

在 FDSOI 中,由于 BOX 绝缘层的存在,没有从源或漏区到衬底的漏电电流路径。但是,在施加背面偏压时,BOX 层下面阱区之间的漏电电流路径应该考虑。在图 11.14 所示的结构中,p 阱和 n 阱分别在 NMOS 和 PMOS 晶体管的有源区下面。在反向体偏置中,p 阱和 n 阱处的电压分别为负和正。阱之间的 pn 结反向偏置,因此二极管漏电电流小到可以忽略不计。正向体偏置时则相反。如果正向偏压超过 ~0.4V,则大量的漏电电流会从 p 阱流到 n 阱。在这种结构中,最大正向偏置电压被限制在小于 0.4V,这显然适用于 RBB 待机模式。另一种模式,即 Weber(2010)提出的倒阱结构,它只需简单地改变掺杂类型即可。这能显著降低 V_{th},如同常导通型体硅晶体管一样。通过选择具有比通常更大 V_{FB} 的栅电极材料来进行 V_{th} 的控制。在这种结构中,最大正向偏置电压可以不受限制,但是最小反向偏置电压要限制在高于 -0.4V,从而更适合于 FBB 升压模式。

如果想要使用更宽范围的从反向到正向的背面偏置电压,则应该引入其他新结构,例如双浅槽隔离(STI)结构(Grenouillet,2012)。在该结构中,通过深 STI 防止阱之间的漏电电流。注意,如果采用足够的隔离空间,则不必采用深 STI 也可以防止阱之间的漏电电流。在使用较大晶体管的模拟电路中,这种方法是可行的。另一种新结构是双 BOX 结构(Horiuchi,2003;Khater,2010),在此结构中,第二个 BOX 层被置于阱区的下方,并且每个阱都被 STI 区域和双 BOX 的夹层完全隔离。

11.7　FDSOI 器件参数波动性的评估

有很多关于 FDSOI 器件 V_{th} 波动性的研究,其中有些是关于大规模集成波动性数据的研究。对于传统体硅晶体管,V_{th} 波动性主要由 RDF 引起,并且对于百万量级的晶体管(±5 个 σ)呈现正态分布(Tsunomura,2008)。人们对 FDSOI 的 V_{th} 波动如何与较低的 RDF 相关比较感兴趣。近来,对百万个 SOTB 晶体管 V_{th} 波动进行测试,结果(Yamamoto,2013)呈现近似正态分布,而且其 σV_{th} 值低于相同尺寸体硅晶体管的 1/2,如图 11.18 所示。这对于电路设计非常有用,因为 FDSOI 的局部波动仍可采用与体硅晶体管相同的方式进行处理,即基于呈正态分布的波动性机制。此外,研究显示,具有非常小 RDF 的 FDSOI 局部波动也服从 Pelgrom 定律,如图 11.19(Yamamoto,2013)所示。可以看出,FDSOI 的局部波动成分甚至更具随机性:SOTB 曲线的线性度比体硅的更好,如图 11.18 所示,自然也服从 Pelgrom 定律。注意,A_{VT} 值即是图 11.19 中曲线的斜率。图 11.20 比较了各种结构晶体管 A_{VT} 值与栅氧化物厚度 t_{ox} 之间的关系,A_{VT} 与 t_{ox} 成正比(式(11.6))。除 SOTB 外,图中的数据均来自过去 3 年已发表的研究结果。图中 3 条线显示体硅、FinFET 和 FDSOI 数据均呈现线性回归,而其中的 SOTB 和 FDSOI 晶体管具有非常小的 A_{VT} 值。

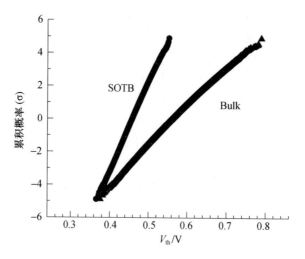

图 11.18 SOTB 和体硅晶体管的 5σ 阈值电压 V_{th} 波动

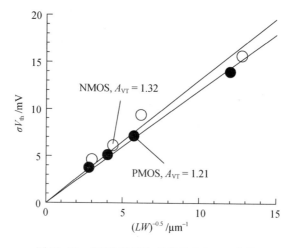

图 11.19 SOTB N 管和 P 管的 Pelgrom 曲线

对于电路性能,导通电流的波动很重要,因为它会直接反映速度的波动(式(11.3))。已证实,导通电流的波动也比体硅器件的更小(Mizutani, 2012)。如图 11.21 所示,对于体硅和 SOTB 器件,导通电流的波动均呈正态分布,但 SOTB 的波动小于体硅晶体管的 1/2。研究表明,这种改进还可以归因于沟道区中杂质量少,因而引起的 RDF 减小。电流起始电压(COV)的波动(Tsunomura,2009)和 S 因子(Mizutani,2013)的减小,也有助于降低导通电流的波动。

上面的结果涉及的是 FDSOI 局部波动的降低。全局性(系统的)波动的降低,例如不同芯片间的波动,实际上也非常重要。如图 11.22 所示(Ishigaki,

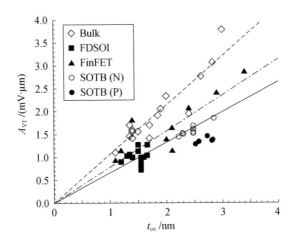

图 11.20　不同晶体管结构 A_{VT} 值的比较（t_{ox} 对应于图中反型状态下的等效厚度）

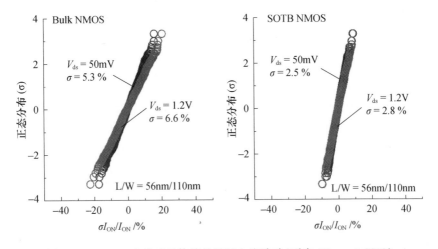

图 11.21　SOTB 和体硅晶体管的导通电流波动（引自：Mizutani，2012）

2008），背栅偏置可以降低这种全局性波动。在没有背偏置控制的情况下，每个芯片中代表性晶体管的 V_{th} 值波动范围超过 0.1V（空心符号）。以 0.2V 阶梯电压进行背偏控制能将波动范围减小至 1/3。假设背偏电压阶梯更小，则可以进一步减小波动范围。另一个有意义特性是 V_{th} 中间值可由背栅偏压大范围控制，如图 11.22 所示（3 组实心符号）。对应于 V_{th} 波动的减小，截止态电流的波动也从 2 个数量级（max - min 的波动范围）减低到小于半个数量级（图中未示出）。

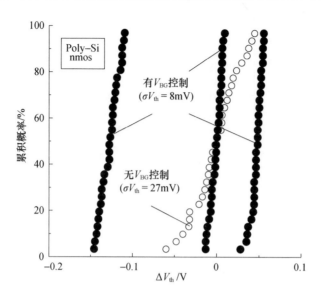

图 11.22　背偏控制降低芯片间的波动结果(引自:Ishigaki,2008)

11.8　FDSOI 器件可靠性的评估

为了使新器件能够商业化,必须确保其可靠性。虽然工作电压的降低减轻了对可靠性的要求,但重要的是评估这种新型 FDSOI 晶体管的可靠性。特别要指出,FBB 的工作会增加载流子的能量,其可靠性更应当仔细评估。

对 SOTB 器件的热载流子注入(HCI)和负偏压温度不稳定性(NBTI)效应进行研究(Ishigaki,2011)。HCI 退化是因为沟道热电子注入,以及 SOTB 晶体管的 HCI 寿命要长于体硅晶体管的寿命,如图 11.23 所示。因为在 SOTB 中没有体硅晶体管常用的晕圈注入,因而 SOTB 晶体管漏边缘处的横向电场较弱。对于背偏压效应,一方面,RBB 可以增加纵向电场,但是另一方面,FBB 会增加沟道电子能量。研究结果表明,对于这两种情况,SOTB 的 HCI 寿命在 1.2V 时超过 10 年。SOTB 的 NBTI 退化可以通过常规反应/扩散模型来解释,其 NBTI 寿命也比体硅晶体管更长,同样超过 10 年,原因是 BOX 层的存在以及 SOTB 中的纵向电场较弱。

另一个重要的点,是在同一晶圆片上与薄埋氧化物 FDSOI(SOTB)晶体管集成的体硅晶体管的可靠性。可以简单地通过去掉 SOI 和 BOX 层来制造这类体硅晶体管。换句话说,混合体硅晶体管形成于 BOX 层下方支撑晶圆片的表面。这一表面层的质量取决于 SOI 晶圆片的键合工艺。实验结果(Ishigaki,2008)表明,没有出现特别的问题。混合体硅晶体管的迁移率与传统体硅晶体

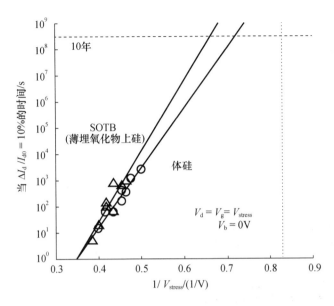

图 11.23　SOTB 与体硅晶体管的热载流子注入寿命(引自:Ishigaki,2011)

管相同。对于输入/输出(I/O)电路中的混合体硅晶体管,在典型的 3.3V 工作电压下,经时击穿(TDDB)寿命也达到 10 年以上。

11.9　FDSOI 器件的电路设计

本节描述 FDSOI 集成电路需要的设计环境、FDSOI 在模拟和射频电路中的优势以及超低电压电路的结果。

11.9.1　数字集成电路设计流程

现代 CMOS 集成电路(IC)的设计流程,全部由一系列电子设计自动化(EDA)工具构成。与现有设计流程的兼容性和已有电路 IP 模块的可重用性,对采用新器件结构进行电路或模块设计而不增加额外成本是非常重要的。如图 11.24 所示,FDSOI(有背偏)的设计流程与现有设计流程非常兼容。EDA 工具及其文件格式与从寄存器传输级(RTL)到版图数据(图形数据库系统:GDS),均与传统设计完全相同。在许多情况下,IC 中同时包括 FDSOI 和体硅晶体管(11.4 节中提到的混合集成)。

需要对设计(掩模)图层、布局规则及其验证文件(包括天线效应)进行修改以匹配晶体管的组合。工艺文件,例如延时库和时序约束,应该包含新型晶体管的 SPICE 参数和寄生 RC 值。这些工艺文件应用于设计的各个阶段:逻辑综合、逻辑验证、布局布线以及时序分析。在许多情况下,连线结构是相同的,

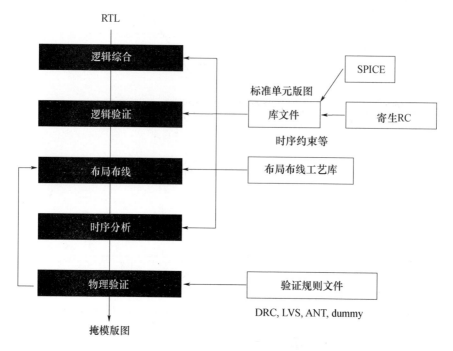

图 11.24　FDSOI 逻辑 IC 的设计流程

但应特别注意背偏置电源线。当然,总体上对设计流程的改变不会很大。

11.9.2　SPICE 建模

匹配良好的新晶体管 SPICE 参数对于电路设计是不可缺少的。用于描述传统体硅晶体管的现有模型不能精确描述 FDSOI 晶体管,因为背偏置电压下晶体管特性的改变难以表征。已有新的 SPICE 模型可以完全表征具有背偏置的 FDSOI 器件,如 HiSIM – SOTB(Miura-Mattausch,2012) 和 BSIM – IMG(Khandelwal,2012)。这 2 种模型都基于表面电位表达式,可以比传统模型更精确地描述背偏行为。模型验证工作仍在进行中,但不久即可用于商用电路设计。

11.9.3　标准单元库的建立

在逻辑 IC 设计中,需要准备一批具有各种逻辑功能的标准单元。FDSOI 基本单元的布局与体硅相同,因为在特征尺寸相同时,FDSOI 的有源区和隔离区结构通常与体硅晶体管保持一致。然而,由于晶体管的驱动能力不同,NMOS 和 PMOS 的晶体管宽度可能会有所变化。

衬底偏置可以改变标准单元的结构和布局,因为(NMOS 和 PMOS 的)衬底偏置电压应该连接到每个标准单元中的阱区。通常,在没有背偏压的情况下,p

阱区和 n 阱区分别连接到地 (V_{ss}) 和电源 (V_{dd})。阱连接有两种方式：单元内连接或采用专用连接单元 (通常称为头部单元 – Tap cell)。图 11.25 给出一个实例。采用第一种方式时，仅通过标准单元的正常布局，所有阱区即可自动连接到 V_{ss} 或 V_{dd}。然而，为了施加背偏压，应当修改标准单元版图以将阱抽头与 V_{dd} 和 V_{ss} 断开，并将其连接到衬底偏置 V_{bn} 和 V_{bp}。采用另一种方式时，单元的版图和布局都是相同的，且无须考虑背偏置。头部单元以适当的间隔配置，然后连接到 V_{bn} 或 V_{bp} 即可施加背偏压。对于这些单元和布线结构的设计，要通过许多折中考虑：标准单元面积损耗、阱电压稳定性、衬底噪声的鲁棒性、标准单元的布局密度、布线资源等。

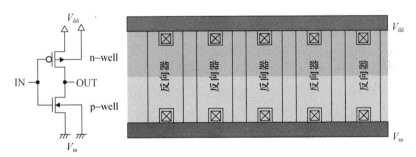

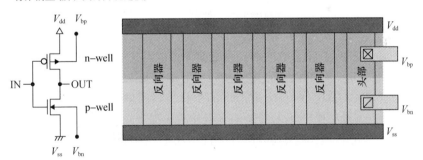

图 11.25　采用背偏技术的标准单元设计

FDSOI 标准单元的表征方法与体硅单元相同。单元的延时特性能通过 SPICE 仿真和寄生 RC 提取进行评估，并通过实际硅验证数据进行校准。将延时信息以及逻辑、版图 (大小) 和端口信息合并到一起以后，即完成了单元库的建立。

11.9.4　外围电路和 ESD 保护

逻辑 IC 一般都会包含多个电压域。尽管在核心逻辑电路和嵌入式存储器

(如 SRAM)中的电源电压可以降低至小于 1V,但外围电路的电源电压不能降低,因为它是由 IC 芯片 I/O 端的信号电平决定的。此外,应该在这些外部端口附近增加静电放电保护电路。混合集成(11.4 节)使 FDSOI 器件能够应对高电压,如外围电路的 1.8V 或 3.3V 和实现 ESD 电路的电压。这些电路中通常采用传统的体硅结构。SOI 上的 ESD 保护电路可以通过栅控二极管结构来实现,尽管抗 ESD 事件的鲁棒性要比使用体硅技术时的弱。通过 BOX 层的减薄,能改善具有弱热导率 BOX 层的热耗散(Benoist,2010),从而提高鲁棒性。

重要的电路模块是电平转换器和电源。一般来说,与核心逻辑电路不同,外围电路的信号电平并不按比例缩小。信号电平的差会随着核心电路 V_{dd} 的减小而增加。因此,电平转换电路应该是低功耗的,需要重点设计。同样,核心电路的 V_{dd} 和电源线之间的电压差也倾向于随着 V_{dd} 的减小而增大。此外,在低 V_{dd} 时电流消耗将会增加。需要一种高效的功耗调节器来降低低电压工作时芯片的总功耗。背偏压产生器也很重要,降低该电路的电流消耗对于在待机模式下使用 RBB 的电路特别重要。在 FDSOI 电路中,由于漏和衬底区域之间没有漏电电流路径,FDSOI 背偏置电路流过的电流要远小于体硅衬底偏置电路流过的电流,所以降低背偏压发生器的电流消耗是特别重要的。当考虑 ULP 应用时的电源设计时,强烈需要高效率的 dc-dc 转换器,因为它可以扩展各种能量采集器的使用并显著增加电池寿命。

11.9.5 模拟和 RF 电路

同用于模拟和 RF 电路的体硅晶体管相比,FDSOI 具有几个优点。局部 V_{th} 波动性的降低(更小的 A_{VT}),改善了差分放大器的匹配特性并降低了补偿电压。抗短沟效应(SCE)能力的提升(较小的 DIBL 和沟长调制的减小),也使得 FDSOI 器件饱和区的漏电导更小,进而增加了放大器的增益。如图 11.26(Tsuchiya,2009)所示,没有晕圈注入的结构可以使增益提升约 6 倍(Hartmann,2012),并降低 $1/f$ 噪声,同时也提高了可靠性(11.8 节)。这些优点来源于垂直方向电场的降低和注入损伤的减少。

11.9.6 SRAM 的验证

如图 11.9(Chandrakasan,2010)所示,SRAM 电路是降低逻辑 IC 工作电压的最大障碍。由于大量晶体管的局部 V_{th} 波动性的显著降低,如图 11.18 所示,有一种可在低于 0.4V 时正常工作的 2Mb SRAM(Yamamoto,2013)。通过 SRAM 单元晶体管的 SPICE 表征以及由文献(Yamaoka,2004)提出的 SRAM 稳定性仿真,假设 A_{VT} 值约为 1.3mV·μm,则估计在 0.4V 下正常工作是可能的,其结果示于图 11.27。在 0.4V 下安全工作的窗口,是 2 条曲线(读出容限和写

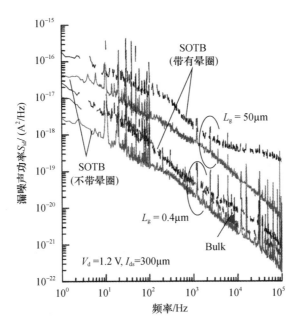

图 11.26　SOTB 和体硅晶体管的漏噪声功率(引自:Tsuchiya,2009)

入容限)之间的面积。应该将 SRAM 单元中 NMOS 和 PMOS 晶体管的 V_{th} 值设置在此区域内。失效位计数特性如图 11.28 所示,这里对比了相同版图的 SOTB 和体硅 SRAM。SOTB 的失效位特性的分布小于体硅的,而且最小工作电压 V_{min} 为 0.37V,大约是体硅 SRAM 的 1/2。研究表明,小的单元电流波动,主要来源于较低的 V_{th} 波动,从而有助于提高在低电压(如 0.4V)下 SRAM 单元的稳定性(Mizutani,2013)。

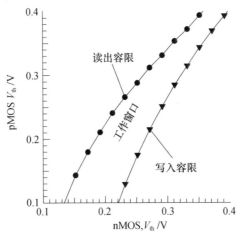

图 11.27　2Mb SOTB SRAM 在 V_{dd} = 0.4V 时阈值电压 V_{th} 的工作窗口

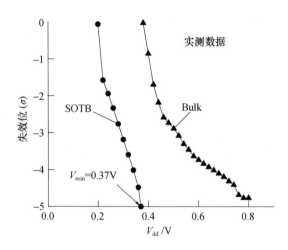

图 11.28 2Mb SOTB SRAM 失效位数量与 V_{dd} 之间的关系

此外,背偏压调节能够有效提升温度变化时的工作稳定性。对于常温时能工作在低于 0.4V 的 SRAM,如果没有背偏压,不可能在 80℃ 或 -30℃ 下正常工作,除非增加电源电压。通过对 SRAM 单元中的 n 和 p 型晶体管独立地施加适当的背偏置电压,在 2 个温度下的 V_{min} 能够同样降低到小于 0.4V(Yamamoto,2013)。另外,低压 SRAM 的 V_{th} 设计值应该小于高压(如 1.2V)SRAM 的 V_{th},这样会引起正常工作时更高的单元漏电电流,通过 RBB 控制可以降低待机状态下的漏电电流,同时维持单元的数据保持能力。

11.9.7　环形振荡器和逻辑电路的验证

改进的电气特性,例如较小的 DIBL、S 因子和局部性波动,能够增强电路的速度性能,特别是较低电压下的性能。通过比较 28nm 体硅和 FDSOI(Hartmann,2012)环形振荡器的延时数据,可以看出,在 1.3V 和 0.5V 下,FDSOI 的速度分别高于体硅 33% 和 400%。在通常情况下,在不同电压下 2 种晶体管的 V_{th} 是不同的,因为 DIBL 值不同。有意义的问题是,在相同 V_{th} 的情况下 FDSOI 会比体硅快多少。如图 11.29(Makiyama,2013)所示,FDSOI(SOTB)和体硅器件的 V_{th} 在 0.4V 时是相同的,但在 V_{dd} 更高时,SOTB 的 V_{th} 比体硅的要高(更小的 DIBL 值)。各种 V_{dd} 下的环形振荡器延时示于图 11.30(Makiyama,2013 年)。在 0.4V 时,SOTB 的速度大约是同样 V_{th} 体硅器件的 2 倍。在 V_{dd} 高于 0.4V 时,SOTB 环形振荡器的延时总是小于或等于体硅环形振荡器,尽管 SOTB 的 V_{th} 更高一些。这些数据验证了 FDSOI 在低电压下的速度优势。

另一个优势是速度的波动性。众所周知,环振的单级延时与级数关系不大,可以看到 SOTB 的局部延时波动也小于体硅,原因是 SOTB 的局部 V_{th} 波动

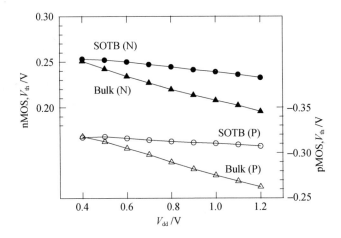

图 11.29　SOTB 和体硅晶体管 V_{dd} 和 V_{th} 之间的关系

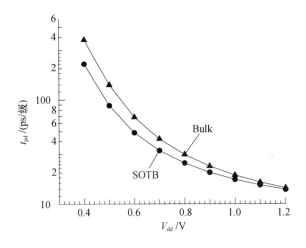

图 11.30　SOTB 和体硅环形振荡器延时与 V_{dd} 之间的关系

性更小(Makiyama,2013)。此外,芯片之间不同的背偏压可以显著降低总体性的波动(不同芯片之间的延时波动)。

FDSOI 能量效率的改善已经得到证实。分别采用 28nm 体硅和 FDSOI(Flatresse,2013)实现了低密度奇偶校验(LDPC)解码器,测试结果表明:通过施加 1.0V 的 FBB,FDSOI 的 V_{dd} 可以从 1.0V 降低到 0.7V,在保持工作频率(约 207MHz)的情况下,总功耗降低到体硅的 51%。另一个例子是可重构的加速器,即 CMA(Cool Mega Array),通过版图后的时序和功耗仿真,可以证明功耗显著降低。体硅 CMA 工作在 1.2V 和 200MHz,SOTB CMA 工作在 0.4V 和 50MHz (Su,2012)。SOTB CMA 工作时的功耗大约是体硅 CMA 的 1/10。当同时考虑到 SOTB CMA 的工作和漏电电流功耗时,其总功耗大约是体硅 CMA 的 40%。

11.10 结　　论

本章简要介绍了可进一步降低能耗的系统级功耗优化方法和一种未来的晶体管技术。

11.10.1 传感器节点的总功耗优化

超低功耗电子器件的主要应用,是 11.1 节所述的传感器网络系统。功耗的进一步降低可以扩展这项技术的应用,并能改善整体系统的功能。在传感器网络节点中,无线通信(接收机和发射机)的功耗是一个大问题。间歇性工作可以降低功耗,合适的看门狗程序或算法也可以降低接收器的功耗,增加数据传输间隔并减少数据量(数据速率)同样能降低发射机的功耗。减少数据量,重点是通过提升逻辑电路模块的能量效率来增加现场执行的数据处理或数据压缩。

11.10.2 能量 E 的进一步减小：超陡峭晶体管

如 11.4 节所述,提高传统 CMOS(包括 FDSOI)能量效率的基本限制,是晶体管的开关特性。具有非常小的 S 因子的超陡峭晶体管,例如 I - MOS(Gopalakrishnan, 2005)、TFET(Aydin, 2004)和机械继电器装置(Kam, 2009),具有显著降低单次工作能量的可能性。单次工作的最小能量可以通过中继器件减小至小于 10^{-17} J, 而传统 CMOS 的最小能量则大于 10^{-16} J。在后缩比时代, 从系统、架构、电路、器件和材料等各个方面进行电子系统设计的能量感知研究和开发,将是特别重要的。

11.11 致　　谢

本章引用的部分资料,来自日本经济产业省(METI)和新能源与工业技术发展组织(NEDO)资助和支持的"超低压器件项目"。

11.12 参考文献

Aoki, M., Ishii, T., Yoshimura, T., Kiyota, Y., Iijima, S., Yamanaka, T., Kure, T., Ohyu, K., Nishida, T., Okazaki, S., Seki, K. and Shimohigashi, K., '0.1 mu m CMOS devices using low-impurity-channel transistors (LICT)', *Electron Devices Meeting*, 1990. IEDM '90. Technical Digest., International, pp. 939,941, 9 – 12 December 1990 doi: 10.1109/IEDM.1990.237087 URL: http://ieeexplore.ieee.org/stamp/stamp.jsp?tp=&arnumber=237087&isnumber=6081.

Asenov, A. (1998), 'Random dopant induced threshold voltage lowering and fluctuations in sub-0.1 μm MOS-

FET's: A 3-D 'atomistic' simulation study', *Electron Devices, IEEE Transactions on*, vol. **45**, no. 12, pp. 2505, 2513, December 1998 doi: 10. 1109/16. 735728 URL: http://ieeexplore. ieee. org/stamp/stamp. jsp? tp = &arnumber = 735728&isnumber = 15827.

Aydin, C., Zaslavsky, A., Luryi, S., Cristoloveanu, S., Mariolle, D., Fraboulet, D. and Deleonibus, S. (2004), 'Lateral interband tunneling transistor in silicon-on-insulator,' *Applied Physics Letters*, vol. **84**, no. 10, pp. 1780, 1782, March 2004 doi: 10. 1063/1. 1668321 URL: http://ieeexplore. ieee. org/stamp/stamp. jsp? tp = &arnumber = 4872075 & isnumber = 4872019.

Benoist, T., Fenouillet-Beranger, C., Perreau, P., Buj, C., Galy, P., Marin-Cudraz, D., Faynot, O., Cristoloveanu, S. and Gentil, P. (2010), 'ESD robustness of FDSOI gated diode for ESD network design: thin or thick BOX?', *SOI Conference (SOI), 2010 IEEE International*, pp. 1, 2, 11 – 14 October 2010 doi: 10. 1109/SOI. 2010. 5641372 URL: http://ieeexplore. ieee. org/stamp/stamp. jsp? tp = &arnumber = 5641372 & isnumber = 5641025.

Bult, K. (2000), 'Analog design in deep sub-micron CMOS', *Solid-State Circuits Conference, 2000. ESSCIRC '00. Proceedings of the 26rd European*, pp. 126, 132, 19 – 21 September 2000 URL: http://ieeexplore. ieee. org/stamp/stamp. jsp? tp = &arnumber = 1471230&isnumber = 31528.

Chandrakasan, A. P., Daly, D. C., Finchelstein, D. F., Kwong, J., Ramadass, Y. K., Sinangil, M. E., Sze, V. and Verma, N. (2010), 'Technologies for ultradynamic voltage scaling', *Proceedings of the IEEE*, vol. **98**, no. 2, pp. 191, 214, February 2010 doi: 10. 1109/JPROC. 2009. 2033621, URL: http://ieeexplore. ieee. org/stamp/stamp. jsp? tp = &arnumber = 5395770&isnumber = 5395752.

Chen, H. -Y, Chang, C. -Y., Huang, C. -C., Chung, T. -X., Liu, S. -D., Ren, J., Liu, H. Y. -H., Chou, Y. -J., Wu, H. -J., Shu, K. -C., Huang, C. -K., You, J. -W., Shin, J. -J., Chen, C. -K., Lin, C. -H., Hsu, J. -W., Perng, B. -C., Tsai, P. -Y., Chen, C. -C., Shieh, J. -H., Tao, H. -J., Chen, S. -C., Gau, T. -S. and Yang, F. -L. (2005), 'Novel 20nm hybrid SOI/bulk CMOS technology with 0. 183 μm² 6T-SRAM cell by immersion lithography', *VLSI Technology, 2005. Digest of Technical Papers. 2005 Symposium on*, pp. 16, 17, 14 – 16 June 2005 doi: 10. 1109/. 2005. 1469194 URL: http:// ieeexplore. ieee. org/ stamp/stamp. jsp? tp = &arnumber = 1469194&isnumber = 31516.

Cheng, K., Khakifirooz, A., Kulkarni, P., Kanakasabapathy, S., Schmitz, S., Reznicek, A., Adam, T., Zhu, Y., Li, J., Faltermeier, J., Furukawa, T., Edge, L. F., Haran, B., Seo, S. -C, Jamison, P., Holt, J., Li, X., Loesing, R., Zhu, Z., Johnson, R., Upham, A., Levin, T., Smalley, M., Herman, J., Di, M., Wang, J., Sadana, D., Kozlowski, P., Bu, H., Doris, B. and O'Neill, J. (2009), 'Fully depleted extremely thin SOI technology fabricated by a novel integration scheme featuring implant-free, zero-silicon-loss, and faceted raised source/drain', *VLSI Technology, 2009 Symposium on*, pp. 212, 213, 16 – 18 June 2009 URL: http://ieeexplore. ieee. org/ stamp/stamp. jsp? tp = &arnumber = 5200603&isnumber = 5200578.

Dennard, R. H., Gaensslen, F. H., Yu, H. N., Rideout, V. L., Bassous, E. and LeBlanc, A. R. (1974), 'Design of ion-implanted MOSFETs with very small physical dimensions', *IEEE Journal of Solid-State Circuits*, vol. **9**, no. 5, pp. 256.

Doyle, B., Boyanov, B., Datta, S., Doczy, M., Hareland, S., Jin, B., Kavalieros, J., Linton, T., Rios, R. and Chau, R. (2003), 'Tri-gate fully-depleted CMOS transistors: fabrication, design and layout', *VLSI Technology, 2003. Digest of Technical Papers. 2003 Symposium on*, pp. 133, 134, 10 – 12 June 2003 doi: 10. 1109/VLSIT. 2003. 1221121 URL: http://ieeexplore. ieee. org/stamp/ stamp. jsp? tp = &arnumber = 1221121& isnumber = 27436.

Faynot, O., Andrieu, F., Weber, O., Fenouillet-Beranger, C., Perreau, P., Mazurier, J., Benoist, T., Rozeau,

O., Poiroux, T., Vinet, M., Grenouillet, L., Noel, J-P, Posseme, N., Barnola, S., Martin, F., Lapeyre, C., Casse, M., Garros, X., Jaud, M. -A, Thomas, O., Cibrario, G., Tosti, L., Brevard, L., Tabone, C., Gaud, P., Barraud, S., Ernst, T. and Deleonibus, S. (2010), 'Planar fully depleted SOI technology: a powerful architecture for the 20nm node and beyond', *Electron Devices Meeting (IEDM), 2010 IEEE International*, pp. 3.2.1, 3.2.4, 6 – 8 December 2010 doi: 10.1109/IEDM.2010.5703287 URL: http://ieeexplore.ieee.org/stamp/stamp.jsp?tp=&arnumber=5703287&isnumber=5703218.

Fenouillet-Beranger, C., Denorme, S., Icard, B., Boeuf, F., Coignus, J., Faynot, O., Brevard, L., Buj, C., Soonekindt, C., Todeschini, J., Le-Denmat, J. C., Loubet, N., Gallon, C., Perreau, P., Manakli, S., Mmghetti, B., Pain, L., Arnal, V., Vandooren, A., Aime, D., Tosti, L., Savardi, C., Martin, F., Salvetat, T., Lhostis, S., Laviron, C., Auriac, N., Kormann, T., Chabanne, G., Gaillard, S., Belmont, O., Laffosse, E., Barge, D., Zauner, A., Tarnowka, A., Romanjec, K., Brut, H., Lagha, A., Bonnetier, S., Joly, F., Mayet, N., Cathignol, A., Galpin, D., Pop, D., Delsol, R., Pantel, R., Pionnier, F., Thomas, G., Bensahel, D., Deleombus, S., Skotnicki, T. and Mmgam, H. (2007), 'Fully-depleted SOI technology using high-k and single-metal gate for 32nm node LSTP applications featuring 0.179 μm^2 6T-SRAM bitcell', *Electron Devices Meeting, 2007. IEDM 2007. IEEE International*, pp. 267, 270, 10 – 12 December 2007 doi: 10.1109/IEDM.2007.4418919 URL: http://ieeexplore.ieee.org/stamp/stamp.jsp?tp=&arnumber=4418919&isnumber=4418848.

Flatresse, P., Giraud, B., Noel, J., Pelloux-Prayer, B., Giner, F., Arora, D., Arnaud, F., Planes, N., Coz, J. L., Thomas, O., Engels, S., Cesana, G., Wilson, R. and Urard, P. (2013), 'Ultra-wide body-bias range LDPC decoder in 28nm UTBB FDSOI technology', *Solid-State Circuits Conference Digest of Technical Papers (ISSCC), 2013 IEEE International*, pp. 424, 425, 17 – 21 February 2013 doi: 10.1109/ISSCC.2013.6487798 URL: http://ieeexplore.ieee.org/stamp/stamp.jsp?tp=&arnumber=6487798&isnumber=6487590.

Fujiwara, M., Morooka, T., Yasutake, N., Ohuchi, K., Aoki, N., Tanimoto, H., Kondo, M., Miyano, K., Inaba, S., Ishimaru, K. and Ishiuchi, H. (2005), 'Impact of BOX scaling on 30nm gate length FD SOI MOSFET', *SOI Conference, 2005. Proceedings. 2005 IEEE International*, pp. 180, 182, 3 – 6 October 2005 doi: 10.1109/SOI.2005.1563581 URL: http://ieeexplore.ieee.org/stamp/stamp.jsp?tp=&arnumber=1563581&isnumber=33183.

Fukuma, M. (1988), 'Limitations on MOS ULSIs', *Symposium on VLSI Technology*, pp. 7 – 8, May 1988.

Gopalakrishnan, K., Griffin, Peter B. and Plummer, J. D. (2005), 'Impact ionization MOS (I-MOS)-Part I: device and circuit simulations,' *Electron Devices, IEEE Transactions on*, vol. **52**, no. 1, pp. 69, 76, January 2005 doi: 10.1109/TED.2004.841344 (410) 52 URL: http://ieeexplore.ieee.org/stamp/stamp.jsp?tp=&arnumber=1372710&isnumber=30008.

Grenouillet, L., Vinet, M., Gimbert, J., Giraud, B., Noel, J. P., Liu, Q., Khare, P., Jaud, M. A., Le Tiec, Y., Wacquez, R., Levin, T., Rivallin, P., Holmes, S., Liu, S., Chen, K. J., Rozeau, O., Scheiblin, P., McLellan, E., Malley, M., Guilford, J., Upham, A., Johnson, R., Hargrove, M., Hook, T., Schmitz, S., mehta, S., Kuss, J., Loubet, N., Teehan, S., Terrizzi, M., Ponoth, S., Cheng, K., Nagumo, T., Khakifirooz, A., Monsieur, F., Kulkarni, P., Conte, R., Demarest, J., Faynot, O., Kleemeier, W., Luning, S. and Doris, B. (2012), 'UTBB FDSOI transistors with dual STI for a multi-Vt strategy at 20nm node and below', *Electron Devices Meeting (IEDM), 2012 IEEE International on*, pp. 3.6.1, 3.6.4, 10 – 13 December 2012 doi: 10.1109/IEDM.2012.6478974 URL: http://ieeexplore.ieee.org/stamp/stamp.jsp?tp=&arnumber=6478974&isnumber=6478950.

Hartmann, J. (2012), 'Planar FD-SOI Technology at 28nm and below for extremely power-efficient SoCs', in the presentation at *Symposium: Fully Depleted Transistors Technology*, - 10 December 2012, San Francisco, CA, http://www.soiconsortium.org/fully-depleted-soi/presentations/december-2012/.

Hisamoto, D., Kaga, T., Kawamoto, Y. and Takeda, E. (1989), 'A fully depleted lean-channel transistor (DELTA)-a novel vertical ultra thin SOI MOSFET', *Electron Devices Meeting, 1989. IEDM '89. Technical Digest., International*, pp. 833, 836, 3 - 6 December 1989 doi: 10.1109/IEDM.1989.74182 URL: http://ieeexplore.ieee.org/stamp/stamp.jsp?tp=&arnumber=74182&isnumber=2489.

Horiuchi (2003), US Patent Application, 20030113961.

Huang X., Lee W. -C., Kuo C., Hisamoto, D., Chang L., Kedzierski, J., Anderson, E., Takeuchi, H., Choi Y. -K., Asano, K., Subramanian, V., King T. - J., Bokor, J. and Hu C. (1999), 'Sub 50-nm FinFET: PMOS', *Electron Devices Meeting, 1999. IEDM '99. Technical Digest. International*, pp. 67, 70, 5 - 8 December 1999 doi: 10.1109/IEDM.1999.823848 URL: http://ieeexplore.ieee.org/stamp/stamp.jsp?tp=&arnumber=823848&isnumber=17838.

Ishigaki, T., Tsuchiya, R., Morita, Y., Sugii, N., Kimura, S., Iwamatsu, T., Ipposhi, T., Inoue, Y. and Hiramoto, T. (2008), 'Wide-range threshold voltage controllable silicon on thin buried oxide integrated with bulk complementary metal oxide semiconductor featuring fully silicided NiSi gate electrode', *Japanese Journal of Applied Physics*, vol. **47**, no. 4, pp. 2585 - 2588.

Ishigaki, T., Tsuchiya, R., Morita, Y., Sugii, N. and Kimura, S. (2011), 'Effects of device structure and back biasing on HCI and NBTI in silicon-on-thin-BOX (SOTB) CMOSFET', *Electron Devices, IEEE Transactions on*, vol. **58**, no. 4, pp. 1197, 1204, April 2011 doi: 10.1109/TED.2011.2107520 URL: http://ieeexplore.ieee.org/stamp/stamp.jsp?tp=&arnumber=5737864&isnumber=5737855.

Kam, H., King-Liu, T. -J., Alon, E. and Horowitz, M., 'Circuit-level requirements for MOSFET-replacement devices,' *Electron Devices Meeting, 2008. IEDM 2008. IEEE International*, pp. 427, 430, 15 - 17 December 2008 doi: 10.1109/IEDM.2008.4796715 URL: http://ieeexplore.ieee.org/stamp/stamp.jsp?tp=&arnumber=4796715&isnumber=4796592.

Kao, J. T., Miyazaki, M. and Chandrakasan, A. P. (2002), 'A 175-MV multiply-accumulate unit using an adaptive supply voltage and body bias architecture', *Solid-State Circuits, IEEE Journal of*, vol. **37**, no. 11, pp. 1545, 1554, November 2002 doi: 10.1109/JSSC.2002.803957 URL: http://ieeexplore.ieee.org/stamp/stamp.jsp?tp=&arnumber=1046100&isnumber=22413.

Khater, M., Cai, J., Dennard, R. H., Yau, J., Wang, C., Shi, L., Guillorn, M., Ott, J., Ouyang, Q. and Haensch, W. (2010), 'FDSOI CMOS with dielectrically-isolated back gates and 30nm LG high-γ/metal gate', *VLSI Technology (VLSIT), 2010 Symposium on*, pp. 43, 44, 15 - 17 June 2010 doi: 10.1109/VLSIT.2010.5556125 URL: http://ieeexplore.ieee.org/stamp/stamp.jsp?tp=&arnumber=5556125&isnumber=5556114.

Khandelwal, S., Chauhan, Y. S., Lu, D. D., Venugopalan, S., Karim, M. A. U., Sachid, A. B., Bich-Yen Nguyen, Rozeau, O., Faynot, O., Niknejad, A. M. and Hu, C. C. (2012), 'BSIM-IMG: a compact model for ultrathin-body SOI MOSFETs with back -gate control', *Electron Devices, IEEE Transactions on*, vol. **59**, no. 8, pp. 2019, 2026, August 2012 doi: 10.1109/TED.2012.2198065 URL: http://ieeexplore.ieee.org/stamp/stamp.jsp?tp=&arnumber=6221973&isnumber=6244895.

Kwong, J. and Chandrakasan, A. P. (2006), 'Variation-driven device sizing for minimum energy sub-threshold circuits', *Low Power Electronics and Design, 2006. ISLPED '06. Proceedings of the 2006 International Symposium on*, pp. 8, 13, 4 - 6 October 2006 doi: 10.1109/LPE.2006.4271799 URL: http://ieeexplore.ieee.org/stamp/stamp.jsp?tp=&arnumber=4271799&isnumber=4271789.

Kwong, J., Ramadass, Y., Verma, N., Koesler, M., Huber, K., Moormann, H. and Chandrakasan, A. (2008), 'A 65nm sub-Vt microcontroller with integrated SRAM and switched-capacitor DC-DC converter', *Solid-State Circuits Conference*, 2008. ISSCC 2008. Digest of Technical Papers. IEEE International, pp. 318, 616, 3 – 7 February 2008 doi: 10.1109/ISSCC.2008.4523185 URL: http://ieeexplore.ieee.org/stamp/stamp.jsp?tp=&arnumber=4523185&isnumber=4523032.

Lin, Y.-S., Wu, C.-C., Chang, C.-S., Yang, R.-P., Chen, W.-M., Liaw, J.-J. and Diaz, C. H. (2002), 'Leakage scaling in deep submicron CMOS for SoC', *Electron Devices, IEEE Transactions on*, vol. **49**, no. 6, pp. 1034, 1041, June 2002 doi:10.1109/TED.2002.1003727 URL: http://ieeexplore.ieee.org/stamp/stamp.jsp?tp=&arnumber=1003727&isnumber=21668.

Makiyama, H., Yamamoto, Y., Shinohara, H., Iwamatsu, T., Oda, H., Sugii, N., Ishibashi, K. and Yamaguchi, Y. (2013), 'Speed enhancement at V_{dd} = 0.4 V and random τpd variability reduction of silicon on thin buried oxide (SOTB)', in *Extended Abstracts of the 2013 International Symposium on Solid-State Devices and Materials*, 24 – 27 September 2013, Fukuoka, Japan.

Masahara, M., Y. Liu, Sakamoto, K., Endo, K., Matsukawa, T., Ishii, K., Sekigawa, T., Yamauchi, H., Tanoue, H., Kanemaru, S., Koike, H. and Suzuki, E. (2005), 'Demonstration, analysis, and device design considerations for independent DG MOSFETs', *Electron Devices, IEEE Transactions on*, vol. **52**, no. 9, pp. 2046, 2053, September 2005 doi: 10.1109/TED.2005.855063 URL: http://ieeexplore.ieee.org/stamp/stamp.jsp?tp=&arnumber=1499093&isnumber=32199.

Miyazaki, M., Kao, J. and Chandrakasan, A. P. (2002), 'A 175 mV multiply-accumulate unit using an adaptive supply voltage and body bias (ASB) architecture', *Solid-State Circuits Conference*, 2002. Digest of Technical Papers. ISSCC. 2002 IEEE International, vol. 2, no., pp. 40, 391, 7 – 7 February 2002 doi:10.1109/ISSCC.2002.992099 URL: http://ieeexplore.ieee.org/stamp/stamp.jsp?tp=&arnumber=992099&isnumber=21395.

Miura-Mattausch, M., Kikuchihara, H., Feldmann, U., Nakagawa, T., Miyake, M., Iizuka, T. and Mattausch, H. J. (2012), 'HiSIM-SOTB: a compact model for SOI – MOSFET with ultra-thin Si-layer and BOX', in *Nanotechnology 2012: Electronics, Devices, Fabrication, MEMS, Fluidics and Computational (Volume2), Chapter 10: Compact Modeling*, pp. 792 – 795, ISBN:978-1-4665-6275-2.

Monfray, S., Samson, M.-P, Dutartre, D., Ernst, T., Rouchouze, E., Renaud, D., Guillaumot, B., Chanemougame, D., Rabille, G., Borel, S., Colonna, J.-P, Arvet, C., Loubet, N., Campidelli, Y., Hartmann, J.-M, Vandroux, L., Bensahel, D., Toffoli, A., Allain, F., Margin, A., Clement, L., Quiroga, A., Deleonibus, S. and Skotnicki, T. (2007), 'Localized SOI technology: an innovative low cost self-aligned process for ultra thin Si-film on thin BOX integration for low power applications', *Electron Devices Meeting*, 2007. IEDM 2007. IEEE International, pp. 693, 696, 10 – 12 December 2007 doi: 10.1109/IEDM.2007.4419040 URL: http:// ieeexplore.ieee.org/stamp/stamp.jsp?tp=&arnumber=4419040&isnumber=4418848.

Mizutani, T., Yamamoto, Y., Makiyama, H., Tsunomura, T., Iwamatsu, T., Oda, H., Sugii, N. and Hiramoto, T. (2012), 'Reduced drain current variability in fully depleted silicon-on-thin-BOX (SOTB) MOSFETs', *Silicon Nanoelectronics Workshop (SNW), 2012 IEEE*, pp. 1, 2, 10 – 11 June 2012 doi: 10.1109/SNW.2012.6243344 URL: http://ieeexplore.ieee.org/stamp/stamp.jsp?tp=&arnumber=6243344&isnumber=6243280.

Nagumo, T. and Hiramoto, T. (2006), 'Design guideline of multi-gate MOSFETs with substrate-bias control', *Electron Devices, IEEE Transactions on*, vol. **53**, no. 12, pp. 3025, 3031, December 2006 doi: 10.1109/

TED. 2006. 885533 URL: http://ieeexplore. ieee. org/stamp/stamp. jsp? tp = &arnumber = 4016354& isnumber = 4016323.

Numata, T. and Takagi, S. (2004), 'Device design for subthreshold slope and threshold voltage control in sub-100-nm fully depleted SOI MOSFETs', *Electron Devices, IEEE Transactions on*, vol. **51**, no. 12, pp. 2161, 2167, December 2004 doi: 10. 1109/TED. 2004. 839760 URL: http://ieeexplore. ieee. org/stamp/ stamp. jsp? tp = &arnumber = 1362982&isnumber = 29867.

Pelgrom, M. J. M., Duinmaijer, A. C. J. and Welbers, A. P. G. (1989), 'Matching properties of MOS transistors', *Solid-State Circuits, IEEE Journal of*, vol. **24**, no. 5, pp. 1433, 1439, October 1989 doi: 10. 1109/ JSSC. 1989. 572629 URL: http://ieeexplore. ieee. org/stamp/stamp. jsp? tp = &arnumber = 572629&isnumber = 1494.

Sinangil, M. E., Yip, M., Qazi, M., Rithe, R., Kwong, J. and Chandrakasan, A. P. (2012), 'Design of low-voltage digital building blocks and ADCs for energy-efficient systems', *Circuits and Systems II: Express Briefs, IEEE Transactions on*, vol. **59**, no. 9, pp. 533, 537, September 2012 doi: 10. 1109/ TCSII. 2012. 2208675 URL: http://ieeexplore. ieee. org/ stamp/stamp. jsp? tp = &arnumber = 6272333&isnumber = 6299017.

Su H., Wang W. and Amano H., *IEICE Tech. Rep.*, 112 (325), RECONF2012-47, 3 (2012), in Japanese. English version: Hongliang Su, Weihan Wang, Kuniaki Kitamori and Hideharu Amano, ' High Accuracy CMASOTB / LPT-3: The first prototype chip of Cool Mega Array on Silicon On Thin BOX' Fourth International Symposium on Highly Efficient Accelerators and Reconfigurable Technologies, Edinburgh, Scotland, 13 – 14 June 2013, to be included in postproceeding as a special issue of ACM SIGARCH Computer Architecture News(CAN) and available in ACM Digital Library.

Sugii, N., Tsuchiya, Ryuta, Ishigaki, T., Morita, Y., Yoshimoto, Hiroyuki and Kimura, S. (2010), 'Local V_{th} variability and scalability in silicon-on-thin-BOX (SOTB) CMOS with small random-dopant fluctuation', *Electron Devices, IEEE Transactions on*, vol. **57**, no. 4, pp. 835, 845, April 2010 doi: 10. 1109/ TED. 2010. 2040664 URL: http://ieeexplore. ieee. org/stamp/ stamp. jsp? tp = &arnumber = 5415570& isnumber = 5437380.

Takeuchi, K. and Mogami, T. (2001), 'A new multiple transistor parameter design methodology for high speed low power SoC's', *IEDM Tech. Dig.*, pp. 515 – 518, December 2001.

Takeuchi, K. and Mogami, T. (2001), 'A new multiple transistor parameter design methodology for high speed low power SoCs', *Electron Devices Meeting, 2001. IEDM' 01. Technical Digest International*, pp. 22. 6. 1, 22. 6. 4, 2 – 5 December 2001 doi: 10. 1109/IEDM. 2001. 979558 URL: http://ieeexplore. ieee. org/stamp/ stamp. jsp? tp = &arnumber = 979558&isnumber = 21092.

Takeuchi, K., Tatsumi, T. and Furukawa, A. (1997), 'Channel engineering for the reduction of random-dopantplacement-induced threshold voltage fluctuation', *Electron Devices Meeting, 1997. IEDM' 97. Technical Digest., International*, pp. 841, 844, 10 – 10 December 1997 doi: 10. 1109/IEDM. 1997. 650512 URL: http:// ieeexplore. ieee. org/stamp/stamp. jsp? tp = &arnumber = 650512&isnumber = 14153.

Tan, Y. K. and Panda, S. K. (2010). Review of Energy Harvesting Technologies for Sustainable Wireless Sensor Networks, Yen Kheng Tan (Ed.), ISBN: 978-953-307 -297-5, InTech, Available from: http:// www. intechopen. com/books/sustainable-wireless-sensor-networks/review-of-energy-harvesting-technologiesforsustainable-wsn.

Tani, K., Kumar A., Yasuhiro D., Akira U. and Jiro I. (2007), *OKI Technical Review* (in Japanese), vol. **74**, no. 3, pp. 54 – 57, October 2007.

Taur Y. and Ning T. H. (1998), *Fundamentals of Modern VLSI Devices*, Cambridge University Press, ISBN

0521559596, 9780521559591.

Tsuchiya, R., Sugii, N., Ishigaki, T., Morita, Y., Yoshimoto, Hiroyuki, Torii, K. and Kimura, S. (2009), 'Low voltage ($V_{dd} \sim 0.6$ V) SRAM operation achieved by reduced threshold voltage variability in SOTB (silicon on thin BOX)', *VLSI Technology, 2009 Symposium on*, pp. 150, 151, 16 – 18 June 2009 URL: http://ieeexplore. ieee. org/stamp/stamp. jsp? tp = &arnumber = 5200668&isnumber = 5200578.

Tsuchiya, R., Horiuchi, M., Kimura, S., Yamaoka, M., Kawahara, T., Maegawa, S., Ipposhi, T., Ohji, Y. and Matsuoka, H. (2004), 'Silicon on thin BOX: a new paradigm of the CMOSFET for low-power high-performance application featuring wide-range back-bias control', *Electron Devices Meeting, 2004. IEDM Technical Digest. IEEE International*, pp. 631, 634, 13 – 15 December 2004 doi: 10.1109/ IEDM. 2004.1419245 URL: http://ieeexplore. ieee. org/stamp/stamp. jsp? tp = &arnu mber = 1419245& isnumber = 30682.

Tsunomura, T., Nishida, A., Yano, F., Putra, A. T., Takeuchi, K., Inaba, S., Kamohara, S., Terada, K., Hiramoto, T. and Mogami, T. (2008), 'Analyses of 5σ V_{th} fluctuation in 65nm-MOSFETs using takeuchi plot', *VLSI Technology, 2008 Symposium on*, pp. 156, 157, 17 – 19 June 2008 doi: 10.1109/VLSIT. 2008. 4588600 URL: http://ieeexplore. ieee. org/ stamp/stamp. jsp? tp = &arnumber = 4588600& isnumber = 4588540.

Wang, A. and Chandrakasan, A. (2005), 'A 180-mV subthreshold FFT processor using a minimum energy design methodology', *Solid-State Circuits, IEEE Journal of*, vol. **40**, no. 1, pp. 310, 319, January 2005 doi: 10.1109/JSSC. 2004. 837945 URL: http://ieeexplore. ieee. org/stamp/stamp. jsp? tp = &arnumber = 1375015&isnumber = 30003.

Weber, O., Andrieu, F., Mazurier, J., Casse, M., Garros, X., Leroux, C., Martin, F., Perreau, P., Fenouillet-Béranger, C., Barnola, S., Gassilloud, R., Arvet, C., Thomas, O., Noel, J-P, Rozeau, O., Jaud, M. -A, Poiroux, T., Lafond, D., Toffoli, A., Allain, F., Tabone, C., Tosti, L., Brevard, L., Lehnen, P., Weber, U., Baumann, P. K., Boissiere, O., Schwarzenbach, W., Bourdelle, K., Nguyen, B. -Y., Boeuf, F., Skotnicki, T. and Faynot, O. (2010), 'Work-function engineering in gate first technology for multi-VT dual-gate FDSOI CMOS on UT-BOX', *Electron Devices Meeting (IEDM), 2010 IEEE International*, pp. 3.4.1, 3.4.4, 6 – 8 December 2010 doi: 10.1109/ IEDM. 2010. 5703289 URL: http://ieeexplore. ieee. org/stamp/stamp. jsp? tp = &arnumber = 5703289&isnumber = 5703218.

Yamaoka, M., Osada, K., Tsuchiya, R., Horiuchi, M., Kimura, S. and Kawahara, T. (2004), 'Low power SRAM menu for SOC application using Yin-Yang-feedback memory cell technology', *VLSI Circuits, 2004. Digest of Technical Papers. 2004 Symposium on*, pp. 288, 291, 17 – 19 June 2004 doi: 10.1109/VLSIC. 2004. 1346590 URL: http:// ieeexplore. ieee. org/ stamp/stamp. jsp? tp = &arnumber = 1346590& isnumber = 29642.

Yamamoto, Y., Makiyama, H., Tsunomura, T., Iwamatsu, T., Oda, H., Sugii, N., Yamaguchi, Y., Mizutani, T. and Hiramoto, T. (2012), 'Poly/high-k/SiON gate stack and novel profile engineering dedicated for ultralow-voltage siliconon-thin-BOX (SOTB) CMOS operation', *VLSI Technology (VLSIT), 2012 Symposium on*, pp. 109, 110, 12 – 14 June 2012 doi: 10.1109/VLSIT. 2012. 6242485 URL: http://ieeexplore. ieee. org/stamp/stamp. jsp? tp = &arnumber = 6242485&isnumber = 6242429.

Yamamoto, Y., Makiyama, H., Shinohara, H., Iwamatsu, T., Oda, H., Kamohara, S., Sugii, N., Yamaguchi, Y., Mizutani, T. and Hiramoto, T. (2013), 'Ultralow-voltage operation of silicon-on-thin-BOX (SOTB) 2Mbit SRAM down to 0.37 V utilizing adaptive back bias', *VLSI Technology, 2013 Symposium on*, pp. T212 – 213, 11 – 13 June 2013, Kyoto, Japan.

Yau, Y. D. (1974), 'A simple theory to predict the threshold voltage of short-channel IGFET's', *Solid-State*

Electronics, vol. **17**, no. 10, pp. 1059 – 1063, October 1974.

Yasufuku, T., Iida, S., Fuketa, H., Hirairi, K., Nomura, M., Takamiya, M. and Sakurai, T. (2011), 'Investigation of determinant factors of minimum operating voltage of logic gates in 65-nm CMOS', *Low Power Electronics and Design (ISLPED) 2011 International Symposium on*, pp. 21, 26, 1 – 3 August 2011 doi: 10. 1109/ISLPED. 2011. 5993598 URL: http://ieeexplore. ieee. org/stamp/stamp. jsp? tp = &arnumber = 5993598&isnumber = 5993591.

第 12 章　改善性能的 3D SOI 集成电路

C. S. TAN, Nanyang Technological University, Singapore

摘　要: 在未来的电路和系统中, 3D IC, 即三维集成电路, 是提高性能和功能多样化的一个研究方向。由于 SOI 晶圆片无须采用体硅 3D IC 技术中高的深宽比 TSV 就可以实现超薄硅层的转移和堆叠, 因此具有得天独厚的优势。随着技术水平的提高, SOI 平台可以实现密度极高的有源层之间的垂直互连。本章概述 SOI 基 3D IC 的材料和工艺要求, 给出通用的和定制的工艺流程。其中晶圆片键合技术是实现 SOI 基 3D IC 的关键技术。

关键词: 3D IC, 晶圆片键合, 减薄, 硅通孔(TSV), 等离子体激活, 支撑晶圆片。

12.1　引　言

当微电子工业由于基本的物理和经济约束而面临前所未有的尺寸壁垒时, 三维(3D)集成成为提高集成电路性能的一个重要方法。三维集成将传统的集成电路技术由平面向三维空间转换。因此它可以增强尺寸的缩比性, 进一步提高性能(超越摩尔定律), 使功能多样化(超越摩尔定律), 从而提升系统的水平。三维集成, 实现了多层集成电路间的电学连接和 3D 堆叠, 在形状因子、密度、性能、功率、功能多样化和价格方面都具有优势。

3D IC 的核心是垂直堆叠电路, 在它们之间形成电学互连。主流的 3D IC 通常采用体硅, 体硅被减薄到能进行有效和可靠加工的最小厚度。减薄的芯片或晶圆片通过硅通孔(TSV)互连, 并通过铜/锡(Cu/Sn)微凸点键合实现电学连接, 将来有可能采用更小的 Cu–Cu 凸点实现电学连接。图 12.1 是 3D IC 面对面和背面对正面堆叠的原理图。

在 3D IC 的发展中, TSV 是一项关键技术, 几乎所有的主要半导体公司都发展了自己的技术。TSV 在尺寸和密度方面差异较大, 表 12.1 是根据 2009 年国际半导体技术蓝图(ITRS)的表 INTC3 修订的总结(2010 年更新)[1]。

在体硅晶圆片上采用 TSV 技术实现 3D IC 看起来工艺简单, 但却存在许多难题:

(1) 在体硅的减薄工艺中, 尤其对于那些较大尺寸的晶圆片, 需要严格控

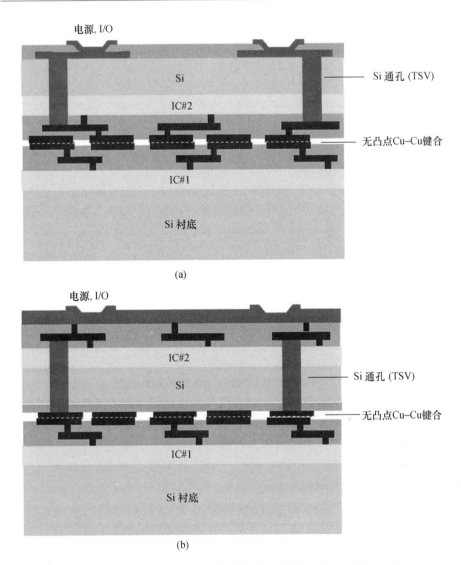

图 12.1 （a）面对面或面朝下堆叠与（b）背面对正面或面朝上堆叠

制减薄后晶圆片厚度的一致性和翘曲度，而且由于减薄后晶圆片的机械强度低，如何加工也是必须关注的问题。因此，工厂要求在未来的 3D IC 中，最终的 Si 层厚度范围应该是 20～50μm。从表 12.1 中可以看出，2013 年至 2015 年，TSV 的深宽比范围在 10:1～20:1 之间。从工艺的角度看，高的深宽比 TSV 工艺难度会提高，因为衬垫层、阻挡层和种子层的保形沉积比较困难，而当超保形工艺不能完成时，高的深宽比 TSV 镀铜工艺会出现不完全的填充情况（例如，过早闭合形成空洞），这是不希望的，同时，它还会导致工艺时间长、成本高的问题。

表 12.1　全球电学互连 3D-SIC/3D-SOC 水平预测（2010 年更新）

全球 3D 堆叠水平	2009—2012 年	2013—2015 年
最小 TSV 直径/μm	4~8	2~4
最小 TSV 接触点/μm	8~16	4~8
最大 TSV 深度/μm	20~50	20~50
最大 TSV 深宽比	5:1~10:1	10:1~20:1

（2）在 TSV 技术中，深孔中通常填充 Cu 作为导电材料。由于 Cu 比 Si 的热膨胀系数大，因此位于 TSV 周围的 Si 热机械应力大，这就会导致许多影响电路可靠性的问题，例如 Cu-TSV 与 Si 之间有分层，Cu 层突出（导致 Cu 互连顶部平面的变形）而 Si 出现裂缝，同时，邻近 TSV 的 Si 应力较大会引起载流子迁移率变化，进而导致晶体管性能变化，结果使晶圆片上不同区域的电路出现差异。为了使这个差异最小，必须在晶圆片中引入保留区（KOZ），这样就浪费了晶圆片的实际可用面积。

如果能可靠地加工超薄（小于 1μm）Si 层，上述难题就能克服，并且这样的工艺还可以扩展到大晶圆片。采用绝缘体上硅可以获得体硅工艺不可能实现的超薄硅层。SOI 技术是基于选择性去除衬底使刻蚀停止在埋氧化层的原理来获得超薄硅层的。基于 SOI 晶圆片的 3D IC 经常采用低温键合工艺实现。采用超薄硅层，有可能避开高深宽比 TSV，而采用深宽比低得多的互连通孔，制作方法大致类似于在后端 Cu 互连工艺中制作通孔的方法。这项技术由 MIT、IBM 和其他一些单位的研究人员，在图像传感器和高性能计算机等领域应用中提出，并进行过相关的研究。在 SOI 平台上实现 3D IC 技术有明显的优势，它与体硅平台的比较结果如表 12.2 所列。

表 12.2　体硅和 SOI 3D IC 的比较

	(a)	(b)	(c)
键合中间介质	Cu-Cu	Cu-Cu	熔融或粘接
器件层之间的距离	最大	中	最小
是否需要支撑晶片	是	否	是
对准精度要求	较宽松	几微米	严格（亚微米）
最小的通孔凸点高度	20~50μm	10μm	非常小（约 0.4μm）
中间层通孔密度	较低	高（约 $10^{16}/cm^2$）	非常高（约 $10^{18}/cm^2$）
适于 SOI 或体硅	皆可	皆可	SOI
芯片键合或晶圆片键合	皆可	皆可	晶圆片键合
直接扩展多于 2 层	是	否	是
封装连接	标准	深孔	标准

引自：IBM。

采用 SOI 晶圆片实现 3D IC 具有突出的技术优势,本章将讨论这项有前途的技术,以供读者参考。后面的内容将围绕这一技术,讨论相关的材料和工艺要求,以及通用的和定制的工艺流程和文献中报道的具体实例。由于实现 SOI 基 3D IC 的关键技术是晶圆片键合,下文将讨论采用直接 Cu – Cu 键合和绝缘层键合的先进晶圆片键合技术。

12.2 利用 Cu – Cu 键合的 3D IC:工艺流程

简单地说,SOI 基 3D IC 包含一系列并行的器件制造工艺,对准、键合、减薄、形成垂直通孔和顶部金属化。堆叠方向可以是面对面(正面朝下)或背面对正面(正面朝上)的。在背面对正面的堆叠中,需要支撑晶圆片,它在减薄过程中临时支撑供体晶圆片,在实现层转移后被去除。基于最终的应用需求和成本考虑,衬底采用体硅,保留部分的材料必须是 SOI 晶圆片。如前文所强调的,由于待键合的样片已经完成了前道工艺和部分后道工艺,所以晶圆片键合工艺要求是低温键合(低于 400℃)。在后面的讨论中,SOI 基 3D IC 流程基于键合媒质来分类,即是 Cu – Cu 键合还是绝缘层键合。本节将给出通过 Cu – Cu 键合实现的通用的和定制的工艺流程。12.5 节和 12.7 节将给出绝缘层键合实现的工艺流程。12.8 节和 12.9 节将详细介绍先进晶圆片键合的方法和要求。

本节介绍最初由 MIT 的研究者们提出的 Cu – Cu 热压键合 3D IC 技术。在这个技术方案中,两片做过前端工艺(FEOL)的有源器件晶圆片利用低温 Cu – Cu 热压键合工艺键合,实现背面对正面的堆叠,器件层通过中间层开孔实现电学互连。由于需要键合的器件层已经有 Al 或 Cu 金属互连线,因此必须采用低温晶圆片键合。这一方案非常有吸引力,因为它采用了较低的深宽比垂直通孔和较薄的键合层。图 12.2(a) 至图 12.2(f) 所示为这一 3D IC 方案的工艺流程。

12.2.1 支撑晶圆片粘接

图 12.2(a) ~ 图 12.2(f) 所示为制作 3D CMOS 反相器的工艺流程。底层器件层是在体 Si 上制作的 n – MOS 器件层,顶层器件层是在 SOI 晶圆片上制作的 p – MOS 器件层,在堆叠之前已分别制作完成。首先,如图 12.2(b) 所示,顶层器件层的表面被粘在支撑晶圆片上以提供机械支撑,它利于后序工艺中的晶圆片处理。因此,粘接键合强度必须足够大,以便能在后序的工艺中支撑 SOI 晶圆片。注意,这次键合是临时性的,支撑晶圆片要在最后 3D 堆叠完成以后被去掉,因此也要求容易去除。出于这个目的,采用低温氧化物晶圆片键合。在参考文献[3]中,有关于临时键合最近的发展状况的详细讨论。

12.2.2 SOI 背面减薄

在图 12.2(c)中,SOI 晶圆片在与支撑晶圆片键合以后,衬底背面要减薄。可以采用机械研磨、等离子体干法刻蚀和化学湿法腐蚀工艺实现。为了获得良好的刻蚀停止,采用化学湿法腐蚀工艺刻蚀最后的 50~100μm 的 Si。由于在湿法刻蚀液中,Si 和氧化物之间有优良的选择刻蚀特性,因此埋氧化物可以作为刻蚀停止层。在湿法腐蚀时,支撑晶圆片必须涂覆 SiO_2 进行保护,以防止受到化学腐蚀。

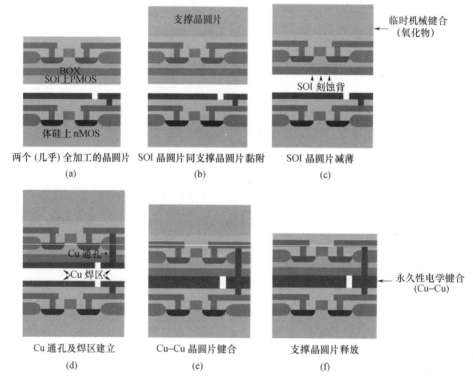

图 12.2 采用 Cu 实现晶圆片键合的 3D IC 方案工艺流程

12.2.3 背面通孔和键合区形成

在减薄的 SOI 晶圆片上制作背面中间层垂直通孔和 Cu 键合区。在这个 3D IC 方案中,对通孔深宽比的要求不高,因为通孔是在两个晶圆片上形成以后连接起来的。Cu 键合区分为两部分:一部分用于通孔连接,在两个器件层之间形成电学连接;另一部分则是为了增加键合区的面积,以增加键合强度,如图 12.2(d)所示。

12.2.4　Cu 热压键合

如图 12.2(e)所示,将顶层器件层与底层器件层上制作好的 Cu 键合区对准,在惰性气氛中加恒定的压力,在低温下实现键合。键合完成以后进行最终的退火处理,使 Cu – Cu 界面互扩散,并促进晶粒生长。

12.2.5　去除支撑晶圆片

将顶层的供体晶圆片与支撑晶圆片采用氧化层熔融键合工艺键合到一起。完成 3D 堆叠以后采用机械研磨和湿法腐蚀去除支撑晶圆片。还有一种较少采用的方法是氢致晶圆片剥离方法。键合前在支撑晶圆片表面注入氢,在温度高于 Cu 热压键合的温度下退火,以去除支撑晶圆片形成永久的键合。

在有源层之间利用金属作为键合界面比较有吸引力。因为金属的导热性好,有助于解决 3D IC 中面临的热耗散问题,同时,金属界面允许布线。Cu 是可选择的金属,因为它是主流的 CMOS 材料,具有优良的导电性能($\rho_{Cu} = 1.7 \mathrm{m}\Omega \cdot \mathrm{cm}$ 而 $\rho_{Al} = 2.65 \mathrm{m}\Omega \cdot \mathrm{cm}$)和导热性能($K_{Cu} = 400 \mathrm{W} \cdot \mathrm{m}^{-1} \mathrm{K}^{-1}$ 而 $K_{Al} = 235 \mathrm{W} \cdot \mathrm{m}^{-1} \mathrm{K}^{-1}$)以及更长的电迁移寿命。金属键合的另一个优点是两个器件层之间的金属层可以作为接地的屏蔽层,如果适当接地,可以较好地隔离噪声。采用背面对正面的键合,SOI 晶圆片先减薄然后再键合到衬底晶圆片上,由此避免了 SOI 减薄工艺对 3D 堆叠结构造成的损伤。

12.3　利用 Cu – Cu 键合实现 3D 集成:面对面的硅层堆叠

本节介绍面对面的硅层堆叠(普适性的和非功能性的)技术。利用直接 Cu – Cu 热压键合和 Si 衬底减薄完成堆叠。这个技术的优点在于不需要额外的支撑晶圆片,因此工艺更简单和更直接。已成功制作出双硅层堆叠,进而制作出四层硅堆叠。这种技术有望实现超薄硅器件层的垂直集成。

12.3.1　面对面的双硅层堆叠

实现超薄硅器件层堆叠的一种方法是采用晶圆片键合和背面刻蚀。薄层既可以面对面放置,也可以背面对正面的方式放置。本节将描述采用低温铜热压键合实现面对面硅层堆叠的技术,这个方法是最直接的堆叠薄硅层的方法。在这个面对面堆叠方法中,首先采用 Cu 作为键合中间媒质将 SOI 供体晶圆片以面对面形式键合在衬底晶圆片上,然后刻蚀其背面到埋氧化层。该技术采用 SOI 层实现双硅层堆叠,硅层的厚度薄至 400nm。

1. 晶圆片准备

图 12.3 所示为制作面对面形式的双硅层堆叠工艺流程。这个实验中,全部采用 150mm 的 n 型(100)Si 晶圆片。SOI 晶圆片是更有吸引力的选择,因为正如前面的章节中所述,在衬底减薄工艺的硅刻蚀液中,例如在四甲基氢氧化铵(TMAH)溶液中,埋氧化层可以作为优良的刻蚀停止层。由于生产级别的 SOI 晶圆片价格贵,这个实验中制作了类似于 SOI 结构的虚拟晶圆片,用来作为供体晶圆片和衬底晶圆片。在硅晶圆片上生长 5000Å 的热氧化物作为硅片上的埋氧化层,接着在 620℃ 下沉积 4000Å 的不掺杂多晶硅,由于供体晶圆片上已经有器件和互连引线,在实际工艺中,所有后序工艺的温度都应保持在 400℃ 以下,以便同后端工艺(BEOL)兼容。

2. Cu - Cu 键合

所有的供体晶圆片和衬底晶圆片都在食人鱼清洗液(H_2O_2:H_2SO_4 = 1:3,体积比)中清洗,然后沉积金属。在电子束系统中,在供体晶圆片和衬底晶圆片上沉积 50nm 的 Ta 和 300nm 的 Cu,Ta 用作扩散阻挡层,防止 Cu 扩散到器件层可能引起器件层的电学退化。在 EV Group 对准设备中,对准供体晶圆片和衬底晶圆片,然后用键合卡盘夹紧,晶圆片之间在边缘处有 3 个 30μm 厚的金属片将晶圆片分开。将对准后的晶圆片对转移到 EV Group 键合腔室内。反复充氮气和抽真空,经过 3 个充气/抽气的循环以后,拉出金属片完成热压键合。键合条件为 400℃、4kN 接触力和真空环境,键合时间为 1h。图 12.3(a) 所示为这个实验过程的示意图。最后,键合好的对片在 N_2 气氛中退火 1h,使 Cu 互扩散以及晶粒生长,以获得更高的键合强度。

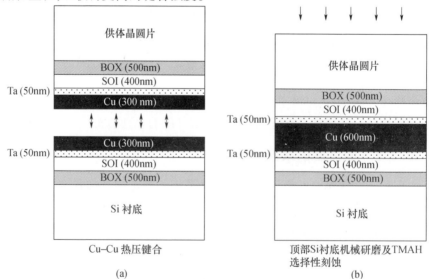

图 12.3 基于 Cu 热压和晶圆片背面刻蚀工艺的面对面硅层转移和堆叠

如图12.3(b)所示,流程中的第二步是供体晶圆片背面减薄。介绍两种供体晶圆片背面减薄方法。

1) SOI供体晶圆片背面刻蚀:研磨和TMAH溶液腐蚀

键合的供体晶圆片衬底背面减薄工艺采用机械研磨和TMAH腐蚀相结合的方法。因为供体晶圆片的衬底要被完全去掉,所以该步工艺是破坏性的。机械研磨外包给供应商。研磨工艺分为两步:首先是粗研磨,去除大部分衬底材料;接下来是细研磨,去除最后的$15\sim20\mu m$和前期粗研磨造成的损伤。当采用2000型磨粒的磨轮完成最终研磨时,晶圆片的表面粗糙度为$0.13\mu m$。除此之外,用去离子水进行工艺冷却和清洗,在研磨过程中没有采用化学腐蚀液或浆料。研磨工艺参数包括力和速度,具体参数由供应商掌握,不予公开。由于机械研磨在硅和氧化硅之间没有选择性,因此在距埋氧化层$75\mu m$的地方停止背面研磨。剩余的$75\mu m$厚的硅层采用质量比12.5%的TMAH溶液去除,腐蚀温度为85℃,腐蚀时间大约为100min。由于TMAH在硅和二氧化硅之间有优良的刻蚀选择性(大于3个数量级),因此刻蚀在埋氧化层停止。

图12.4所示为去除供体晶圆片衬底以后,得到的最终双硅层堆叠结构截面的扫描电镜(SEM)照片。从图中可以看出,两边的薄膜层由Cu键合层可靠地键合在一起,因此验证了前面描述的层堆叠方法。在多晶硅和Ta层之间的弯曲界面,是由于没有抛光的多晶硅层表面粗糙所致。图12.5所示为Cu键合层晶粒微结构的放大照片。在放大的SEM照片中,可以观察到在键合Cu层中,Cu晶粒已经扩散出最初的键合界面,它证实了有充分的互扩散和晶粒生长。最初的Cu层已经通过熔融得到均匀的Cu键合层。Cu晶粒的晶粒边界用箭头标记。

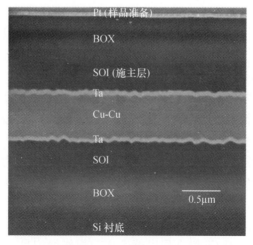

图12.4 供体晶圆片背面减薄后得到的双硅层堆叠结构的SEM照片

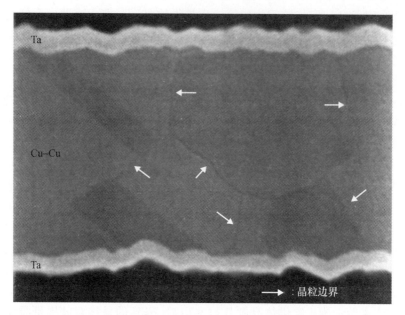

图 12.5 键合层中的 Cu 晶粒结构,最初的 Cu 层已经熔融成均匀的 Cu 键合层

在实际的工艺中,SOI 层的器件金属互连线是掩埋在绝缘夹层(ILD)下的。为了让上述堆叠工艺尽可能接近真实工艺,供体晶圆片和衬底晶圆片覆盖 0.5μm 的由硅烷在 400℃下生长得到的低温氧化物(LTO)薄膜。对于 ILD 和钝化层来说,LTO 比较有吸引力,因为它具有高沉积速率和低工艺温度的特性。重复图 12.3 的堆叠工艺。图 12.6 是双硅层堆叠结构的 SEM 照片,在 SOI 和 Cu 层之间加入了 LTO 层。所有的层通过 Cu 键合起来。在上述工艺中,制作的类似于 SOI 结构的虚拟片既被用于供体晶圆片,又被用于衬底晶圆片。对于这个层堆叠实验来说,衬底晶圆片根据具体应用需要,可以是 SOI 晶圆片也可以是体硅晶圆片。

在晶圆片级硅层堆叠中,必须保证沿晶圆片表面键合的均匀性,以获得高良率的最终转移薄膜。因此评估衬底晶圆片上转移薄膜的均匀性非常重要。图 12.7 所示为在供体晶圆片背面刻蚀以后,衬底晶圆片上的转移薄膜的照片。对于整个晶圆片,除了边缘以外都得到了完整的转移薄膜。薄膜在晶圆片边缘有分层,是因为晶圆片厚度不均匀,也有可能是由于晶圆片处理时存在颗粒。在这个示例中,采用了常规的 Cu - Cu 键合,没有考虑 Cu 作为导电介质的情况。在实际的应用中,考虑到电学隔离,需要键合图形化的 Cu 结构。这种结构的要求和实现方法,将在 12.8 节中介绍。

2) SOI 供体晶圆片背面刻蚀:氢致晶圆片剥离

为了将机械研磨对 Cu 键合层可能造成的损伤做到最小,采用氢致晶圆片剥离方法释放供体晶圆片的衬底。在晶圆片键合之前,将 H_2^+ 离子注入进供体

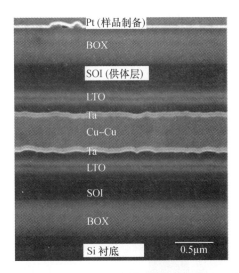

图 12.6　在 SOI 和 Cu 层之间插入低温氧化层的双硅层堆叠结构的 SEM 照片

图 12.7　供体晶圆片背面刻蚀后衬底上转移薄膜的照片,晶圆片边缘有分层

晶圆片,注入剂量为 $5 \times 10^{16} \mathrm{cm}^{-2}$,注入能量为 150keV。为了估计氢离子的穿透深度,利用物质中离子输运(TRIM)软件进行仿真。由于 TRIM 不允许分子粒子作为注入类型,仿真时采用注入能量为 150keV 的氢离子(H^+)。离子数量为 10000 个,图 12.8 是仿真得到的氢分布图。穿透深度为 7025Å。

Cu 热压键合以后,在适当的温度下对供体晶圆片和衬底晶圆片的键合样

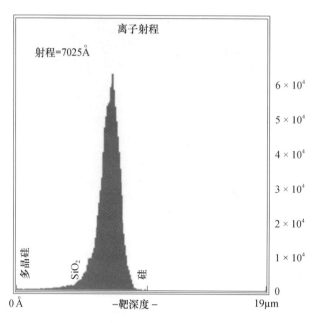

图 12.8 用 TRIM 软件仿真得到的氢分布图

片进行退火,在氢注入的峰值处,会产生横向的微裂缝,从而释放供体晶圆片的衬底。这个退火剥离工艺同温度有关,在层剥离之前,所有的加热处理都要在 300℃ 或者更低温度下进行。因此,Cu 晶圆片键合在 300℃ 而不是 400℃ 下完成,以防止发生不牢固的晶圆片解键合,其他键合参数都不变。在供体晶圆片被键合到衬底晶圆片之后,最后的工艺是在 400℃ 下退火 1h,以促进晶圆片剥离,进一步提高 Cu 层键合的强度。图 12.9 所示为晶圆片分离后双硅层堆叠结

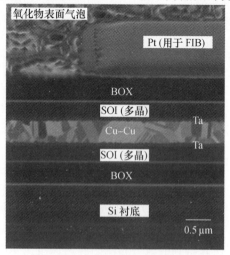

图 12.9 双硅层堆叠结构的 FIB 成像,顶层供体晶圆片的衬底采用氢致晶圆片剥离方法分离

构的聚焦离子束(FIB)照片。依靠氢离子切割引起微裂缝完成剥离,因此氧化层表面有鼓泡。两个晶圆片在供体晶圆片上接近掩埋层和硅衬底层的界面发生分离。在均匀的键合 Cu 层中,晶粒从键合 Cu 层的一边向另一边扩散,这意味着,即使对于 Cu 晶圆片键合和氢致分离提供的温度窗口热预算减少,也发生明显的晶粒生长。

12.3.2 多层硅堆叠

工艺流程:在诸如片上系统(SoC)或高密度存储器的应用领域中,要求实现更高水平的集成和器件密度。多层硅堆叠有广阔的发展前景。有可能通过扩展前述的双层堆叠结构,增加堆叠层数。在本节中,介绍通过堆叠两个图 12.3 的双层堆叠得到一个四层堆叠结构。除了开始的晶圆片不同以外,所有的工艺步骤都相同。利用电子束系统,在两个双硅层堆叠晶圆片上沉积 50nm 的 Ta 和 300nm 的 Cu,如图 12.10 所示。两个双硅层堆叠的晶圆片对准以后置于键合腔室,在真空环境下进行热压键合,键合温度为 400℃,接触力为 4kN,键合时间为 1h。键合样片在 N_2 气氛中退火,退火温度为 400℃,退火时间为 1h,在 Cu 键合层中实现互扩散和晶粒生长,以得到更高的键合强度。顶层硅衬底采用前述的机械研磨和 TMAH 腐蚀相结合的方法进行背面减薄。图 12.11 所示为通过堆叠双硅层堆叠得到的四层硅层堆叠结构的 FIB 成像,从中可以清楚地看出,所有层都被键合。三层 Cu 键合层中经过大量的互扩散和晶粒生长,Cu 晶粒从均匀层的一端扩展到另一端,显示出稳定的晶粒结构。可以重复同样的步骤,以构建一个多硅层堆叠结构。

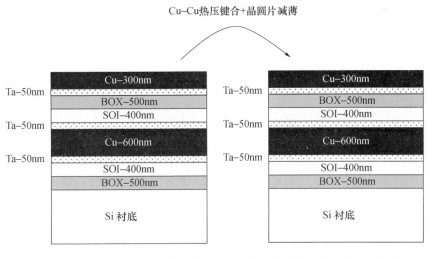

图 12.10 通过堆叠双硅层堆叠结构制备四层硅堆叠结构的可能工艺方案

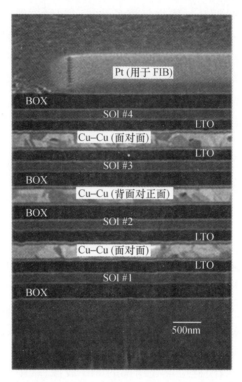

图 12.11 通过堆叠双硅层堆叠结构实现的四硅层堆叠结构的 FIB 成像，它提供了实现多层和多功能硅层堆叠结构的方法

12.4 利用 Cu – Cu 键合实现 3D 集成：背面对正面的硅层堆叠

除了面对面堆叠以外，一些研究组也研究背面对正面的堆叠。本节将介绍这种堆叠方法。

12.4.1 背面对正面堆叠

也可以采用背面对正面形式的堆叠硅层。在背面对正面硅层堆叠结构中，供体晶圆片与临时支撑晶圆片键合，用于机械支撑，然后刻蚀供体晶圆片的背面到预期的厚度。减薄的硅器件层（粘在支撑晶圆片上）和衬底晶圆片以背面对正面的形式键合，完成堆叠以后释放支撑晶圆片。在本节中，介绍一种采用低温氧化物键合（用作供体晶圆片和支撑晶圆片之间的临时键合）和 Cu 晶圆片键合（用作减薄硅层和衬底晶圆片之间的永久键合）的背面对正面硅层堆叠的方法，图 12.12 对其工艺流程进行了概括。

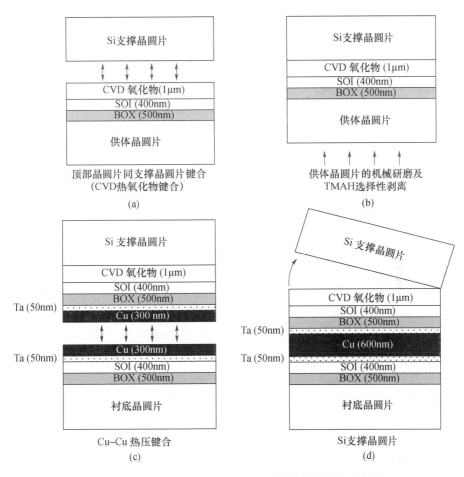

图 12.12　3D 集成的背面对正面硅层转移和堆叠的示意图

12.4.2　晶圆片准备

实验在普通硅晶圆片上完成。实验中用到的所有晶圆片都是 150mm 的 n 型(100)Si 片。准备两组晶圆片：一组是支撑晶圆片；另一组是类似于 SOI 结构的晶圆片(用作供体晶圆片和衬底晶圆片)。支撑晶圆片覆盖 5000Å 的高温生长氧化硅，它用在供体晶圆片背面腐蚀时作为腐蚀保护层。硅的湿法腐蚀液例如 TMAH，对于高温生长氧化硅具有优良的刻蚀选择性。类似于 SOI 结构的晶圆片，高温生长 5000Å 的氧化硅作为埋氧化层，接着在 620℃ 下沉积 4000Å 的不掺杂多晶硅。由于供体晶圆片和衬底晶圆片已经有器件和互连结构，在实际的工艺中，所有的后续工艺温度都被限制在 ≤400℃。供体晶圆片覆盖 1μm 的 PE-TEOS 氧化硅，它是采用正硅酸乙酯(TEOS)源在 350℃ 下利用等离子体增强化学气相沉积(PECVD)工艺制备的，由于具有高沉积速率和低工艺温度的特性,它被认为是一种有吸引力的中间绝缘层和钝化层。

12.4.3 氧化硅晶圆片键合

在硅层转移和堆叠工艺开始时,供体晶圆片键合在支撑晶圆片上,用于机械支撑并易于进行晶圆片处理。虽然环氧树脂[6]或粘接材料[7]能用于这类键合,但我们采用的是氧化硅直接键合的方法,它无须引入新材料因此可以降低工艺的复杂度,而且同 CMOS 工艺兼容性更好。虽然支撑晶圆片上的高温生长氧化硅保护层具有适于晶圆片键合的特性,但是类 SOI 晶圆片上的 PE-TEOS 氧化硅需要进行致密化处理,在 N_2 气氛中,350℃下退火 5h,以去除材料中捕获的所有气体分子。在键合之前需要进行多孔 SiO_2 的除气,因为材料中的气体对键合不利。表面粗糙度是一个非常关键的因素,它决定晶圆片键合是否成功。为了降低 PE-TEOS 氧化硅的表面粗糙度,在致密化之后进行化学机械抛光(CMP)3min。表面粗糙度从 8.53nm 减小到 0.48nm。所有的支撑晶圆片和供体晶圆片首先进行氧等离子体激活处理,接着是 10min 的 Piranha 清洗(H_2O_2∶H_2SO_4 = 1∶3)。晶圆片键合中清洗非常必要,因为它在晶圆片表面覆盖诱发氢键的羟基。激活后的支撑晶圆片和供体晶圆片对,在 EV Group 对准设备中对准,然后键合,如图 12.12(a)所示。键合工艺在室温下完成,接触力是 1kN,键合时间为 2min。键合好的晶圆片对在 300℃ 的 N_2 气氛下,退火 3h,以提高键合强度。采用 Maszara 断裂方法测试得到的键合强度约为 $1400mJ/m^2$。

12.4.4 供体晶圆片背面刻蚀

流程中的第二步是供体晶圆片背面减薄,如图 12.12(b)所示。键合后供体晶圆片的衬底用机械研磨和 TMAH 腐蚀结合的方法减薄背面。由于机械研磨对硅和氧化硅没有选择性,因此背面研磨在距埋氧化层 $75\mu m$ 的地方停止。剩余的 $75\mu m$ 厚的硅层,采用 12.5wt% 的 TMAH 溶液在 85℃下腐蚀 100min 去除干净。由于 TMAH 对氧化硅的选择性非常高,因此硅腐蚀在埋氧化层停止。由于埋氧化层是优良的腐蚀停止层,所以 SOI 晶圆片是一种实现这类硅层堆叠结构有吸引力的材料。图 12.13 所示为背面刻蚀后支撑晶圆片上粘接薄膜的 SEM 照片。

12.4.5 Cu 晶圆片键合

接下来,进行支撑晶圆片的硅层减薄,用 Cu 作为键合媒质,然后键合到衬底晶圆片上,如图 12.12(c)所示。采用电子束系统在减薄层和衬底晶圆片上沉积 50nm 的 Ta 和 300nm 的 Cu,Ta 作为扩散阻挡层。然后完成热压键合,键合温度为 400℃,接触力为 4kN,真空气氛,键合时间为 1h。最后将键合对在 400℃

的 N_2 气氛下退火 1h，以促进 Cu 的互扩散和晶粒生长从而得到更高的键合强度。

图 12.13　背面刻蚀后支撑晶圆片上粘接的薄膜 SEM 照片

12.4.6　支撑晶圆片释放

图 12.12(d) 所示为流程中的最后一步，即支撑晶圆片释放，可以采用以下两种工艺实现。

1. 研磨和 TMAH 腐蚀

去除支撑晶圆片的最直接方法是机械研磨和 TMAH 腐蚀。支撑晶圆片研磨到距键合界面约 75μm 的地方。剩余的 75μm 的硅层用 12.5wt% 的 TMAH 溶液腐蚀，在保护的氧化硅层处停止。图 12.14 所示为最终堆叠结构的截面 SEM 照片，右图示出的是键合界面的细节。SEM 照片验证了上述层堆叠方法。底部的多晶硅和 Ta 层之间的界面呈波纹状，是由于多晶硅层没有抛光表面粗糙所致。在 PE-TEOS 和热氧化硅之间的键合界面处，没有观察到空洞。在右下部的细节 SEM 照片中，可观察到在 Cu 中有大量的互扩散和晶粒生长。最初的 Cu 键合界面消失，得到了均匀的键合 Cu 层。

2. 氢致晶圆片剥离

为了使机械研磨对 Cu 键合界面造成的工艺损伤最小，采用氢致晶圆片剥离的方法释放支撑晶圆片。在晶圆片键合以前，在支撑晶圆片中注入 H_2^+ 离子，剂量为 $5 \times 10^{16} cm^{-2}$，注入能量为 150keV。在适当的温度下加热，注入氢的峰值处会产生横向微裂缝，从而释放支撑晶圆片。图 12.15 所示为 SIMS 照片，它显示硅支撑晶圆片上注入氢的峰值在距氧化硅 - 硅界面 300nm 处。图 12.16 所示为用 TRIM 程序仿真得到的氢分布图。

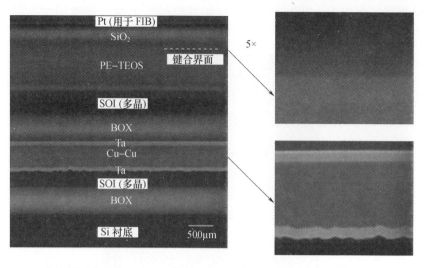

图 12.14 支撑晶圆片研磨及 TMAH 腐蚀后得到的背面对正面硅层堆叠结构的 SEM 照片

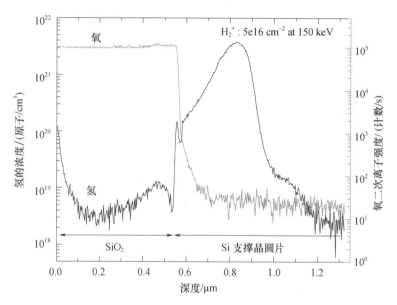

图 12.15 氢注入到支撑晶圆片后的 SIMS 分布图,硅支撑
晶圆片中氢的峰值位于氧化硅 - 硅界面 300nm 处

为了保证键合成功,重要的是要保证氢注入不会过多增加氧化的支撑晶圆片表面粗糙度。氧化后支撑晶圆片的原子力显微镜(AFM)测试结果表明,表面粗糙度是 0.273nm,在经过氢注入以后增加到 0.344nm。该值低于要求的小于 1.0nm,因此氧化后支撑晶圆片经过氢注入以后,不需要 CMP 工艺也能满足晶

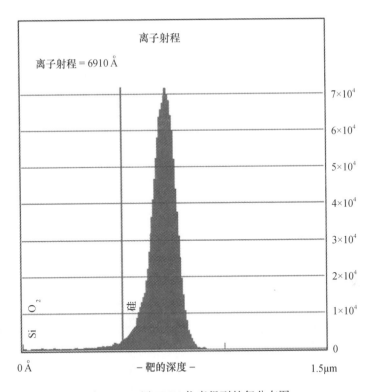

图 12.16 用 TRIM 仿真得到的氢分布图

圆片键合的要求。

由于本工艺对温度敏感,在层剥离之前所有的加热处理温度都应保持在 ≤300℃。因此,Cu 晶圆片键合的温度定在 300℃,键合时间为 1h,以防止临时键合晶圆片解键合。氢致晶圆片剥离工艺,在 400℃ 下退火 1h 完成。该工艺提高了 Cu 键合层强度。图 12.17 所示为支撑晶圆片分离后得到的堆叠结构 SEM 照片。我们采用有 1μm PE-TEOS 氧化硅的衬底晶圆片。堆叠结构上支撑晶圆片剩余的 300nm 的 Si,采用 TMAH 快速腐蚀去除。细节照片显示,在均匀的 Cu 层中有明显的晶粒生长,晶粒从一端生长扩展到另一端,表明即使热预算减少,提供的温度也足够完成 Cu 晶圆片键合和氢致剥离。

图 12.18 所示为氢注入晶圆片在 400℃ 退火 1h 前后的光学显微镜照片。在退火以后氧化硅晶圆片的表面起泡。这是由于氢分子聚集形成微裂缝,并且产生了推向自由表面形成气泡的力。在键合好的晶圆片对上,这个力将引起裂缝的横向扩展,在接近氢注入峰值的地方释放晶圆片。

表面清洁度是获得可靠晶圆片键合的基本要求。假设在支撑晶圆片上的高温生长氧化硅保护层和类 SOI 结构的虚拟片上的 PE-TEOS 氧化硅层之间的键合界面处存在表面粒子,则会对薄膜的完整性和/或键合界面有不利的影响,正如图12.19所示。图12.19(a)的红外(IR)图像显示,由于在晶圆片操作过程中引入了不希望的表面粒子,导致在氧化硅晶圆片对的键合界面处出现大的空洞。这些粒子阻止其周围区域的键合。结果这些区域的薄膜在支撑晶圆片上没有机械支撑,因此它们与支撑晶圆片出现分层,如图12.19(b)所示。在支撑晶圆片被释放后的薄膜堆叠结构上也观察到同样的分层,如图12.19(c)所示。这将会降低最终的良率。除了晶圆片边缘以外,在氧化硅层键合界面没有观察到界面空洞的薄膜都被可靠转移到衬底晶圆片上。因此,在晶圆片键合中控制表面粒子是在薄膜转移中获得高良率的一个重要因素。

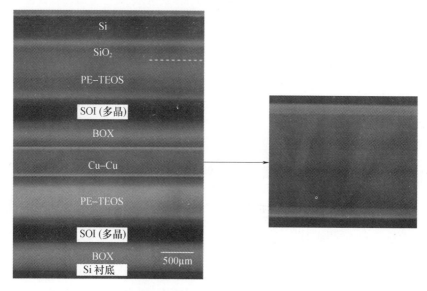

图12.17 支撑晶圆片释放后得到的硅层堆叠结构的SEM照片,支撑晶圆片在氢注入峰值处释放

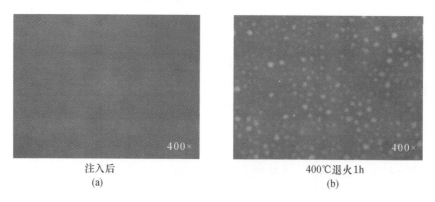

图12.18 氢注入的支撑晶圆片表面光学显微镜照片
(a)注入晶圆片;(b)400℃退火1h的晶圆片。

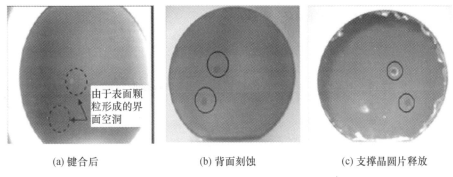

(a) 键合后　　　　　　(b) 背面刻蚀　　　　　(c) 支撑晶圆片释放

图 12.19　由于键合界面处表面颗粒的存在而导致的薄膜分层
(a) IR 图像显示由于表面颗粒导致氧化硅键合界面处的大空洞;
(b) 背面腐蚀后支撑晶圆片上薄膜的照片;(c) 支撑晶圆片释放后最终薄膜堆叠结构的照片。

12.5　利用氧化硅键合的 3D 集成: MIT 林肯实验室的表面向下堆叠技术

MIT 林肯实验室开发了一种晶圆片级 3D IC 电路技术,在绝缘体上硅衬底上通过转移、键合以及电学连接集成电路的有源部分构建 3D 芯片[8]。该技术第一次成功制作出真正的 3D 64×64 可视化成像电路[9]。同时,许多机构已经利用多种层转移技术开发 3D IC 技术[10-15]。

12.5.1　3D 制作工艺

在 150mm 的 SOI 衬底上采用 180nm 全耗尽 SOI 工艺制作 3D 电路,包括晶体管的岛隔离和三层金属互连。用新术语"堆叠层"来区分 3D IC 的设计层、物理层和转移层,堆叠层是一个晶圆片的功能部分,包括有源硅、互连线和 SOI 晶圆片的埋氧化物。一层堆叠层大约为 10μm 厚。参考文献[8]对 3D 组装工艺和由 3 个堆叠层构成的 3D 芯片进行了详细的说明。该工艺起始于面对面的红外对准,然后将堆叠层 2 转移到基本堆叠层(堆叠层 1)上,在 275℃下完成氧化硅 - 氧化硅键合,接着湿法腐蚀堆叠层 2 的硅支撑层,暴露出埋氧化层。埋氧化层用于硅腐蚀的停止层用以产生均匀的薄有源层,这在 3D 组装技术中是必要的。因此,所有被转移的电路,都必须采用 SOI 衬底制作。去除被转移堆叠层的支撑硅层的方法是,首先将硅研磨到 70μm 的厚度,接着在 90℃ 及 10% 的 TMAH 溶液中腐蚀。由于硅与埋氧化硅的腐蚀速率比是 1000∶1,因此去除底部硅不会影响埋氧化硅,也不会造成转移堆叠层厚度的变化。当在堆叠层之间形成垂直连接时,必须有 3D 通孔。在腐蚀中要保护边缘,以保证晶圆片在盒-盒之间传递时有支撑。硅的去除工艺不会损伤氧化物键合。在堆叠层的岛隔离区域设计三维通孔,因此不必采用在通孔之间沉积绝缘层的方法实现垂直引线连接之间的绝缘。

通过图形化刻蚀埋氧层和沉积的氧化硅层形成 3D 通孔,露出两个堆叠层之间的金属接触区。3D 通孔填充钨以后用 CMP 平坦化,以实现两个堆叠层的电学连接。上面堆叠层的金属接触区是一个圆环区域,开口为 $1.5\mu m$,在等离子体刻蚀氧化层到达下面堆叠层的金属接地层时,也可以作为一个自对准的硬掩模。为了让 3D 通孔全部接地,金属接触区的尺寸和垂直互连线的间距,应为晶圆片之间对准公差的 2 倍。

除了堆叠层 3 正面键合到堆叠层 2 的埋氧化层上,以及 3D 通孔连接了堆叠层 3 的上层金属和堆叠层 2 中埋氧化层上的金属焊区以外,第 3 层堆叠层能采用同样的工艺加到组装好的堆叠层 1-2 上。3D 芯片通过刻蚀露出第 1 层金属的背面,形成焊盘用于探针测量及引线键合。假设 3D 芯片是数字电路,通过刻蚀埋氧化层和堆叠层 3 上沉积的氧化层形成焊盘。如果是背面发光成像芯片,堆叠层 1 是制备光电二极管的体硅探测器晶圆片。这样就需要增加工艺步骤,首先是将其转移到支撑晶圆片上,然后减薄探测器晶圆片背面,将硅的厚度调整到要求的光学吸收范围以内,接着再刻蚀形成焊盘。参考文献[8]中给出的 3 层堆叠环形振荡器的截面扫描电镜图像,显示在堆叠层之间的电学互连以及采用 3D 技术可能实现的紧凑结构。

3D 通孔的自由布局是 3D 技术中必不可少的部分。3D 通孔包括上面堆叠层的金属圆环、下面堆叠层的接地金属以及连接两部分的钨塞电极。在光刻胶掩模下用等离子体刻蚀形成的氧化硅的孔中制备插塞电极,并与金属圆环对准,对准公差的平均值和 3σ 累积误差分别小于 100nm 和 300nm。圆环是这个设计的亮点,因为它既是上电极接触区,又是刻蚀氧化硅到接地金属块时的掩模。去除光刻胶以后沉积钨,采用 CMP 平坦化工艺在孔中留下约 $8\mu m$ 的钨。已有的 3D 通孔设计包括 $3\mu m$ 的方形接地块、$1.5\mu m$ 的矩形、环形开口及 $1.75\mu m$ 的矩形光刻胶窗口,它们被称为 3D 切口。层间连接的设计明显减少了 3D 通孔的间距,将其从以前报道的 $26\mu m$ 3D 通孔间距减少到 $6\mu m$。

12.5.2 3D 电路及器件结果

3D 技术易于实现的应用是焦平面的设计和制备,因为图像堆叠层有 100% 的填充因子,而模拟和数字处理层位于图像层下面。采用前面讨论的林肯实验室3D技术,研究人员成功完成了雪崩光电二极管(APD)成像和3D可视化成像的设计、制备和功能。

实现了一个二堆叠层的1024×1024、8μm像素的可视化成像芯片。堆叠层1是p^+n光电二极管,堆叠层2是全耗尽SOI,工作电压为3.3V。这是采用3D电路技术开发出的最紧凑的3D成像电路,通过3D技术实现了100%成像填充因子。1024×1024阵列中的每个像素,包括一个反向偏置的p^+n二极管(堆叠层1),一个复位晶体管,一个源极跟随晶体管,以及一个选择性晶体管(堆叠层2)[8]。具有提高像素内电容的PMOS复位成像器,测试得到的响应度约为2.7μV/e^-,而NMOS复位成像器则约为9.4μV/e^-,它们对应的电荷处理能力分别是350000e^-和85000e^-。测得的像素功能性超过99.9%,影响良率的主要因素是行或列的缺失,而不是3D通孔的缺陷。在参考文献[8]中,通过一个35mm的幻灯片投影到3D集成成像器的CMOS电路芯片中所得到的图像,可以看出它具有高像素功能。

12.6 利用氧化硅键合的3D集成：IBM的"面朝上"堆叠技术

IBM的研究人员,已经开发出用于实现超高密度和器件级堆叠的一种SOI基3D集成方法。它是一种背面对正面(或面朝上)的堆叠方法。在参考文献[15]以及相关的参考文献中,有详细的工艺流程及相关内容的介绍。它与12.4节中描述的堆叠方法有些不同。键合步骤采用普通的氧化硅-氧化硅键合工艺完成,因此避免了Cu-Cu键合面临的设计和工艺问题。器件层在键合以后,通过中间层通孔和金属实现垂直互连。另一个区别是利用玻璃代替硅晶圆片作为支撑晶圆片,因而成本低廉。由于玻璃支撑片是光学透明的,两层之间的对准能直接利用实时图像,而不需要如IR或背面对准。在顶部供体晶圆片和玻璃支撑片之间,采用粘接的方法实现临时键合,由于玻璃支撑片是透明的,可以用激光熔融的办法成功释放转移层。该方法的技术挑战是玻璃和硅之间的热性能不匹配,以及在标准Si工艺线里如何加工玻璃的问题。

12.7 利用氧化硅键合实现3D集成:3D后续工艺

在前面几节讨论的SOI基3D集成工艺中,原始晶圆片通常已经完成了前端器件制备和部分后端金属化工艺。各层为了性能优化进行独立的或并行的器件层制备。也有关于3D后续工艺的报道,其中供体晶圆片在层转移之前不做加工[17-19]。采用该方法,一种高质量的 Si 薄层被转移到加工过的衬底晶圆片上。上层材料随后加工,然后与底层实现电学连接。由于晶圆片表面非常平坦而且没有结构,因此不需要表面抛光就可实现无缝氧化硅键合。此外,在键合工艺中,晶圆片之间不需要精确对准。在该方法中,首先完成键合和层转移,然后再完成顶层工艺,键合以后的所有工艺都需要在低温条件下进行,以避免造成底部器件层的损伤。通常的后果是导致顶层器件的质量较差。在该方法中,由于要对 3D 堆叠晶圆片进行后续工艺处理,因此预期它的生产能力要降低。

12.8 先进的键合技术:Cu – Cu 键合

采用 SOI 晶圆片基于 Cu – Cu 键合实现 3D 集成堆叠的工艺流程在 12.2 节中详细讨论过。在 Si 层堆叠验证实验中,采用了连续的 Cu 键合层,这在实际中是不能应用的,因为 Cu 是导电媒质。在实际应用中,需要采用隔离层和图形化的 Cu。除了电学隔离以外,键合的 Cu 结构也必须保护以防止环境腐蚀并用来进行机械加固。在参考文献[20,21]中,关于 Cu/介质混合键合技术有详细的报道。由于堆叠层通常是超薄的,因此在 Cu 结构的键合表面之间的间隙和共面结构方面都有非常严格的要求。为了满足上述要求,与在重新分布层(RDL)工艺中准备的 Cu 凸点层相比,将优选在后端金属线镶嵌工艺中准备的无凸点的 Cu 层。在理想情况下,需要一个完整的平坦的 Cu/介质表面以实现无缝键合。然而,由于存在凹陷效应,CMP 一直是工艺上的挑战。

作者的研究小组深入研究了低温下细间距的 Cu – Cu 键合。采用标准的后端工艺制备出无凸点的 Cu – Cu 结构,键合以形成电学、机械[22,23]和气密连接[24,25],该键合工艺在图 12.20 中进行了说明。如图 12.21 所示,无凸点的 Cu 层被镶嵌在绝缘层下,键合之前暴露出来。这将在熔融的 Cu 层之间增加接触面积,减少 CMP 的凹陷效应。由于没有制备用于测试的 TSV 结构,在键合以后去除上面的晶圆片,露出键合的 Cu 结构进行测试,如图 12.22 所示。在本试验中,没有采用 SOI 晶圆片。SOI 晶圆片可利用类似的工艺,精确控制 CMP 的凹陷,使凹陷深度尽可能小。出于机械加固的考虑,利用 Cu – Cu 键合时需要采用更厚的 SOI 晶圆片。关于采用自组装单层(SAM)烷硫醇作为临时钝化层,使键合温度低于 300℃ 的实验已经有一些成功的报道[26-28]。

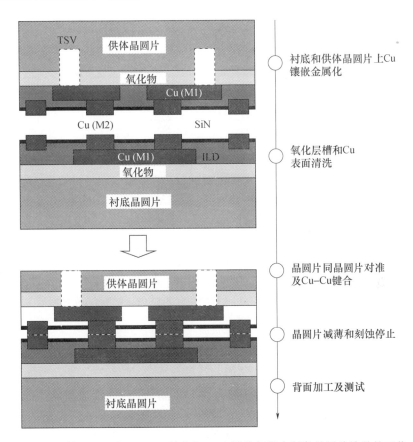

图 12.20 使用无凸点 Cu – Cu 键合与 SAM 钝化相结合制备晶圆片堆叠的工艺流程,面对面的键合不必采用支撑晶圆片(为了简化制备工艺,本工作不包含 TSV)

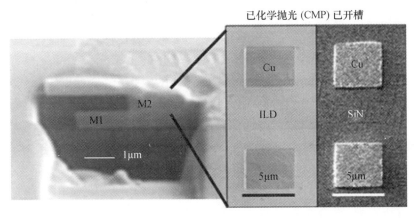

图 12.21 用于键合的 Cu 金属层截面图,平面图显示了 CMP 及湿法刻槽后的 Cu 表面

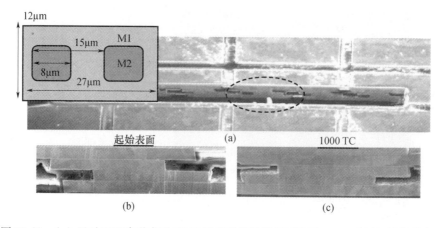

图 12.22 （a）显示已正确形成了 3D 连接的菊花链横截面视图。ILD 采用极端化学腐蚀去除。每个节点由一条 Cu 线（M1）和 Cu – Cu 接触点（M2 – M2）组成。接触区域（M2）设计为 $8\mu m \times 8\mu m$，间距为 $15\mu m$，密度为 $4.4 \times 10^5 cm^{-2}$，对准公差约为 $2\mu m$（b）新键合节点（c）承受热循环（ – 40 ~ 125℃）1000 次的接触节点，完好无损

12.9　先进键合技术：介质键合

从上述讨论可以看出，氧化硅键合在 SOI 晶圆片 3D 集成技术中起着重要的作用。该技术在表面粗糙度和颗粒控制方面有严格的要求。表面激活技术，通常是采用等离子体处理加上湿法清洗，将氧化物表面转化为便于在低温下键合的高能表面，在这一领域中，已经有大量的报道[29]。本节讨论基于高 κ[30,31] 和低 κ[32,33] 介质的氧化物晶圆片键合最新进展。

12.9.1　高 κ 介质键合

这里介绍一种键合之前在 PE – TEOS 氧化硅上覆盖一层高 κ 电介质的方法。高 κ 介质层，例如 Al_2O_3，是一种有效的阻挡材料，可以阻挡氧气、水蒸气、芳香[34]和铜[35]的扩散。在 3D 集成中它们是非常有用的，因为晶圆片的制备要采用各种工艺，在键合界面处具有扩散阻挡层可以控制和防止 3D 集成中不同器件层之间的交叉污染。已经采用表面激活键合（SAB）实现了氧化硅（SiO_2）晶圆片键合，键合介质是 SiO_2 上覆盖的 Al_2O_3 薄膜，测试得到的键合强度高于 $SiO_2 – SiO_2$ 键合[36]。在这种方法中，采用带能量的氩离子清洁表面，键合在高真空下进行。但是，高真空条件使得这种方法不太适合于制造。我们的方法是在常规的等离子体表面激活和气氛下键合，不需要高真空条件。

在图 12.23 中,室温键合以后所有键合晶圆片的键合强度小于 400mJ/m²。在热处理过程中,所有键合晶圆片的键合强度随着退火温度的提高而增加。所有样片,在退火温度低于 100℃ 时,键合强度的增加不明显。当退火温度升高到 200℃ 时,键合强度迅速增加,Al_2O_3/PE – TEOS 样品的键合强度大于 1J/m²。PE – TEOS 氧化硅的热处理温度在超过 200℃ 以后,键合强度的数值趋于饱和。通过 300℃ 的退火,Al_2O_3/PE – TEOS 样品的键合强度高于 PE – TEOS 样品 73.3%(为 2064J/m²,后者为 1191J/m²)。这是文献报道值的一个改进,利用 Al_2O_3 薄膜作为中间键合层,经过 400℃ 退火[36] 和 1100℃[37] 退火,键合能达到了约 2J/m²。正如以前证实过的,为了维持键合后进行如机械研磨和 TMAH 腐蚀这样的工艺,键合强度至少必须为 1J/m² 或更高。插入 Al_2O_3 层后如何增加键合强度需要进一步研究才能完全认识,但最可能的有关问题是 Al_2O_3 中离子键的性质与 SiO_2 中的共价键不同。通过比较两种类型化学键的离解能可以得出一个可能的解释。由于在 298K 时,Si – O 键具有较低的离解能(约 316kJ/mol[38]),而 Al – O 键则是约 511kJ/mol[39],因此要离解键合需要采用更高能量的 Al_2O_3 作为键合介质层的键合片。

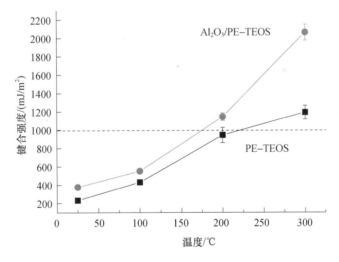

图 12.23 PE – TOES 和 Al_2O_3/PE – TEOS 样品在不同退火温度下键合强度的变化,用 Al_2O_3 薄层键合的晶圆片性能优于 PE – TEOS 键合晶圆片

图 12.24 所示为键合的 Al_2O_3/PE – TEOS 晶圆片键合界面的透射电子显微镜照片。可以清楚地看到夹在 PE – TEOS 氧化层之间有一层不同的薄层材料。它是键合的 Al_2O_3 层。可以看出,Al_2O_3 层已均匀键合,没有微空洞,这就成功实现了微尺度下的无缝键合。

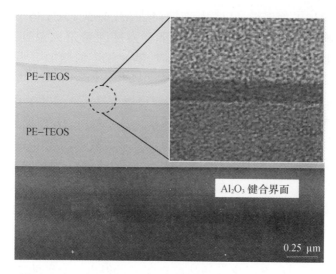

图 12.24　Al_2O_3/PE-TEOS 无缝键合界面的 TEM 截面照片

12.9.2　低 κ 介质键合

为了解决超大规模集成电路(ULSI)应用中信号传播的延时、串扰以及功耗问题,低介电常数的电介质如掺碳氧化硅(CDO)常被半导体工业界广泛地用作层间电介质(ILD)以替代传统的 PE-TEOS[40,41]。低 κ 的 CDO 膜可以在 PECVD 系统中通过以甲基(-CH_3)基团的形式在氧化硅膜中掺碳来制备。掺碳以后,桥接的 Si-O 键被非桥接的 Si-CH_3 键替代而导致密度较低。这使得膜孔隙率增加了约 7%,它降低了膜中的偶极子密度,造成较低的有效介电常数值($κ<3.9$)[42]。虽然在最近的 CMOS 工艺技术节点中,CDO 薄膜广泛用于后端工艺中的层间介质,但是对其键合性能的研究还是非常有限的。因此,用于 3D 集成共熔键合其性能值得研究,可以仍然采用现有的低 κCDO 薄膜来降低介电电容,以提高 3D 集成的整体性能。

氧等离子体激活通常用于从氧化硅表面去除碳基附着物,以增强氧化硅低温键合的强度。由于在 CDO 膜可能的表面污染物中含有较大量的碳,所以需要施加氧进行表面激活。在晶圆片键合之前利用该激活方法处理低 κCDO 样品,使介质表面改性成为更亲水的状态。氧等离子体处理以后,低 κCDO 膜表面附近的甲基(Si-CH_3)基团被氧化,形成硅烷醇(Si-OH)基团,结果导致接触角(CA)值从 43.9°急剧下降到 2.5°。PE-TEOS 膜的 CA 值的降低归因于去除了含碳污染物。

图 12.25 所示为键合样片在惰性气体 N_2 气氛中进行 3h 退火以后键合强度的变化,退火温度范围为 100~300℃。在具有低 κCDO 膜的键合晶圆片经过等

离子体处理以后,对其键合强度进行了比较。室温键合以后,所有低 κCDO 和 PE-TEOS 的键合晶圆片键合强度都小于 400mJ/m²。图中显示,经过热处理,所有低 κCDO 和 PE-TEOS 的键合样片键合强度随退火温度增加而增强。键合的低 κCDO 晶圆片与对比的 PE-TEOS 晶圆片相比键合强度更高。这个差异归因于在低 κCDO 膜中具有更高的孔隙度,它给水分子(副产物)提供了通路使其更容易从键合界面扩散出来,而在低 κCDO 键合界面处留下强硅氧烷(Si-O-Si)键。在键合的 PE-TEOS 晶圆片中,退火温度的饱和温度为 200℃,而在键合的低 κCDO 晶圆片中未观察到类似现象。退火温度为 300℃时,键合低 κCDO 的键合晶圆片的键合强度(1700mJ/m²)高出 PE-TEOS 键合晶圆片的键合强度(1160mJ/m²)46.2%。由于等离子体激活的 CDO 表面含碳较少,因此表面能更高,经过氧等离子体表面激活的键合晶圆片对,在 300℃退火以后,键合强度从 1270 mJ/m² 增加到 1700 mJ/m²,提高了 33.8%。采用等离子体激活工艺以后,经历 200℃退火 3h,CDO 键合晶片的键合强度为 1300 mJ/m²(满足 1000 mJ/m² 的后续加工要求)。然而,如果没有等离子体激活,则无法达到所需要的强度,CDO 键合晶圆片的键合强度只有 750mJ/m²。

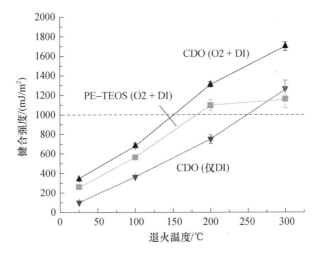

图 12.25　氧等离子体处理的低 κCDO 和 PE-TEOS 薄膜经过不同温度退火后键合强度的变化

图 12.26 所示为低 κCDO 晶圆片键合界面的 TEM 照片。在高分辨率图像中能清楚地观察到在键合界面处低 κCDO 层之间有一个薄层,厚度约为 17nm。由于氧等离子体激活工艺在 CDO 膜表面形成了富氧薄层,该层均匀键合没有微空洞。TEM 图像表明低 κCDO 晶圆片已经成功实现了在微尺度级别上的无缝键合。

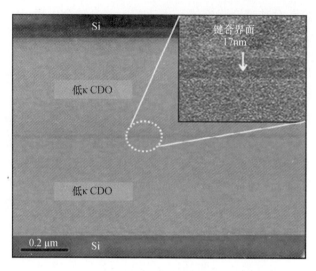

图12.26　低 κCDO 膜无缝键合界面的 TEM 截面照片,键合界面处未观察到微空洞

12.10　结　　论

对于实现晶圆片到晶圆片的超薄 Si 层转移和 3D IC 堆叠,SOI 晶圆片是非常有吸引力的,因为它不需要制备高的深宽比 TSV。利用 SOI 可以实现 3D IC 中有源层之间的极高密度垂直互连,可以用于成像和高性能计算机技术等领域。基于此,本章概述了基于 SOI 的 3D 材料和工艺的要求。给出了系统通用的和定制的工艺流程。针对如何实现基于 SOI 的 3D IC,介绍了两种主要的晶圆片键合技术,即 Cu – Cu 键合和氧化硅 – 氧化硅键合技术。

12.11　致　　谢

作者得到了来自如下部门的慷慨资助,南洋理工大学的南洋助理教授奖金,国防研究与技术办公室(DRTech,新加坡),佐治亚理工学院的互连和封装中心的分包公司——半导体研究公司(SRC,USA),国防高级研究计划署(DARPA,美国),科学技术机构和研究部(A * STAR,新加坡)以及新加坡麻省理工学院研究与技术联盟(SMART)。作者感谢麻省理工学院的 Rafael Reif 教授,他对作者博士论文内容提出了建设性的和宝贵的意见,本章大部分内容是以此为基础的。在私人方面,作者想将本章献给新生儿子 Hao Jin,因为他为家人带来了欢乐。

12.12 参考文献

[1] ITRS Roadmap, http://www.itrs.net/.

[2] Tan, C. S., Fan, A., Chen, K. N. and Reif, R. (2003), 'Low-temperature thermal oxide to plasma-enhanced chemical vapor deposition oxide wafer bonding for thin-film transfer application', *Applied Physics Letters*, Vol **82**, No 16, pp. 2649 – 2651.

[3] Privett, M. (2012), '3D technology platform: Temporary bonding and release', In: *3D Integration for VLSI System*, C. S. Tan (Ed.), pp. 121 – 138, Pan Stanford, Singapore, ISBN 978 – 981 – 4303 – 81 – 1.

[4] Aspar, B., Bruel, M., Zussy, M. and Cartier, A. M. (1996), 'Transfer of structured and patterned thin silicon films using the Smart-Cut® process', *Electronics Letters*, Vol **32**, No 21, pp. 1985 – 1986.

[5] Ziegler, J., SRIM/TRIM Software, www.srim.org.

[6] van der Groen, S., Rosmeulen, M., Jansen, P., Baert, K. and Deferm, L. (1997), 'CMOS compatible wafer scale adhesive bonding for circuit transfer', in *Int. Conf. Solid-State Sensors and Actuators*, pp. 629 – 632.

[7] Hayashi, Y., Wada, S., Kajiyana, K., Oyama, K., Koh, R. (1990), Takahashi, S. and Kunio, T., 'Fabrication of three-dimensional IC using 'cumulatively bonded IC' (CUBIC) technology', in *Symp. VLSI Tech. Dig.*, pp. 95 – 96.

[8] Burns, J. A., Aull, B. F., Chen, C. K., Chen, C. L., Keast, C. L., Knecht, J. M., Suntharalingam, V., Warner, K., Wyatt, P. W. and Yost, D. R. W. (2006), 'A wafer-scale 3-D circuit integration technology'. *IEEE Trans. Electron Devices*, Vol **53**, No 10, pp. 2507 – 2516.

[9] Burns, J., McIlrath, L., Keast, C., Lewis, C., Loomis, A., Warner, K. and Wyatt, P. (2001), 'Three-dimensional integrated circuits for low-power, high-bandwidth systems on a chip', In: *Dig. Tech. Papers IEEE Int. Solid-State Circuits Conf.*, pp. 268 – 269.

[10] Reif, R., Fan, A., Chen, K. N. and Das, S. (2002), 'Fabrication technologies for three-dimensional integrated circuits', In: *Proc. IEEE Int. Symp. Quality Electronic Design*, pp. 33 – 37.

[11] Chan, V. W. C., Chan, P. C. H. and Chan, M. (2000), 'Three dimensional CMOS integrated circuits on large grain polysilicon films', In: *Tech. Dig. IEEE Int. Electron Devices Mtg.*, pp. 161 – 164.

[12] Fukushima, T., Yamada, Y., Kikuchi, H. and Koyanagi, M. (2005), 'New three-dimensional integration technology using self-assembly technique', In: *Tech. Dig. IEEE Int. Electron Devices Mtg.*, pp. 359 – 362.

[13] Lea, R., Jalowiecki, I., Boughton, D., Yamaguchi, J., Pepe, A., Ozguz, V. and Carson, J. (1999), 'A 3-D stacked chip packaging solution for miniaturized massively parallel processing', *IEEE Trans. Advanced Packaging*, Vol **22**, No 6, pp. 424 – 432.

[14] Fukushima, T., Yamada, Y., Kikuchi, H. and Koyanagi, M. (2005), 'New three-dimensional integration technology using self-assembly technique', In: *Tech. Dig. IEEE Int. Electron Devices Mtg.*, pp. 359 – 362.

[15] Topol, A., Tulipe, D., Shi, S., Alam, S., Frank, D., Steen, S., Vichiconti, J., Posillico, D., Cobb, M., Medd, S., Patel, J., Goma, S., DiMilia, D., Farinelli, M., Wang, C., Conti, R., Canaperi, D., Deligianni, L., Kumar, A., Kwietniak, T., D'Emic, C., Ott, J., Young, A. and Ieong, M. (2005), 'Enabling SOI-based assembly technology for three-dimensional (3D) integrated circuits (ICs)', In: *Tech. Dig. IEEE Int. Electron Devices Mtg.*, pp. 363 – 366.

[16] Suntharalingam, V., Berger, R., Burns, J. A., Chen, C. K., Keast, C. L., Knecht, J. M., Lambert, R. D., Newcomb, K. L., O'Mara, D. M., Rathman, D. D., Shaver, D. C., Soares, A. M., Stevenson, C. N., Tyrrell, B. M., Warner, K., Wheeler, B. D., Yost, D. R. W. and Young, D. J. (2005), 'Megapixel

CMOS image sensor fabricated in three-dimensional integrated circuit technology', In: *Dig. Tech. Papers IEEE Int. Solid-State Circuits Conf.*, pp. 356 – 357.

[17] Kim, S. K., Xue, L. and Tiwari, S. (2007), 'Low temperature three-dimensional integration fabrication method', *IEEE Electron Device Letters*, 28 August 2007, pp. 706 – 709.

[18] Kim, S. K., Xue, L. and Tiwari, S. (2004), 'Low temperature silicon circuit layering for 3-dimensional integration', *Technical Digest of IEEE International Silicon on Insulator Conference*, pp. 136 – 138.

[19] Batude, P., Vinet, M., Previtali, B., Tabone, C., Xu, C., Mazurier, J., Weber, O., Andrieu, F., Tosti, L., Brevard, L., Sklenard, B., Coudrain, P., Bobba, S., Ben Jamaa, H., Gaillardon, P-E., Pouydebasque, A., Thomas, O., Le Royer, C., Hartmann, J. -M., Sanchez, L., Baud, L., Carron, V., Clavelier, L., De Micheli, G., Deleonibus, S., Faynot, O. and Poiroux, T. (2011), 'Advances, challenges and opportunities in 3D CMOS sequential integration', *IEEE International Electron Devices Meeting (IEDM)*, pp. 7.3.1 – 7.3.4.

[20] Chen, K. -N., Tan, C. S., Fan, A. and Reif, R. (2008), 'Cu wafer bonding for 3-D ICs applications', In: *Wafer Level 3-D ICs Process Technology*, Tan, C. S., Gutmann, R. J. and Reif, R. (Eds), Springer, ISBN 978 – 0 – 387 – 76532 – 7, pp. 117 – 130 (Chapter 6).

[21] Chen, K. N. and Tan, C. S. (2011), 'Cu-Cu bonding'. In: *Handbook of Wafer Bonding*, Ramm, P., Lu, J. and Taklo, M. (Eds), Wiley-VCH, ISBN 978 – 3527326464.

[22] Tan, C. S., Peng, L., Fan, J., Li, H. Y. and Gao, S. (2012), '3D wafer stacking using Cu-Cu bonding for simultaneous formation of electrical, mechanical, and hermetic bonds', *IEEE Transactions on Device and Materials Reliability*, Vol **99**, pp. XX. (DOI:10.1109/TDMR.2012.2188802)

[23] Tan, C. S., Peng, L., Li, H. Y., Lim, D. F. and Gao, S. (2011), 'Wafer-on-wafer stacking by bumpless Cu-Cu bonding and its electrical characteristics', *IEEE Electron Device Letters*, Vol **32**, No 7, pp. 943 – 945. (10.1109/LED.2011.2141110).

[24] Fan, J., Peng, L., Li, K. H. and Tan, C. S. (2011), 'Low temperature Cu-to-Cu bonding for wafer-level hermetic encapsulation of 3D microsystems', *Electrochemical and Solid-State Letters*, Vol **14**, No 11, pp. H470 – H474. (DOI:10.1149/2.025111esl).

[25] Tan, C. S., Fan, J., Lim, D. F., Chong, G. Y. and Li, K. H. (2011), 'Low temperature wafer-level bonding for hermetic packaging of 3D microsystems', *Journal of Micromechanics and Microengineering*, Vol **21**, No 7, p. 075006. (doi:10.1088/0960 – 1317/21/7/075006).

[26] Tan, C. S., Lim, D. F., Singh, S. G., Goulet, S. K. and Bergkvist, M. (2009), 'Cu-Cu diffusion bonding enhancement at low temperature by surface passivation using self-assembled monolayer of alkane-thiol', *Applied Physics Letters*, Vol **95**, No 19, pp. 192108.

[27] Lim, D. F., Goulet, S. K., Bergkvist, M., Leong, K. C. and Tan, C. S. (2011), 'Enhancing Cu-Cu diffusion bonding at low temperature via application of self-assembled monolayer passivation', *Journal of the Electrochemical Society*, Vol **158**, No 10, pp. H1057 – H1061. (DOI:10.1149/1.3622478).

[28] Peng, L., Li, H. Y., Lim, D. F., Gao, S. and Tan, C. S. (2011), 'High density 3D inter-connect of Cu-Cu contacts with enhanced contact resistance by self-assembled monolayer (SAM) passivation', *IEEE Transactions on Electron Devices*, Vol **58**, No 8, pp. 2500 – 2506. (10.1109/TED.2011.2156415).

[29] Tong, Q. -Y. and Gösele, U. (1998), *Semiconductor Wafer Bonding: Science and Technology*, Wiley-Interscience, ISBN 978 – 0471574811.

[30] Chong, G. Y. and Tan, C. S. (2009), 'Low temperature plasma-enhanced tetraethyl-orthosilicate (PE – TEOS) oxide bonding assisted by a thin layer of high-κ dielectric', *Electrochemical and Solid - State Letters*, Vol **12**, No 11, pp. H408 – H411.

[31] Chong, G. Y. and Tan, C. S. (2011), 'PE - TEOS wafer bonding enhancement at low temperature with a high-κ dielectric capping layer of Al_2O_3', *Journal of the Electrochemical Society*, Vol **158**, No 2, pp. H137 - H141. (DOI:10.1149/1.3507291).

[32] Tan, C. S. and Chong, G. Y. (2010), 'Low temperature wafer bonding of low-κ carbon doped oxide (CDO) for application in 3-D integration', *Electrochemical and Solid-State Letters*, Vol **13**, No 2, pp. H27 - H29.

[33] Tan, C. S. and Chong, G. Y. (2011), 'Low temperature wafer bonding of low-κ carbon doped oxide (CDO) for high performance 3D IC application', *Journal of the Electrochemical Society*, Vol **158**, No 11, pp. H1107 - H1112. (DOI:10.1149/2.005111jes).

[34] Hirvikorpi, T., Vähä-Nissi, M., Mustonen, T., Iiskola, E. and Karppinen, M. (2010), 'Atomic layer deposited aluminum oxide barrier coatings for packaging materials', *Thin Solid Films*, Vol **518**, p. 2654.

[35] Majumder, P., Katamreddy, R. and Takoudis, C. (2007), 'Effect of film thickness on the breakdown temperature of atomic layer deposited ultrathin HfO_2 and Al_2O_3 diffusion barriers in copper metallization', *Journal of Crystal Growth*, Vol **309**, p. 12.

[36] Takagi, H., Utsumi, J., Takahashi, M. and Maeda, R. (2008), 'Room temperature bonding of oxide wafers by Ar-beam surface activation', *ECS Transactions*, Vol **16**, No 8, p. 531.

[37] Suni, T., Puurunen, R. L., Ylivaara, O., Kattelus, H., Henttinen, K., Ishida, T. and Fujita, H. (2010), 'Bonding of ALD alumina for advanced SOI substrates', *ECS Transactions*, Vol **33**, No 4, pp. 137 - 144.

[38] Plotnikov, E. N. and Stolyarova, V. L. (2005), 'Bond energies in glass forming oxide systems: calculated and experimental data', *Physics and Chemistry of Glasses*, Vol **46**, p. 187.

[39] Costes, M., Naulin, C., Dorthe, G., Vaucamps, C. and Nouchi, G. (1987), 'Dynamics of the reactions of aluminium atoms studied with pulsed crossed supersonic molecular beams', *Faraday Discuss. Chem. Soc.*, Vol **84**, p. 75. (DOI:10.1039/DC9878400075).

[40] Wang, Y. H., Gui, D., Kumar, R. and Foo, P. D. (2003), 'Reduction of oxygen plasma damage by post-deposition helium plasma treatment for carbon-doped silicon oxide low dielectric constant films', *Electrochem. Solid-State Lett.*, Vol **6**, pp. F1 - F3.

[41] Jan, C. H., Anand, N., Allen, C., Bielefeld, J., Buehler, M., Chikamane, V., Fischer, K., Jain, K., Jeong, J., Klopcic, S., Marieb, T., Miner, B., Nguyen, P., Schmitz, A., Nashner, M., Scherban, T., Schroeder, B., Ward, C., Wu, R., Zawadzki, K., Thompson, S. and Bohr, M. (2004), 'A 90nm high volume manufacturing logic technology featuring Cu metallization and CDO low-k ILD interconnects on 300 mm wafers', in *IEEE International Interconnect Technology Conference*, IEEE, pp. 205 - 207.

[42] Yang, C. S., Yu, Y. H., Lee, K. -M., Lee, H. -J. and Choi, C. K. (2006), 'Investigation of low dielectric carbon-doped silicon oxide films prepared by PECVD using methyltrimethoxysilane precursor', *Thin Solid Films*, Vol **50**, pp. 506 - 507.

第13章 光子集成电路的SOI技术

W. BOGAERTS, Ghent University-IMEC, Belgium and
S. K. SELVARAJA, Indian Institute of Science, India

摘　要：本章讨论绝缘体上硅用作光子集成电路(PICs)衬底的潜力和挑战。近几年来，硅光子器件引起了广泛的关注，并且从研究领域快速发展到产业领域。它现在被认为是最有希望大规模发展光子IC的途径之一。

关键词：CMOS-硅光子器件，硅波导，硅调制器，波长滤波器，光栅光纤-芯片耦合器。

13.1 引　言

光子集成电路是集成多种光学功能的芯片。它们主要由光信号的产生、传输、滤波以及光的探测几部分组成。PIC的应用主要是通信和数据传输领域，它们为光纤链路提供信息处理。光学，特别是光纤已经广泛应用于通信领域，因为它们具有巨大的数据容量：光信号能以10-40-160Gb/s比特速度进行调制，多种信号可以利用不同的载波波长在同一根物理光纤中并行传输。这样的波分复用(WDM)将传输容量提高到每秒几个太比特(Tb/s)(Onaka等, 2006)。不同波长的复用/解复用技术是利用光子IC实现的。在芯片上，光在波导中传输，类似的数据容量是可能的：结合片上、片间和板级互联不断增加的带宽要求，光子器件被认为是实现短距离互联的一种可行方案。

这种方案要求发展高密度的光电集成电路。这种集成电路的前景非常好。重要的元件例如激光器、调制器和探测器都具有大的带宽。然而，目前用于传统通信系统的光学器件体积大，而且是分立元件，价格昂贵。为了将这些元件集成在一起，应当精心设计它们，系统要考虑各种参数，例如材料、尺寸、带宽、功率和工艺的兼容性。光子器件及电子电路的集成将使通信网络的复杂度更高，功能更完美。与电子集成电路类似，光子集成电路同分立元件相比，应该是价格更低，可靠性更高，功能更强。

但是互连并不是光子集成电路唯一的应用。光子集成电路在传感器、光谱学和计量学领域，也有巨大的市场潜力，此时光用作探头，而不是信息的载体。

13.1.1 光子集成电路

光子集成电路的一个主要概念是在单片上集成所需要的全部光学功能,而且最好是在一种材料平台上。这些元件包括光源、波导、光芯片耦合器、分光器及合成器、选择波长的器件如滤波器、电光器件和光电探测器。图 13.1 所示为一个普通的光子集成电路的例子。同电子电路不同,光子集成电路中基本组成的模块范围广,不同材料用来实现不同的功能,组成的基本功能模块如下:

(1) 波导:将光从芯片上的一点传播到另一点。关键的性能参数是低传播损耗、小截面和紧凑的弯曲半径。

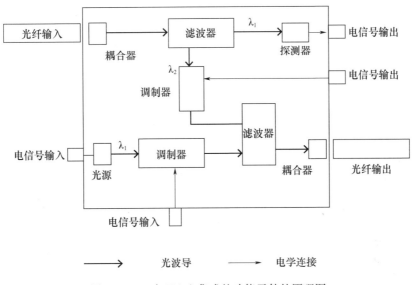

图 13.1　一个 PIC 上集成的功能元件的原理图

(2) 光源:通常使用发光的激光器。这些可以是芯片上的,也可以是外部的光源通过光纤输送的。激光器通常会产生大量的热量。

(3) 光电探测器:光电探测器用来将光信号转换为电信号。性能通过响应度(给定的光功率下产生的光电流)、暗电流和工作速度(主要由尺寸决定)来度量。

(4) 调制器:电光调制器用来将电信号加到光学载体上,通过有效的方法改变材料的光学性能。调制器的效率通过测量产生一定的光学相移所需要的电压或电流来表征,工作速度由电学参数和应用的光学效应限制。

(5) 波长滤波器:光滤波器用来在 WDM 系统中将不同波长信道进行组合和分离。它们通常由片上的光延迟线组成。这些延迟线的控制(在制造中以及制造后校正或调谐)是重要的,而且波长需要进行很好地控制。

光子电路的功能可以是无源的,例如滤波、无源传播或滤波光信号;也可以是有源的,此时嵌入电信号或者从光读出电信号。实现一个光子集成电路时,要根据不同的功能来选择材料平台。典型的材料系统如下:

(1) Ⅲ-Ⅴ族半导体材料:它们是半导体激光器最常用的材料,也适用于光波导、高效调制器和集成光电探测器。根据不同的波长,可选用 InP 基或 GaAs 基材料。

(2) 硅上的二氧化硅材料:玻璃(SiO_2)是一种非常好的波导材料。采用玻璃制作无源波导电路的技术成熟,但是构成波导电路的组件相当大,因此在单芯片上的集成密度非常低。

(3) 铌酸锂:具有非常强的电光效应,因此是一种制作高效调制器的材料。

(4) 硅:它对于通信波长是透明的,支持非常紧凑的波导结构。用它已经制作出好的调制器和集成的锗探测器,但是光源仍然是一个挑战。

13.1.2 片上光波导

光波导电路的主要目的,是通过一个媒质在两个指定点之间传输光信号。要做到这一点,可以将光信号限制在光波导内:光波导由芯层和包层组成,芯层是高折射率材料,包层是低折射率材料。这是光纤的基本原理:圆柱形的芯层是高折射率的玻璃,外围包层是低折射率的玻璃。在一个芯片上,波导通常是由一层高折射率材料形成的高折射率条。图 13.2 所示为两种可能的图形。

芯层和包层折射率的差值,在波导选择时是一个非常重要的决定因素。高的差值对波导的性能有以下影响:

(1) 芯层尺寸:高差值能将光限制在更小的横截面内。玻璃波导(差值为 1.45~1.44)的芯层为 10mm。玻璃包层包围的半导体条形波导(差值为 3.48~1.44)能将光限制在亚微米条内。

(2) 弯曲半径:限制越紧,波导可以被弯曲得越短。光不能以锐角传导,对于低折射率差值的波导,弯曲半径需要在 1mm~1cm 的范围内,而半导体条形波导的弯曲半径最小可以到 2mm。

(3) 色散:波导具有更大的折射率差值和更小的芯层时,波导的尺寸会更接近光的波长。这使得波导的行为(有效折射率)更依赖于波长。很明显,这意味着不同载波波长的信号需要通过相同的波导传输。

(4) 灵敏度:正如要进一步详细讨论的,尺寸差异会影响波导的性能。折射率差值越大,灵敏度越高,高折射率差值的波导需要采用精确度达到纳米级别的技术来制备。

光是一种电磁波:它的传播由它在波导中的电场和磁场分布决定。这些场的分布称为光模。基于它们的尺寸,波导能支持一种或多种传播模。每一种传

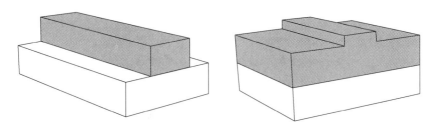

图 13.2　在高折射率层上刻蚀的两种不同的片上波导形状

播模都用其传播常数或有效折射率(n_{eff})表征,这个参数包含了芯层对光波长的折射率(n_{core})、包层对光波长的折射率(n_{clad})以及波导的尺寸(宽度和高度)。

由于多种原因,在大多数情况下单模工作优于多模工作。具有不同的传播常数(速度)的更高阶模与最低阶模相比,在波导中限制的光更少。这会引起定时误差和附加的(以及非预期的)损耗。因此单模工作电路设计简单。通过保持横截面足够小来制造单模波导。对于硅波导更能说明这一点。充分考虑片上光波导的各种因素以后,我们将在下一节看到,基于绝缘体上硅衬底的硅基光子学,为大规模光子集成电路提供了一个引人注目的技术途径。

13.2　绝缘体上硅光子学

在过去的 10 年里,绝缘体上硅成为紧凑光子器件的一种有吸引力的材料。对此有三个主要的原因。首先,单晶硅是一种优越的光学材料,在波长超过 1200nm 的波段光吸收率非常低。这个区域涵盖了通信领域中通用的 1310nm 波段和 1550nm 波段。其次,硅和二氧化硅的折射率差值,高于用于集成光电子的其他材料系统的折射率差值。如前文所提到的,高折射率差值可以使光限制在横截面小于光波长的波导内,从而芯片上光学元件的集成规模更大。再次,同 CMOS 制造工艺兼容:硅基光子集成电路中的所有器件,均能采用同样的工艺加工,并实现大规模制造。

13.2.1　SOI 波导

图 13.3 所示为两种常见的 SOI 波导。在两种情况下,硅波导的芯层均位于 SOI 埋氧化物的上面。较低折射率的 BOX 将波导芯层同硅衬底分开:所有模下光波导都不能完全将光限制于硅芯层内,光在二氧化硅包层内呈指数衰减。假设包层太薄,该模的光信号就会传播到下面的硅衬底,硅衬底同样是高折射率的材料,最终导致光信号泄漏到衬底。

1. 大芯层 SOI 波导

大芯层 SOI 波导的典型尺寸是 $1\mu m$ 及 $3\mu m$ 厚以及 $2\sim 5\mu m$ 宽。这种采

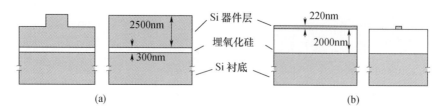

图 13.3　绝缘体上硅波导（截面）：(a) 大芯层硅波导
(b) 小芯层硅波导（光子线）。示意图用可比较的尺度绘制

用高折射率差值的 SOI 材料制造的大芯层波导是多模的，除非它们被刻蚀成只支持一种传导模的脊形形状：边缘仅部分被刻蚀。因此波导在纵向具有高的折射率差值，而在平面方向，折射率差值相当低（未刻蚀与部分刻蚀的硅相比）。因此，这种波导被认为是低折射率差值的波导，它们的弯曲半径在毫米量级。

纵向的折射率差值和厚度大使其纵向限光性能好，相对薄的 BOX 层足以将光模和衬底隔离。BOX 厚度的典型值为 300～600nm。（Kuidi 和 Hall，1988；Rickman 等，1992；Liu 等，2004；Ling Liao 等，2005）。

大芯层 SOI 波导具有相对低的损耗，其为 0.1～1dB/cm 量级。大芯层也对尺寸的偏差不敏感。然而，难以采用该技术直接集成多种光学功能元件。集成密度相当小，难以获得有源器件。尽管如此，这项技术还是在简单的光子电路和单独的组件中作为"光学台"得到了应用（Bestwick 1999；Feng 等 2010），此时分立的光学元件采用拾取和放置技术定位在 SOI 波导的电路中（Kopp 等，2010）。

在本章的剩余部分，将不再讨论这种大芯层波导，而是关注硅基纳米光子波导技术。

2. 硅光子线

图 13.3(b) 所示为一种纳米级硅光波导，也称为光子线。与大芯层波导相比，光子线在所有方向的折射率差值都高。由于折射率差值高（3.48～1.44），当芯层的宽度/高度在 300～400nm 时便满足单模条件。SOI 层的厚度通常为 220nm，因为在这个厚度时，对于波长为 1550nm 的各种偏振光，芯层自身都只支持一种模（平板模）。单模对应的最大波导宽度在 520nm 附近。也可以利用其他厚度，总的说来，选择更厚的硅层将需要更窄的芯层以维持单模。

需要指出的是，单模不是一个完全准确的描述。甚至在这些尺寸时，一个光子线将支持两种基本模：一种是横向电极化（TE）；另一种是横向磁极化（TM）。图 13.4 所示为强度分布曲线。这些模的行为极不相同，因为它们将在顶部/底部或左边/右边界面处呈现不同的场不连续性。通常 TE 模限光性能更好，被认为是真实的基本模。它在 SOI 平面中具有其主导电场矢量，因此在波导的侧墙处有不连续性。

由于 TE 和 TM 的光模比大芯层波导的小得多，因此被限制在芯层内的光更少，光会延伸进氧化硅包层中。这就意味着需要有更厚的埋氧化硅。图 13.5 所示为对于 TE 和 TM 偏振光传播损耗同埋氧化硅厚度的关系。对于 TE 偏振光来说，至少需要 1000nm 的埋氧化硅以避免光的泄漏；对于限光更少的 TM 模来说，需要的埋氧化硅更厚。

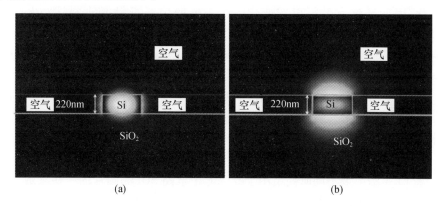

图 13.4　光子线波导基本 TE(a) 和 TM(b) 模的强度曲线

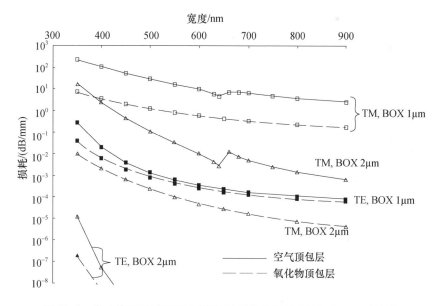

图 13.5　光子线和不同 BOX 厚度的波导传播损耗（引自：Dumon，2007）

每种波导模由其传播常数定义，或者更通常的说法是由有效折射率 n_{eff} 定义。像通常的折射率一样,有效折射率描述光通过媒质传播时其相位速度的减小。折射率越高,传播速度越低。有效折射率是一个在芯层和包层折射率之间的加权平均值:被限制在芯层的光学模越多,它的有效折射率就越高。对于一个 450nm × 220nm 的波导,在 1550nm 光波时有效折射率约为 2.37。

光学波导是色散的,这意味着它们的有效折射率同波长有关。其中一个原因是材料同波长是有关的。但是在光子线中,色散的主要原因是其自身的几何结构:因为芯层的尺寸与波长是相同的量级,波长的一个小变化将引起限光性能变化,因此导致有效折射率变化。这一色散用群折射率 n_g 描述(Chuang,1995),它与群速度联系在一起,$v_g = c/n_g$。群速度是一个波包的传播速度,它是信息(一个调制信号)传输的一个相对量。由于色散,硅基光子学的群折射率 $n_g = 4.3$,它明显高于有效折射率。

图 13.6 所示为 TE 和 TM 模在 1550nm 处硅基光子线波导中的各种模的有效折射率 n_{eff} 同波导宽度的关系。当 n_{eff} 小于包层的折射率 n_{clad} 时,这些光将开始泄漏进入包层材料。n_{eff} 同宽度有关,它对于硅基光子电路的性能是重要的,这一点本书将进一步讨论。

表 13.1 给出被不同研究组用于硅基光子电路 SOI 晶圆片的一些参数。除了厚度以外,其他重要的参数是厚度均匀性、掺杂浓度、表面粗糙度、缺陷以及波导的侧墙粗糙度。

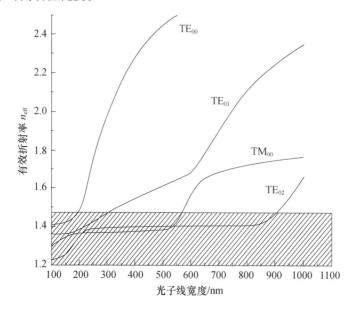

图 13.6 在 TE 和 TM 模时 220nm 厚的光子线有效折射率 n_{eff} 同芯层宽度的关系

表 13.1　通常用于光波导的 SOI 结构

研究机构	Si 器件层厚度	BOX 厚度	参考文献
Univ. of California, LA	3000	1000	Yegnanarayanan et al. ,1997
Yokohame National Univ.	320	1000	Fukazawa et al. ,2004
IBM	220	2000	Vlasov et al. ,2004;Xia et al. ,2007
Kyoto Univ.	250	—	Song et al. ,2005
MIT	220	1000	Sparacin et al. ,2005
NTT	200,300	3000	Tsuchizawa et al. ,2005
Univ. of St. Andrews	220	1000	O'Faolain et al. ,2006
Univ. of Surrey	1000 – 1500	—	Reed et al. ,2006
Univ. of Glasgow	260	1000	Gnan et al. ,2007
CEA – LETI	400,220	1000,2000	Fedeli et al. ,2008
Intel	500	1000	Barkai et al. ,2008
Alcatel – Lucent, Bell Labs	200	3000	Rasras et al. ,2009
IMEC	220	2000	Selvaraja et al. ,2009a
Cornell Univ.	240	3000	Guha et al. ,2010

13.2.2　硅波导的制备

1. 无源器件的制备

即使微电子和硅光电子的衬底材料都是硅，它们的制备工艺流程和技术指标也都不同。大多数纳米级光子波导电路利用高分辨率光刻和干法刻蚀制备。图 13.7 给出了这个工艺的详细流程。由于是亚微米尺寸，通常采用电子束曝光(Song 等,2005;Tao 等,2010)以及 248nm(Bogaerts 等,2002;Tao 等,2010)和 193nm(Fedeli 等,2008;Selvaraja 等,2009b)光学投影式光刻。

与电子电路不同，无源光波导的图形化工艺的要求是，光子电路不能改变波导的光学特性。例如，光子电路在同一层中包含多种图形，如不同宽度的绝缘线、深沟槽和孔。需要一步光刻工艺完成，因为片上图形之间的对准精度非常重要。这就要求优化光刻工艺以及偏置和接近的修正。图 13.8 所示为各种光波导的结构。

由于光子线的有效折射率与芯层宽度有关，因此精确控制关键尺寸(CD)格外重要。在 CMOS 图形化工艺中，工艺窗口通常定义为标定 CD 的 5% ~ 10% 的偏差。在光子电路中，CD 通常需要控制在 1nm 的量级。13.4 节将给出 CD 控制的更多细节，以及处理或补偿 CD 偏差的可能途径。

光波导制备工艺的另一个重要的方面是芯层/包层界面的质量。界面的粗糙度会引起波导内的散射和背反射，它是引起传播损耗的主要原因。而且，界

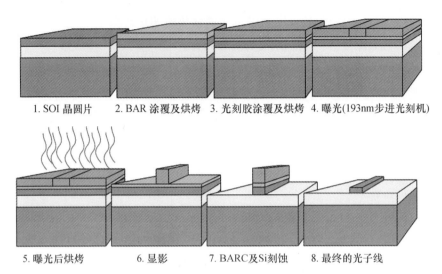

图 13.7 SOI 纳米光波导的制备流程(Selvaraja 等,2009b)(BARC 指底面抗反射涂层)

面处的界面态能导致光信号吸收。

商用 SOI 衬底中芯层上表面和下表面的粗糙度在亚纳米量级。然而,刻蚀形成的侧墙呈现显著的如图 13.8 所示的帘形。提高表面质量可以降低传播损耗。表 13.2 列出了已报道的不同研究组采用不同工艺制备的光子线的传播损耗。光子线的传播损耗在 1~2dB/cm 之间。

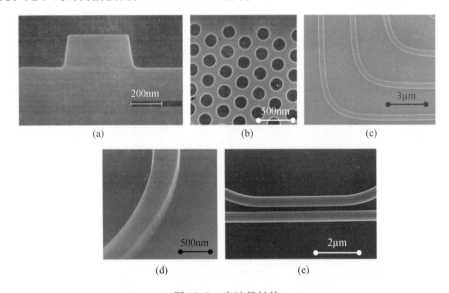

图 13.8 光波导结构

(a) 光子线截面;(b) 由三角形晶格孔洞组成的光子晶体;
(c) 弯曲波导;(d) 平滑侧墙波导;(e) 定向耦合器。

更复杂的波导结构,如图 13.2 所示的脊形波导,要引入额外的刻蚀层。脊形波导具有弱限光的缺点(像大芯层 SOI 波导一样),但是具有更小的侧墙表面因此传播损耗更低(Dong 等,2010;Bogaerts 和 Selvaraja,2011)。而且,用于耦合光纤的衍射光栅可以采用浅刻蚀来限定(Taillaert 等,2006),这将在 13.3 节中讨论(见图 13.9)。

表 13.2 不同研究机构的光子线性能

研究小组		光刻	Si 刻蚀	频耗/(dB/cm)	参考文献
Univ. of Glasgow	2008	电子束	ICP – RIE	0.92	Gnan et al. ,2008
IMEC	2011	193nm 光学	ICP – RIE	1.36	Bogaerts and Selvaraja,2011
IBM	2007	电子束	—	1.7	Xia et al. ,2007
MIT – BAE	2006	248nm 光学	ICP – RIE	5.7	Sparacin,2006
NTT	2005	电子束	RIE + ECRPE	2.8	Tsuchizawa et al. ,2005
Ykohama National Univ.	2005	电子束	ICP	120	Fukazawa et al. ,2004

注:ICP,感应等离子体;RIE,反应离子刻蚀;ECRPE,电子回旋共振等离子体刻蚀。

2. 集成有源器件

除了无源电路以外,在硅电路中还可以实现有源电光功能。两种最通常的功能是电光调制和光电探测。

硅中的电光调制可以用各种方式进行。虽然硅不是固有的电光材料,但是其折射率随温度(Della Corte 等,2000)和自由载流子浓度(Soref 和 Bennett,1987)的变化而变化。热效应较慢但效率较高,通常可用于调谐。

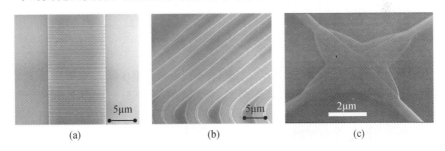

图 13.9 用深刻蚀和浅刻蚀工艺制备的光子结构
(a) 衍射光栅;(b) 混合脊/条形光波导;(c) 交叉形光波导。

通过载流子改变有效折射率,最常见的方法是在波导芯的内部嵌入 pn 结。利用 pn 结的正向或反向偏置可以改变光模的载流子密度。这种结的实现是相当简单的,使用标准的 CMOS 注入步骤然后进行退火即可。但优化的注入方式、能量和剂量同 CMOS 器件是明显不同的(Yu 等,2010)。明显改变载流子(为了增强调制)的目标,必须同低传播损耗(被载流子吸收)的目标折中考虑。

金属接触可以通过类似的标准 CMOS 工艺步骤完成,其中包括合金、接触插塞电极和铝或铜的后端金属工艺(Liao 等,2005)。图 13.10 所示为已金属化的一个典型硅光子调制器的截面。

为了进行热调制,可以使用以下几种材料制备加热器:掺杂硅(Zheng 等,2010)、硅化物(Van Campenhout 等,2010)或后端金属(Atabaki 等,2010)。另外,也可以加入一些其他的金属层(Thourhout 等,2010)。

对后端工艺的要求相对宽松。主要的要求是后端工艺增加的材料不会造成过高的光学损失,损失可能由不希望的材料散射造成,也可能由金属的光吸收系数与波导接近而导致。

为了将光电探测器结合进来,仅仅用硅材料还是不够的:因为在某些特定波长下硅是透明的。因此,通常的做法是在硅上外延锗材料。有不同的外延方法(Osmond 等,2009;Michel 等,2010),但其中大多数都是在 SOI 层上外延的。因此,SOI 层的晶向、类型和应力,对于保证高质量外延层来说是重要的。

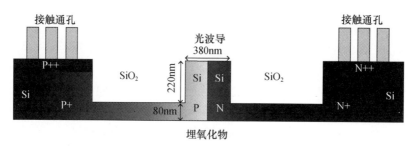

图 13.10　硅调制器的截面(Li 等,2011)

3. 电子电路集成

本章描述的工艺主要涉及硅光子器件的制造。然而,硅光子学的主要吸引力之一是其具备与电学器件集成的潜力,特别是两者在材料和制造设备方面可以共享。而且,光子器件与电学器件集成可以利用两者的优势:用光来传输信息及用电学器件来完成逻辑/存储。

在一个 SOI 衬底上单片集成光学和电学器件的重要障碍之一,是对各层材料的要求存在巨大的差异。虽然 SOI 电学器件的趋势是降低埋氧化层和顶硅层的厚度,但是光学器件需要埋氧化层厚度最小,以及要求严格的硅芯层厚度以获得合适的限光性能。

有光子器件和电学器件在相同工艺下成功集成的例子,例如由 Luxtera (Gunn,2007;Masini 等,2008)实现的集成:采用修改的 130nm SOI 工艺集成了波导、调制器和锗光电探测器。虽然各层的选择在很大程度上取决于现有的电学器件工艺,但 SOI 叠层是按照实现最佳的光子学性能设计的,例如可以实现良好的光纤耦合(13.3 节)。即使如此,选择的 SOI 叠层仍然难以使用光子线,而是采用了弱限制脊形波导,结果降低了最终的集成密度。

与电学器件集成的替代方案包括 3D 堆叠,其中光学和电学器件通过后端金属工艺连接。另一种途径是光学器件采用沉积层材料制备。虽然采用非晶硅可以制备出性能尚可的波导(Liao 等,2000；Harke 等,2005；Orobtchouk 等,2005；Selvaraja 等,2009c),但性能仍然比单晶硅波导的低。此外,不经过高温退火很难制造出掺杂调制器。最后,尽管在宽高比限制的结构上外延锗技术已经在后端得到了演示(McComber 等,2010),但是并没有实现高效的光电探测器。

13.3　SOI 光学模块

光子电路由几个不同的功能模块组成。这与电子电路有很大的不同,电子电路中几乎所有的功能都可以通过晶体管、二极管、电阻和电容来实现。如 13.1.1 节所述,光子电路需要更多的功能模块,包括波导、调制器、光电探测器、激光器和光谱滤波器。在这些模块中存在多种结构的器件,每个都有自己的优势。片上功能模块系统的顶部需要有效的耦合结构,它们将光耦合到光纤并用于输入和输出。

硅光子学可以实现各种光学功能,其中一些甚至比采用其他方法更容易实现。在本节中,将简要介绍最常见的实现方法,以便在 13.4 节能更清晰地介绍 SOI 衬底在性能方面的限制和影响。

硅波导是光子集成电路的基本模块,它已经在 13.2.1 节中介绍过了。当本书在 13.2.2 节中描述硅光子学的制造工艺时,也讨论了其传播损耗方面的性能。

13.3.1　波长滤波器

波长滤波器是波分复用系统的基本模块。它们用于合并和分开波长通道。因此最简单的波长滤波器可以表示为具有三个端口的器件:一个输入端口和两个输出端口。其中一个输出端口传输光谱的某一部分,而另一个端口传输其余部分。当然,模块本身会引入一些损耗,损耗也可能与波长有关。

大多数波长滤波器是线性无源器件,它们的传输与光功率无关,并且由于具有互易性,器件可以在任一个方向上使用:分开或合并波长通道。

基于干涉的波长滤波器:当两个或更多个光束沿着不同长度的路径传播及合并时,所得到的输出将取决于波束之间的相位关系。当它们达到同相时,传输是最大的;当达到反相时,传输可以减小到零。相位延迟与波长有关:$\Delta\phi =$

$2\pi\Delta L \cdot n_{eff}(\lambda)/\lambda$,$\Delta L$ 是路径间物理长度的差,n_{eff}(与波长有关)是波导的有效折射率,λ 是波长。此处可以看到有效折射率的重要作用:它对相位条件有直接的影响。正如我们在 13.4 节将要看到的,它对制造要求很高。或者说,制造的偏差可能对光谱滤波器的性能产生严重的影响。

有几种光谱滤波器的实现方法。一些常见的例子如图 13.11 所示。最简单的形式是马赫－曾德干涉仪(MZI),其中光束分开进入两个波导中,然后再合并。虽然简单,但是 MZI 不能提供良好的滤波响应,并且需要多个器件级联才能获得良好的性能(Okayama 等,2010)。

同两个波束发生干涉不同,可以利用环形波导,波束经过环形波导反馈回来再与其自身发生干涉。当谐振时(当光的波长与环的周长匹配时),光从总线波导中提取出来再耦合到下路波导。这些环形谐振器能较好定义滤波峰值,它们也可以通过级联实现更精细的滤波器配置。

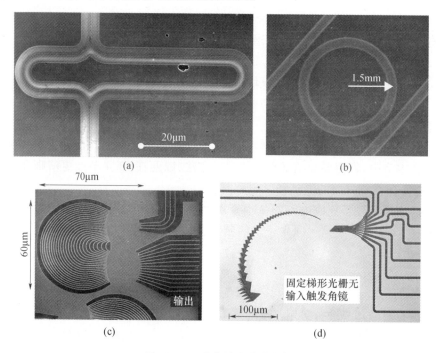

图 13.11 硅光子滤波器实例
(a) 马赫－曾德干涉仪;(b) 环形谐振器(Prabhu 等,2009);
(c) 阵列波导光栅(Sasaki 等,2005);(d) 阶梯光栅(Horst 等,2009)。

阵列波导光栅(AWG)本质上是 MZI 的改进:取代了 MZI 的两个波导,光束分布在具有不同延迟的波导阵列中(Fukazawa 等,2004;Sasaki 等,2005;Dai 及 He,2006;Dumon 等,2006)。经过相位延迟,输出端的光聚焦到另一个输出波导上。因此,一个 AWG 可以同时解复用多个波长信道,而不只是分出一个信道。AWG 的性能依赖于阵列中不同波导臂之间的延迟控制：相位延迟的不准确将增加输出信道之间的串扰。

与 AWG 类似的器件是梯形光栅（Brouckaert 等，2007；Zhu 等，2008；Horst 等，2009；Song 和 Ding，2009）。不采用波导作为延迟线，而是光被多个刻蚀面反射。同波长有关的相位延迟是由刻蚀面同入口和出口的偏移造成的。光栅是弯曲的，入口处的光聚焦到其中一个出口。由于没有线波导参与，决定相位延迟的是平板波导有效折射率，换句话说，是 SOI 层在垂直方向上限制光。与 AWG 一样，平板波导有效折射率的变化将导致相位误差，这可能会引起信道之间的串扰。

13.3.2 光栅耦合器

很多光子芯片的一个重要功能是实现光与芯片之间的耦合。这不像看起来那么简单。最常见的用于传输光信号的片外介质是单模光纤。它们具有非常低的传输损耗，由差值非常低的圆柱形波导组成。如 13.1 节所述，低差值意味着波导模相当大。这种情况下的光纤，模的直径超过 $10\mu m$。将这样一个大模耦合到一个亚微米级硅波导是很困难的：当直接耦合时，效率约为 0.1%。

解决这种耦合问题的常用方案是采用光栅耦合器，如图 13.12 所示。光栅耦合器由刻蚀成宽而薄的硅波导衍射光栅组成。将合适的波长在光栅齿上产生的衍射叠加起来，来自一个（接近的）垂直光纤的光直接耦合到硅波导中。同其他无源器件一样，这种现象也存在于其他方向：来自波导的光在光栅齿上衍射，对于合适的波长，光将叠加耦合进光纤。

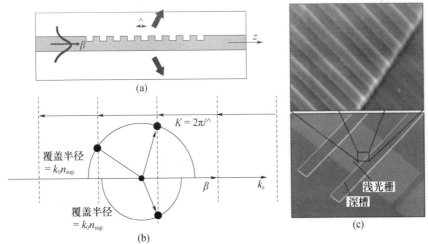

图 13.12　光栅耦合器

(a) 光栅的截面；(b) 用 k-空间图解释的工作原理；(c) 制备的硅光栅齿器件放大的细节照片。

尽管工作原理简单,但制备出高效的光栅耦合器并不简单。虽然已经制备出具有70%效率的光栅(Saha 和 Zhou,2009;Selvaraja 等,2009a,2009d;Vermeulen 等,2010),但典型的周期性刻蚀的光栅只有约30%的耦合效率(Taillaert 等,2006)。这部分是由于各光栅齿同时向下面衬底和上面光纤产生衍射。然而,向下的波在BOX和硅衬底之间的下界面处发生反射。由于折射率与反射率的比值高达30%,反射波将与向上的衍射波发生干涉。根据BOX的厚度,这种干涉将是正向的(与向上传播的功率叠加)或反向的(减弱一些向上传播的功率)。最佳厚度取决于波长的选择,并且可以通过衬底设计进一步优化性能,13.5节将要介绍它。

13.3.3 调制器

在"集成有源器件"部分已经介绍过,硅调制器可以通过在波导芯中引入结来实现。这种载流子调制器有两种重要类型。P-i-n结可以加正向偏置,在本征区域注入载流子。在这种方式下使用多子,对有效折射率有非常强的调制效应。然而,这种调制器的速度受到限制,因为过量的载流子需要时间来复合。此时载流子的典型工作速度为$1\sim3Gb/s$(Xu 等,2005),而采用特殊的驱动方案可以将其提高到10Gb/s(Xu 等人,2007;Green 等,2007)。载流子注入型调制器相当有效,并且相位调制器获得π相移的典型结构是几百微米。

除了载流子注入型以外,调制器也可以采用反向偏置p-n结实现。当电荷量小得多时,这些调制器通常较长($1\sim3mm$)。然而,由于它们不受载流子寿命的限制,因此工作速度可以快得多。目前已经制备出工作速度在28Gb/s甚至高达40Gb/s(Thomson 等,2011,2012)的调制器。

结型调制器表现为相位调制。它们在输出端改变光的相位而不是振幅。为了将相位转换成幅值,这些调制器需要与光谱滤波器结合起来工作。这可以是MZI(Thomson 等,2011 年,2012)或环形谐振器(Xu 等,2005;Zheng 等,2011)。前者具有通用性和宽带宽的优点;而后者相当紧凑,但由于受到光学共振的带宽限制而工作速度较低。

在获得调制器的高速性能方面,硅衬底开始起作用(Raskin,2009)。MZI配置的高速调制器,通常使用在金属层中实现的RF行波电极。MZI的阻抗和损耗与结波导的阻抗和损耗,均受到埋氧化层厚度和衬底晶圆片导电性的影响。超过40Gb/s的SOI光子学需要采用高电阻率晶圆片(Ziebell 等,2012)。

13.3.4 光电探测器

硅光子学中的光电探测器,通常在外延生长的锗中实现。其带隙约为1550nm(当应变时高达1600nm),它对电信波长范围内的光吸收很强。这意味着集成波导的探测器实际上是可以相当小的,长度为 10 ~ 30μm(Chen 等,2008;Masini 等,2008;Vivien 等,2009)。挑战在于设计器件要使得光在晶格失配引起的位错富集层中尽可能少地传输,并且产生的电子 - 空穴对要能被有效地收集。

尽管锗探测器的性能远不如Ⅲ - Ⅴ族 InGaAs 探测器,但最近的进展表明,已经研制出具有与Ⅲ - Ⅴ族 InGaAs 探测器响应度相近的锗探测器,在 1550nm 波长处的探测器响应度为 1A/W(Vivien 等,2009)。此外,集成波导的探测器的尺寸紧凑具有高速性能,速度已经达到了 50Gb/s(Klinger 等,2009;Assefa 等,2010)。这种集成波导的探测器如图 13.13 所示。

由于锗探测器的性能取决于外延的质量,因此下面的 SOI 层性质也会产生影响。关于应变层生长的研究报道很少,但它可以对集成的工作产生重大影响。

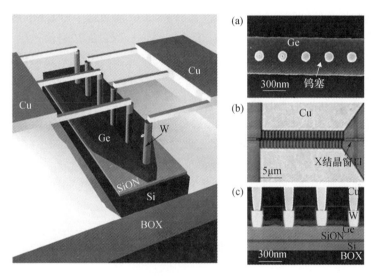

图 13.13 锗波导光电探测器。左图:Ge 波导光电探测器原理图;右图:制备的器件(a) 探测器自上而下的 SEM 照片,(b) 自上而下的接触区显微照片,(c) 器件的截面图(Assefa 等,2010)

13.3.5 激光器

光学光源是最难在硅光子芯片上集成的部件。硅没有直接的带隙,锗也没有。几乎没有例外,所有的半导体激光器都采用需要复杂的多层外延材料结构的Ⅲ - Ⅴ族材料,材料中包含(多个)量子阱或量子点层。

因此,将激光器引入硅衬底的直接方法,是在 SOI 晶圆片上集成这种Ⅲ - Ⅴ族堆叠材料。利用外延方法实现是最理想的,但其晶格失配非常严重,因此在短时间内不可能实现。键合方法是可以采用的方案：可以利用分子键合（Fang 等,2007；Ferrier 等,2008）或粘接（Roelkens 等,2006）的方法,将Ⅲ-Ⅴ族薄膜材料键合到硅衬底上。此外,由于是异质材料键合,Ⅲ-Ⅴ族材料上已经有外延材料结构层,硅晶圆片已经形成了波导电路（Stankoviė 等,2011）。这样,Ⅲ-Ⅴ族材料上的后续工艺可以在晶圆片上进行。采用这种技术已经制备出多种类型的激光器,从具有 $100\mu W$ 光纤输出的紧凑型微腔碟式激光器（Campenhout 等,2008）到具有高达 $5mW$ 输出的条形激光器（Lamponi 等,2012）。

另一种方法是利用硅的效应来提供光学增益。可以包括利用四波混频的方法（Salem 等,2007；Kuyken 等,2011）,或者利用硅晶格中声子的拉曼散射（Jalali 等,2006）实现参数放大。

最近的研发给硅光子激光器带来了更多的希望。2011 年,在锗中实现了激光发射（Liu 等,2010）。这使得有可能通过结合应变来补偿直接和间接的带隙,以及通过重掺杂使间接的导带带谷饱和（El Kurdi 等,2009；El Kurdi 等,2010）。基于这种技术,2012 年研制出电泵浦激光器（Michel 等,2012）。

同锗光电探测器一样,衬底上的材料生长可能会对硅锗激光器的未来发展产生重大影响。

激光器,特别是电泵浦激光器,会消耗大量的电源,并且运行时相当热。此外,它们在较高温度下往往效率较低甚至停止工作。因此,激光器必须做好热学控制,热沉是主要的被动散热方案。放置在 SOI 结构的顶部不一定是最好的解决方案,因为厚的埋氧化层会隔离激光和衬底之间的热传导。为了推动硅上激光器的突破性发展,可能需要有良好散热性能的衬底,同时保持良好的隔热性。

13.4　器件容差与补偿技术

许多光学功能元件,特别是波长选择滤波器,同有效折射率 n_{eff} 相关。有效折射率可以通过材料参数、几何形状以及工作和环境条件（如温度）进行控制。正如 13.2.1 节中提到的,光子线的有效折射率在很大程度上取决于芯层尺寸和波长。由于波长滤波器的光相位延迟随 n_{eff} 线性变化,芯层尺寸的微小变化会对滤波器的传输特性产生影响。例如,对于峰值波长为 λ_0 的滤波器,我们观察到波长峰值的移位为 $\Delta\lambda$,$\Delta\lambda/\lambda_0 = n_{eff}/n_g$。当我们考虑 n_{eff} 的波长依赖性时,可引入群折射率 n_g 的概念。

13.4.1　尺寸变化的影响

为了说明 n_{eff} 相对于尺寸变化的灵敏度,如图 13.14 所示,考虑一个周长/延迟长度约为35μm的环形谐振(或任何其他的)滤波器。对于波长在1550nm附近的光,我们发现光谱中波长约为5nm间隔的光会形成干涉。根据应用,WDM系统中的波长信道可以间隔几纳米,而在高端系统中,光谱中的间距接近0.4nm。

现在来看由于尺寸小的变化引起的波长峰值变化,发现波导宽度变化1nm就会导致大约1nm的波长偏移。厚度的影响更大,1nm的厚度变化可以造成传输波长产生2nm的偏移。测量到的变化并不在本地。这意味着纳米级尺度的CD(关键尺寸)变化很容易将光转移到其他的一个或多个信道上。

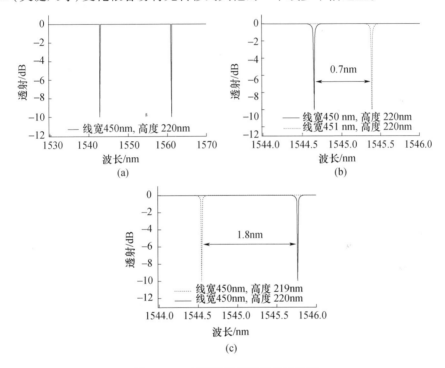

图13.14 环形谐振滤波器的灵敏度

(a) 35μm周长环形谐振器的透射谱;(b) 宽度为1nm差的两个环形滤波器的透射谱;
(c) 芯层厚度有1nm变化的两个环形滤波器的透射谱。

注意,本地CD不是最重要的指标。重要的量是延迟线/往返行程的累积相移。这意味着应该有效控制延迟线的平均折射率 n_{eff} 或平均宽度/厚度。因此降低了对短延迟线滤波器的尺寸变化要求,但对需要更长延迟线的滤波器则要求较高:不均匀性会影响器件性能。

13.4.2 制造产生的不均匀性

器件中永久性结构的不均匀性明显地受到其制造工艺的影响。工艺的变化表现在时间和空间上。时间过程变化通常与耗材及晶圆片的变化或工艺条件有关。例如,光刻胶的老化通常会改变其黏度和反差,从而直接影响光刻的尺寸。时间变化在大规模制造环境中是至关重要的,它会导致晶圆片和晶圆片之间,以及批次和批次之间的不均匀性。除了时间变化以外,晶圆片上的空间变化也在制造过程中对不均匀性起着重要的作用。在晶圆片级,我们可以将物理或结构的变化来源分为两类,即芯片内部和芯片间(或晶圆片内)的不均匀,如图13.15所示。沿晶圆片给出硅层厚度的整体变化,芯片内的变化的大小和分布与芯片间(芯片 – 芯片)的变化不同。

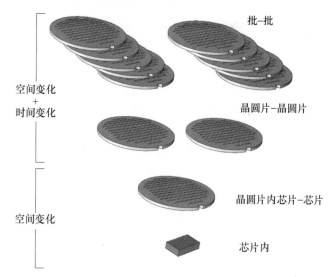

图 13.15　不同层次的不均匀性,分为芯片内、晶圆内、批次内和批次间

(1) 光刻引起的不均匀性:这通常是由局部邻近效应(小于 $1 \sim 2 \mu m$)和整体杂散光扰动造成的。通过适当的分析,关键的光刻误差可以通过光学邻近校正来补偿。大多数高端 CMOS 器件使用步进重复工艺完成晶圆片级的光学光刻。由光学光刻引起的芯片内图形或尺寸的变化,取决于掩模制作工艺(例如,写场边界)和扫描的方向。此外,光刻胶的厚度和出厂时间、抗反射涂层和旋涂条件也影响光刻图形的变化。使用更好或更先进的光刻工具,可以改善关键尺寸的控制。例如,比较相同结构的不均匀性(使用相同的光掩模和来自同一批次的衬底)时,采用 193nm 光刻设备与 248nm 光刻设备相比,均匀性显著提高(Selvaraja 等,2010)。

(2) 刻蚀引起的不均匀性:它是由局部区域内(约 $20 \sim 50 \mu m$)图形密度的差异以及等离子体条件中的长距离变化造成的,可以通过平铺图形的形式增加局部密度控制。等离子体条件(温度,密度)的整体变化在晶圆片上造成的影响通常沿径向分布。新一代工具提供了更好的控制,减少了这种不均匀性。

(3) 衬底厚度：最难控制的长距离内不均匀性来源是 SOI 衬底厚度的变化。根据供应商提供的参数，顶硅层的均匀性指定控制在 5~20nm 以内。按照这个数据，意味着会造成数十纳米的波长偏移。

(4) 其他工艺的不均匀性：除了光刻和刻蚀以外，有可能引起不均匀性的其他主要工艺是沉积(层厚度和成分)和抛光(化学机械抛光(CMP))。

采用监测结构，可以区分芯片内的不均匀性与晶圆片范围的或芯片间的不均匀性。芯片内均匀性可达 1~2nm，短距离(~100μm)内的不均匀性可以小至 0.5nm(Selvaraja 等，2010)，而较长距离(线宽，厚度)的监测结构，可以用来在指定工艺流程中揭示产生不均匀性的主要原因。

尺寸的变化和不均匀性，被认为是广泛部署硅光子学的主要瓶颈之一。虽然与成熟的晶体管相比，典型的 CD 相当宽松，但允许的公差要小得多。此外，在制造过程中控制这些参数并不简单。这里给出的灵敏度数据表明，光子电路的性能实际上最能准确测量 CD 的变化，比通常采用的在线测量如 SEM 或椭偏仪更为精确。

13.4.3 不均匀性的补偿

保持有效折射率不均匀性的控制，是硅光子学的主要挑战。它可以在不同的层次进行处理，在器件工作中、制造前或制造后采取相应的方法。

1. 主动调整

尺寸不均匀性可能引起波长峰值的不均匀性和偏移，但这并不一定会使芯片失效。例如，它们可以在工作中采用一定的方法来实现调整：可以使用温度(局部加热器)来补偿有效折射率小的变化。硅具有高的热光系数，并且加热滤波器延迟线可以使波长峰值以 50~100μm/K 移动。这意味着对于 1nm 的偏移需要 10~20K 的温度变化，它对应于 1nm 的 CD 变化。这限制了调整的范围，并且还引入了明显的功耗。实际上已经证明，平均芯片功耗随着制造过程中 CD 偏差的增加而增加(Zortman 等，2010)。

工作中的调整仅在波导附近放置加热元件是不够的。由于该技术还需要补偿环境温度的波动(由外部来源引起，也可能是由片上热源引起，如激光器或电子热点)，因此热控制也需要监控和反馈电路，这会使设计复杂化。

2. 制造后调整

工作中的调整替代方案，是在芯片制造后进行调整的方法。在制造以后芯片性能可以进行表征(甚至在晶片级使用光栅耦合器)，从而局部修调折射率：

(1) 应力：将硅波导暴露于电子束(Schrauwen 等，2008)或 UV 光中，它导致下面的氧化硅产生应力，因此波导本身也会产生应力。应力引起波导有效折射率偏移，这就可以用来校准滤波器的光谱响应。

(2) 覆盖材料：波导的顶部包层的变化也会引起有效折射率变化。例如，可以沉积感光包层材料（例如，硫族化物玻璃），使用可见光或 UV 光进行有效的局部调整（Naganawa 等，2005；Sparacin 等，2005）。

利用这些技术，可以实现亚纳米级的局部修调。然而，修调的时间和成本取决于制造样品时造成的起始不均匀性程度。

3. 制造前调整

由于 SOI 衬底的厚度不均匀是造成不均匀性的主要原因之一，因此提高 SOI 衬底起始厚度均匀性是有意义的。实现这一目标的一个方法，是在光子学制造之前局部修调衬底。这可以使用气体集群离子束（GCIB）工艺，基于预先测量得到的硅晶圆片的厚度图（Kirkpatrick，2003）进行修调。表 13.3 和图 13.16 示出 SOI 晶圆片在修调前后的厚度分布和晶圆统计数据。在修调过程中去掉事先确定的一定量的 Si 以使晶圆片平坦化，因此留下的 Si 膜稍薄一点。

表 13.3 SOI 晶圆片厚度不均匀性的提高

	修调前	修调后
平均	223.76nm	204.41nm
3σ	13.61%	2.13%
变化范围	19.98nm	9.73nm

13.4.4 小结

硅光子器件对几何形状的变化非常敏感。正如在这里提到的，许多器件的容差非常小，因此采用简单的制造工艺几乎不可能满足均匀性的要求。然而，主动修整和调节可以补偿不均匀性，良好的制造控制可以有效地降低成本和能耗。

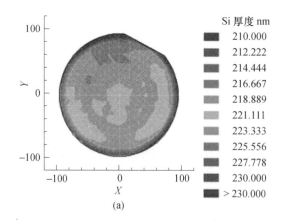

(a)

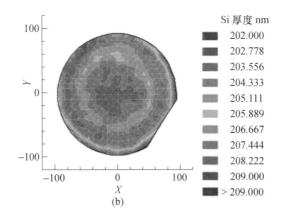

图 13.16　利用 GCIB 提高硅厚度的不均匀性
(a) 厚度修调前；(b) 厚度修调后。

13.5　用于硅光子器件的先进堆叠结构

到目前为止，我们已经讨论了使用标准结构的绝缘体上硅的硅光子器件：$1\sim 3\mu m$ 的埋氧化层，$200\sim 300 nm$ 的顶硅层。虽然已经具有良好的性能，但是优化衬底可以明显提高性能。

在本节中，将讨论一些使 SOI 衬底工程化应用，特别是使它适用于硅光子学的可能途径。这些途径如下：

(1) 应力工程：在顶层中引入应力可以提高工艺甚至实现新的功能。

(2) 多层 SOI：具有更复杂的硅/氧化硅堆叠结构的衬底可以提高光栅耦合器的性能，或者实现多层光子器件。

(3) 局部 SOI：具有局部区域光子器件的 SOI 衬底可用于将硅光子器件同体硅 CMOS 集成在一起。

(4) XOY：使用另一种波导材料以及另一种代替埋氧化物的材料可以制成使用其他波长的波导，从而得到热性能或效率更好的有源器件。

下面将详细讨论这些方法。

13.5.1　应变 SOI

光子器件的 SOI 波导层应力不大，尽管在去除隔离波导结构下的 BOX 层时可能会出现一些弯曲。但是，引入应力可能会带来好处。例如，应变硅打破了晶格的中心对称性，因此产生了二阶非线性灵敏度。换句话说，现在可以通过利用外部电场来改变硅的折射率。这就为不用载流子实现电光调制提供了机会，潜在地提高了速度和减少吸收损失(Jacobsen 等, 2006)。

引入应变的另一个动机是促进锗的外延生长,以便制造出更好的光电探测器和激光器。

13.5.2 多层 SOI

制造多层 SOI 并不简单,因为需要多次重复 SOI 制造工艺。然而,对于光子器件来说,它具有许多优点。

1. 多层电路

这里讨论的所有光子器件都在单个平面中布线。具有如 CMOS 金属叠层的多个波导层可以显著提高光子电路的规模。然而,这并不是一件简单的事情,因为良好的波导需要高质量的硅层。

在现有的图形化 SOI 结构上加入额外的绝缘体上硅层的工艺将使其成为可能。已经利用非晶硅对多层电路进行了试验,但性能有限(Koonath 和 Jalali, 2007;Selvaraja 等,2007)。

2. 高效光栅耦合器

如 13.3.2 节中讨论的,光栅耦合器将来自硅波导的光向上衍射进入光纤。但是有一部分光会向下衍射进入衬底。向下的光中有一部分在 BOX - 衬底界面处再次反射向上并与上行光发生干涉。

为了优化光栅耦合器的效率,反射所有向下行进的光是有利的,另外要控制 BOX 的厚度使反射光与向上行进的光发生完全的干涉,从而使耦合效率最大。

这一概念已经通过使用非晶硅分布式布拉格反射镜(DBR)得到了证明,这种反射镜由几对薄氧化硅和非晶硅层组成(Selvaraja 等,2009c)。这种结构如图 13.17 所示。多层界面形成宽带反射镜有效反射所有的光。在反射镜的顶部是较厚的氧化硅,用来隔离反射镜层与波导中的瞬逝场。波导是在非晶硅中制造的。通过选择合适的厚度,该光栅的耦合效率接近 70%。

这个器件的主要问题是必须先沉积底面反射镜,这就意味着只有被沉积的层才能用于波导。已用于正确镜面结构的 SOI 堆叠结构,由于提供了一个单晶芯层,可以极大地提高波导的性能。

13.5.3 局部 SOI

用于光子器件的 SOI,其要求与用于电子电路的 SOI 非常不同。另外,大量的电子电路是在体硅上制备的而不是在 SOI 上。这些矛盾的要求使得很难实现单片光子器件与电子电路的集成。

一个解决办法是使用局部 SOI:只在需要的地方使用 SOI 衬底,而在其他地方使用体硅衬底。如图 13.18 所示,已提出了两个方法达到这个目的。

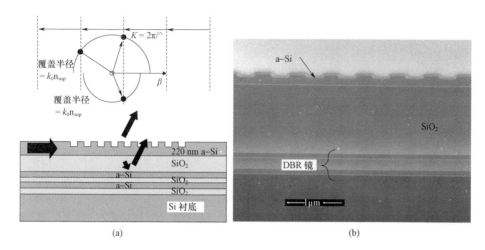

图 13.17 具有底面分布式布拉格反射镜的光栅耦合器
(a) 工作原理；(b) SEM 截面照片。

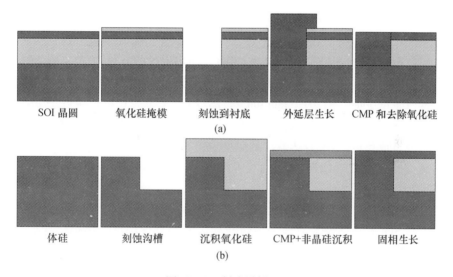

图 13.18 制造局部 SOI
(a) 从 SOI 晶圆片开始；(b) 从体硅开始。

制造一个局部的体硅衬底(Zimmermann 等,2008)：开始是一个光子器件 SOI 晶圆片,然后将用于制造电子电路的局部区域刻蚀到硅衬底。采用衬底外延可以再生长达到 SOI 表面,接着平坦化,最后将它用作制备晶体管和光子器件的衬底。

制造一个局部的 SOI 衬底(Shin 等,2010)：另一种方法是采用体硅晶圆片。深槽刻蚀,然后填充氧化硅,平坦化。在顶部沉积非晶硅,然后用固相外延工艺使其结晶,籽晶来自于原始的体硅衬底。由于这步重结晶工艺将保持硅衬底的晶向,在再生长相汇合的 SOI 区域的中心附近会形成位错层。

13.5.4 在其他材料上的某种材料

本章已经详细讨论了 SOI 用于光子器件具备的优势,但是硅和氧化硅仍然有某些明显的缺点,如果结合其他具有高折射率差值的材料有可能是一个解决方法。

1. 其他范围的波长

目前,硅光子器件的波长范围在 1300nm~1600nm 之间,它们已广泛用于光通信。然而,对于其他的应用,其他的波长范围要求使用其他的材料。一些例子如下:

(1) 可见光波长:对于波长比 $1.1\mu m$ 短的光来说,硅是不透明的材料。结合对近红外和可见光波长透明的高折射率差值堆叠材料,对于光谱学和传感甚至是短程通信是非常有意义的。可能的高折射率值差材料包括碳化硅($n = 2.7$)(Liu 和 Prucnal,1993;Song 等,2011)和金刚石($n = 2.4$)(Babinec 等,2011),也可以使用氮化硅($n = 2.1$)(Gorin 等,2008),但是它的折射率差值会迅速下降。

(2) 短波红外(SWIR)和中红外(MIR):面向更长的波长,直到 $4\mu m$ SOI 仍然是有用的材料。其后,埋氧化物的吸收开始增强。一个解决方法是利用蓝宝石上硅(Baehr-Jones 等,2010;Jackson 等,2011)。甚至波长更长接近 $10\mu m$ 时,硅也不再适用,锗成为更有意义的选择(Soref,2010)。由于大部分光学器件的尺寸同波长成比例,这就意味着层的厚度也需要增加。

更长的波长在光谱学中找到了它们的应用,因为很多物质在这个波长范围内有独特的"指纹"特征。

2. 热学衬底

光学 SOI 衬底通常具有厚的埋氧化物。厚埋氧化物可以隔热。特别是在考虑集成激光器和电子电路时,如何高效地向衬底散热是一个问题。用导热性能更好的材料代替埋氧化物,需要具有相似光学特性的材料层。或者,也可以考虑穿通埋氧化物层刻蚀成导热通路。

在其他情况下,衬底氧化层的热导率被认为是太高了。例如,当使用局部温度调节滤波器时,功耗和热串扰在很大程度上取决于它的散热情况。一种解决方案是刻蚀衬底(Dong 等,2010),有效地将波导及其局部的 BOX 与其他电路隔离。依靠衬底的选择,并在芯片上普遍使用热学衬底技术,内在的承受力就能起作用。

3. 有源衬底:绝缘体上Ⅲ-Ⅴ族材料

虽然硅光子学能够实现大多数光学功能,但是用于集成光子学的功能最完全的材料体系仍然是Ⅲ-Ⅴ族半导体材料(GaAs 基能到 1300nm 波长,InP 基能到 1700nm 波长)。在Ⅲ-Ⅴ族材料上已经制备出无源波导、高效调制器、探测器和高效激光器,甚至已经集成在同一衬底上(Schneider 等,2009;Nagarajan 等,2010)。

然而,为了实现类似于这里讨论的高折射率差值的光子器件,需要在纵向具有高折射率差值。硅上的磷化铟膜使用类似于 SOI 的堆叠结构,将Ⅲ-Ⅴ族晶圆片通过 BCB 层粘接到硅衬底上(Roelkens 等,2006)。已经使用这种方法实现了无源电路和有源功能器件的集成(van der Tol 等,2011)。

这一技术的主要限制是Ⅲ-Ⅴ族衬底的直径通常为 100mm(4″)或 150mm(6″)。因此,不容易基于该技术打造 200mm 和 300mm 衬底。

13.6 硅光子器件的应用

历史上,光子集成器件主要用于光通信,用于发射/接收电路。在 WDM 系统中,这需要光源、波长多路复用器/解复用器、调制器、光纤芯片耦合器和光电探测器。

硅光子器件在光通信市场中的份额不断增长。当硅的 PIC 不能满足长途电信骨干网的性能规格要求时,对于短距离通信(大都市网络,光纤到户)和数据中心互连(机架到机架,板卡到板卡)来说,硅光子器件则是非常有吸引力的技术(Asghari,2008)。

由于其共享技术的基础,硅光子器件也正在成为片上光互连的主要候选者。高密度集成的高差值波导是其重要的优势,因为对于给定的数据带宽它所需要的信号覆盖区非常小。光芯到光芯的片上网络可以用硅光子器件供电,甚至可以用 WDM 系统中的片上激光器驱动(Thourhout 等,2010)。

但是硅光子器件有更多的应用。光谱已经在"热学衬底"一节中提到。波长解复用器可用于将光谱分解成不同的波长通道。它们可以与光电探测器结合并用作光谱仪。通常使用光谱法来分析物质的组成。通信通常使用的波长在 1300~1600nm 之间,而光谱学利用的光谱范围宽得多。

然而硅光子学最有价值的未来应用之一是传感器。如本章所讨论的,硅波导是非常敏感的元件。虽然这是构建稳定电路的一个缺点,但是可以利用其灵敏性来实现传感。使用干涉仪或环形谐振器,可以测试其有效折射率非常小的扰动。这些变化可用于测量温度(Kim 等,2010)或应变(Taillaert 等,2007;Lee 和 Thillaigovindan,2009),但是最有意义的传感器是没有顶部包层的硅波导。因为芯层外部的光按指数衰减,顶部包层的变化可以被检测出来。这就可以用来测量溶液中的折射率变化(De Vos 等,2007;Washburn 等,2009)。此外,硅表面可以被化学修饰,选择性地结合特定的分子,例如蛋白质甚至是 DNA 链(Washburn 等,2010)。利用这种方式,许多选择性生物传感器可以在相同的芯片上实现多种化合物的并行测定(De Vos 等,2009;Qavi 和 Bailey,2010;Washburn 等,2010)。

13.7 结　论

在本章中,我们讨论了绝缘体上硅在集成光子器件中的应用。SOI 提供了非常有吸引力的平台,因为它的光学质量高,折射率差值也非常高。在硅中能实现大多数的光学功能,包括波导、光谱滤波器、调制器甚至是光电探测器。激光器仍然很难在硅中实现。

与电子器件相比,光子器件对衬底有不同的要求:比较厚的 BOX 和顶硅层。但是硅光子器件最重要的要求是均匀性:硅波导对尺寸变化非常敏感,因此需要精确的 CD 和厚度控制。

本章还介绍了改进 SOI 使其用于光子器件的一些途径,包括多层衬底,局部 SOI 技术,以及采用与制备 SOI 材料相同的技术制成新材料。硅光子器件是一种能迅速与产业关联的技术,其大部分性能依赖于衬底的可获得性和质量。这可能是硅光子器件市场的未来发展趋势之一。

13.8 参考文献

Asghari, M., 2008. Silicon photonics: a low cost integration platform for datacom and telecom applications – OSA technical digest (CD). In *National Fiber Optic Engineers Conference*. Optical Society of America, p. NThA4. Available at: http://www.opticsinfobase.org/abstract.cfm?URI = NFOEC-2008-NThA4 [Accessed May 11, 2012].

Assefa, S. et al., 2010. CMOS-integrated optical receivers for on-chip interconnects. The *IEEE Journal of Selected Topics in Quantum Electronics*, **16**(5), pp. 1376 – 1385.

Atabaki, A. H. et al., 2010. Optimization of metallic microheaters for high-speed reconfigurable silicon photonics. *Optics Express*, **18**(17), pp. 18312 – 18323. Available at: http://www.ncbi.nlm.nih.gov/pubmed/20721224.

Babinec, T. M. et al., 2011. Design and focused ion beam fabrication of single crystal diamond nanobeam cavities. *Journal of Vacuum Science and Technology B: Microelectronics and Nanometer Structures*, **29**(1), p. 010601. Available at: http://link.aip.org/link/?JVTBD9/29/010601/1 [Accessed May 11, 2012].

Baehr-Jones, T. et al., 2010. Silicon-on-sapphire integrated waveguides for the midinfrared. *Optics Express*, **18**(12), pp. 12127 – 12135. Available at: http://www.ncbi.nlm.nih.gov/pubmed/20588335.

Bestwick, T., 1999. ASOC silicon integrated optics technology. In *Proceedings of SPIE*. SPIE, pp. 182 – 190. Available at: http://link.aip.Org/link/?PSISDG/3631/182/1 [Accessed May 14, 2012].

Bogaerts, W. et al., 2002. Fabrication of photonic crystals in silicon-on-insulator using 248-nm deep UV lithography. *IEEE Journal of Selected Topics in Quantum Electronics*, **8**(4), pp. 928 – 934. Available at: <Go to ISI>://000178571700021.

Bogaerts, W. and Selvaraja, S. K. ,2011. Compact single-mode silicon hybrid rib/strip waveguide with adiabatic bends. *IEEE Photonics Journal*, **3**(3), pp. 422 – 432. Available at: http://dx.doi.org/10.1109/JPHOT.2011.2142931.

Brouckaert, J. et al. ,2007. Planar concave grating demultiplexer fabricated on a nanophotonic silicon-on-insulator platform. *Journal of Lightwave Technology*, **25**(5), pp. 1269 – 1275.

Chen, L. , et al. ,2008. High performance germanium photodetectors integrated on submicron silicon waveguides by low temperature wafer bonding. *Optics Express*, **16**(15), pp. 11513 – 11518. Available at: http://www.Optics express.org/abstract.cfm?URI=oe-16-15-11513.

Chuang, S. L. ,1995. *Physics of Optoelectronic Devices*, John Wiley and Sons, New Jersey.

Dai, D. and He, S. , 2006. Novel ultracompact Si-nanowire-based arrayed-waveguide grating with microbends. *Optics Express*, **14**(12), p. 5260. Available at: http://www.opticsinfobase.org/abstract.cfm?URI=oe-14-12-5260.

Della Corte, F. G. et al. ,2000. Temperature dependence analysis of the thermo-optic effect in silicon by single and double oscillator models. *Journal of Applied Physics*, **88**(12), pp. 7115 – 7119. Available at: <Go to ISI>://000165543900023.

De Vos, K. et al. ,2007. Silicon-on-insulator microring resonator for sensitive and label-free biosensing. *Optics Express*, **15**(12), pp. 7610 – 7615. Available at: http://www.ncbi.nlm.nih.gov/pubmed/19547087.

De Vos, K. et al. ,2009. Multiplexed antibody detection with an array of silicon-on-insulator microring resonators. *IEEE Photonics Journal*, **1**(4), pp. 225 – 235. Available at: http://ieeexplore.ieee.org/lpdocs/epic03/wrapper.htm?arnumber=5299281 [Accessed May 11,2012].

Dong, P. , et al. ,2010. Low loss shallow-ridge silicon waveguides. *Optics Express*, 18(14), pp. 14474 – 14479. Available at http://www.opticsexpress.org/abstract.cfm?URI=oe-18-14-14474.

Dong, P. , et al. ,2010. Thermally tunable silicon racetrack resonators with ultralow tuning power. *Optics Express*, **18**(19), pp. 20298 – 20304. Available at: http:// www.opticsexpress.org/abstract.cfm?URI=oe-18-19-20298.

Dumon, P. et al. ,2006. Compact wavelength router based on a Silicon-on-insulator arrayed waveguide grating pigtailed to a fiber array. *Optics Express*, **14**(2), pp. 664 – 669. Available at: http://www.ncbi.nlm.nih.gov/pubmed/19503383.

El Kurdi, M. et al. ,2010. Band structure and optical gain of tensile-strained germanium based on a 30 band k·p formalism. *Journal of Applied Physics*, **107**(1), p. 013710. Available at: http://link.aip.org/link/JAPIAU/v107/i1/p013710/s1&Agg=doi [Accessed May 10,2012].

El Kurdi, M. et al. ,2009. Enhanced photoluminescence of heavily n-doped germanium. *Applied Physics Letters*, **94**(19), p. 191107. Available at: http://link.aip.org/link/APPLAB/v94/i19/p191107/s1&Agg=doi [Accessed March 9,2012].

Fang, A. W. et al. ,2007. Hybrid silicon Si photonics as an integration platform has recently been a focus architecture, consisting of III-V quantum wells bonded to Si waveguides. *Materials Today*, **10**(7), pp. 28 – 35.

Fedeli, J. M. et al. ,2008. Development of silicon photonics devices using microelectronic tools for the integration on top of a CMOS wafer. *Advances in Optical Technologies*, 2008, pp. 1 – 15. Available at: http://www.hindawi.com/journals/aot/2008/412518/ [Accessed April 23,2012].

Feng, N. -N. et al. ,2010. Vertical p-i-n germanium photodetector with high external responsivity integrated with large core Si waveguides. *Optics Express*, **18**(1), pp. 96 – 101. Available at: http://

www. ncbi. nlm. nih. gov/pubmed/20173827.

Ferrier, L. et al. ,2008. Vertical microcavities based on photonic crystal mirrors for Ⅲ-V/Si integrated microlasers. *Proceedings of SPIE*, **6989**, pp. 69890W-69890W-12. Available at: http://link. aip. org/link/PSISDG/v6989/i1/ p69890W/ s1&Agg = doi [Accessed May 10,2012].

Fukazawa, T. et al. , Very compact arrayed-waveguide-grating demultiplexer using Si photonic wire waveguides. *Japanese Journal of Applied Physics*, **43** (No. 5B), pp. L673 – L675. Available at: http://jjap. ipap. jp/link? JJAP/43/L673/ [Accessed May11,2012].

Gnan, M. et al. ,2007. Enhanced stitching for the fabrication of photonic structures by electron beam lithography. *Journal of Vacuum Science and Technology B: Microelectronics and Nanometer Structures*, **25** (6), p. 2034. Available at: http://link. aip. org/link/JVTBD9/v25/i6/p2034/s1&Agg = doi [Accessed January 19,2012].

Gorin, A. et al. ,2008. Fabrication of silicon nitride waveguides for visible-light using PECVD: a study of the effect of plasma frequency on optical properties. *Optics Express*, **16** (18), pp. 13509 – 13516. Available at: < Go to ISI > :// 00025 9270600003.

Green, W. M. J. et al. , 2007. Ultra-compact, low RF power, 10 gb/s silicon Mach-Zehnder modulator. *Optics Express*, **15** (25), pp. 17106 – 17113. Available at: < Go to ISI > ://000251624800086.

Gunn, C. ,2007. Fully integrated VLSI CMOS and photonics 'CMOS photonics'. In *2007 IEEE Symposium on VLSI Technology*. IEEE, pp. 6 – 9. Available at: http://ieeexplore. ieee. org/xpl/articleDetails. jsp? arnumber = 4339680 [Accessed May 11,2012].

Harke, A. et al. , 2005. Low-loss single mode amorphous silicon waveguides. *Electronics Letters*, **41** (25), pp. 1377 – 1379. Available at: < Go to ISI > :// 0002343 60400013.

Horst, F. et al. ,2009. Silicon-on-insulator Echelle grating WDM demultiplexers with two stigmatic points. *IEEE Photonics Technology Letters*, **21** (23), pp. 1743 – 1745. Available at: http://ieeexplore. ieee. org/lpdocs/epic03/wrapper. htm? arnumber = 5272340.

Jacobsen, R. et al. , 2005. Direct experimental and numerical determination of extremely high group indices in photonic crystal waveguides. *Optics Express*, **13** (20), pp. 7861 – 7871. Available at: http://www. ncbi. nlm. nih. gov/ pubmed/ 19498814.

Jacobsen, R. S. et al. ,2006. Strained silicon as a new electro-optic material. *Nature*, **441** (7090), pp. 199 – 202. Available at: < Go to ISI > ://000237418800041.

Jalali, B. et al. ,2006. Raman-based silicon photonics. *Selected Topics in Quantum Electronics, IEEE Journal of*, **12**(3), pp. 412 – 421.

Kim, G. -D. et al. ,2010. Silicon photonic temperature sensor employing a ring res-onator manufactured using a standard CMOS process. *Optics Express*, **18** (21), pp. 22215 – 22221. Available at: http://www. ncbi. nlm. nih. gov/pubmed/20941123.

Kirkpatrick, A. ,2003. Gas cluster ion beam applications and equipment. *Nuclear Instruments and Methods in Physics Research Section B: Beam Interactions with Materials and Atoms*, **206**, pp. 830 – 837. Available at: http:// linkinghub. elsevier. com/retrieve/pii/S0168583X03008589 [Accessed May 11,2012].

Klinger, S. et al. ,2009. Ge-on-Si p-i-n photodiodes with a 3-dB bandwidth of 49 GHz Photonics Technology Letters, IEEE. **21**(13), pp. 920 – 922.

Koonath, P. and Jalali, B,2007. Multilayer 3-D photonics in silicon. *Optics Express*, **15**(20), pp. 12686 – 12691. Available at: < Go to ISI > :// 000250006700013.

Kopp, C. et al. , 2010. Silicon photonic circuits: on-CMOS integration, fiber optical coupling, and packaging. pp. 1 – 12.

Kurdi, B. N. and Hall, D. G., 1988. Optical waveguides in oxygen-implanted buried-oxide silicon-on-insulator structures. *Optics Letters*, **13**(2), p. 175. Available at: http://www. ncbi. nlm. nih. gov/pubmed/19742019.

Kuyken, B. *et al.*, 2011. 50 dB parametric on-chip gain in silicon photonic wires. *Optics Letters*, **36**(22), pp. 4401 – 4403. Available at: http:// www. ncbi. nlm. nih. gov/pubmed/22089577.

Lamponi, M. *et al.*, 2012. Low-threshold heterogeneously integrated InP/SOI lasers with a double adiabatic taper coupler. *Photonics Technology Letters, IEEE*, **24**(1), pp. 76 – 78.

Lee, C. and Thillaigovindan, J., 2009. Optical nanomechanical sensor using a silicon photonic crystal cantilever embedded with a nanocavity resonator. *Applied Optics*, **48**(10), pp. 1797 – 1803. Available at: http://www. ncbi. nlm. nih. gov/ pubmed/19340132.

Li, F. *et al.*, 2011. Low propagation loss silicon-on-sapphire waveguides for the midinfrared. *Optics Express*, **19**(16), pp. 15212 – 15220. Available at: http://www. ncbi. nlm. nih. gov/pubmed/21934884.

Li, G. *et al.*, 2011. 25Gb/s 1V-driving CMOS ring modulator with integrated thermal tuning. *Optics Express*, **19**(21), pp. 20435 – 20443. Available at: http:// www. ncbi. nlm. nih. gov/pubmed/21997052.

Liao, L. *et al.*, 2000. Optical transmission losses in polycrystalline silicon strip waveguides: Effects of waveguide dimensions, thermal treatment, hydrogen passivation, and wavelength. *Journal of Electronic Materials*, **29**(12), pp. 1380 – 1386. Available at: < Go to ISI > ://000165646100005.

Liao, L. *et al.*, 2005. High speed silicon Mach-Zehnder modulator. *Optics Express*, **13**(8), pp. 3129 – 3135. Available at: http://www. ncbi. nlm. nih. gov/pubmed/ 19065195.

Liu, A. *et al.*, 2004. A high-speed silicon optical modulator based on a metal-oxide-semiconductor capacitor. *Nature*, **427**(February), pp. 615 – 618.

Liu, J. *et al.*, 2010. Ge-on-Si laser operating at room temperature. *Optics Letters*, **35**(5), p. 679. Available at: http://ol. osa. org/abstract. cfm? URI = ol-35-5-679 [Accessed May 10, 2012].

Liu, Y. M. and Prucnal, P. R., 1993. Low-loss silicon-carbide optical wave-guides for silicon-based optoelectronic devices. *IEEE Photonics Technology Letters*, **5**(6), pp. 704 – 707. Available at: < Go to ISI >: //A1993LK18200041.

Lousteau, J. *et al.*, 2004. The single-mode condition for silicon-on-insulator optical rib waveguides with large cross section. **22**(8), pp. 1923 – 1929.

Masini, G. *et al.*, 2008. High-speed near infrared optical receivers based on Ge waveguide photodetectors integrated in a CMOS process. *Advances in Optical Technologies*, 2008, pp. 1 – 5. Available at: http:// www. hindawi. com/journals/ aot/2008/196572/ [Accessed May 11, 2012].

McComber, K. A. *et al.*, 2010. Low-temperature germanium ultra-high vacuum chemical vapor deposition for back-end photonic device integration. In *7th IEEE International Conference on Group IV Photonics*. IEEE, pp 57 – 59. Available at: http://ieeexplore. ieee. org/xpl/articleDetails. jsp? arnumber = 5643429 [Accessed May 11, 2012].

Michel, J. *et al.*, 2012. An electrically pumped Ge-on-Si laser-OSA Technical Digest. In *Optical Fiber Communication Conference*. Optical Society of America, p. PDP5A. 6. Available at: http://www. opticsinfobase. org/abstract. cfm? URI = OFC-2012-PDP5A. 6 [Accessed May 11, 2012].

Michel, J. *et al.*, 2010. High-performance Ge-on-Si photodetectors. *Nature Photonics*, **4**(8), pp. 527 – 534. Available at: http://www. nature. com/doifinder /10. 1038/ nphoton. 2010. 157 [Accessed March 9, 2012].

Naganawa, T. *et al.*, 2005. Spectrum response improvement of higher order series coupled microring resonator filter by UV trimming S. Ueno, ed. *Photonics Technology Letters, IEEE*, **17**(10), pp. 2104 – 2106.

Nagarajan, R. et al. ,2010. InP photonic integrated circuits. *The IEEE Journal of Selected Topics in Quantum Electronics*, **16**(5), pp. 1113 – 1125.

Okayama, H. et al. ,2010. Design of polarization-independent Si-wire-waveguide wavelength demultiplexer for optical network unit. *Japanese Journal of Applied Physics*, **49** (4), p. 04DG19. Available at: http:// jjap. jsap. jp/link? JJAP/49/04DG19/[Accessed May 11,2012].

Onaka, H. et al. ,2006. WDM optical packet interconnection using multi-gate SOA switch architecture for PETAflops ultra-high-performance computing systems. In 2006 *European Conference on Optical Communications*. IEEE, pp. 1 – 2. Available at: http://ieeexplore. ieee. org/ xpl/articleDetails. jsp? arnumber = 4801128 [Accessed May 11,2012].

Orobtchouk, R. et al. ,2005. Amorphous silicon waveguide: an alternative to the silicon photonics on SOI. *IEEE Journal of Selected Topics in Quantum Electronics*.

Osmond, J. et al. ,2009. 40 Gb/s surface-illuminated Ge-on-Si photodetectors. *Applied Physics Letters*, **95**(15), p. 151116. Available at: http://link. aip. org/link/APPLAB/v95/i15/p151116/s1&Agg = doi [Accessed May 10,2012].

Qavi, A. J. and Bailey, R. C. ,2010. Multiplexed detection and label-free quantitation of microRNAs using arrays of silicon photonic microring resonators. *Angewandte Chemie (International ed. in English)*, **49**(27), pp. 4608 – 4611. Available at: http://www. pubmedcentral. nih. gov/articlerender. fcgi? artid = 2994205 andtool = pmcentrezandrendertype = abstract [Accessed April 2,2012].

Raskin, J. -P. ,2009. SOI technology: an opportunity for RF Designers? *Journal of Telecommunications and Information Technology*, Vol. 2009 Issue 4 pp. 3 – 17.

Rickman, A. et al. , 1992. Low-loss planar optical waveguides fabricated in SIMOX material. *IEEE Photonics Technology Letters*, **4**(6), pp. 633 – 635. Available at: http://ieeexplore. ieee. org/ xpl/articleDetails. jsp? reload = true &arnumber = 141992 & ontentType = Journals + %26 + Magazines [Accessed May 9,2012].

Roelkens, G. et al. ,2006. Adhesive bonding of InP/InGaAsP dies to processed silicon-on-insulator wafers using DVS-bis-benzocyclobutene. *Journal of the Electrochemical Society*, **153** (12), p. G1015. Available at: http://link. aip. org/link/JESOAN/v153/i12/pG1015/s1&andAgg = doi [Accessed March 30,2012].

Saha, T. K. and Zhou, W. D. , 2009. High efficiency diffractive grating coupler based on transferred silicon nanomembrane overlay on photonic waveguide. *Journal of Physics D-Applied Physics*, **42**(8). Available at: < Go to ISI > ://000265248300044.

Salem, R. et al. ,2007. Signal regeneration using low-power four-wave mixing on silicon chip. *Nature Photonics*, **2** (1), pp. 35 – 38. Available at: http:// www. nature. com/doifinder/10. 1038/nphoton. 2007. 249 [Accessed February 29,2012].

Sasaki, K. et al. ,2005. Arrayed waveguide grating of 70X60 um2 size based on Si photonic wire waveguides. *Electronics Letters*, **41**(14), pp. 14 – 15.

Schneider, R. P. et al. , 2009. InP-based photonic integrated circuits: Technology and manufacturing. In *2009 IEEE International Conference on Indium Phosphide and Related Materials*. IEEE, pp. 334 – 338. Available at: http://ieeexplore. ieee. org/xpl/articleDetails. jsp? arnumber = 5012432 [Accessed May11,2012].

Schrauwen, J. et al. , 2008. Trimming of silicon ring resonator by electron beam induced compaction and strain. *Optics Express*, **16** (6), pp. 3738 – 3743. Availableat: http://www. ncbi. nlm. nih. gov/pubmed/18542468.

Selvaraja, S. K. et al. ,2007. Demonstration of optical via and low-loss optical crossing for vertical integration of silicon photonic circuit. *Photonics 2008*, **401**(2005), p. 2007.

Selvaraja, S. K. *et al.*, 2009a. Highly efficient grating coupler between optical fiber and silicon photonic circuit. In *CLEO Papers*. Optical Society of America, p. 2. Available at: http://www.photonics.intec.ugent.be/download/pub_2380.pdf.

Selvaraja, S. K. *et al.*, 2009b. Fabrication of photonic wire and crystal circuits insilicon-on-insulator using 193-nm optical lithography. *Journal of Lightwave Technology*, 27(18), pp. 4076–4083.

Selvaraja, S. K. *et al.*, 2009c. Low-loss amorphous silicon-on-insulator technology for photonic integrated circuitry. *Optics Communications*, **282**(9), pp. 1767–1770. Available at: <Go to ISI>: //000265128600013.

Selvaraja, S. K. *et al.*, 2009d. Highly efficient grating coupler between optical fiber and silicon photonic circuit – OSA Technical Digest (CD). In *Conference on Lasers and Electro-Optics/International Quantum Electronics Conference*. Optical Society of America, p. CTuC6. Available at: http://www.opticsinfobase.org/abstract.cfm?URI=CLEO-2009-CTuC6 [Accessed May 11, 2012].

Selvaraja, S. K. *et al.*, 2010. Subnanometer linewidth uniformity in silicon nanophotonic waveguide devices using CMOS fabrication technology. *Selected Topics in Quantum Electronics, IEEE Journal of*, **16**(1), pp. 316–324.

Shin, D. J. *et al.*, 2010. Mach-Zehnder silicon modulator on bulk silicon substrate: toward DRAM optical interface. In *Group IV Photonics (GFP), 2010 7th IEEE International Conference on*. pp. 210–212.

Song, B. -S. *et al.*, 2011. Demonstration of two-dimensional photonic crystals based on silicon carbide. *Optics Express*, **19**(12), pp. 11084–11089. Available at: http://www.ncbi.nlm.nih.gov/pubmed/21716336.

Song, B. -S. *et al.*, 2005. Ultra-high-Q photonic double-heterostructure nanocavity. *Nature Materials*, **4**(3), pp. 207–210. Available at: http://dx.doi.org/10.1038/nmat1320.

Song, J. and Ding, J. F., 2009. Amorphous-Si-based planar grating demultiplexers with total internal reflection grooves. *Electronics Letters*, **45**(17), p. 905. Available at: http://ieeexplore.ieee.org/xpl/articleDetails.jsp?tp=&arnumber=5207544&contentType=Journals+&+Magazines&sortType=asc_p_Sequence&filter=AND(p_Publication_Number:2220,p_Start_Page:905,p_Issue:17,p_Volume:45) [Accessed March 28, 2012].

Soref, R., 2010. Mid-infrared photonics in silicon and germanium. *Nature Photonics*, **4**(8), pp. 495–497. Available at: http://www.nature.com/doifinder/10.1038/nphoton.2010.171 [Accessed March 14, 2012].

Soref, R. A. and Bennett, B. R., 1987. Electrooptical effects in silicon. *IEEE Journal of Quantum Electronics*, **23**(1), pp. 123–129. Available at: <Go to ISI>://A1987-F445400014.

Sparacin, D. K. *et al.*, 2005. Trimming of microring resonators using photo-oxidation of a plasma-polymerized organosilane cladding material. *Optics Letters*, **30**(17), pp. 2251–2253.

Stanković, S. *et al.*, 2011. Die-to-die adhesive bonding procedure for evanescently coupled photonic devices. *Electrochemical and Solid-State Letters*, **14**(8), p. H326. Available at: http://link.aip.org/link/ESLEF6/v14/i8/pH326/s1&Agg=doi [Accessed May 10, 2012].

Taillaert, D. *et al.*, 2007. A thin foil optical strain gage based on silicon-on-insulator microresonators. *Proceedings of SPIE*, **6619**, pp. 661914–661914–4. Available at: http://link.aip.org/link/PSISDG/v6619/i1/p661914/s1&Agg=doi [Accessed May11, 2012].

Taillaert, D. *et al.*, 2006. Grating couplers for coupling between optical fibers and nanophotonic waveguides. *Japanese Journal of Applied Physics Part 1-Regular Papers Brief Communications and Review Papers*, **45**(8A), pp. 6071–6077. Available at: <Go to ISI>://000240512800004.

Tao, S. H. et al., 2010. Ultra-high order ring resonator system with sharp transmission peaks. *Optics Express*, **18**(2), pp. 393–400. Available at: http://www.ncbi.nlm.nih.gov/pubmed/20173859.

Thomson, D. J. et al., 2011. High contrast 40Gbit/s optical modulation in silicon. *Optics Express*, **19**(12), pp. 11507–11516. Available at: http://www.ncbi.nlm.nih.gov/pubmed/21716382.

Thomson, D. J. et al., 2012. 50-Gb/s silicon optical modulator. *Photonics Technology Letters*, IEEE, **24**(4), pp. 234–236.

Thourhout, D. V. et al., 2010. Nanophotonic devices for optical interconnect. *IEEE Journal of Selected Topics in Quantum Electronics*, **16**(5), pp1363–1375.

van Campenhout, J. et al., 2008. Design and optimization of electrically injected InP based microdisk lasers integrated on and coupled to a SOI waveguide circuit. *Journal of Lightwave Technology*, **26**(1), pp. 52–63.

van Campenhout, J. et al., 2010. Integrated NiSi waveguide heaters for CMOS compatible silicon thermo-optic devices. *Optics Letters*, **35**(7), p. 1013. Available at: http://ol.osa.org/abstract.cfm?URI=ol-35-7-1013 [Accessed May10, 2012].

van der Tol, J. et al., 2011. Photonic integration in indium-phosphide membranes on silicon. *IET Optoelectronics*, 5(5), p. 218. Available at: http://ieeexplore.ieee.org/xpl/articleDetails.jsp?tp=&arnumber=6032137&contentType=Journals+&+Magazines&sortType=asc_p_Sequence&filter=AND(p_Publication_Number:4117432, p_Start_Page:218, p_Issue:5, p_Volume:5) [Accessed May 11, 2012].

Vermeulen, D. et al., 2010. High-efficiency fiber-to-chip grating couplers realized using an advanced CMOS-compatible silicon-on-insulator platform. *Optics Express*, **18**(17), pp. 18278–18283. Available at: http://www.opticsexpress.org/abstract.cfm?URI=oe-18-17-18278.

Vivien, L. et al., 2009. 42 GHz p.i.n Germanium photodetector integrated in a silicon-on-insulator waveguide. *Optics Express*, **17**(8), pp. 6252–6257. Available at: http://www.ncbi.nlm.nih.gov/pubmed/19365450.

Washburn, A. L. et al., 2010. Letters to analytical chemistry quantitative, label-free detection of five protein biomarkers using multiplexed arrays of silicon photonic microring resonators. **82**(1), pp. 69–72.

Washburn, A. L. et al., 2009. Label-free quantitation of a cancer biomarker in complex media using silicon photonic microring resonators. *Analytical Chemistry*, **81**(22), pp. 9499–9506. Available at: http://www.pubmedcentral.nih.gov/articlerender.fcgi?artid=2783283&tool=pmcentrez&rendertype=abstract.

Xu, Q. et al., 2007. 12.5 Gbit/s carrier-injection-based silicon micro-ring modulators. *Optics Express*, **15**(2), 430–436

Xu, Q. F. et al., 2005. Micrometre-scale silicon electro-optic modulator. *Nature*, **435**(7040), pp. 325–327. Available at: <Go to ISI>://000229185000041.

Yu, H. et al., 2010. Optimization of ion implantation condition for depletion-type silicon optical modulators. *IEEE Journal of Quantum Electronics*, **46**(12), pp. 1763–1768. Available at: http://ieeexplore.ieee.org/lpdocs/epic03/wrapper.htm?arnumber=5638350.

Zheng, X. et al., 2010. A tunable 1x4 silicon CMOS photonic wavelength multiplexer/demultiplexer for dense optical interconnects. *Optics Express*, **18**(5), pp. 5151–5160. Available at: http://www.ncbi.nlm.nih.gov/pubmed/20389528.

Zhu, N. et al., 2008. Design of a polarization-insensitive Echelle grating demultiplexer based on silicon nanophotonic wires. *Photonics Technology Letters*, IEEE, **20**(10), pp. 860–862.

Ziebell, M. et al., 2012. 40 Gbit/s low-loss silicon optical modulator based on a pipin diode. *Optics Express*, **20**(10), pp. 10591–10596. Available at: http://www.ncbi.nlm.nih.gov/pubmed/22565685.

Zimmermann, L. et al., 2008. Silicon photonics front-end integration in high-speed 0.25μm SiGe BiCMOS. In

2008 5th IEEE International Conference on Group IV Photonics. IEEE, pp. 374 – 376. Available at:http://ieeexplore. ieee. org/ xpl/articleDetails. jsp? reload = true&arnumber = 4638204 & contentType = Conference + Publications [Accessed May 15, 2012].

Zortman, W. A. *et al.*, 2010. Silicon photonics manufacturing. *Optics Express*, **18** (23), pp. 23598 – 23607. Available at:http://www. ncbi. nlm. nih. gov/pub-med/ 21164704.

第14章 用于 MEMS 和 NEMS 传感器的 SOI 技术

K. MORI, Institute of Microelectronics, Singapore

摘　要：本章讨论如何采用绝缘体上硅工艺制备微机电系统和纳机电系统（MEMS/NEMS）传感器。首先介绍 MEM/NEMS 传感器的工作原理以及采用 SOI 衬底如何简化这些传感器的设计和制备工艺。接着讨论传感器的器件设计及详细的制作工艺，并提供一些用于大规模制造 MEMS/NEMS 传感器的工艺流程实例。

关键词：SOI，MEMS，NEMS，传感器，工艺流程。

14.1 引　言

微机电系统（MEMS）和纳机电系统（NEMS）技术快速发展，极有可能重新塑造我们的生活。MEMS/NEMS 器件可采用如下技术制造：

(1) 薄膜沉积；

(2) 光刻；

(3) 反应离子刻蚀（RIE）；

(4) 深反应离子刻蚀（DRIE）；

(5) 湿法刻蚀；

(6) 气相刻蚀。

与先进的互补型金属氧化物半导体器件相比，MEMS/NEMS 器件采用的膜更厚，因此存在潜在的应力问题。MEMS/NEMS 结构具有高的深宽比和较复杂的3D形状，需要采用 DRIE、各向异性湿法刻蚀和晶圆片键合工艺制造。这些对于后续工艺如光刻、掺杂和薄膜工艺都提出了新的要求。CMOS 器件只处理电学信号，而 MEMS/NEMS 器件需要转换和整合多种类型的信号，如物理（例如，电学、机械、热学、光学）信号、化学信号和生物信号。

绝缘体上硅技术最初发展起来是为了应对 pn 结的电荷泄漏问题。然而，由于单晶硅器件层用于硅基微结构的结构材料时具有鲁棒性[1]，SOI 衬底对 MEMS 和 NEMS 领域也具有吸引力。在体硅材料的表面微加工工艺中，采用多晶硅材料作为结构材料，多晶硅材料的厚度是受限制的。而采用 SOI 技术时，器件的机械结构由顶层硅形成（图 14.1(a)），SOI 的顶层硅是单晶硅，无缺陷，而且可以进行掺杂控制形成导体,因此具有显著的优势[2]。

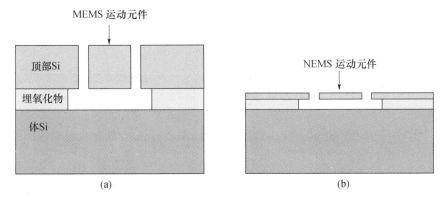

图 14.1　SOI 衬底上的(a)MEMS 器件(b)NEMS 器件

此外,SOI 材料已经商业化,价格低廉。更重要的是,SOI 材料可以进一步简化 MEMS/NEMS 器件的设计和制造工艺。在要求腔体结构的 SOI 材料中,可以通过预刻蚀形成腔体结构,这样 MEMS 制造厂商只需要进行与器件核心结构相关的工作,从而减少开发时间,降低生产成本。SOI 材料中通过预刻蚀形成的腔体与干法刻蚀工艺相结合,可以形成器件中的活动结构,这样就简化了释放工艺。从微米尺寸转换到纳米尺寸,采用薄的 SOI 衬底有助于实现 NEMS 器件(图 14.1(b))。

SOI 技术具有诸多优势,因此在 MEMS 生产中更加流行(图 14.2)。Yole Development 的一份研究报告中给出,在过去 5 年中,SOI 晶圆片的复合年均增长率(CAGR)是 15.5%,与之相比,体硅晶圆片则是 8.1%。

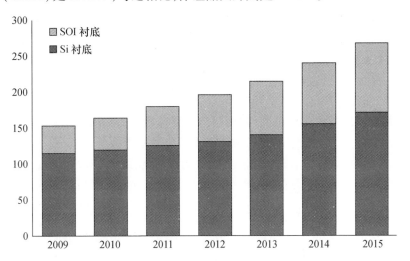

图 14.2　MEMS 领域的衬底市场情况(引自:Yole Development)

本章将针对 MEMS/NEMS 的工作原理、器件的详细设计、关键工艺技术和一些实际的制造工艺流程实例,给出一个简要的介绍。受篇幅的限制,本章只讨论与 SOI 衬底相关的设计和工艺技术。其他的更多的 MEMS/NEMS 技术详细内容请见参考文献。

14.2 SOI MEMS/NEMS 器件结构和工作原理

MEMS/NEMS 传感器主要由两部分组成(图 14.3):一部分是对输入信号响应的传感部分;另一部分是将机械运动转换成电学信号输出的换能部分。

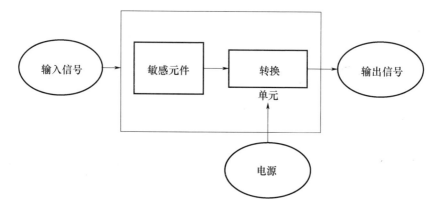

图 14.3　MEMS/NEMS 器件的工作原理

图 14.4 是一个 MEMS 器件的顶视图。弹簧使得可动质量块和电极对输入信号做出响应,可动结构的移动改变可动电极和固定电极之间的电容,电容变化(ΔC)产生一个电学输出信号。

图 14.5 所示为一个 MEMS SOI 差分式电容加速度计的原理图。此加速度计包含一个质量块,在传感方向上响应外部加速度。作为机械弹簧的铰链悬挂着质量块,可动结构运动时受到空气阻尼影响。质量块的运动改变了传感电极和质量块上的叉指之间的电容,应用接口电路监测电容的实时变化。加速度计的机械刚度要远大于电学刚度。换能单元可以是基于极板间隙变化的电容(图 14.5(a)),也可以是基于极板间重叠部分变化的电容(图 14.5(b))。

在电容式传感器件中,固定电极和可动电极之间的电容可表示为

$$C = \frac{\varepsilon A}{d} \tag{14.1}$$

式中:ε 是介电常数;A 是电容器的面积;d、l 和 h 分别是电极的间隙、长度和高度。

极板间隙变化的电容式器件的灵敏度是

$$\Delta C = \frac{\varepsilon l h}{d^2} \Delta d \tag{14.2}$$

第 14 章 用于 MEMS 和 NEMS 传感器的 SOI 技术

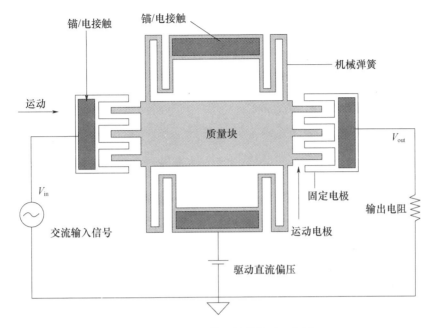

图 14.4 MEMS 装置的结构及工作图

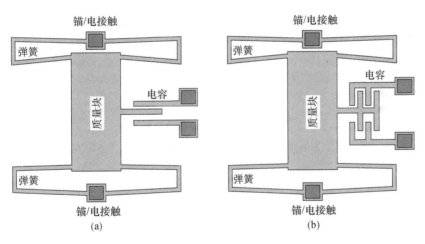

图 14.5 MEMS 加速度计的基本构成
(a) 间隙变化模式的电容；(b) 重叠长度变化模式的电容。

极板间重叠部分变化的电容式器件的灵敏度为

$$\Delta C = \frac{\varepsilon h}{d}\Delta l \tag{14.3}$$

传感器的性能主要由下列关键参数决定，包括可动结构的质量、弹性系数、品质因数、谐振频率以及玻耳兹曼噪声[5]。

谐振频率(f_r)、玻耳兹曼噪声(Bnoise)、品质因数(Q)、可动结构的质量(M)和弹性系数(k)之间的关系由下式给出:

$$f_r = \frac{1}{2\pi}\sqrt{\frac{k}{M}} \tag{14.4}$$

$$B_{\text{noise}} = \sqrt{\frac{8\pi K_B T f_r B}{QM}}, B < f_r \tag{14.5}$$

式中:K_B 是玻耳兹曼常数;T 是温度;B 是带宽;Q 是品质因数。

在一个 SOI MEMS/NEMS 器件中,顶层硅的厚度决定了式(14.1)~式(14.3)中的高度 h。仔细选择电极的长度 l 和间隙 d,可以提高器件的工作性能,获得最高的生产良率。

14.3 SOI MEMS/NEMS 设计

理解了器件的工作原理和需要的器件参数之后,设计者可以基于可用的工艺设备,去设计一个采用 SOI 技术制造的高性能器件。

尽管有许多不同种类的用于不同领域的 MEMS/NEMS 器件,但是许多器件可以共享相同的制造工艺设计。图 14.6 给出一个例子,它说明许多器件都可以采用相同设计的电容传感结构。

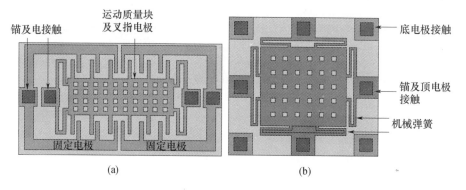

图 14.6 MEMS 器件的基本结构:(a) 板内(IP)运动的器件(b) 板外(OOP)运动的器件

由系统确定的电容和由工艺确定的间隙,决定了设计的机械弹性系数。另一个设计中需要考虑的因素是电流必须经弹簧梁流到电极,它使弹簧梁成为串联电阻的主要来源,需要优化弹簧梁的几何尺寸,在弹性系数一定的情况下需要电阻最小。一个优化的解决方法是在固定弹性系数的前提下,使得弹簧梁尽可能短、尽可能厚和尽可能宽。此外,通过在高掺杂的硅层上沉积导电性好的金属,也可以使电阻最小。

有两类典型的 MEMS/NEMS 结构:图 14.6(a) 所示为板内(IP)运动的结

构;图 14.6(b)所示为板外(OOP)运动的结构。IP 结构的可动元件沿着平面方向运动,而 OPP 结构的可动元件则纵向运动[6-8]。由顶层硅去除一部分形成的结构包括可动结构和锚点,被释放的区域形成可动结构,没有释放的区域形成锚点支撑的可动结构。需要精心设计结构区域,以与后续的刻蚀工艺匹配。

通过刻蚀顶硅层和埋氧化层释放结构,暴露面积大的区域需要设计辅助释放结构。辅助释放结构的周边与其他设计的功能区域通过沟槽隔离,上面布满释放孔。图 14.7(a)所示为典型结构的版图,图 14.7(b)所示为图形化工艺以后的结构。被释放的结构,与锚点连接的部分形成可动结构,而没有与锚点连接的部分,则被完全去掉。释放结构可以采用正方孔(图 14.8(a))、矩形孔(图 14.8(b))、三角形孔(图 14.8(c))或其他类型的版图形式。

使用 SOI 晶圆片时,最直接的方法是通过 DRIE 工艺从顶层硅定义结构图形,接着用氢氟酸(HF)溶液腐蚀埋氧化层释放结构。然而,由于湿法腐蚀工艺引起的粘连问题,将影响工艺良率,因此优先采用 HF 气相工艺刻蚀埋氧化层以释放器件的可动部分。

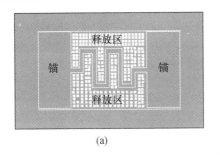
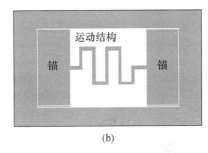

(a)   (b)

图 14.7 器件版图
(a) 设计的顶视图;(b) 经过释放工艺后的最终结构。

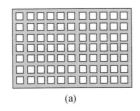
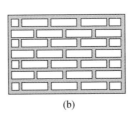
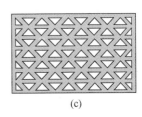

(a)   (b)   (c)

图 14.8 大释放结构的三类典型版图结构设计

14.4 SOI MEMS/NEMS 工艺技术

尽管大部分 MEMS/NEMS 制备工艺同 CMOS 工艺兼容,但仍然存在许多难题。空腔形成工艺、深反应离子刻蚀、开槽(Notching)效应(在导电与绝缘材料界面处产生窄的水平凹槽)的控制,气相刻蚀以及抗粘连涂层,都是影响 MEMS/NEMS 生产良率的关键技术。

14.4.1 空腔 SOI 晶片

含预刻蚀腔体的 SOI 晶圆片应用于微纳系统中时,可以增加 MEMS/NEMS 结构设计的自由度,减小 SOI 在微纳系统中的一些应用限制(图 14.9)。

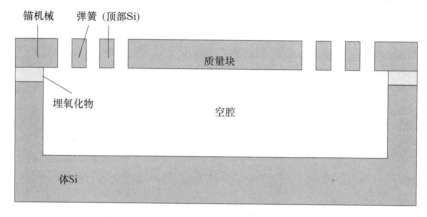

图 14.9 典型空腔 SOI MEMS 结构的截面图

空腔的制备第一步是硅晶圆片的热氧化,第二步是双面光刻,刻蚀氧化层(背面形成对准标记,正面形成空腔)。接着,与上晶圆片键合,然后研磨抛光至所需要的顶硅层厚度[12]。制备空腔 SOI 的工艺流程如图 14.10 所示。注意,含腔体的样片经过光刻和刻蚀工艺以后,也可以用 HF 酸去除氧化层,然后与表面有氧化层的上晶圆片键合,如图 14.10(d)所示。

在预刻蚀的 SOI 晶片中,由于腔体是在键合前光刻时形成的,因此可以很好地定义腔体尺寸。此外,采用空腔 SOI 晶圆片可以制备具有深腔结构和小键合区域的器件,器件层和衬底之间的寄生电容,要远低于采用传统 SOI 晶圆片制备的器件。总之,预刻蚀的 SOI 晶圆片适用于制备在不同领域应用中的可动结构。

14.4.2 深反应离子刻蚀

DRIE 技术是由 Robert Bosch 发明的(1986 年美国专利#5498312 和#5501893),它是目前定义 MEMS/NEMS 器件结构最常用的方法[13-15]。DRIE 技术是刻蚀厚膜层的关键工艺。在 DRIE 工艺中,要根据设计的刻蚀深度仔细选择掩模材料及其厚度。对于每台工艺设备,要做好实验设计(DOE),开发出具有选择性侧墙聚合物沉积、刻蚀速率均匀、负载效应最小和凹槽效应最低的 DRIE 菜单。此外,还必须很好地控制掩模下面的横向钻蚀(刻蚀面下方)。DRIE 工艺的控制参数和它们的主要作用,如表 14.1 所列。

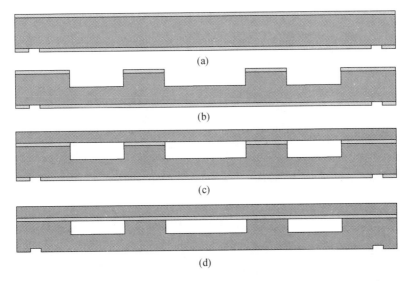

图 14.10　有预刻蚀腔体的 SOI 结构的典型工艺流程

(a) 氧化,形成背面对版标记;(b) 形成正面腔体;(c) 同上晶圆片键合,
然后减薄顶硅层厚度;(d) 背面无氧化层的空腔结构的 SOI 晶圆片。

表 14.1　DRIE 工艺参数及作用

DRIE 工艺参数	主要作用
压强	均匀性、刻蚀速率、选择比、刻蚀形貌
平板功率	刻蚀形貌、刻蚀速率、选择比
线圈功率	在 500～900W 的范围内无作用
SF_6 流量	掩模下的横向钻蚀、刻蚀速率
C_4F_8 流量	掩模下的横向钻蚀、刻蚀形貌
SF_6 作用时间	刻蚀形貌、掩模下的横向钻蚀、刻蚀速率
C_4F_8 作用时间	刻蚀形貌、掩模下的横向钻蚀
Si 的暴露面积	刻蚀速率、刻蚀均匀性

DRIE 的原理(Bosch 工艺)如图 14.11 所示。首先,图形化的硅衬底在氟基等离子体中进行短时间(5～15s)的刻蚀,如图 14.11(a)和 14.11(b)所示,暴露的硅是用各向同性刻蚀方式形成的。接着,转换到聚合物沉积工艺(7～20s),聚合物层被沉积到暴露的硅表面上,如图 14.11(c)所示。接下来,位于结构底面的聚合物层在粒子轰击作用下被快速去除,刻蚀剂连续与暴露的硅发生反应。与之相反,如图 14.11(d)所示,位于侧墙的聚合物层由于缺乏粒子轰击,消耗得非常缓慢,因此可以保护侧墙的硅不被刻蚀掉。通过在刻蚀和聚合物沉积之间不断转换,结构的刻蚀深度连续增加时,掩模层下面没有横向钻蚀。尽

管单步刻蚀是各向同性的,但刻蚀和聚合物沉积组合在一起,刻蚀结果呈现出良好的各向异性。在通常的工艺参数条件下,低能离子轰击,等离子体中的氟自由基进行化学刻蚀,侧墙由沉积的聚合物保护。

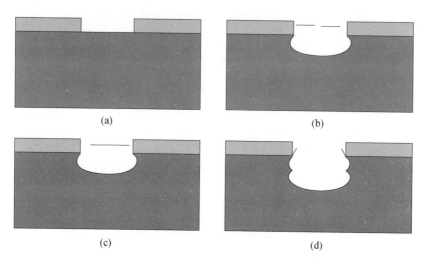

图 14.11　Boshe(DRIE)工艺原理图
(a) 图形化的 Si 衬底;(b) 刻蚀;(c) 聚合物沉积;(d) 再刻蚀。

1. 侧墙钝化

通过下列方法沉积侧墙钝化层[16]:

(1) 在三氟甲烷(CHF$_3$)之类的先驱气体形成的等离子体中,用产生的(CF$_2$)n 型自由基生成等离子体聚合物。

(2) 选用六氟丙烯(C$_3$F$_6$)或八氟环丙烷(RC318,C$_4$F$_8$),它们优于无毒稳定的二聚体四氟乙烯(TFE,C$_2$F$_4$)。

(3) 侧墙钝化也能通过在刻蚀周期内增加氧气获得。

刻蚀/聚合物沉积循环的次数和每次循环的时间,决定了刻蚀结构侧墙的粗糙度。更多的循环次数及更短的时间,能得到更平滑的侧墙,但是增加 DRIE 工艺的时间。此外,对于一个宽度小于 $10\mu m$ 的刻蚀沟槽来说,沟槽宽度越小,DRIE 刻蚀速率越慢,如图 14.12 所示。

如图 14.11(d)所示,侧墙粗糙度是 DRIE 工艺中需要考虑的重要参数。在钝化工艺步骤中,通过缩短钝化时间,减少压强和减小极板功率,来减小侧墙粗糙度。

2. DRIE 掩模

光刻胶是用于刻蚀掩模的首选材料。然而,在采用干法刻蚀工艺形成深槽时,在达到沟槽设计的刻蚀深度之前,光刻胶掩模层有可能被完全刻蚀掉。为了解决这个问题,需要在光刻胶涂覆和图形化之前沉积其他掩模材料。用于掩蔽层的材料包括:氮化硅(Si_3N_4),它可以作为刻蚀硅(Si)和氧化硅(SiO_2)的掩蔽材料;氧化硅,它可以作为刻蚀硅和氮化硅的掩蔽材料。光刻胶和其他掩蔽材料相对于被刻蚀材料的刻蚀选择比,依赖于刻蚀气体和采用的DRIE设备。在决定DRIE工艺的掩蔽材料及其厚度之前,必须研究刻蚀选择比。

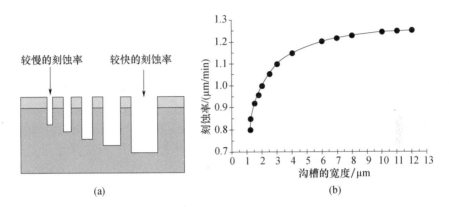

图14.12　DRIE刻蚀速率与沟槽尺寸的关系
(a) 刻蚀沟槽深度;(b) 刻蚀速率与沟槽宽度的关系。

3. 负载效应

DRIE工艺的负载效应[13-15]如下:

(1) 宏观负载效应:随着被刻蚀材料的面积增加,DRIE刻蚀速率下降。增加刻蚀气体流量有助于减小宏观负载效应。

(2) 微观负载效应:对于相同特征的刻蚀图形,密集排布区域的刻蚀速率比稀疏排布区域的刻蚀速率低。刻蚀工艺本身在局部区域的消耗引起微观负载效应。

(3) 刻蚀速率依赖于深宽比:高深宽比的刻蚀速率比低深宽比的刻蚀速率低。刻蚀速率随着特征尺寸的减小而降低(图14.12)。这是因为刻蚀窗口越小,刻蚀气体越难进去。降低刻蚀腔室中的压强,有助于减小这一效应。

DRIE或Bosch工艺结合SOI晶圆片,是制作高深宽比MEMS器件的成熟技术。只应用一块掩模,就可以利用DRIE工艺形成这种结构。然而,必须考虑和控制在硅和埋氧化层界面处出现的开槽效应。

4. SOI晶圆片的开槽效应

在绝缘体上硅的等离子刻蚀工艺中,硅和绝缘层界面处的硅侧墙会出现切口。这是由绝缘层的电荷积累造成的,与被刻蚀结构的几何尺寸和特性无关。

开槽效应使刻蚀侧墙形貌变差,导致微结构的谐振频率不同,从而造成器件的性能退化。由于底部钻蚀依赖于刻蚀比和刻蚀图形,因此造成整个晶圆片上最终器件的特性不同,影响工艺的重复性和可靠性,尤其对于厚器件层的 SOI 晶圆片,这种后果更为严重[13-15]。

开槽现象是由电子的充电效应引起的。高深宽比增加了对电子的遮蔽,使沟槽底部的电子电流减小。为了达到一个新的电荷稳定状态,底部电势增加,使沟槽处的离子动能明显增加。偏转离子用更高的能量轰击侧墙,导致严重的开槽现象,如图 14.13 所示。开槽的深度依赖于许多因素,例如过刻蚀时间、材料类型、侧墙钝化的厚度以及刻蚀图形的特征尺寸。其他参数还包括电子的温度,离子的能量和表面处的电子/离子流。

在 MEMS/NEMS 设计中减小沟槽宽度变化,在 DRIE 工艺中应用脉冲式的高/低频(HF/LF)极板功率、终端监测系统以及在埋氧化层处采用低轰击的二步刻蚀方法,可以减小开槽效应。尽管 DRIE 工艺中的开槽效应能用于释放结构层,但是减小粘附性并获得均匀释放梁的更好选择,仍然是先采用没有开槽的深刻蚀,然后再用 HF 气相刻蚀埋氧化层。

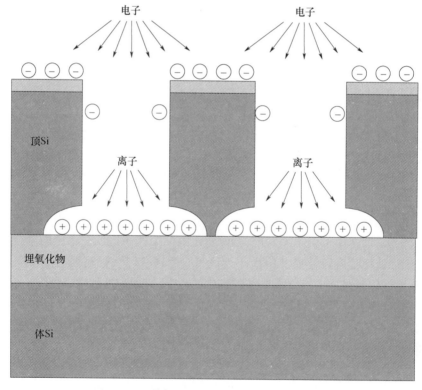

图 14.13　SOI 衬底的开槽效应

14.4.3 气相刻蚀

采用气相刻蚀去除牺牲层的方法非常有吸引力,因为它可以取代湿法腐蚀工艺中刻蚀、漂洗和精心干燥的整个工艺过程。此外,在释放工艺中没有形成凹状的弯月面[17]。用 HF 气相刻蚀工艺去除牺牲氧化硅层,多年以前就被用于释放多晶硅结构,并已通过了研究人员的验证。最好的报道结果是在 HF 气相刻蚀工艺中通过加热晶圆片获得的,加热可以防止额外的水汽凝结[17]。对于微机械技术来说,VPE 工艺的优势在于它能获得无粘连的自由活动微结构(图 14.14),并明显简化工艺,不需要反复的漂洗和干燥工艺。采用 VPE 释放微结构,整个释放过程中完全没有液体参与。

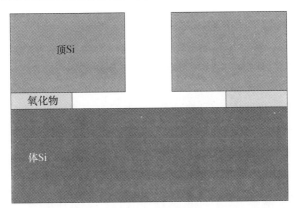

图 14.14 经过 DRIE 后和气相 HF 刻蚀后的 SOI 晶圆片的截面图

14.4.4 抗粘连涂覆

由湿法腐蚀工艺引起的粘连问题可以通过采用 VPE 工艺避免,但是在器件工作过程中当微纳结构的表面粘附力大于机械恢复力时,仍然会发生粘连。表面粗糙度、相对湿度和温度等其他因素,使表面力控制更为复杂。尽管可采用多种抗粘连的材料,但是把它们沉积到微结构和其他衬底上的步骤大致相同。典型的涂覆包括两步:首先在 120℃ 下预烘烤 2~3min(图 14.15(a)),以释放结构中小间隙内的水汽;接着在 120~160℃(图 14.15(b))下将抗粘连材料的分子气相沉积到微结构的表面,将结构密封起来,以防止未来的可能粘连。氟辛基三乙氧基硅烷(FOTES)和氟辛基三氯硅烷(FOTS)是常用的抗粘连涂覆材料[18]。在沉积步骤中应用高温使抗粘连材料的液体蒸发,沉积到器件结构的所有表面。

VPE 和抗粘连涂覆工艺结合起来,不仅可以提高制造工艺的良率,而且可以保证器件工作时具有高可靠性。

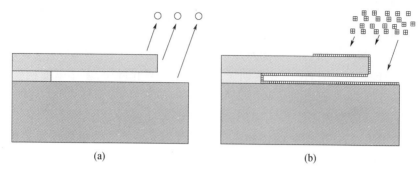

图 14.15 抗粘连涂覆原理
(a) 预烘烤;(b) 分子气相沉积。

14.5 SOI MEMS/NEMS 制备

MEMS/NEMS 设计人员习惯于开发他们自己的工艺流程,但是 MEMS/NEMS 制造厂商已经开始建立标准化的工艺平台,这样可以制备更多的器件,降低制造成本,能更快地实现新产品。本节介绍制造 SOI MEMS 和 NEMS 器件工艺平台中两个典型的工艺流程[19-21]。

14.5.1 采用具有预刻蚀腔体的 SOI 晶圆片制备 MEMS 器件

在图 14.16 所示的器件制造工艺流程中,采用具有预刻蚀腔体的 SOI 衬底。顶硅层厚度具有较宽的范围(1~50μm),能满足不同器件的需要,同样也可根据设计者要求选择埋氧化层厚度。关键工艺步骤如下:

(1) 隔离槽:光刻,DRIE 刻蚀形成隔离槽(图 14.16(a))。

(2) 隔离槽填充:低压化学气相沉积(LPCVD)生长氮化硅(Si_3N_4)填充沟槽,DRIE 刻蚀样片上表面的 Si_3N_4 材料(图 14.16(b))。

(3) 隔离层/接触:溅射 0.2μm 的 Al_2O_3 薄膜,光刻,刻蚀开出接触窗口(图 14.16(c))。

(4) 金属化:溅射 0.7μm 的铝层,光刻,干法刻蚀实现图形化(图 14.16(d))。

(5) MEMS 结构图形化:光刻定义 MEMS 结构,DRIE 刻蚀顶硅层(图 14.16(b))。硅叉指之间的空隙决定敏感电容值。

(6) 结构释放:气相 HF 刻蚀工艺刻蚀顶硅层下面的埋氧化层,释放出结构(图 14.16(f))。

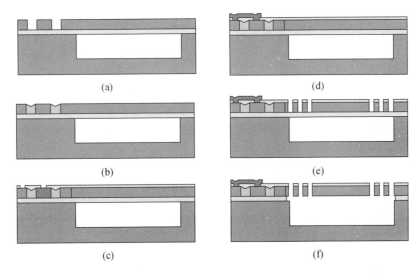

图 14.16　SOI MEMS 加速度计的制造工艺流程

14.5.2　采用薄 SOI 晶圆片制造 NEMS 器件

NEMS 器件的主要制造工艺步骤如图 14.17 所示。NEMS 结构在 SOI 晶圆片上的薄顶硅层(100～200nm)上形成,埋氧化层也是纳米量级(200～400nm)。NEMS OOP 电容结构的器件采用下列工艺步骤完成:

(1) 衬底掺杂:高能离子注入(300～400keV),退火,形成器件的底电极(图 14.17(a))。

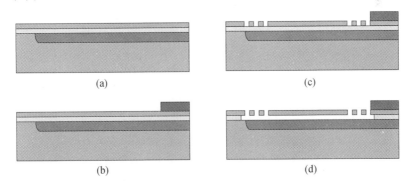

图 14.17　SOI NEMS 器件的制造工艺流程

(2) 金属化:溅射 0.7μm 的铝层,光刻,干法刻蚀实现图形化(图 14.17(b))。

(3) NEMS 结构:光刻,DRIE 刻蚀形成器件结构(图 14.17(c))。

(4) 释放出结构:采用气相 HF 刻蚀工艺释放出可动结构下面的埋氧化层(图 14.17(d))。

要在一个工艺中形成纳米结构(弹性梁、静电梳齿等)和大结构(质量块、电极压焊块等),还需要增加额外的技术条件。为了满足这个要求,需要采用248nm 的深紫外(DUV)光刻技术。此外,尽管有 500nm 的释放孔和 400nm 厚的牺牲氧化层,仍然需要进一步改进 HF 气相技术,在释放工艺中防止粘连。

14.6 结 论

SOI 技术的主要优点是增加了设计的自由度。开发 SOI 技术,可以制造高性能的 MEMS/NEMS 传感器。SOI 晶圆片能进一步简化 MEMS 的设计和制造工艺,缩短从设计到量产的时间。采用 SOI 晶圆片制造的 MEMS/NEMS 传感器的优点包括封装最小化、结构尺寸可精确控制、具有耐高压和高温的能力、长寿命、芯片尺寸最小化和成本降低。

SOI 晶圆片额外增加的功能包含预刻蚀腔体,使 MEMS 制造厂商把更多的精力放在核心工艺上,减少开发时间,降低生产成本。一些 MEMS 制造厂商已经发现将有预刻蚀腔体的 SOI 晶圆片与干法刻蚀工艺结合,能简化器件的释放工艺。采用气相刻蚀工艺代替湿法刻蚀工艺,优点在于可以防止粘连。

一直在关注的一个问题是 SOI 晶圆片的价格较高(与体硅相比)。然而,SOI 技术具有更多的优点,而且它可以减少器件的整体成本,在新产品开发中节约时间,因此它是正确的选择。总之,SOI 衬底为 MEMS/NEMS 的生产提供了许多优点,而且增加了 MEMS/NEMS 器件与主流 CMOS 逻辑器件的集成兼容度。

14.7 参考文献

[1] B. Alton (2006), *Micragem – An SOI – Based MEMS Process Platform*, Advanced Substrate News. Available from: http://www. advanced substratenews. com/2006/12/ micragem-an-soi-based-mems-process-platform/.

[2] M. Lutz (2009), *SOI MEMS for Timing Application*, Advanced Substrate News. Available from: http://www. advancedsubstratenews. com/2009/05/ soi-memsresonators-for-timing-application/.

[3] E. Mounier (2011), *SOI for MEMS:A Promising Material*, Yole report highlights growth of SOI MEMS. Available from: http://http://www. advancedsubstratenews. com/2011/03/soi-for-mems-a-promising-material/.

[4] J. Xie,W. Yuan and H. Chang (2009), A novel method for the manufacture of MEMS devices with large exposed area based on SOl wafers, *Proceedings of the 2009 4th IEEE International Conference on Nano/Micro Engineered and Molecular Systems*, 5 – 8 January 2009 Shenzhen, China.

[5] N. Maluf and K. Williams (2004) *An Introduction to Microelectromechanical Systems Engineering*, Artech House, Inc. Boston / London.

[6] B. V. Amini (2004), A 2.5-V 14-bit CMOS SOI capacitive accelerometer, *IEEE Journal of Solid-State Cir-*

cuits, vol. **39**, no. 12, 2467 – 2476.

[7] R. Abdolvand (2007), Sub-micro-gravity in-plane accelerometers with reduced capacitive gaps and extra seismic mass, *Journal of Microelectromechanical Systems*, vol. **16**, no. 5, 1036 – 1043.

[8] E. Ollierl, L. Duraffourg and M. T. Delayel (2007), NEMS devices for accelerometers compatible with thin SOI technology, *Proceedings of the 2nd IEEE International Conference on Nano/Micro Engineered and Molecular Systems*, 16 – 19 January 2007 Bangkok, Thailand.

[9] L. Haobing and F. Chollet (2006), Layout controlled one-step dry etch and release of MEMS using deep RIE on SOI wafer, *Journal of Microelectromechanical Systems*, vol. **15**, no. 3, 541 – 547.

[10] H. Emmerich and M. Schöfthaler (2000), Magnetic field measurements with a novel surface micromachined magnetic-field sensor, *IEEE Transactions on Electron Devices*, vol. **47**, no. 5, 972 – 977.

[11] M. L. Roukes (2000), Nanoelectromechanical systems, *Technical Digest of the 2000 Solid-State Sensor and Actuator Workshop*, 4 – 8 June 2000 Hilton Head Isl., SC.

[12] T. Suni, K. Henttinen and J. Dekker (2006), Silicon-on-insulator wafers with buried cavities, *Journal of the Electrochemical Society*, vol. **153**, no. 4, pp. G299 – G303.

[13] Y. Wang, Y. Guo and H. Zhang Delayel (2007), Modeling and simulation of footing effect in DRIE process, *Proceedings of the 7th IEEE International Conference on Nanotechnology*, 2 – 5 August 2007, Hong Kong.

[14] P. Hong, Z. Guo and Z. Yang (2007), A method to reduce notching effect on the anchors of a micro-gyroscope, *Proceedings of the 2011 6th IEEE International Conference on Nano/Micro Engineered and Molecular Systems*, 20 – 23 February 2011 Kaohsiung, Taiwan.

[15] J. Li, Q. X. Zhang and A. Q. Liu (2003), Technique for preventing stiction and notching effect on silicon-on-insulator microstructure, *Journal of Vacuum Science & Technology B*, vol. **21**, no 6, 2530 – 2539.

[16] R. Nagarajan, B. R. Murthy and L. Linn (2006), Ultra-high aspect ratio buried silicon nano-channels for biological applications, *Proceedings of IEEE Sensors 2006*, Exco, Daegu, Korea.

[17] Y. Lee, K. Park and J. Lee (1997), Dry release for surface micromachining with HF vapor-phase etching, *Journal of Microelectromechanical Systems*, vol. **6**, no. 3, 226 – 233.

[18] W. R. Ashurst, C. Carraro and R. Maboudian (2003), Vapor phase anti-stiction coatings for MEMS, *IEEE Transactions on Device and Materials Reliability*, vol. **3**, no. 4, 173 – 178.

[19] J. Xie, R. Agarwal and Y. Liu (2011), Compact electrode design for an in-plane accelerometer on SOI with refilled isolation trench, *Journal of Micromechanics and Microengineering*, vol. **21**, 095005 (9pp).

[20] E. Ollier, L. Duraffourg and M. Delaye (2006), Thin SQI NEMS accelerometers compatible with In-IC integration, *Proceedings of IEEE Sensors 2006*, Exco, Daegu, Korea.

[21] X. Mao, Y. Wei and Z. Yang (2009), Fabrication of SOI MEMS inertial sensors with dry releasing process, *IEEE Sensors 2009 Conference*, 25 – 28 October 2009 Canterbury New Zealand.

内 容 简 介

本书全面介绍绝缘体上硅(SOI)材料和器件的制造及应用技术。具体内容包括绝缘体上硅晶圆片的材料及制造技术、先进的绝缘体上硅材料及器件的电学性质表征、短沟 FD MOSFET 特性的建模、部分耗尽 SOI 技术的电路解决方案、平面 FDSOI CMOS、SOI 无结晶体管、SOI FinFET、利用 SOI 技术制造 CMOS 的参数波动性、SOI CMOS 的 ESD 保护、射频及模拟应用的 SOI MOSFET、超低功耗应用的 SOI CMOS 电路、改善性能的 3D SOI 集成电路、光子集成电路中的 SOI 技术及用于 MEMS 及 NEMS 传感器的 SOI 技术。

本书由众多国际上从事 SOI 技术研究及生产的著名专家通力合作写成,反映的是近 10 年来在 SOI 技术方面最新、最全面的研究成果,不仅涉及先进的纳米级 CMOS 集成电路及低压低功耗 SOC 芯片,而且也涉及 SOI 技术在先进的光子集成及 MEMS/NEMS 集成中的应用,详细介绍了 SOI 技术在这些领域中应用所带来的诸多优点。最后本书还指出:SOI 技术结合先进的微加工技术,可能产生各种创新结构,给微电子学及光电子学带来巨大的影响。

本书适合于从事微电子、光电子以及 MEMS/NEMS 研究和生产的广大科技人员阅读,也可以作为相关领域的本科生及研究生的教学参考书。

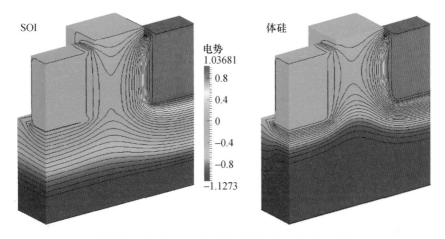

彩图Ⅰ 通过 SOI 和体硅中间的静电电势(第 7 章)

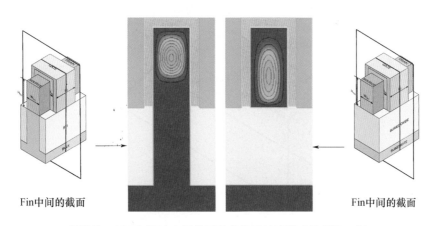

彩图Ⅱ SOI 和体硅中间截面的载流子浓度的比较(第 7 章)

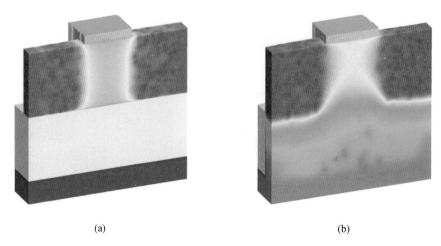

彩图Ⅲ 在(a)SOI 及(b)体硅 FinFET 的一个统计例子中，包括所有波动来源，沿 fin 的中间切面在阈值电压条件下的电子浓度(第 7 章)

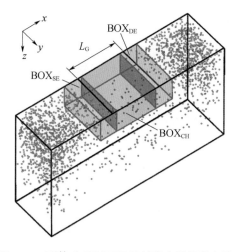

彩图Ⅳ 18nm n-型体硅 MOSFET 的衬底中随机掺杂波动的图示。施主和受主原子分别用红的(暗的)及蓝的(亮的)小球表示。L_G 表示栅长，标记为 BOX_{CH} 和 $BOX_{SE/DE}$ 的阴影区限制重要的沟道及源/漏扩展区(第 8 章)

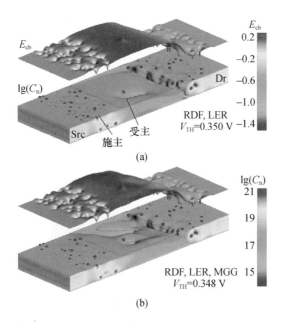

彩图 Ⅴ 导带的形状(E_{cb})及电子的分布(C_n);由于 RDF 及 LER(a)没有 MGG (b)有 MGG 而引起的固定掺杂分布。表示低浓度的半透明部分指示的是 $3.2\times10^{17}\mathrm{cm}^{-3}$ 的 C_n 等值面。$V_D=1\mathrm{V}, V_G=0.5\mathrm{V}$(第 8 章)

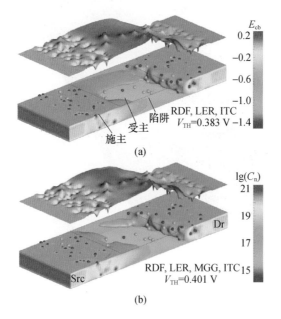

彩图 Ⅵ 导带的形状(E_{cb})及电子的分布(C_n);由于 RDF、LER 及 ITC(a)没有 MGG (b)有 MGG 而引起的固定掺杂分布。表示低浓度的半透明部分指示的是 $3.2\times10^{17}\mathrm{cm}^{-3}$ 的 C_n 等值面。$V_D=1\mathrm{V}, V_G=0.5\mathrm{V}$(第 8 章)

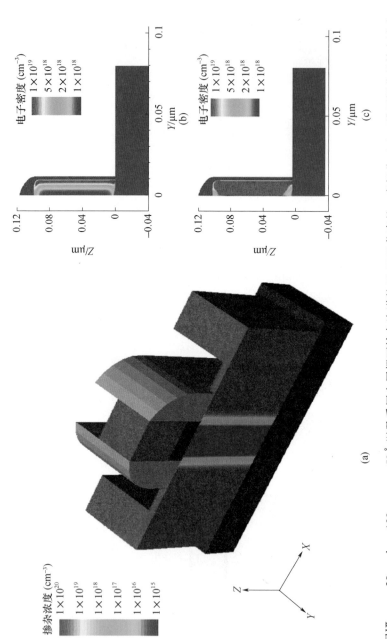

彩图Ⅶ $t_{Si}=20nm$, $h_{Si}=100nm$, $t_{OX}=50Å$ 以及采用金属栅不掺杂沟道的 FinFET 仿真的一半部分：(a) 三维可视化的掺杂浓度；(b) $V_{DS}=2.5V$ 和 $V_{GS}=1V$ 时仿真的电子分布；(c) 在"热栅"偏置条件 $V_{GS}=V_{DS}=2.5V$ 时仿真的电子分布。截面在栅的中间穿过沟道。(© 2008 IEEE. Reprinted, with permission, from Khazhinsky, M. G., Chowdhury, M. M., Tekleab, D., Mathew, L. and Miller, J. W. (2008) 'Study of undoped channel FinFETs in active rail clamp ESD networks', IEEE Proceedings.)(第9章)